전치혁 지음

데이터마이닝 기법과 응용

Data Mining Techniques

한나래 아카데미

데이터마이닝 기법과 응용

지은이 | 전치혁
펴낸이 | 한기철

2012년 11월 20일 1판 1쇄 펴냄
2020년 9월 10일 1판 6쇄 펴냄

펴낸곳 | 한나래출판사
등록 | 1991. 2. 25 제22-80호
주소 | 서울시 마포구 토정로 222, 한국출판콘텐츠센터 309호
전화 | 02-738-5637 · 팩스 | 02-363-5637 · e-mail | hannarae91@naver.com
www.hannarae.net

ISBN 978-89-5566-139-2 94310
ISBN 978-89-5566-051-7(세트)

* 이 도서의 국립중앙도서관 출판시도서목록(CIP)은 e-CIP 홈페이지(http://www.nl.go.kr/ecip)와 국가자료공동목록시스템(http://www.nl.go.kr/kolisnet)에서 이용하실 수 있습니다.
(CIP제어번호: CIP2012004930)

머리말

이 책을 만들게 된 것은 데이터마이닝이란 주제가 최근에 매우 보편화되고 있어 많은 입문서가 출판되고 한편으로 수많은 기법들이 논문을 통해 발표되고 있으나, 이공계 대학생 또는 대학원생에게 적절한 서적이 거의 없다는 인식 때문이었다. 즉, 데이터마이닝의 주요 기법에 대한 이론을 쉽게 이해할 수 있는 책을 만들자는 것이 큰 목적이라 하겠다. 따라서 대학에서는 이 책을 데이터마이닝 관련 과목의 교과서로 활용할 수 있을 것이며, 기업 및 연구소의 연구자들은 참고서적으로 이용할 수 있을 것으로 기대한다.

저자가 기존의 통계 기법과는 다른 데이터마이닝 기법을 처음 접하게 된 것은 1998년도 모 정유 회사와 연구 과제를 수행할 때였다. 석유 제품의 품질 특성을 직접 측정하지 않고 근적외선 등의 분광 데이터를 얻은 후 소위 캘리브레이션이란 과정을 통해 예측모형을 구축하는 것이었다. 회귀분석의 상황과 같이 X 데이터와 Y 데이터가 있고 이들 관계를 모형화하는 것인데, 기존의 회귀모형을 적용하지 못하는 데이터의 특성이 있었다. 즉, X 데이터에 해당하는 것이 분광 데이터인데 파장별로 수백 개의 변수가 있는 반면 관측 수는 수십에 불과하였다. 따라서 기존의 회귀분석 기법으로는 회귀계수를 추정할 수 없는 상황이었다. 또한 변수들 간의 상관관계가 높아 변수 수를 줄인다 하여도 추정의 어려움이 더해지는 형편이었다. 이러한 데이터에 대하여 이미 분석화학 분야에서는 부분최소자승 회귀모형이 널리 사용되고 있음을 처음 알게 되었다. 그 후 분류분석, 군집분석 및 연관규칙과 관련된 기법들도 접하게 되었다.

저자는 현직에서 십수 년 동안 '산업통계응용'이란 과목을 학부 4학년 및 대학원생을 대상으로 강의하였다. 처음에는 회귀분석 위주로 강의를 하였으나 데이터마이닝 기법을 접하게 된 후로 이들을 강의에서 소개하였다. 데이터마이닝 기법들을 단순히 소프트웨어 사용법으로 가르치는 대신, 대표적인 기법의 기본 개념 및 원리 등을 학습시키는 데 주력하였다. 이런 측면에서 적절한 서적이 없는 것을 알고 강의 노트를 작성하기 시작하였으며, 이들이 모여 ≪데이터마이닝 기법과 응용≫이라는 이 책이 탄생하게 되었다.

데이터마이닝 기법을 목적에 따라 크게 예측, 분류분석, 군집분석, 연관규칙으로 나눌 수 있는데, 이 책에서는 이와 같은 구분에 따라 1부부터 4부까지 구성하였다. 1부의 예측 기법에서는 회귀분석, 주성분분석 및 부분최소자승 회귀분석을 다루고 있다. 이 중 주성분분석은 직접적인 예측 기법에 속하지는 않으나 부분최소자승 회귀분석을 이해하는 데 기초가 되며 또한 변수 수를 줄이는 차원축소 등의 예비분석 기법으로 유용하므로 포함시켰다. 특히 주성분분석 및 부분최소자승 회귀분석에서 제곱합 분해 등은 다른 책에서 찾아볼 수 없는 새로운 시도이다.

2부의 분류분석에서는 로지스틱 회귀분석, 판별분석, 트리기반 기법, 그리고 서포트 벡터 머신을 설명하고 있다. 이 중 로지스틱 회귀분석 및 판별분석은 통계적 기법에 기반하고 있으나 나머지 둘은 반드시 그렇지 않다. 특히, 서포트 벡터 머신은 최적화 기법에 기반을 두고 있어 다소 생소할 수도 있으나 개념 및 작동 원리를 이해하는 데는 큰 무리가 없을 것으로 사료된다.

3부에서는 군집분석을 다루고 있는데, 크게 계층적 군집분석과 비계층 군집분석으로 우선 구분하여 계층적 군집분석에서는 주로 연결법을 설명하고 비계층 군집분석에서는 K-means, K-medoids, 퍼지 K-means, 모형기반 군집방법 등을 소개하고 있다. 여기서도 단순히 알고리즘이 어떻게 되는지만 언급하지 않고 왜 그렇게 되는지를 설명하기 위하여 최적화 문제로 정식화되는 것을 보이고 있다.

마지막 4부에서는 연관규칙과 추천시스템을 포함하고 있다. 연관규칙은 많은 데이터마이닝 서적에서 구체적인 알고리즘을 소개하지 않고 있지만 데이터로부터 유용한 패턴을 찾는다는 데이터마이닝의 주목적에 부합하는 주제이므로 이 책에서는 다루고 있다. 또한, 추천시스템은 연관규칙과는 다소 목적이 다르나 사용자들이 제품을 평가하는 특성을 서로 연관시키는 면에서 공통점을 찾을 수 있으므로 4부에서 다루고 있다.

이 책에서는 여러 기법의 소개와 함께 예제를 가능한 많이 수록하려고 노력하였다. 즉, 기법을 소개한 후 이에 따르는 예제가 있어 기법을 보다 쉽게 이해할 수 있도록 하였다. 또한, 각 장마다 연습문제를 실어 학습할 수 있도록 하였다. 그러나 일부 연습문제를 풀기 위해서는 소프트웨어의 도움이 필요하다. 이 책에서는 특정 소프트웨어의 사용을 설명하지 않고 있다. 가끔 예제 풀이를 Minitab이나 SAS 등의 소프트웨어 output 형태로 보여주고는 있으나, 이 책에서는 기법에 보다 중점을 두고자 소프트웨어의 어떤 기능을 어떻게 사용할 수 있다는 것은 언급하지 않고 있다. 최근에는 인터넷 등에서도 데이터마이닝 관련 무료 소프트웨어를 구하여 사용할 수 있으므로 기법을 이해한다면 소프트웨어의 사용은 무난할 것으로 판단된다.

서두에서 언급하였듯이 이 책이 나오기 오래 전부터 포항공과대학교 '산업통계응용' 수강생을 대상으로 한 강의 자료가 있었다. 이 자료를 읽고 틀린 곳을 지적해 준 학생들과 대학원생의 노력은 이 책을 내는 데 많은 도움이 되었다. 이들에게 지면을 빌어 감사드린다. 또한, 항상 격려를 아끼지 않은 가족들에게도 고마움을 전한다. 마지막으로 이 책을 기꺼이 출판해 주신 한나래출판사 한기철 대표께 진심으로 감사를 표한다.

2012년 10월
효자동 언덕에서
전치혁

차 례

CONTENTS

2부 / 분류분석

1장

데이터마이닝 개요

들어가며

데이터마이닝(data mining)이란 용어는 1995년부터 사용되기 시작한 것으로 알려지고 있다. 이 용어는 광산에서 광물을 캐내는 것에 비유한 것으로 금광석에 극히 미량으로 포함된 금을 여러 단계를 걸쳐 추출하듯이 수많은 데이터로부터 유용한 정보를 찾아내는 것으로 해석된다. 지난 수십 년간 여러 조직(국가, 기업 등)에 의한 정보시스템에 대한 투자, 컴퓨터의 발전 및 보급, 데이터베이스 기술의 발전 등으로 다양한 분야에서 다양한 형태의 데이터, 예를 들어, 판매시점관리 데이터, 주식거래 데이터, 병원환자 데이터, 전화통화 기록 데이터, 카탈로그 주문 데이터, 은행거래 데이터, 이미지 데이터, 항공예약 데이터, 신용카드결제 데이터, 제조업체의 품질관리 데이터, 세금환급 데이터 등이 기하급수적으로 축적되어 왔다. 그러나 이러한 데이터의 급격한 증가는 우리가 원하는 정보를 찾아내는 일을 보다 어렵게 만들고 있는 것이 현실이다. 데이터마이닝은 David(1998) 등이 언급한 바와 같이 유용한 정보 추출의 목적 달성을 위하여 통계학, 데이터베이스 기술(database technology), 패턴인식(pattern recognition), 기계학습(machine learning) 등 매우 다양한 학문을 활용하고 있다.

데이터마이닝을 한마디로 정의하기는 어렵지만 "대용량의 데이터로부터 이들 데이터 내에 존재하는 관계, 패턴, 규칙 등을 탐색하여 모형화함으로써 유용한 지식을 추출하는 일련의 과정들"이라 정의할 수 있으며, 또한 통계적인 관점에서 간략하게 표현한다면 "대용량 데이터에 대한 탐색적 데이터 분석(exploratory data analysis)"이라고 할 수도 있을 것이다. 데이터마이닝이 기존의 통계적 기법과 구별되는 큰 차이라면, 주어진 가설의 검정에 그치는 것이 아니고 데이터로부터 유용한 새로운 가설 또는 규칙 등을 이끌어 내는 데 있다고 하겠다.

1.1 데이터마이닝의 기능과 기법

데이터마이닝은 다양한 목적으로 사용될 수 있다. 그러나 기본적인 목적에 따라 분류할 때, 예측(prediction), 분류(classification), 군집화(clustering), 연관규칙(association rule) 추출로 구분할 수 있겠다.

(1) 예측

예측이란 과거의 데이터를 바탕으로 특정 변수의 미래 값을 평가하는 것이라 하겠다. 예를 들어, 제품의 품질특성치 예측, 장래의 시장 점유율 예측 등이 그것이다. 다음에 언급할 분류 또한 예측에 속한다고 할 수 있으나 분류는 범주형 변수에 대한 범주 예측을 말하며 통상적인 예측이란 주로 연속형 변수에 대한 것이다.

예측을 위해서는 회귀분석이 가장 널리 사용되며, 이 외에도 시계열분석(time-series analysis), 신경망(neural networks) 등이 종종 활용되고 있다. 변수의 차원이 높은 복잡한 데이터에 대해서는 주성분분석(principal component analysis)을 활용한 PLS(partial least squares), 웨이블릿 변환(wavelet transform) 등으로 특징(feature)을 추출하고 이를 기반으로 예측모형을 구성하는 고도의 기법들이 이용되고 있다.

(2) 분류

분류는 범주형 변수의 범주를 예측하는 것을 일컫는데, 예를 들어 암환자 종양의 크기, 모양, 각종 검사의 결과 등을 바탕으로 악성/양성 여부를 판단하는 것을 말한다. 이를 위해서는 악성/양성 여부가 판별된 과거 암환자의 데이터(종양 크기, 모양, 각종 검사 결과 등)를 분석하여 분류규칙을 수립한 후, 새로운 환자에 대한 데이터를 입력하여 악성 또는 양성으로 분류하게 된다. 위의 예에서와 같이 분류규칙을 유도하기 위한 과거 데이터를 학습표본(learning or training sample)이라 한다. 기계학습 이론에서는 학습표본을 이용하는 경우를 지도학습(supervised learning), 그렇지 않은 경우를 비지도학습 또는 자율학습(unsupervised learning)이라 한다. 따라서 분류는 지도학습에 속하며 다음에 언급할 군집은 자율학습에 속한다.

분류를 위한 기법은 무수히 많이 개발되어 있는데, 주로 사용되는 것으로 로지스틱 회귀분석(logistic regression), 판별분석(discriminant analysis), 트리기반 분석(tree-based analysis), 서포트 벡터 머신(support vector machine), 신경망 등이 있다.

(3) 군집화

하나의 객체(object)가 여러 속성(attribute)을 갖는다 하고 이러한 객체가 다수 있다고 할 때 군집분석이란 유사한 속성들을 갖는 객체들을 묶어 전체의 객체들을 몇 개의 그룹 또는 군집(cluster)으로 나누는 것을 말한다. 예를 들어, 회사에서 관리하는 고객들에 대하여 구매 행태를 반영하는 속성들에 대한 데이터가 수집된다고 할 때 유사한 구매 행태를 보이는 고객들을 서로 그룹핑하는 것을 군집분석이라 할 수 있겠다. 군집화를 위한 객체 데이터에는 객체가 속하는 범주를 나타내는 상태변수는 없는 점이 분류분석의 경우와 다르다고 하겠다. 즉, 군집분석은 학습표본이 없는 자율학습에 속한다. 따라서 군집화의 결과가 얼마나 타당한가를 평가함은 매우 어려운 일이며 결과 해석을 위해서는 해당 분야의 전문가의 견해가 종종 필요한 분석이다.

군집화를 위한 알고리즘 역시 다양한 편인데, 크게 계층적 방법(hierarchical method)과 비계층적 방법(non-hierarchical or partitioning method)으로 구분된다. 계층적 방법에는 다시 집괴법(agglomerative or amalgamation method)과 분리법(divisive method)으로 나뉘는데, 연결법(linkage method), 워드 방법(Ward's method) 등의 집괴법이 널리 사용된다. 비계층적 방법으론 K-means, K-medoids 등이 보편적으로 사용되고 있다.

(4) 연관규칙 추출

연관규칙 추출이란 데이터에 숨어 있는 항목 간의 관계를 탐색하는 것으로 이러한 활동을 연관분석(association analysis) 또는 링크분석(link analysis)이라 한다. 주로 'A가 일어나면 B가 일어난다'는 식의 비교적 간단한 규칙을 추출하는 경우가 대부분이다. 예를 들어, 철물점에서 '못을 사면 망치도 산다'는 식이다. 특별히 시간의 흐름과 연관된 관계를 시퀀스 규칙(sequence rule)이라고도 한다. 이를 위해 대표적으로 사용되는 기법으론 시장바구니 분석(market basket analysis)이 있다. 이는 슈퍼마켓에서 계산하는 손님의 쇼핑카트의 물품들을 분석함으로써 구매 행태를 파악하는 데서 비롯된 것이다.

넓게 보면 추천시스템(recommender system) 역시 연관규칙과 관련성이 높다. 추천시스템이란 고객의 과거 구매 데이터를 분석하여 특정 고객에 대하여 구매 가능성이 높은 새로운 제품들을 추천하는 것이다. 협업 필터링(collaborative filtering)이 대표적인데 이는 사용자와 유사한 특성을 갖는 다른 사용자들의 구매 패턴을 고려하는 방식이다.

1.2 ▸ 데이터마이닝의 활용 분야

데이터마이닝의 활용 분야는 기업의 의사결정 문제, 고객관리, 생물정보학(bio-informatics)에서의 데이터 분석, 인터넷에서 문서 또는 정보 검색을 위한 웹 마이닝(web mining) 등 다양하며, 주요 활용 분야를 나열하면 다음과 같다.

(1) 기업 마케팅

기업 마케팅은 데이터마이닝이 가장 성공적으로 적용되고 있는 분야 중의 하나이며, 고객 세분화(segmentation), 목표 마케팅(target marketing), 고객성향변동 분석(churn analysis), 교차 판매(cross selling) 등에 주로 이용된다. 고객 세분화 및 목표 마케팅은 성향이 유사한 고객군을 도출하여 특화된 마케팅 전략 수립을 위해 필요하다. 고객성향변동 분석은 이탈 고객의 사전 방지를 위하여 이탈 확률이 높은 고객을 찾고자 함이며, 교차 판매는 은행 등에서 자신의 고객 정보를 분석하여 타 금융기관에서 개발한 상품을 함께 판매 촉진시키기 위하여 활용된다. 기업 마케팅은 소매, 통신판매, 금융서비스, 건강, 보험, 통신, 운송, 제약 등 다양한 분야에서 활용되고 있다.

(2) 신용평가

신용평가(credit scoring)는 금융기관에서 고객의 우량/불량 여부를 판별하거나 고객의 신용등급 관리를 위해 중요시하는 분야이다. 이는 불량채권 발생률을 미연에 방지하고 고객에 따라 차별화된 금융상품 및 혜택을 제공함으로써 원활한 고객관계관리(customer relationship management)를 실현하여 궁극적으로 기업의 수익을 증대시키고자 함이다. 신용평가를 위해 고객의 제시하는 인구통계학적 자료를 바탕으로 재정적인 위험을 판단할 수 있고, 이 외에 고객의 거래내역 데이터를 추가로 분석하여 신용상태를 평가할 수 있겠다.

(3) 품질개선

품질개선의 목적은 불량품을 찾고, 그 원인을 밝혀서 궁극적으로 이를 예방하는 것이다. 주로 제조업체에서 불량품을 유발시키는 조업 패턴의 인식, 수율 증대를 위한 공정변수의 발견과 최적화를 통하여 비용 감소 및 이윤 증가에 중점을 두고 있다. 이를 위해 기존에 많은 통계분석이 적용되고 있으나 공정에서 발생하는 방대한 데이터 처리를 위하여 최근에는 데이터마이닝 기법의 활용 역시 증대되고 있다.

(4) 부정행위의 적발

부정행위 적발(fraud detection)의 목적은 신용거래 등에서 고도의 사기행위를 발견할 수 있는 패턴을 알아내는 것이다. 은행에서는 발견된 패턴을 이용하여 신용카드 거래 사기 및 불량수표를 적발할 수 있고, 통신회사에서는 전화카드 거래 사기를 방지하며, 보험회사에서는 불필요한 장기입원, 의료비의 허위 및 과다 청구를 예방할 수 있다. 주로 분류분석이 사용되는데, 학습 데이터에 부정거래의 건수는 상대적으로 적으므로 특별한 샘플링 기법의 추가가 필요한 경우가 많다.

(5) 금융 데이터마이닝

데이터마이닝은 금융권에 쓰이면서 금융 데이터마이닝(financial data mining)이라는 분야로 발전하여 주가 예측, 위험 관리, portfolio 분석, 파산위험 예측 등 다양한 분야에 이용되고 있다. 금융 분야에는 일 단위에서 초 단위까지의 시계열 데이터가 유용한 경우가 있으므로 방대한 데이터 처리가 도전적 과제가 되고 있다. 최근에는 뉴스와 같은 텍스트 정보와 수치 데이터 정보를 결합한 마이닝 기법도 활용되고 있다.

(6) 이미지 분석

이미지 분석(image processing)은 디지털화된 사진으로부터 패턴을 추출하는 기법이며, 천문학, 문자 인식, 의료진단, 방위산업 등 다양한 분야에서 활용되고 있다. 특히 의료진단 분야는 이미징 기술이 발전함에 따라 암의 여부를 판별하거나 수술 부위를 판정하는 데 데이터마이닝 기법을 활용한 이미지 분석의 필요성이 증대되고 있다.

(7) 생물정보학

생물정보학(bioinformatics)은 다양한 대용량의 생물학 데이터를 분석해 유용하고 의미 있는 정보들을 발견하는 학문이다. 마이크로어레이(microarray) 데이터 분석을 통한 많은 수의 유전자 기능의 동시적 파악, DNA 및 RNA의 서열 분석(sequence alignment), 단백질의 구조 분석 등에 데이터마이닝이 활발하게 사용되고 있다.

(8) 웹 마이닝

웹 마이닝은 웹 자원으로부터 의미 있는 패턴, 추세 등을 발견하기 위하여 데이터마이닝 기술을 응용하는 것이다. 고객의 웹에서의 이동경로(브라우징) 탐색, 이용자의 웹 액세스 로그 분석, 문서 분류 등 다양하게 사용된다.

1.3 ▸ 참고사항

David, J. H. (1998). "Data Mining: Statistics and More?," The American Statistician, 52, 2, 112-118.

2장

회귀분석

2.1 다중회귀모형
2.2 회귀계수의 추정
2.3 모형에 대한 추론
2.4 변수선택 방법
2.5 회귀모형의 진단
2.6 반응치에 대한 추정 및 예측
2.7 다중공선성
2.8 지시변수와 회귀모형
2.9 참고사항

들어가며

회귀분석은 관심 있는 하나의 변수를 설명하는 데 있어 이에 영향을 주는 다른 변수들과의 관계를 함수식 형태로 나타내고, 각 변수의 영향력을 조사하며 영향변수들의 변화에 따른 관심변수의 변화를 예측하는 데 사용된다. '회귀(regression)'라는 용어는 영국의 우생학자 Francis Galton(1885)이 아들의 키와 아버지의 키의 관계를 조사한 논문에서 "아들의 키는 아버지의 키가 크면(작으면) 대체적으로 크지만(작지만), 아버지의 키가 크(작)더라도 아들들의 키는 전체 평균키에 회귀하는(돌아가려는) 경향이 있다"라고 발표하면서 'regression toward mediocrity'라고 사용한 데서 유래한다. 회귀분석에서 원인의 역할을 하는 변수를 독립변수(independent variable 또는 predictor variable)라 하고, 결과를 관측하는 변수를 종속변수(dependent variable 또는 response variable)라 한다. 일반적으로 회귀분석에서 독립변수 및 종속변수는 양이나 크기 등으로 측정될 수 있는 양적변수(quantitative variable), 범주 등을 표현하는 질적변수(qualitative variable) 모두를 취할 수 있다. 그러나 본 장에서 다룰 회귀분석에서는 종속변수가 양적변수인 경우를 다룬다. 종속변수가 질적변수인 경우는 분류분석에서 취급한다.

가장 간단한 회귀모형은 종속변수를 하나의 독립변수로 설명하는 경우이며, 이를 단순회귀모형(simple regression model)이라 하며, 2개 이상의 독립변수로 설명코자 하는 경우를 다중회귀모형(multiple regression model)이라 한다. 본 장에서는 다중회귀모형에 대한 추정 및 검정, 변수선택 방법, 다중공선성 등의 문제를 다루도록 한다.

2.1 ▸ 다중회귀모형

종속변수 Y를 설명하는 데 k개의 독립변수인 $X_1,...,X_k$를 도입할 때 다중회귀모형은 다음과 같이 정의된다.

$$Y_i = \beta_0 + \beta_1 X_{1i} + \beta_2 X_{2i} + ... + \beta_k X_{ki} + \epsilon_i \qquad i = 1, 2, ..., n \tag{2.1}$$

여기서 $\beta_0, \beta_1, ..., \beta_k$는 추정되어야 할 회귀계수들이며, ϵ_i는 서로 독립이고 동일한 정규분포 $N(0,\ \sigma^2)$을 따르는 오차항이다. $\beta_j (j=1,...,k)$는 j번째 독립변수 X_j의 회귀계수(기울기)를 의미하는데, X_j를 제외한 다른 모든 독립변수의 값이 고정된 상태에서 X_j의 값이 한 단위 증가할 때의 Y값의 평균변화량을 나타낸다. 그리고 X_{ji}는 독립변수 X_j의 i번째 관측치를 의미한다.

위의 회귀모형은 각 독립변수에 대한 1차항만을 포함하고 있는데, 경우에 따라서는 2차항 이상의 고차항이나 교호작용(interaction)항이 모형에 다음과 같이 포함될 수도 있다.

$$Y_i = \beta_0 + \beta_1 X_{1i} + \beta_2 X_{1i}^2 + \beta_3 X_{1i}^3 + \epsilon_i \tag{2.2}$$

$$Y_i = \beta_0 + \beta_1 X_{1i} + \beta_2 X_{2i} + \beta_3 X_{1i} X_{2i} + \epsilon_i \tag{2.3}$$

고차항은 그 독립변수와 비선형관계에 있을 때 적합시키기 위한 것으로, 고차항이 포함된 식 (2.2)와 같은 모형을 다항식모형(polynomial model)이라고 한다. 다항식모형을 식 (2.1)의 다중회귀모형에 포함될 수 있는 이유는 예를 들어 식 (2.2)의 모형에서 X_{1i}^2을 새로운 독립변수 X_{2i}로, X_{1i}^3을 X_{3i}로 치환하면 식 (2.1)의 모형으로 바꿀 수 있기 때문이다. 또한 식 (2.3)과 같은 모형도 $X_1 X_2$항을 새로운 독립변수 X_3으로 치환하면 식 (2.1)의 모형으로 변환할 수 있다. 그러나 다음과 같이 회귀계수에 있어 선형적이지 않은 모형은 본 장에서 다루지 않는다.

$$Y_i = \beta_0 + \beta_1 X_{1i} + \beta_2 X_{2i} + X_{3i}^{\beta_3} X_{4i}^{\beta_4} + \epsilon_i$$

위와 같은 모형은 비선형모형(nonlinear model)이라 한다.

다중회귀모형은 행렬로 표현함으로써 간단한 형태로 나타낼 수 있다. 식 (2.1)을 행렬 형태로 표현하기 위해 β_0에 형식적으로 '1'을 넣고 관측번호 i를 1에서 n까지 풀어쓰면 다음과 같다.

$$\begin{aligned} Y_1 &= \beta_0 \cdot 1 + \beta_1 X_{11} + \beta_2 X_{21} + \ldots + \beta_k X_{k1} + \epsilon_1 \\ Y_2 &= \beta_0 \cdot 1 + \beta_1 X_{12} + \beta_2 X_{22} + \ldots + \beta_k X_{k2} + \epsilon_2 \\ &\vdots \\ Y_n &= \beta_0 \cdot 1 + \beta_1 X_{1n} + \beta_2 X_{2n} + \ldots + \beta_k X_{kn} + \epsilon_n \end{aligned} \tag{2.4}$$

Y항, X항, 회귀계수, 오차항을 각각 묶어 다음과 같이 벡터와 행렬로 정의하자.

$$\boldsymbol{y} = \begin{bmatrix} Y_1 \\ Y_2 \\ \vdots \\ Y_n \end{bmatrix} \qquad \boldsymbol{X} = \begin{bmatrix} 1 & X_{11} & X_{21} & \cdots & X_{k1} \\ 1 & X_{12} & X_{22} & \cdots & X_{k2} \\ \vdots & \vdots & \vdots & & \vdots \\ 1 & X_{1n} & X_{2n} & \cdots & X_{kn} \end{bmatrix}$$

$$\beta = \begin{bmatrix} \beta_0 \\ \beta_1 \\ \vdots \\ \beta_k \end{bmatrix} \qquad \epsilon = \begin{bmatrix} \epsilon_1 \\ \epsilon_2 \\ \vdots \\ \epsilon_n \end{bmatrix}$$

여기서 벡터는 모두 열벡터(column vector)인데 벡터 $\boldsymbol{y}$와 ϵ는 크기 n의 열벡터이며, β는 크기 $(k+1)$의 열벡터이다. 그리고 X는 $n \times (k+1)$의 행렬이 된다. 이때 다중회귀모델은 다음과 같은 간단한 형태로 나타낼 수 있다(이를 확인하라).

$$\boldsymbol{y} = \boldsymbol{X}\beta + \epsilon \tag{2.5}$$

오차항 벡터 ϵ은 정규분포를 따르는 n개의 확률변수 ϵ_i들로 이루어졌기 때문에 다변량 정규분포를 따른다고 말한다. 다변량 정규분포를 따르는 벡터의 기대치는 벡터로 표현되며, 그 산포의 척도는 행렬로 표현되는데 이를 분산-공분산행렬

(variance-covariance matrix)이라 한다. 즉, $E[\epsilon]=0$이고, 분산-공분산행렬 $Var[\epsilon]$은 각 ϵ_i들이 독립이므로 대각원소의 분산값 σ^2을 제외한 모든 공분산값은 0이 되어 다음과 같이 표현될 수 있다.

$$Var[\boldsymbol{\epsilon}]=\begin{bmatrix}\sigma^2 & & & 0\\ & \sigma^2 & & \\ & & \ddots & \\ 0 & & & \sigma^2\end{bmatrix}=\sigma^2\boldsymbol{I}$$

여기서 $\boldsymbol{I}$는 단위행렬(identity matrix)이다.

2.2 ▶ 회귀계수의 추정

다중회귀모형에서 회귀계수들의 추정은 최소자승법(least squares method)에 근거하고 있다. 최소화시킬 오차항의 제곱합 Q는 다음과 같이 표현된다.

$$Q=\sum[Y_i-(\beta_0+\beta_1X_{1i}+\ldots+\beta_kX_{ki})]^2 \tag{2.6}$$

최소자승법에 의한 회귀계수의 추정은 제곱합 Q를 각 β_j에 대하여 편미분하고 이를 0으로 하는 다음과 같은 연립방정식을 풀어 $\hat{\beta}_j$들을 구하는 것이다.

$$\frac{\partial Q}{\partial\beta_0}=-2\sum[Y_i-(\beta_0+\beta_1X_{1i}+\ldots+\beta_kX_{ki})]=0$$

$$\frac{\partial Q}{\partial\beta_1}=-2\sum X_{1i}[Y_i-(\beta_0+\beta_1X_{1i}+\ldots+\beta_kX_{ki})]=0$$

$$\vdots$$

$$\frac{\partial Q}{\partial\beta_k}=-2\sum X_{ki}[Y_i-(\beta_0+\beta_1X_{1i}+\ldots+\beta_kX_{ki})]=0$$

위의 연립방정식을 만족하는 β_j를 $\hat{\beta}_j$라 하면 다음 관계가 성립하는데 이를 정규방정식

(normal equation)이라 한다.

$$
\begin{aligned}
\widehat{\beta_0} n + \widehat{\beta_1} \sum X_{1i} + \ldots + \widehat{\beta_k} \sum X_{ki} &= \sum Y_i \\
\widehat{\beta_0} \sum X_{1i} + \widehat{\beta_1} \sum X_{1i}^2 + \ldots + \widehat{\beta_k} \sum X_{1i} X_{ki} &= \sum X_{1i} Y_i \\
&\vdots \\
\widehat{\beta_0} \sum X_{ki} + \widehat{\beta_1} \sum X_{ki} X_{1i} + \ldots + \widehat{\beta_k} \sum X_{ki}^2 &= \sum X_{ki} Y_i
\end{aligned} \tag{2.7}
$$

정규방정식 (2.7)을 벡터-행렬식으로 표현하면 편리한데 이를 위해서 우선 행렬 $(\boldsymbol{X}^T\boldsymbol{X})$이 다음과 같음을 알아야 한다.

$$
(\boldsymbol{X}^T\boldsymbol{X}) = \begin{bmatrix} n & \sum X_{1i} & \sum X_{2i} & \cdots & \sum X_{ki} \\ \sum X_{1i} & \sum X_{1i}^2 & \sum X_{1i} X_{2i} & \cdots & \sum X_{1i} X_{ki} \\ \vdots & \vdots & \vdots & & \vdots \\ \sum X_{ki} & \sum X_{ki} X_{1i} & \sum X_{ki} X_{2i} & \cdots & \sum X_{ki}^2 \end{bmatrix} \tag{2.8}
$$

식 (2.8)을 이용하면 식 (2.7)의 정규방정식이 다음과 같이 표현됨을 보일 수 있다.

$$
(\boldsymbol{X}^T\boldsymbol{X})\hat{\beta} = \boldsymbol{X}^T\boldsymbol{y} \tag{2.9}
$$

따라서 β의 최소자승추정량은 다음과 같다.

$$
\hat{\beta} = (\boldsymbol{X}^T\boldsymbol{X})^{-1}\boldsymbol{X}^T\boldsymbol{y} \tag{2.10}
$$

식 (2.10)에서 $(\boldsymbol{X}^T\boldsymbol{X})^{-1}$은 $(\boldsymbol{X}^T\boldsymbol{X})$의 역행렬(inverse matrix)인데 여기서는 이 역행렬이 존재한다는 것을 가정한다. 뒤에서 다루겠지만 독립변수 간에 선형관계가 있는 경우에는 역행렬이 존재하지 않을 수 있다.

예 2.1 **[단순회귀모형]** 다음과 같은 단순회귀모형에 대하여 벡터-행렬 기호를 사용하여 식 (2.10)과 같은 β의 추정량을 구하여 보자(여기서 X_i는 독립변수 X의 i번째 관측치임을 유의하라. 즉, 식 (2.1)의 모형으로 보면 X_i는 X_{1i}를 의미한다).

$$
Y_i = \beta_0 + \beta_1 X_i + \epsilon_i \qquad i = 1, 2, \ldots, n
$$

이 경우 행렬 $\boldsymbol{X}$와 벡터 β는 아래와 같다.

$$\boldsymbol{X}=\begin{bmatrix} 1 & X_1 \\ 1 & X_2 \\ \vdots & \vdots \\ 1 & X_n \end{bmatrix} \qquad \beta=\begin{bmatrix} \beta_0 \\ \beta_1 \end{bmatrix}$$

따라서 행렬 $(\boldsymbol{X}^T\boldsymbol{X})$는 다음과 같이 구해진다.

$$(\boldsymbol{X}^T\boldsymbol{X}) = \begin{bmatrix} n & \Sigma X_i \\ \Sigma X_i & \Sigma X_i^2 \end{bmatrix}$$

그리고 역행렬 $(\boldsymbol{X}^T\boldsymbol{X})^{-1}$은 다음과 같이 구해진다.

$$(\boldsymbol{X}^T\boldsymbol{X})^{-1} = \frac{1}{\Sigma(X_i-\overline{X})^2}\begin{bmatrix} \Sigma X_i^2/n & -\overline{X} \\ -\overline{X} & 1 \end{bmatrix}$$

한편 $\boldsymbol{X}^T\boldsymbol{y}$는 아래와 같으므로

$$\boldsymbol{X}^T\boldsymbol{y}=\begin{bmatrix} \Sigma Y_i \\ \Sigma X_i Y_i \end{bmatrix}$$

식 (2.10)에 의한 $\hat{\beta}$은 다음과 같이 표현된다.

$$\begin{aligned} \hat{\boldsymbol{\beta}} = \begin{bmatrix} \widehat{\beta_0} \\ \widehat{\beta_1} \end{bmatrix} &= \frac{1}{\Sigma(X_i-\overline{X})^2}\begin{bmatrix} \Sigma X_i^2/n & -\overline{X} \\ -\overline{X} & 1 \end{bmatrix}\begin{bmatrix} \Sigma Y_i \\ \Sigma X_i Y_i \end{bmatrix} \\ &= \frac{1}{\Sigma(X_i-\overline{X})^2}\begin{bmatrix} \overline{Y}\Sigma X_i^2 - \overline{X}\Sigma X_i Y_i \\ \Sigma X_i Y_i - n\overline{X}\,\overline{Y} \end{bmatrix} \end{aligned}$$

따라서 $\widehat{\beta_1}$과 $\widehat{\beta_0}$은 다음과 같다.

$$\widehat{\beta_1}=\frac{\Sigma X_i Y_i - n\overline{X}\,\overline{Y}}{\sum_{i=1}^{n}(X_i-\overline{X})^2} \qquad \widehat{\beta_0}=\overline{Y}-\widehat{\beta_1}\overline{X}$$

예 2.2 **[두 변수 모형]** 독립변수가 두 개 있는 다음 모형에 대한 회귀계수 추정을 위한 정규방정식과 $(\boldsymbol{X}^T\boldsymbol{X})^{-1}$을 구하라.

$$Y_i = \beta_0 + \beta_1 X_{1i} + \beta_2 X_{2i} + \epsilon_i$$

풀이 행렬 $\boldsymbol{X}$는 다음과 같으므로

$$\boldsymbol{X} = \begin{bmatrix} 1 & X_{11} & X_{21} \\ 1 & X_{12} & X_{22} \\ \vdots & \vdots & \vdots \\ 1 & X_{1n} & X_{2n} \end{bmatrix}$$

$(\boldsymbol{X}^T\boldsymbol{X})$ 행렬은 아래와 같다.

$$(\boldsymbol{X}^T\boldsymbol{X}) = \begin{bmatrix} n & \sum X_{1i} & \sum X_{2i} \\ \sum X_{1i} & \sum X_{1i}^2 & \sum X_{1i}X_{2i} \\ \sum X_{2i} & \sum X_{1i}X_{2i} & \sum X_{2i}^2 \end{bmatrix}$$

따라서 정규방정식은 아래와 같다.

$$\begin{bmatrix} n & \sum X_{1i} & \sum X_{2i} \\ \sum X_{1i} & \sum X_{1i}^2 & \sum X_{1i}X_{2i} \\ \sum X_{2i} & \sum X_{1i}X_{2i} & \sum X_{2i}^2 \end{bmatrix} \begin{bmatrix} \widehat{\beta_0} \\ \widehat{\beta_1} \\ \widehat{\beta_2} \end{bmatrix} = \begin{bmatrix} \sum Y_i \\ \sum X_{1i} Y_i \\ \sum X_{2i} Y_i \end{bmatrix}$$

즉, $\widehat{\beta_0}$, $\widehat{\beta_1}$, $\widehat{\beta_2}$는 아래 연립방정식의 해가 된다.

$$\widehat{\beta_0} n + \widehat{\beta_1} \sum X_{1i} + \widehat{\beta_2} \sum X_{2i} = \sum Y_i$$

$$\widehat{\beta_0} \sum X_{1i} + \widehat{\beta_1} \sum X_{1i}^2 + \widehat{\beta_2} \sum X_{1i}X_{2i} = \sum X_{1i} Y_i$$

$$\widehat{\beta_0} \sum X_{2i} + \widehat{\beta_1} \sum X_{1i}X_{2i} + \widehat{\beta_2} \sum X_{2i}^2 = \sum X_{2i} Y_i$$

그리고 $(\boldsymbol{X}^T\boldsymbol{X})^{-1}$은 다음과 같이 표현된다.

$$(\boldsymbol{X}^T\boldsymbol{X})^{-1} = \frac{1}{\sum(X_{1i}-\overline{X_1})^2\sum(X_{2i}-\overline{X_2})^2-[\sum(X_{1i}-\overline{X_1})(X_{2i}-\overline{X_2})]^2}\times$$

$$\begin{bmatrix} [\sum X_{1i}^2\sum X_{2i}^2-(\sum X_{1i}X_{2i})^2]/n & \overline{X_2}\sum X_{1i}X_{2i}-\overline{X_1}\sum X_{2i}^2 & \overline{X_1}\sum X_{1i}X_{2i}-\overline{X_2}\sum X_{1i}^2 \\ & \sum(X_{2i}-\overline{X_2})^2 & -\sum(X_{1i}-\overline{X_1})(X_{2i}-\overline{X_2}) \\ & & \sum(X_{1i}-\overline{X_1})^2 \end{bmatrix} \tag{2.11}$$

예 2.3 탄소량(X_1)과 권취온도(X_2)가 냉연코일의 인장강도(Y)에 미치는 영향을 조사하기 위해 60개의 관측치를 얻었고 회귀모형은 다음과 같다.

$$Y_i = \beta_0 + \beta_1 X_{1i} + \beta_2 X_{2i} + \epsilon_i$$

아래에 주어진 값들을 이용하여 추정량 $\hat{\beta}$을 구해보자.

$$\sum X_{1i} = 1803.0 \qquad \sum X_{1i}^2 = 86665.0$$

$$\sum X_{2i} = 37057.0 \qquad \sum X_{2i}^2 = 23290449.0$$

$$\sum Y_i = 2032.0$$

$$\sum X_{1i}X_{2i} = 1003718.0$$

$$\sum X_{1i}Y_i = 65045.6$$

$$\sum X_{2i}Y_i = 1241187.0$$

우선 $(\boldsymbol{X}^T\boldsymbol{X})$은 다음과 같다.

$$(\boldsymbol{X}^T\boldsymbol{X}) = \begin{bmatrix} 60.0 & 1803.0 & 37057.0 \\ 1803.0 & 86665.0 & 1003718.0 \\ 37057.0 & 1003718.0 & 23290449.0 \end{bmatrix}$$

$(\boldsymbol{X}^T\boldsymbol{X})$의 역행렬과 $\boldsymbol{X}^T\boldsymbol{y}$는 다음과 같다.

$$(\boldsymbol{X}^T\boldsymbol{X})^{-1} = \begin{bmatrix} 16.2113 & -0.0769 & -0.0225 \\ -0.0769 & 0.0004 & 0.0001 \\ -0.0225 & 0.0001 & 0.00003 \end{bmatrix}$$

$$(\boldsymbol{X}^T\boldsymbol{y}) = \begin{bmatrix} 2032.0 \\ 65045.6 \\ 1241187.0 \end{bmatrix}$$

식 (2.10)을 이용하여 β의 추정량 $\hat{\beta}$을 구해보면 다음과 같다.

$$\begin{aligned} \hat{\beta} &= (\boldsymbol{X}^T\boldsymbol{X})^{-1}\boldsymbol{X}^T\boldsymbol{y} \\ &= \begin{bmatrix} 16.2113 & -0.0769 & -0.0225 \\ -0.0769 & 0.0004 & 0.0001 \\ -0.0225 & 0.0001 & 0.00003 \end{bmatrix} \begin{bmatrix} 2032.0 \\ 65045.60 \\ 1241187.0 \end{bmatrix} \\ &= \begin{bmatrix} 37.790075 \\ 0.086869 \\ -0.010579 \end{bmatrix} \end{aligned}$$

따라서 추정된 회귀식은 다음과 같이 쓸 수 있다.

$$\overline{Y} = 37.7901 + 0.0869X_1 - 0.0106X_2$$

■

식 (2.1)의 다중회귀모형에 대한 추정회귀식은 다음과 같이 표현되며

$$\widehat{Y} = \widehat{\beta_0} + \widehat{\beta_1}X_1 + \widehat{\beta_2}X_2 + \ldots + \widehat{\beta_k}X_k$$

이를 벡터로 나타내면 아래와 같다.

$$\hat{\boldsymbol{y}} = \boldsymbol{X}\hat{\beta} = \boldsymbol{X}(\boldsymbol{X}^T\boldsymbol{X})^{-1}\boldsymbol{X}^T\boldsymbol{y} \tag{2.12}$$

또한 i번째 관측치에 대한 잔차는 다음과 같다.

$$e_i = Y_i - \widehat{Y}_i = Y_i - (\widehat{\beta_0} + \widehat{\beta_1}X_{1i} + \widehat{\beta_2}X_{2i} + \ldots + \widehat{\beta_k}X_{ki}) \tag{2.13}$$

식 (2.13)의 잔차에 대한 제곱합을 잔차제곱합(residual sum of squares; SSE) 또는 오차제곱합이라 한다. 즉,

$$SSE = \sum e_i^2 = \sum (Y_i - \widehat{Y}_i)^2 \tag{2.14}$$

이때 σ^2의 추정은 아래와 같이 잔차제곱합 SSE를 자유도 (n−k−1)로 나눈 잔차평균제곱(MSE)을 이용한다. 즉,

$$\hat{\sigma}^2 = MSE = \frac{SSE}{n-k-1} = \frac{1}{n-k-1}\sum_{i=1}^{n}(Y_i - \hat{Y}_i)^2 \tag{2.15}$$

위에서 자유도가 (n−k−1)이 되는 이유는 모수인 회귀계수가 (k+1)개 있기 때문이다. 그리고 식 (2.15)의 σ^2의 추정량은 불편추정량임을 알 수 있다.

$$E[MSE] = \sigma^2 \tag{2.16}$$

참고로 식 (2.13)을 벡터로 표현하면 다음과 같은데 이를 잔차벡터라 한다.

$$\begin{aligned} e &= y - \hat{y} = y - \boldsymbol{X}\hat{\beta} \\ &= y - \boldsymbol{X}(\boldsymbol{X}^T\boldsymbol{X})^{-1}\boldsymbol{X}^T y \\ &= (\boldsymbol{I} - \boldsymbol{X}(\boldsymbol{X}^T\boldsymbol{X})^{-1}\boldsymbol{X}^T)y \end{aligned} \tag{2.17}$$

식 (2.17)의 잔차벡터를 아래와 같이 표현할 수 있다.

$$e = (\boldsymbol{I} - \boldsymbol{H})y \tag{2.18}$$

위에서 $\boldsymbol{H} = \boldsymbol{X}(\boldsymbol{X}^T\boldsymbol{X})^{-1}\boldsymbol{X}^T$는 hat 행렬(hat matrix)이라 부르며 여러 유용한 성질을 갖고 있다. 행렬 $\boldsymbol{H}$는 대칭이며($\boldsymbol{H}^T = \boldsymbol{H}$), 제곱해도 동일한 idempotent 성질($\boldsymbol{H}^2 = \boldsymbol{H}$)을 갖는다.

결국, 식 (2.14)의 잔차제곱합 SSE는 다음과 같이 나타낼 수 있다.

$$SSE = e^T e = (y - \boldsymbol{X}\hat{\beta})^T (y - \boldsymbol{X}\hat{\beta}) = y^T y - \hat{\beta}^T \boldsymbol{X}^T y \tag{2.19}$$

예 2.4 [예 2.3]에서 설정한 회귀모형의 오차항 분산을 추정하라.

풀이 오차항 분산 σ^2은 식 (2.15)와 같이 MSE로 추정되므로 우선 식 (2.19)를

이용하여 SSE를 산출한다(단, $\sum Y_i^2 = \boldsymbol{y}^T\boldsymbol{y} = 69361.89$는 주어졌다고 하자).

$$SSE = \boldsymbol{y}^T\boldsymbol{y} - \hat{\beta}^T \boldsymbol{X}^T \boldsymbol{y}$$
$$= 69361.89 - [37.790075 \;\; 0.086869 \;\; -0.010579] \begin{bmatrix} 2032.0 \\ 65045.6 \\ 1241187 \end{bmatrix} = 52.63$$

따라서 σ^2의 추정치는 다음과 같다.

$$\hat{\sigma}^2 = MSE = \frac{SSE}{n-k-1} = \frac{52.63}{57} = 0.9233$$

2.3 ▸ 모형에 따른 추론

다중회귀모형의 추론은 주로 모수, 즉 회귀계수 β_j들에 대한 추정 및 검정을 의미한다. 본 절에서는 다중회귀모형에 대하여 추정된 회귀계수 및 모형의 유의성을 검정하는 방법을 알아보자.

2.3.1 회귀성 검정

고려하고 있는 회귀모형 또는 추정된 회귀식이 얼마나 데이터를 잘 반영하고 있는가를 알아보기 위하여서는 이에 알맞은 척도를 개발할 필요가 있다. 동일한 종속변수를 설명하는 데 있어서도 어떤 독립변수를 도입하는가에 따라 설명력 또는 적합도(goodness of fit)가 다를 수 있기 때문에 이러한 척도로서 비교할 필요가 있다. 기본적으로 2.2절에서 언급한 잔차제곱합인 SSE가 작은 값을 가질수록 적합도는 높다고 말할 수 있는데 SSE는 단위 등에 의하여 변하는 값이므로 이 자체는 적합도의 척도로 적절하지 않다. 즉, SSE의 크기를 비교할 수 있는 대상이 필요하게 되는데, 종속변수에 대한 전체제곱합은 모형에 관계없이 데이터가 주어지면 일정한 값을 가지므로 비교 대상으로 삼을 수 있다.

그런데 전체제곱합(total sum of squares; SST)은 다음과 같이 표현된다.

$$\begin{aligned} SST &= \sum (Y_i - \overline{Y})^2 \\ &= \sum (Y_i - \widehat{Y}_i + \widehat{Y}_i - \overline{Y})^2 \\ &= \sum (Y_i - \widehat{Y}_i)^2 + \sum (\widehat{Y}_i - \overline{Y})^2 + 2\sum (Y_i - \widehat{Y}_i)(\widehat{Y}_i - \overline{Y}) \end{aligned} \tag{2.20}$$

위 식의 마지막 등식에서 첫 항은 SSE가 되며 마지막 항은 0이 된다. 또한 SSE는 모형으로 설명되지 않는 부분으로 해석될 수 있기 때문에 위 식의 마지막 등식에서 두 번째 항은 회귀모형으로서 설명되는 부분으로 해석하며, 이를 회귀제곱합(regression sum of squares; SSR)이라 한다. 즉,

$$SSR = \sum (\widehat{Y}_i - \overline{Y})^2 \tag{2.21}$$

위의 결과를 정리하면, 종속변수에 대한 전체제곱합(SST)이 회귀제곱합(SSR)과 잔차제곱합(SSE)으로 분해된다.

정리 2.1 전체제곱합 $SST = \sum_{i=1}^{n} (Y_i - \overline{Y})^2$는 다음과 같이 회귀제곱합과 잔차제곱합의 합으로 표현된다.

$$SST = SSR + SSE$$

【증명】 식 (2.20)의 마지막 항이 0임을 보이면 된다. 즉 다음 값이 0임을 보이고자 한다.

$$\sum (Y_i - \widehat{Y}_i)(\widehat{Y}_i - \overline{Y}) = \sum e_i (\widehat{Y}_i - \overline{Y}) = \sum e_i \widehat{Y}_i - \overline{Y} \sum e_i$$

식 (2.7)(정규방정식)의 첫 관계식으로부터 잔차의 합은 0임을 알 수 있다.

$$\sum e_i = 0 \tag{2.22}$$

그리고 다음이 성립한다.

$$\sum e_i \hat{Y}_i = \boldsymbol{e}^T \hat{\boldsymbol{y}} = \boldsymbol{y}^T (\boldsymbol{I} - \boldsymbol{H}) \boldsymbol{H} \boldsymbol{y} = 0 \tag{2.23}$$

위에서 행렬 $\boldsymbol{I} - \boldsymbol{H}$ 역시 대칭이며 idempotent임을 사용하였다(연습문제 참조).

회귀성 검정에 앞서 우선 추정회귀식의 적합도에 대한 척도인 결정계수 R^2에 대해 알아보자. 결정계수는 다음과 같이 회귀제곱합을 전체제곱합으로 나눈 값으로 정의된다.

정의 2.1 결정계수: coefficient of determination

회귀모형의 결정계수는 다음과 같이 정의된다.

$$R^2 = \frac{SSR}{SST} = 1 - \frac{SSE}{SST}$$

즉, R^2의 값은 전체제곱합 중 모형이 설명하는 제곱합의 비율로 해석되며 0에서 1 사이의 값을 갖는데, 그 값이 1에 가까울수록 모형의 적합도가 높은 것을 의미하며 0에 가까울수록 적합도가 낮음을 뜻한다.

그러나 R^2의 값은 독립변수가 추가됨에 따라 증가함으로(최소한 감소하지는 않으므로) 독립변수의 수에 따른 R^2의 증가분에 대한 조정을 필요로 한다. 수정결정계수 R^2_{adj}는 다음과 같이 정의되는데 독립변수의 추가에 의해 증가된다는 R^2의 결점을 보완한 것이다.

정의 2.2 수정결정계수: adjusted coefficient of determination

회귀모형의 수정결정계수는 다음과 같이 정의된다.

$$R^2_{adj} = 1 - \frac{SSE/(n-k-1)}{SST/(n-1)} = 1 - \left(\frac{n-1}{n-k-1}\right)(1 - R^2)$$

따라서 독립변수가 많이 포함된 다중회귀분석에서는 회귀모형의 적합도의 척도로서 R^2보다 수정결정계수인 R^2_{adj}를 사용한다.

다중회귀모형에 있어서 유의성 검정, 즉 회귀성 검정은 독립변수의 기울기에 해당하는 모든 회귀계수(β_0은 제외됨을 유의)가 0의 값을 갖는가 또는 그렇지 않은가를 검정하는 것이다. 따라서 귀무가설과 대립가설은 아래와 같다.

$$H_0 : \beta_1 = \beta_2 = \ldots = \beta_k = 0$$

$$H_1 : \text{모든 } \beta_j \ (j = 1, 2, \ldots, k)\text{가 0은 아니다.}$$

독립변수의 기울기에 해당하는 모든 회귀계수가 0일 때 우리는 회귀성이 없다고 말하며(H_0을 채택), 적어도 하나의 기울기가 0이 아니라고 판단되면 H_0이 기각되고 회귀성이 있다고 말하게 된다.

위의 가설을 검정하기 위하여 σ^2의 두 가지 추정량을 고려하게 된다. 우선, 식 (2.16)과 같이 MSE는 위의 가설과 관계없이 항상 σ^2의 불편추정량이며, 한편 회귀제곱합을 자유도 k로 나눈 값을 아래와 같이 회귀평균제곱(MSR)으로 정의할 때

$$MSR = \frac{SSR}{k}$$

H_0이 옳으면 MSR 역시 σ^2의 불편추정량이 됨을 보일 수 있다. 즉,

$$E[MSR] = \sigma^2 \qquad \beta_1 = \beta_2 = \ldots = \beta_k = 0\text{일 때} \tag{2.24}$$

따라서 위의 가설을 검정하기 위한 검정통계량으로 다음과 같은 F-값을 이용한다.

$$F_0 = \frac{MSR}{MSE} \tag{2.25}$$

귀무가설 H_0이 옳으면 위의 F-값이 1에 가까울 것이므로 만약 F-값이 1보다 매우 큰 값을 가질 때는 가설 H_0을 기각한다. 그런데 여기서 SSE/σ^2는 χ^2_{n-k-1} 분포를 따르고 SSR/σ^2는 H_0이 옳을 때 $\chi^2_{(k)}$-분포를 따르므로 식 (2.25)의 검정통계량 F_0은 다음과 같은 F-분포를 따름을 알 수 있다.

$$F_0 = \frac{MSR}{MSE} \sim F_{(k, n-k-1)} \quad (H_0\text{이 옳을 때})$$

따라서 다음과 같을 때 유의수준 α에서 가설 H_0을 기각한다.

$$F_0 > F_{(\alpha, k, n-k-1)}$$

또는, F_0에 대응되는 p-값이 산출되어 있으면 다음과 같을 때 유의수준 α에서 H_0을 기각한다.

$$\text{p-값} < \alpha$$

위의 과정을 통하여 회귀성 검정을 하기 위해 [표 2.1]과 같이 요약된 표를 분산분석표라 한다.

[표 2.1] 다중회귀모형의 분산분석표

요인	제곱합	자유도	평균제곱	F-값	p-값
회귀	SSR	k	$MSR = SSR/k$	$F_0 = MSR/MSE$	$P(F_{k,n-k-1} > F_0)$
잔차	SSE	$n-k-1$	$MSE = SSE/(n-k-1)$		
전체	SST	$n-1$			

예 2.5 [예 2.3]의 냉연코일의 데이터로부터 얻은 회귀식과 분산분석표는 다음과 같다. 회귀성 검정을 실시하라.

$$\hat{Y} = 37.7901 + 0.0869X_1 - 0.0106X_2$$

[표 2.2] 냉연코일 데이터의 분산분석표

요인	제곱합	자유도	평균제곱
모델	492.18	2	246.09
잔차	52.63	57	0.923
전체	544.81	59	

풀이 이 회귀모형의 유의성을 검정하기 위한 가설은 다음과 같다.

$$H_0: \beta_1 = \beta_2 = 0$$
$$H_1: \beta_1 \text{과 } \beta_2 \text{ 모두가 0은 아니다.}$$

검정통계량 F-값은 다음과 같다.

$$F_0 = \frac{246.09}{0.923} = 266.6$$

이 값은 기각임계치 $F_{(0.05;2,57)} = 3.15$보다 크므로 회귀성이 없다는 귀무가설을 기각한다. 따라서 위에서 추정된 회귀모형은 유의수준 α=0.05에서 유의한 모형이라 할 수 있다. 한편, σ^2의 추정치는 MSE=0.923임을 [표 2.2]에서 볼 수 있고, 결정계수는 $R^2 = 492.18/544.81 = 0.9034$로 계산된다.

2.3.2 개별 회귀계수에 대한 검정(t-검정)

회귀계수 $\beta_j(j=0,1,...,k)$에 대한 구간추정 및 검정은 $\widehat{\beta_j}$이 정규분포를 따름을 이용하면 쉽게 유도된다. 다만, $\widehat{\beta_j}$의 분산이 조금 복잡한데 이를 구하기 위해 우선 회귀계수벡터 $\boldsymbol{\beta}$의 추정량 $\hat{\boldsymbol{\beta}}$의 분산을 알아야 한다.

정리 2.2 회귀계수벡터 $\boldsymbol{\beta}$의 추정량 $\hat{\boldsymbol{\beta}}$은 다음과 같은 기대치와 분산-공분산행렬을 갖는 다변량 정규분포를 따른다.

$$E[\hat{\boldsymbol{\beta}}] = \boldsymbol{\beta} \tag{2.26}$$
$$Var[\hat{\boldsymbol{\beta}}] = \sigma^2(\boldsymbol{X}^T\boldsymbol{X})^{-1} \tag{2.27}$$

[정리 2.2]의 식 (2.26)로부터 우리는 $\widehat{\beta_j}$이 $\beta_j(j=0,1,...,k)$의 불편추정량임을 알 수 있다. 또한, $\widehat{\beta_0}$의 분산은 식 (2.27)로 주어진 분산-공분산행렬의 첫 번째 대각원소

이며, $\widehat{\beta}_j(j=1,2,...,k)$의 분산 $Var[\widehat{\beta}_j]$은 행렬의 $(j+1)$번째 대각원소임을 알 수 있다. 따라서 $\widehat{\beta}_j$는 평균이 β_j, 분산이 $Var[\widehat{\beta}_j]$(식 2.27의 $(j+1)$번째 대각원소)인 정규분포를 따른다. 한편, 식 (2.27)로 주어진 행렬의 $(i+1)$번째 행과 $(j+1)$번째 열에 해당하는 원소는 $\widehat{\beta}_i$와 $\widehat{\beta}_j$의 공분산인 $Cov[\widehat{\beta}_i,\widehat{\beta}_j]$을 나타낸다.

예 2.6 독립변수가 두 개 있는 다음 모형에서 $\widehat{\beta}_1$과 $\widehat{\beta}_2$의 분산을 각각 구하라.

$$Y_i = \beta_0 + \beta_1 X_{1i} + \beta_2 X_{2i} + \epsilon_i$$

풀이 $(\boldsymbol{X}^T\boldsymbol{X})^{-1}$ 행렬이 식 (2.11)과 같은데 $\widehat{\beta}_1$과 $\widehat{\beta}_2$의 분산은 각각 식 (2.27)로 주어진 행렬의 각각 2번째, 3번째 대각원소이므로 다음과 같다.

$$Var[\widehat{\beta}_1] = \frac{\sigma^2 \sum (X_{2i}-\overline{X_2})^2}{\sum (X_{1i}-\overline{X_1})^2 \sum (X_{2i}-\overline{X_2})^2 - [\sum (X_{1i}-\overline{X_1})(X_{2i}-\overline{X_2})]^2} \tag{2.28}$$

$$Var[\widehat{\beta}_2] = \frac{\sigma^2 \sum (X_{1i}-\overline{X_1})^2}{\sum (X_{1i}-\overline{X_1})^2 \sum (X_{2i}-\overline{X_2})^2 - [\sum (X_{1i}-\overline{X_1})(X_{2i}-\overline{X_2})]^2} \tag{2.29}$$

■

$\hat{\beta}$의 분산-공분산행렬의 추정량은 식 (2.27)에 σ^2 대신 MSE를 대입한 아래 식과 같다.

$$s^2(\hat{\beta}) = MSE(\boldsymbol{X}^T\boldsymbol{X})^{-1} \tag{2.30}$$

따라서 $\widehat{\beta}_j$의 분산추정량인 $s^2(\widehat{\beta}_j)$은 이 행렬의 $(j+1)$번째 대각원소이며, 이의 제곱근을 $\widehat{\beta}_j$의 표준오차라 하고 $se(\widehat{\beta}_j)$로 표기한다.

정의 2.3 회귀계수 표준오차

회귀계수 β_j 추정치의 표준오차는 다음과 같이 정의한다.

$$se(\hat{\beta}_j) = MSE(\boldsymbol{X}^T\boldsymbol{X})^{-1}\text{의 } (j+1)\text{번째 대각원소의 제곱근}$$

결국 $\hat{\beta}_j$ 관련 분포는 다음과 같다.

$$\frac{\hat{\beta}_j - \beta_j}{se(\hat{\beta}_j)} \sim t_{(n-k-1)} \tag{2.31}$$

그러므로 $\beta_j (j = 0, 1, ..., k)$에 대한 $100(1-\alpha)\%$ 신뢰구간은 다음과 같다.

$$\hat{\beta}_j \pm se(\hat{\beta}_j) t_{(\alpha/2, n-k-1)} \tag{2.32}$$

우리의 주목적인 개별 회귀계수에 관한 다음과 같은 가설검정에 대하여 알아보자.

$$H_0 : \beta_j = 0$$
$$H_1 : \beta_j \neq 0$$

물론 회귀계수 β_j에 대하여 식 (2.32)와 같은 신뢰구간이 구해지면 본 검정은 자연적으로 이루어진다. 즉, 위의 신뢰구간이 0을 포함하면 유의수준에서 가설 H_0을 기각하지 못하며, 0을 포함하지 않을 경우 기각하게 된다. 직접 위의 검정을 하기 위해서는 다음의 검정통계량 t-값을 이용한다.

$$T_j = \frac{\hat{\beta}_j}{se(\hat{\beta}_j)} \tag{2.33}$$

위의 통계량은 식 (2.31)에 의하여 가설 H_0이 옳을 때 $t_{(n-k-1)}$ 분포를 따르기 때문에 유의수준 α에서

$$|T_j| > t_{(\alpha/2, n-k-1)}$$

이면 H_0을 기각하게 된다. H_0을 기각한다는 것은 β_j가 통계적으로 0이 아니라는, 즉 X_j가 유의수준에서 유의한 변수라는 것을 의미한다. 또한, 위의 t-값에 대응하는 p-값이 산출될 경우 다음과 같이 용이하게 기각 여부의 판정을 할 수 있다. 즉, 다음이 성립할 때 유의수준 α에서 H_0을 기각하게 된다.

$$\text{p-값} < \alpha$$

개별 회귀계수의 검정과 관련된 결과를 정리하면 [표 2.3]과 같다.

[표 2.3] 다중회귀분석에서 회귀계수 추론 결과

변수	회귀계수 추정치	표준오차	t-값	p-값
절편	$\widehat{\beta}_0$	$se(\widehat{\beta}_0)$	$T_0 = \widehat{\beta}_0 / se(\widehat{\beta}_0)$	$P(\|T_{n-k-1}\| > \|T_0\|)$
X_1	$\widehat{\beta}_1$	$se(\widehat{\beta}_1)$	$T_1 = \widehat{\beta}_1 / se(\widehat{\beta}_1)$	$P(\|T_{n-k-1}\| > \|T_1\|)$
⋮	⋮	⋮	⋮	⋮
X_k	$\widehat{\beta}_k$	$se(\widehat{\beta}_k)$	$T_k = \widehat{\beta}_k / se(\widehat{\beta}_k)$	$P(\|T_{n-k-1}\| > \|T_k\|)$

주) T_{n-k-1}는 $t_{(n-k-1)}$-분포를 따르는 확률변수임.

예 2.7 [예 2.3]의 회귀모형에 대한 SAS 통계패키지를 이용한 회귀분석 결과는 다음과 같다.

Y: 인장강도(TS), X_1: 탄소량(C), X_2: 권취온도(T)

```
        Root MSE        0.96088      R-square        0.9034
         Dep Mean       33.86667      Adj R-sq         0.9000
         C.V.           2.83724

                          Parameter Estimates

                      Parameter       Standard      T for H0:
  Variable   DF       Estimate        Error       Parameter=0     Prob > ITI

  INTERCEP           1      37.790075     3.86881777          9.768          0.0001
  C                  1       0.086869     0.01893031          4.589          0.0001
  CT                 1      -0.010579     0.00537174         -1.969          0.0538
```

[그림 2.1] 인장강도 데이터의 회귀분석 결과(SAS 파일)

(a) 회귀계수 β_1에 대한 아래 가설을 유의수준 0.05에서 t-검정하여 보자.

$$H_0 : \beta_1 = 0$$
$$H_1 : \beta_1 \neq 0$$

위의 가설에 대한 검정통계량 t-값은

$$T_1 = \frac{\widehat{\beta_1}}{se(\widehat{\beta_1})} = \frac{0.0869}{0.0189} = 4.589$$

이며, 기각임계치 $t_{(0.025;57)} = 2.00$보다 크므로 귀무가설을 기각한다. 따라서 탄소량은 유의수준=0.05에서 인장강도에 유의한 영향을 갖는 변수라고 할 수 있다. 위의 결과 [그림 2.1]에서 $\widehat{\beta_1}$에 대한 p-값은 0.0001이며, 이것은 유의수준 0.05보다 작으므로 p-값만 보고도 X_1이 유의한 영향을 갖는 변수리고 판단할 수 있다.

(b) 회귀계수 β_2에 대한 아래 가설을 유의수준 α=0.05에서 검정하여 보자.

$$H_0 : \beta_2 = 0$$
$$H_1 : \beta_2 \neq 0$$

위의 가설에 대한 검정통계량은 다음과 같이 산출된다.

$$|T_2| = \left| \frac{\widehat{\beta_2}}{se(\widehat{\beta_2})} \right| = \left| \frac{-0.0106}{0.0054} \right| = |-1.969| = 1.969$$

1.969는 기각임계치 $t_{(0.025;57)} = 2.00$보다 작은 값이므로 귀무가설을 기각할 수 없다. 이는 또한 p-값으로도 확인할 수 있는데, 이 경우 p-값이 0.0538로 유의수준 0.05보다 크므로 5% 유의수준에서는 권취온도가 유의하지 않다고 하겠다. 그러나 이 경우는 p-값이 0.05에 상당히 가까우므로 권취온도(X_2)는 인장강도에 어느 정도 유의한 영향을 갖는 변수라고 말할 수 있다.

2.4 ▸ 변수선택 방법

종속변수를 설명하기 위한 독립변수들의 후보가 매우 많은 경우 어떤 독립변수들의 조합에 의한 회귀모형이 가장 좋은가를 판단하는 것은 어려운 문제이다. 기본 법칙으로는 가능한 한 간단한 모형을 선택하는 것이 바람직하다. 또한 논리적으로 인과관계가 강한 변수들을 선택하는 등 분석자의 주관이 개입되어야 하며 해당 분야에 알려진 이론이 있으면 최대한 활용하여야 할 것이다. 단순히 자동적인 방법에 의하여 모형을 선택하는 것은 지양되어야 할 것이다. SAS 등의 컴퓨터 소프트웨어에서는 자동에 가까운 변수선택 방법을 제공한다. 본 절에서는 변수선택과 관련된 모형의 성능척도로서 어떠한 것들이 있고 어떤 기준으로 선택할 것인지에 관하여 알아본다.

총 k개의 독립변수들 중 일부를 포함하는 다중회귀모형을 고려하여 보자. 즉, (p−1)개의 독립변수(이때 회귀계수는 p개임)를 갖는 다중회귀모형은 아래와 같다.

$$Y = \beta_0 + \beta_1 X_1 + \ldots + \beta_{p-1} X_{p-1} + \epsilon$$

2.4.1 모형의 성능척도

가장 단순한 모형의 성능척도로 결정계수가 있다. 결정계수가 클수록 그 모형의 설명력이 크다고 할 수 있기 때문이다. p개의 회귀계수로 구성되는 다중회귀모형(p항 회귀모형)의 결정계수인 R_p^2는 다음과 같이 정의된다.

$$R_p^2 = \frac{SSR_p}{SST} = 1 - \frac{SSE_p}{SST}$$

여기서 SSR_p 및 SSE_p는 각각 위의 p항 회귀모형에 대한 회귀제곱합과 잔차제곱합을 나타낸다. R_p^2은 p가 증가함에 따라 커져 모든 독립변수가 다 포함된(p=k+1) 완전모형에서 최대가 된다. 따라서 최대의 R^2값을 갖는 모형을 선택하는 것은 의미가 없고 변수를 하나씩 증가시키면서 R^2의 증가가 둔화되는 독립변수까지를 선택하는 것이 바람직하다.

[정의 2.2]의 수정결정계수는 독립변수의 수가 추가되면 항상 증가된다는 R^2의 결점을 보완한 것으로서 p항 회귀모형에 대해 다음과 같이 정의할 수 있다.

$$R^2_{adj,p} = 1 - \frac{SSE_p/(n-p)}{SST/(n-1)} = 1 - (\frac{n-1}{n-p})(1-R^2_p) \tag{2.34}$$

즉, 수정결정계수는 독립변수의 수가 증가하여도 항상 증가하는 값은 아니다. 따라서 $R^2_{adj,p}$ 가 최대가 되는 독립변수의 조합을 찾아 모형을 선택할 수 있다.

한편, MSE도 모형선택의 기준으로 사용할 수 있는데 잔차제곱합 SSE는 변수가 추가될수록 작아지나 MSE는 반드시 그렇지 않기 때문에 MSE가 최소로 되는 독립변수의 조합을 찾아 최종모형을 결정할 수 있다. 이 기준은 수정결정계수가 최대가 되는 기준과 동일한 것임을 다음 사실로부터 알 수 있다. 즉, 식 (2.34)를 다시 쓰면

$$R^2_{adj,p} = 1 - \frac{MSE_p}{SST/(n-1)}$$

이므로 모형선택에서 최소의 MSE_p와 최대 $R^2_{adj,p}$ 기준은 동일함을 알 수 있다.

위에서 언급한 결정계수 또는 MSE는 모형의 설명력을 나타낸다고 볼 수 있는데, 부가적인 모형의 성능척도로 맬로우즈(Mallows)가 개발한 C_p 통계량이 종종 사용된다. 이는 p항 회귀모형이 완전모형에 얼마나 가까운가를 나타내는 척도로서 아래와 같이 정의된다.

정의 2.4 C_p 통계량

p항 회귀모형에 대한 맬로우즈 C_p 통계량은 다음과 같이 정의된다.

$$C_p = \frac{SSE_p}{MSE} - n + 2p$$

여기서 MSE는 완전모형에서의 σ^2의 추정량이며, SSE_p는 독립변수 p−1개를 포함

시켰을 때의 잔차제곱합이다. 참고로 이는 다음과 같은 예측치 평균오차제곱의 추정량이다.

$$\Gamma_p = \frac{1}{\sigma^2}\sum_{i=1}^{n} E[(\hat{y_i} - E[y_i])^2]$$

완전모형, 즉 p=k+1일 때 C_p=k+1임을 알 수 있다. 그리고 다음과 같이 p항 회귀모형이 완전모형에 비해 편의(bias)가 없다면 C_p의 기대치는 p가 됨을 알 수 있다.

$$E[C_p|bias=0] \approx \frac{E[SSE_p|bias=0]}{\sigma^2} - n + 2p = \frac{(n-p)\sigma^2}{\sigma^2} - n + 2p = p$$

그리고 p항 회귀모형이 완전모형에 비하여 편의가 클수록 C_p값은 p보다 큰 값을 갖는다. 따라서 C_p=p일 때 그 모형은 편의가 없는 모형이며, C_p값이 p에 가까울수록 편의가 적은 모형이라 할 수 있겠다. 다시 말하면 [그림 2.2]에서와 같이 p와 C_p를 각각 x, y축에 나타낼 때 45° 직선에 가깝게 위치한 모형일수록 편의가 적은 모형이라 할 수 있다. 그러므로 45° 직선에 가깝게 위치하면서 적은 변수의 수(작은 p값)를 가진 모형이 가장 적절한 것이라고 할 수 있겠다.

2.4.2 모든 가능한 조합의 회귀분석

이 방법은 모든 가능한 독립변수들의 조합에 대한 회귀모형을 분석하여 가장 적합한 회귀모형을 선택하는 방법이다. 만일 β_0이 모든 조합의 식에 포함된다고 가정하면 k개의 독립변수가 있는 경우 총 2^k개의 모형이 조사 분석되어야 할 것이다. 통상 모든 경우의 수의 모형에 대하여 앞 절에서 언급한 결정계수와 C_p 통계량을 참조하여 적절한 모형을 선정한다. 그러나 하나의 최적모형을 얻기 위해서는 위에서 언급한 어떤 하나의 척도보다는 여러 척도를 산출하여 비교분석하여야 할 것이다.

예 2.8 다음은 코일의 인장강도(TS)에 미치는 요인들과의 관계를 조사하기 위해 독립변수의 후보로 선정된 탄소량(C), 구리(CU), 망간(MN), 니켈(NI)의 함량에 대한 데이터를 얻었다(데이터는 생략). 가장 적절한 회귀모형을 설정하라.

풀이 각 변수조합에 따른 회귀분석 결과는 [표 2.4]에서 보는 바와 같다고 하자. 만약 1개의 변수만으로 인장강도를 설명하고자 한다면 R_{adj}^2가 높고 C_p가 작은 C(탄소량)을 선택하고, 2개의 변수를 선택한다면 탄소량(C)과 망간(MN)을 포함시키는 것이 인장강도를 설명할 수 있는 최적모형이 될 것이다. 마찬가지로 3개의 변수조합 중 최적모형을 선택한다면 탄소량(C)과 니켈(NI), 망간(MN)을 포함한 모형이 될 것이다.

[표 2.4] **각 변수조합에 대한 선택척도 산출**

Number in Model	R-square	Adjusted R square	Cp	MSE	Variables in Model
1	0.7960	0.7932	52.57	3.9142	C
1	0.4921	0.4852	236.71	9.7468	MN
1	0.0893	0.0768	480.79	17.4782	CU
1	0.0430	0.0299	508.83	18.3661	NI
2	0.8776	0.8742	5.14	2.3810	C, MN
2	0.7988	0.7932	52.91	3.9151	C, NI
2	0.7970	0.7914	53.95	3.9486	C, CU
2	0.5404	0.5276	209.46	8.9428	MN, CU
2	0.5348	0.5219	212.83	9.0512	NI, MN
2	0.0927	0.0675	480.75	17.6553	NI, CU
3	0.8844	0.8795	3.01	2.2800	C, NI, MN
3	0.8797	0.8746	5.88	2.3735	C, MN, CU
3	0.7988	0.7903	54.88	3.9695	C, NI, CU
3	0.5516	0.5326	204.67	8.8477	NI, MN, CU
4	0.8844	0.8778	5.00	2.3122	C, NI, MN, CU

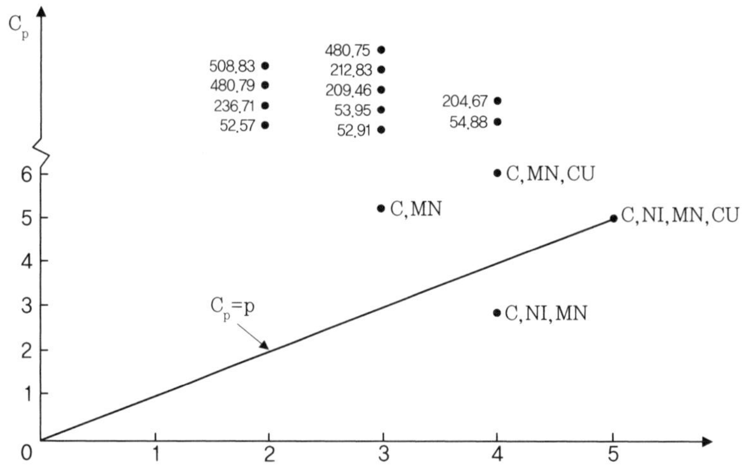

[그림 2.2] [예 2.8]의 모형별 C_p

[그림 2.2]는 독립변수 수에 따른 각 모형에 대한 C_p를 나타낸 것인데, 변수가 3개인(p=4인 경우) 모형에서는 (C, NI, MN)이 포함된 모형의 경우의 C_p가 가장 직선식에 가까운 것을 볼 수 있다. 결과적으로 결정계수와 C_p만을 볼 때 (C, NI, MN)을 포함한 모형이 가장 적절하다고 하겠다.

2.4.3 단계적 변수선택

종속변수 Y에 영향을 준다고 예상되는 k개의 설명변수 X_1, X_2,...,X_k 중에서 적절한 독립변수를 단계적으로 선택하는 방법에는 전진선택법(forward selection), 후진제거법(backward elimination), 단계별방법(stepwise method)이 있으며 SAS 등의 통계 소프트웨어에서는 이와 같은 기능을 제공한다. 아래에서 이들에 대한 간단한 설명을 첨부한다.

전진선택법: k개의 독립변수 후보들 중에서 종속변수에 가장 큰 영향을 주는 변수부터 선택하여 모형에 포함시키면서 더 이상 추가할 의미 있는 변수가 없다고 판단될 때 변수의 선택을 중단하는 방법이다. k개의 변수들 각각에 대한 종속변수와의 단순회귀모형에서 F-검정통계량이 가장 큰 독립변수가 처음으로 선택되고, 나머지 (k−1)개의 독립변수 중 처음 선택된 변수의 영향을 뺀 부분 F-값(partial F-value)이 가장 큰

독립변수가 다음으로 선정되는 방식으로 진행되어 주어진 유의수준에서 의미 있는 변수까지 포함시키게 된다. 각 독립변수에 해당하는 부분 F-값이 유의수준에 대응하는 F 경계치(Fin)보다 모두 작으면 더 이상 유의한 변수가 없다고 보고 과정을 마치게 된다.

후진제거법: 독립변수를 하나씩 선택하여 포함시키는 전진선택법과는 반대로 후진제거법은 k개의 독립변수들 모두를 포함시킨 모형에서 출발하여 가장 적은 영향을 주는 변수부터 하나씩 제거하면서 더 이상 제거할 변수가 없을 때의 모형을 선택하는 방법이다. 어느 단계에서 r개의 독립변수가 포함되어 있다고 할 때, r개의 각 독립변수가 마지막으로 모형에 포함된 것으로 보고 부분 F-값을 구한 후 정해진 유의수준에서의 F 경계치(F_{out})보다 작은 변수들 중 부분 F-값이 가장 작은 변수를 제거한다. 이 때 모든 변수에 대한 부분 F-값이 유의수준에서의 F 경계치보다 크면 제거할 변수가 더 이상 없는 것으로 판단하여 과정을 끝내게 된다. 따라서 유의수준을 정하기에 따라 더 많은 독립변수들이 포함될 수 있다. 예를 들어 변수 제거의 유의수준 기준을 0.05로 할 때, 각 독립변수의 p-값이 0.05보다 작으면 그 모형에 남고 0.05보다 크면 제거된다. 따라서 유의수준이 0.05인 경우 0.10의 경우보다 많은 독립변수들이 제거되어 간단한 모형이 될 것이다.

단계별방법: 전진선택법에서는 일단 선택된 독립변수는 새로운 독립변수가 포함되면서 그 중요도를 상실하더라도 그대로 모형에 남아 있게 된다. 반대로 후진제거법에서는 한번 제거된 변수는 다시 모형에 추가될 수 없다. 이를 개선하기 위하여 전진선택법과 후진제거법을 결합시킨 방법이 단계별방법이며 가장 널리 사용된다. 이 방법은 전진선택법에 의하여 변수를 추가하면서 새롭게 추가된 변수에 기인하여 기존 변수가 그 중요도가 약화되어 제거될 수 있는지를 매 단계별로 검토하여 해당 변수를 제거하는 과정을 거치며 추가 또는 제거되는 변수가 더 이상 없을 때 끝내는 선택방법이다.

예 2.9 국내 프로야구 타자 98명의 개인 성적과 연봉을 조사하여 회귀모델을 구성하고자 한다. 연봉(Salary)을 예측하기 위한 독립변수들은 루타수(TR), 홈런(HR), 볼넷(BB), 삼진(KK)의 기록이 사용되었다. 단계별방법에 의한 적절한 회귀모형을 설정하라.

풀이 [그림 2.3]에서 단계별 모형의 결과를 보여주고 있다. 단계 1 및 단계 2의 자세한 결과는 생략되었으나, 단계 1에서는 4개의 독립변수 중 연봉(종속변수)의 변동을 가장 많이 설명해주는 변수 TR이 선정된다. 연봉의 변동을 69%(R^2=0.6917) 설명해준다. 단계 2에서부터는 변수 HR이 선정되었다.

```
Step 1   Variable TR Entered: R-Square=0.6917 and C(p)=30.2696
---------------------------------------------------------------------------
Step 2   Variable HR Entered: R-Square=0.7247 and C(p)=18.9466
---------------------------------------------------------------------------
Step 3   Variable BB Entered: R-Square=0.7538 and C(p)=9.2236

                          Analysis of Variance
                                 Sum of          Mean
Source                  DF      Squares        Square    F Value    Pr > F
Model                    3   6594941197    2198313732      95.95    <.0001
Error                   94   2153650741      22911178
Corrected Total         97   8748591939

               Parameter    Standard
Variable        Estimate       Error   Type II SS  F Value  Pr > F
Intercept     -158.92881   962.84531       624223     0.03  0.8692
TR               7.35367     6.68285     27741591     1.21  0.2740
HR             142.88335    40.18074    289717497    12.65  0.0006
BB              64.12281    19.24137    254448765    11.11  0.0012
---------------------------------------------------------------------------
Step 4   Variable TR Removed: R-Square=0.7507 and C(p)=8.5017

                          Analysis of Variance
                                 Sum of          Mean
Source                  DF      Squares        Square    F Value    Pr > F
Model                    2   6567199606    3283599803     143.00    <.0001
Error                   95   2181392333      22962025
Corrected Total         97   8748591939
---------------------------------------------------------------------------
Step 5    Variable KK Entered: R-Square=0.7606 and C(p)=6.5064

                          Analysis of Variance
                                 Sum of          Mean
Source                  DF      Squares        Square    F Value    Pr > F
```

```
Model                     3    6653917381    2217972460      99.53     <.0001
Error                    94    2094674558      22283772
Corrected Total          97    8748591939

             Parameter     Standard
Variable      Estimate        Error    Type II SS  F Value  Pr > F
Intercept   2026.18633   1198.16738      63725387     2.86  0.0941
HR           208.41711     37.89431     674073874    30.25  <.0001
BB            90.86419     14.08886     926877437    41.59  <.0001
KK           -25.72453     13.04031      86717775     3.89  0.0515

Step 6    Variable TR Entered: R-Square=0.7693 and C(p)=5.0000

                           Analysis of Variance
                                  Sum of            Mean
Source                   DF      Squares          Square    F Value    Pr > F
Model                     4    6730024312    1682506078      77.52     <.0001
Error                    93    2018567627      21705028
Corrected Total          97    8748591939

             Parameter     Standard
Variable      Estimate        Error    Type II SS  F Value  Pr > F
Intercept   1693.81901   1195.75279      43552346     2.01  0.1600
TR            12.86293      6.86923      76106931     3.51  0.0643
HR           175.74852     41.26803     393655401    18.14  <.0001
BB            67.25420     18.77007     278655432    12.84  0.0005
KK           -33.90656     13.59137     135083114     6.22  0.0144
-----------------------------------------------------------------------

All variables left in the model are significant at the 0.1000 level.
                        Summary of Stepwise Selection
Variable  Variable            Number  Partial   Model
Step Entered   Removed   Label     Vars In R-Square R-Square  C(p)    F Value Pr > F
  1  TR                  TR           1    0.6917   0.6917  30.2696  215.38 <.0001
  2  HR                  HR           2    0.0331   0.7247  18.9466   11.41 0.0011
  3  BB                  BB           3    0.0291   0.7538   9.2236   11.11 0.0012
  4            TR        TR           2    0.0032   0.7507   8.5017    1.21 0.2740
  5  KK                  KK           3    0.0099   0.7606   6.5064    3.89 0.0515
  6  TR                  TR           4    0.0087   0.7693   5.0000    3.51 0.0643
```

[그림 2.3] 단계별 선택 방법에 의한 회귀모델 선택의 예(SAS 파일)

그리고 단계 3에서는 3개의 변수, 즉 TR, HR, BB를 포함한 모델이 선정되었다. 단계별

변수선택 방법의 요약표를 보면 루타수(TR)는 원래 첫 번째 기여하는 변수로서 포함되었으나 단계 3에서 볼넷(BB)변수가 들어가면서 루타수(TR)는 유의도가 설정 수준 0.1 보다 낮아져 제외되었다. 그러나 그 다음 단계에서 삼진(KK)변수가 들어간 다음 다시 추가적으로 들어감을 볼 수 있다. 이와 같이 새롭게 추가된 변수에 기인하여 기존 변수가 그 중요도가 낮아지면 모델에서 제거되기도 하고 추가되는 것이 단계별 선택 방법의 특징이다. 최종적으로 4개의 모든 변수가 포함된 모형이 선정되었다.

■

[그림 2.3]의 결과에는 type II 제곱합이 포함되어 있음을 볼 수 있다. r개의 독립변수 X_1, X_2,...,X_r이 포함된 다중회귀모형에서 변수 X_i에 대한 type II 제곱합이란, X_i를 제외한 타 변수가 이미 포함된 모형에 X_i가 추가로 도입될 때 증가되는 회귀제곱합(부분제곱합이라고도 함)을 의미하며, 이를 $\Delta SSR(X_i|X_1,\dots,X_{i-1}X_{i+1},\dots,X_r)$로 나타낼 때 다음과 같은 관계가 성립한다.

$$\Delta SSR(X_i|X_1,\dots,X_{i-1}X_{i+1},\dots,X_r) = SSR(X_1,\dots,X_r) - SSR(X_1,\dots,X_{i-1},X_{i+1},\dots,X_r) \tag{2.35}$$

여기서 $SSR(X_1,\dots,X_r)$은 변수 X_1, X_2,...,X_r이 포함된 모형의 회귀제곱합을 말한다. 따라서 단계 5에서 삼진아웃(KK)변수가 추가될 때의 Type II 제곱합은 다음과 같이 계산된다.

$$\Delta SSR(KK|HR,BB) = 6,653,917,381 - 6,567,199,606 = 86,717,775$$

이의 유의성은 F 검정을 통하여 이루어지는데 이를 위해 변수 X_i에 대한 F-값(또는 부분 F-값)은 다음과 같이 산출된다.

$$\Delta F_i = \frac{\Delta SSR(X_i|X_1,\dots,X_{i-1},X_{i+1},\dots,X_r)}{MSE(X_1,\dots,X_r)} \tag{2.36}$$

이는 실제로 변수 X_i의 회귀계수에 대한 t-검정과 동일함을 알 수 있으며, 따라서 다음 관계가 성립한다.

$$\Delta F_i = T_i^2 = \left(\frac{\hat{\beta}_i}{se(\hat{\beta}_i)}\right)^2 \qquad i = 1, \ldots, r \tag{2.37}$$

따라서 type II 제곱합은 다음과 같이 계산할 수도 있다.

$$\Delta SSR(X_i | X_1, \ldots, X_{i-1}, X_{i+1}, \ldots, X_r) = T_i^2 MSE(X_1, \ldots, X_r) \tag{2.38}$$

위의 단계별방법의 어떤 단계에서 변수가 추가되었다면 이의 F-값이 대상변수 중 가장 큰 것을 의미하며, 반대로 변수 X_i가 제거되었다면 이의 F-값이 대상변수 중 가장 작음을 의미한다고 하겠다.

위의 기호를 사용하여 단계별방법의 알고리즘을 기술하면 다음과 같다.

[단계 1] SSR이 가장 큰 변수($X_{(1)}$이라 하자)를 선택한다. $SSR(X_{(1)})/MSE > F_{in}$이면 $X_{(1)}$을 모형에 포함시킨다. 그렇지 않으면 stop(아무 변수도 모형에 포함되지 않음).

[단계 2] 아직 모형에 포함되지 않은 변수 각각에 대한 type II 제곱합을 산출한다. 최대의 제곱합을 갖는 변수(X_j라 하자)를 선택하고 이의 부분 F값을 구한다. $\Delta F_j > F_{in}$이면 X_j를 모형에 추가한다. 그렇지 않으면 stop(최근 모형이 최종모형이 됨).

[단계 3] 모형에 포함된 각각 변수(가장 최근에 포함된 변수 제외)에 대한 type II 제곱합을 산출한다. 최소의 제곱합을 갖는 변수(X_i라 하자)를 선택하고 이의 부분 F값을 구한다. $\Delta F_i < F_{out}$이면 X_i를 모형에서 제거하고, 그렇지 않으면 그대로 둔다. 그리고 단계 2로 간다.

위의 알고리즘에서 F_{in}은 사용자가 정하는 포함 변수의 기준 F값이며, F_{out}는 제거 변수의 기준 F값을 의미한다. 이 두 값으로 통상 동일한 값을 사용하나 변수가 포함되는 것을 더 어렵게 하기 위해서는 F_{in}값을 더 크게 하기도 한다. 기준 F값 대신 유의수준을 사용하기도 한다.

2.5 ▶ 회귀모형의 진단

회귀모형에서 모수에 대한 추정은 모집단 회귀모형에 포함된 오차항에 대한 몇 가지 가정을 바탕으로 한다. 오차항에 대한 가정을 정리하면 다음과 같은데 이는 또한 회귀모형의 가정 사항이다.

[가정 1] 오차항 ϵ_i는 확률변수로서 평균이 0이다.

$$E[\epsilon_i]=0, \quad i=1,2,\ldots,n$$

[가정 2] (등분산성) 오차항 ϵ_i의 분산은 모든 i에 대하여 동일한 상수 σ^2이다.

$$Var[\epsilon_i]=\sigma^2, \quad i=1,2,\ldots,n$$

즉, 오차항의 분산은 관측번호나 독립변수 값에 상관없이 항상 일정한 상수이다. 따라서 Y_i의 분산도 이와 동일한 σ^2이다.

[가정 3] (독립성) 오차항 ϵ_i는 서로 독립이다.

$$Cov[\epsilon_i,\epsilon_j]=0, \quad i\neq j, \quad i,\ j=1,2,\ldots,n$$

즉, 어떤 Y값을 관찰하는 데 발생하는 오차는 또 다른 Y값을 관찰할 때의 오차와 아무런 상관관계가 없다.

[가정 4] (정규성) 오차항 ϵ_i들의 확률분포는 정규분포이다.

이러한 가정들이 만족되는지의 여부는 잔차($e_i=Y_i-\widehat{Y}_i$)의 정보로부터 판단한다. [가정 1]은 잔차들의 표본평균을 산출하여 점검할 수 있고, [가정 2]~[가정 3]은 잔차들의 산점도(scatter diagram)를 통하여 만족 여부를 판단하며, [가정 4]의 정규성은 통상 정규확률분포도(normal probability plot)로부터 판정한다. 위의 가정 사항이 만족되지 않으면 최소자승법에 의해 추정된 회귀계수가 무용한 것이 되고, 추정된 모형 자체가 의미가 없는 것이라 할 수 있다.

잔차산점도는 x축에 $\hat{Y}_i$값을, y축에 e_i를 나타내는 것인데, 잔차 대신 스튜던트화 잔차(studentized residual)를 사용하기도 한다. 여기서 e_i를 Y_i에 대하여 타점하지 않고 $\hat{Y}_i$에 대하여 타점하는 이유는 $Cov[e_i, \hat{Y}_i] = 0$(식 2.23 참조)이나 $Cov[e_i, Y_i] \neq 0$이기 때문이다. 스튜던트화 잔차는 e_i를 표준오차로 나눈 것으로서 다음과 같이 e_i*로 표기한다.

$$e_i^* = \frac{e_i}{se(e_i)} \tag{2.39}$$

스튜던트화 잔차 e_i*는 e_i와 달리 척도에 영향을 받지 않으며 따라서 회귀분석의 진단에 있어서 매우 유용한 값이다. 가정된 모형이 타당할 경우 스튜던트화 잔차는 평균 0, 분산 1을 가진다. 또한 정규분포를 따른다는 가정이 만족된다면 e_i*의 95%는 -2에서 2 사이에 있고, 99.7%는 -3에서 3 사이에 있는 것으로 기대된다. 이와 같이 e_i*는 표준화되지 않은 잔차보다 유용한 정보를 제공한다.

잔차의 표준오차를 유도하여보자. 식 (2.18)은 다시 다음과 같이 표현된다(이를 확인하라).

$$\boldsymbol{e} = (\boldsymbol{I} - \boldsymbol{H})\boldsymbol{\epsilon} \tag{2.40}$$

따라서 잔차벡터의 분산-공분산행렬은 다음과 같이 얻어진다.

$$Var[\boldsymbol{e}] = (\boldsymbol{I} - \boldsymbol{H})\,Var[\boldsymbol{\epsilon}](\boldsymbol{I} - \boldsymbol{H})^T = \sigma^2(\boldsymbol{I} - \boldsymbol{H}) \tag{2.41}$$

여기서 행렬 $\boldsymbol{I} - \boldsymbol{H}$ 역시 대칭이며 idempotent 성질을 가짐을 이용하였다. 행렬 $\boldsymbol{H}$의 i번째 대각원소를 h_{ii}라 할 때, 결국 잔차 e_i의 분산은 다음과 같으며

$$Var[e_i] = \sigma^2(1 - h_{ii}) \tag{2.42}$$

잔차 e_i의 표준오차는 아래와 같다.

$$se(e_i) = \sqrt{MSE(1-h_{ii})} \tag{2.43}$$

[그림 2.3]의 (a), (b), (c)는 잔차산점도를 나타낸 것으로, (a)의 경우는 잔차의 분포가 0을 중심으로 고르게 퍼져 있으므로 선형성과 등분산성의 가정에 부합됨을 알 수 있다. (b)의 경우 잔차의 분포가 0을 중심으로 대칭이므로 선형성의 가정은 만족하나 $\widehat{Y}_i$이 커짐에 따라 잔차의 분산이 증가됨을 볼 수 있다. 즉, 등분산성의 가정에 위배된다. 이와 같이 분산이 일정하지 않은 경우를 이분산성(heteroscedasticity)이라 한다. (c)는 잔차의 값이 −에서 +로 증가한 뒤 다시 감소하는 경우로서, 잔차의 평균이 항상 0이어야 한다는 가정과 독립성 가정에 위배된다. 또한, 잔차가 패턴을 보이므로 이러한 패턴을 반영하는 새로운 모형을 고려할 필요가 있다.

[그림 2.3]의 (d)는 정규확률분포도(normal probability plot)로서 각 점들이 직선에 가까운 형태를 보이면 오차항이 가정과 같이 정규분포를 따른다고 판단한다. 정규확률분포도를 그리는 방법은 여러 가지가 있으나 보통 잔차를 크기순으로 나열한 값을 x축으로, 정규분포하에서 각 순서에 해당하는 값 이하의 누적확률값을 y축으로 하여 타점한다. 이때 누적확률값은 중앙순위(median rank)를 사용하여 추정 가능하며, 정규분포를 따를 때 점들이 직선상에 있도록 y축의 간격을 조정한다. n개의 관측치가 있을 때 i번째 순위에 해당하는 중앙순위는 다음 식을 만족하는 m값으로 정의되는데,

$$0.50 = \sum_{k=i}^{n} \binom{n}{k} m^k (1-m)^{n-k}$$

근사적으로 아래와 같이 산출된다.

$$m(1) = 1 - m(n) \tag{2.44a}$$

$$m(i) = \frac{i - 0.3175}{n + 0.365}, \quad i = 2, \ldots, n-1 \tag{2.44b}$$

$$m(n) = 0.5^{(1/n)} \tag{2.44c}$$

다시 말하면, 정규확률분포도는 잔차를 오름차순으로 정리한 후 i번째 잔차 $e_{(i)}$와 $m(i)$를 (x, y)축에 타점하는 것이며, 대부분의 점들이 직선상에 있는 경우 오차항이 정규분포를 따른다고 판단한다. 물론, 정규분포를 검정하는 많은 통계량이 존재하여

함께 사용되기도 한다. 주로 Anderson-Darling 검정, Shapiro-Wilk 검정, Ryan-Joiner 검정 등이 사용된다.

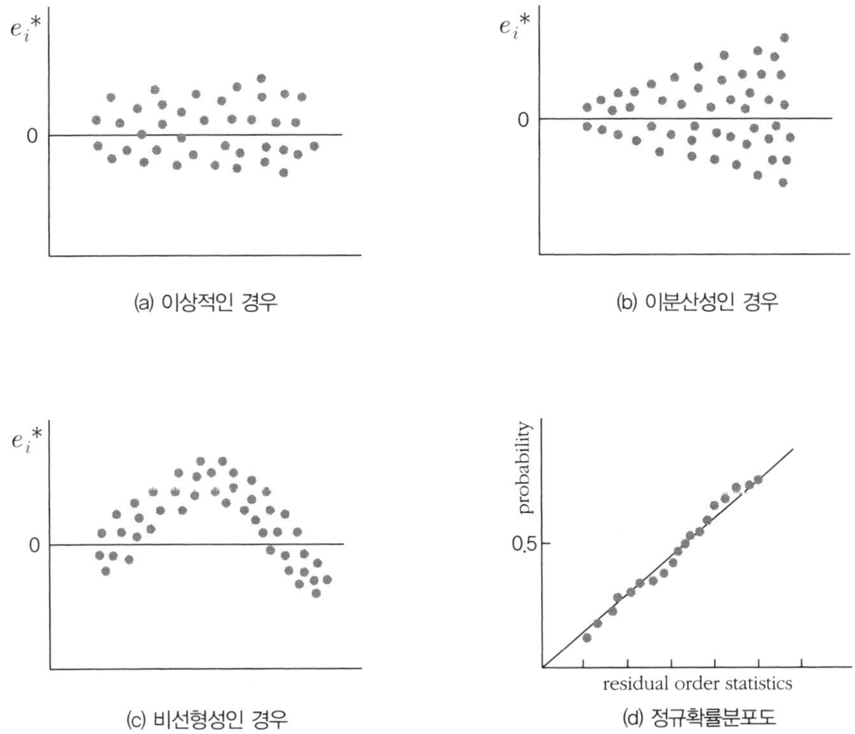

(a) 이상적인 경우
(b) 이분산성인 경우
(c) 비선형성인 경우
(d) 정규확률분포도

[그림 2.3] **잔차산점도와 정규확률분포도**

또한 적합한 회귀모형을 얻기 위해서는 이상치(outlier)의 점검이 필요하다. 하나의 이상치에 의해서도 회귀식의 기울기와 절편은 크게 달라지고, 그에 따라 왜곡된 추정식을 얻을 수도 있기 때문이다. 보편적으로 표준화된 잔차의 절대값이 2 이상인 경우 의심해 볼 수 있으며, 각 통계 프로그램이 제공하는 통계치로써 검토해 볼 수 있다. 이상치의 점검은 회귀분석뿐 아니라 모든 통계 기법이 적용되기 전에 이루어져야 하는 중요한 과정이다.

2.6 ▸ 반응치에 대한 추정 및 예측

회귀모형이 추정된 후 독립변수의 새로운 관측치에 대하여 종속변수값을 예측하는 것 또한 회귀분석의 목적 중 하나이다. 독립변수의 새로운 관측치 하나에 대응하는 종속변수값은 확률변수라 할 수 있는데, 이를 미래반응치(future response)라 한다. 반면에 독립변수의 새로운 관측치 수준에서 종속변수값을 여러 번 측정할 때 평균적으로 취하는 값(기대치)을 평균반응치(mean response)라 한다.

2.6.1 평균반응치의 추정

독립변수들이 아래와 같은 새로운 값들을 취할 때 종속변수 추정치의 기대치를 평균반응치라 하는데 이에 대한 추정을 알아본다.

$$(X_1, X_2, \ldots, X_k) = (x_{10}, x_{20}, \ldots, x_{k0})$$

이때 Y의 평균반응치는 다음과 같으므로

$$\begin{aligned} & E[Y \mid (x_{10}, x_{20}, \ldots, x_{k0})] \\ & = \beta_0 + \beta_1 x_{10} + \ldots + \beta_k x_{k0} \end{aligned} \tag{2.45}$$

평균반응치의 추정량은 다음과 같다.

$$\widehat{Y_0} = \widehat{\beta_0} + \widehat{\beta_1} x_{10} + \ldots + \widehat{\beta_k} x_{k0} \tag{2.46}$$

평균반응치에 대한 신뢰구간을 구하기 위해서는 $\widehat{Y_0}$에 대한 분산을 구하여야 하는데 이는 아래와 같이 표현된다.

$$Var[\widehat{Y_0}] = Var[\widehat{\beta_0} + \widehat{\beta_1}x_{10} + \ldots + \widehat{\beta_k}x_{k0}] \tag{2.47}$$
$$= Var[\widehat{\beta_0}] + x_{10}^2 Var[\widehat{\beta_1}] + \ldots + x_{k0}^2 Var[\widehat{\beta_k}] + 2x_{10}Cov[\widehat{\beta_0},\widehat{\beta_1}] + \ldots + 2x_{k0}Cov[\widehat{\beta_0},\widehat{\beta_k}]$$
$$+ 2x_{10}x_{20}Cov[\widehat{\beta_1},\widehat{\beta_2}] + \ldots + 2x_{10}x_{k0}Cov[\widehat{\beta_1},\widehat{\beta_k}] + \ldots + 2x_{k-1,0}x_{k0}Cov[\hat{\beta}_{k-1},\widehat{\beta_k}]$$

위에서 보는 바와 같이 분산은 상당히 복잡한 과정을 통하여 계산된다. 이를 벡터-행렬식을 이용하면 보다 편리한데 이를 위해 우선 독립변수의 주어진 값에 대하여 다음과 같은 벡터를 정의한다.

$$\boldsymbol{x}_0 = (1, x_{10}, x_{20}, \ldots, x_{k0})^T$$

이때 식 (2.46)의 평균반응치 추정량은 다음과 같이 표현되며

$$\widehat{Y}_0 = \boldsymbol{x}_0^T\hat{\beta} \tag{2.48}$$

식 (2.48)의 분산은 다음과 같다.

$$Var[\widehat{Y_0}] = \boldsymbol{x}_0^T Var[\hat{\beta}]\boldsymbol{x}_0 = \sigma^2\boldsymbol{x}_0^T(\boldsymbol{X}^T\boldsymbol{X})^{-1}\boldsymbol{x}_0 \tag{2.49}$$

식 (2.49)에서 $Var[\hat{\beta}]$는 식 (2.27)로 주어진 분산-공분산행렬이다. 그리고 이 분산을 추정하기 위해서는 σ^2 대신 MSE를 대입하면 될 것이다. 즉, 식 (2.49)의 추정식은 다음과 같으며,

$$\widehat{Var}[\widehat{Y_0}] = \boldsymbol{x}_0^T s^2(\hat{\beta})\boldsymbol{x}_0 = MSE\boldsymbol{x}_0^T(\boldsymbol{X}^T\boldsymbol{X})^{-1}\boldsymbol{x}_0$$

$\widehat{Y}_0$에 대한 표준오차는 아래와 같다.

$$se(\widehat{Y_0}) = \sqrt{\boldsymbol{x}_0^T s^2(\hat{\beta})\boldsymbol{x}_0} \tag{2.50}$$

따라서 식 (2.45)의 평균반응치의 100(1$-\alpha$)% 신뢰구간은 식 (2.48)과 식 (2.50)에 의하여 다음과 같이 산출된다.

$$\boldsymbol{x}_0^T\hat{\beta} \pm t_{(\alpha/2, n-k-1)}se(\widehat{Y_0}) \tag{2.51}$$

참고로 단순회귀모형에서 $X=x_0$일 때 평균반응치의 100(1−α)% 신뢰구간은 다음과 같다.

$$(\widehat{\beta}_0+\widehat{\beta}_1 x_0)\pm t_{(\alpha/2,\, n-2)}\sqrt{MSE}\sqrt{\frac{1}{n}+\frac{(x_0-\overline{X})^2}{\Sigma(X_i-\overline{X})^2}} \tag{2.52}$$

예 2.10 다음과 같은 10명의 나이(age), 키(height), 몸무게(weight)에 대한 데이터가 있다.

	1	2	3	4	5	6	7	8	9	10
Age	21	47	36	15	54	25	32	18	43	28
Height(cm)	170	167	173	165	168	177	169	172	171	175
Weight(kg)	60	65	67	54	73	71	68	62	66	68

나이와 키로써 몸무게를 설명하는 회귀모형은 다음과 같이 추정되었다.

Weight=-108.17+0.3291 Age+0.9553 Height

(R-sq=82.2%, MSE=7.039)

그리고 추정계수벡터의 분산-공분산행렬은 아래와 같이 추정되었다.

$$s^2(\hat{\beta})=\begin{pmatrix} 1774.46 & -0.6712 & -10.2657 \\ -0.6712 & 0.004795 & 0.003027 \\ -10.2657 & 0.003027 & 0.05955 \end{pmatrix}$$

나이가 40, 키가 170인 사람들의 평균 몸무게에 대한 95% 신뢰구간을 구하라.

풀이 우선, 평균 몸무게 추정치는 아래와 같다.

$$x_0^T\hat{\beta}=(1,40,170)\begin{pmatrix} -108.17 \\ 0.3291 \\ 0.9553 \end{pmatrix}=67.397$$

그리고 표준오차는 다음과 같다.

$$se(\widehat{Y_0}) = \sqrt{(1,40,170)\begin{pmatrix} 1774.46 & -0.6712 & -10.2657 \\ -0.6712 & 0.004795 & 0.003027 \\ -10.2657 & 0.003027 & 0.05955 \end{pmatrix}\begin{pmatrix} 1 \\ 40 \\ 170 \end{pmatrix}} = 1.007$$

따라서 나이가 40, 키가 170인 사람들의 평균 몸무게에 대한 95% 신뢰구간은 다음과 같이 얻어진다.

$$67.397 \pm 2.365(1.007) = (65.015, 69.779)$$

2.6.2 미래반응치의 예측

독립변수값들에 대응하는 미래반응치인 Y_0의 예측치는 평균반응치의 추정치와 동일하며 반응치의 예측구간을 구하기 위해서는 예측오차의 분산을 알아야 하는데 이는 아래와 같이 식 (2.49)의 분산보다 σ^2이 더 크게 된다.

$$Var[Y_0 - \widehat{Y_0}] = \sigma^2 + \sigma^2 \boldsymbol{x}_0^T (X^TX)^{-1} \boldsymbol{x}_0 = \sigma^2 (1 + \boldsymbol{x}_0^T (X^TX)^{-1} \boldsymbol{x}_0)$$

위에서 Y_0는 새로운 독립변수값에 의해 산출되는 값이므로 기존의 독립변수값에 의하여 계산된 $\widehat{Y_0}$와는 독립이라는 사실을 이용하고 있다. 그리고 이 예측오차의 분산을 추정하기 위해서는 σ^2을 MSE로 추정하여 대입하면 된다.

따라서 미래반응치 Y_0에 대한 100(1−α)% 예측구간은 아래와 같이 주어진다.

$$\boldsymbol{x}_0^T \hat{\beta} \pm t_{(\alpha/2, n-k-1)} \sqrt{MSE[1 + \boldsymbol{x}_0^T (X^TX)^{-1} \boldsymbol{x}_0]} \tag{2.53}$$

또는

$$\boldsymbol{x}_0^T \hat{\beta} \pm t_{(\alpha/2, n-k-1)} \sqrt{MSE + se^2(\widehat{Y_0})} \tag{2.54}$$

참고로 단순회귀모형에서 $X = x_0$에 대응하는 미래반응치의 100(1−α)% 예측구간은 다음과 같다.

$$(\hat{\beta}_0+\hat{\beta}_1 x_0) \pm t_{(\alpha/2, n-2)} \sqrt{MSE} \sqrt{\frac{n+1}{n}+\frac{(x_0-\overline{X})^2}{\Sigma(X_i-\overline{X})^2}} \tag{2.55}$$

예 2.11 [예 2.10]의 데이터에 대하여 회귀모형을 추정한 후, 나이가 40, 키가 170인 사람의 몸무게에 대한 95% 예측구간을 구하라.

풀이 식 (2.54)에 의거 95% 예측구간은 다음과 같이 산출된다.

$$67.397 \pm 2.365\sqrt{7.039+1.007^2} = 67.397 \pm 6.711 = (60.686, 74.108)$$

2.6.3 예측성능 평가

회귀분석을 예측의 목적으로 사용하는 경우 예측성능을 평가하는 것이 중요하다. 이를 위해서 학습표본(learning sample)을 활용하는 방안이 사용된다. 학습표본을 훈련표본(training sample)과 테스트 표본의 두 부분으로 나누고, 훈련표본만을 사용하여 회귀모형을 구축한 후 테스트 표본의 독립변수를 사용하여 종속변수를 예측하고 실제 종속변수값과 비교하여 예측성능을 평가하는 것이다. 데이터 전체로 모형을 만들고 다시 이 데이터를 사용하여 예측오차를 산출하는 것(이 방식을 대입법이라 함)은 문제점을 갖고 있다. 즉, 예측모형을 인위적으로 본 데이터에만 잘 적용되도록 하여 예측오차를 작게 할 수 있기 때문이다. 좋은 예측모형이란 새로운 데이터에 대하여 예측오차가 작아야 하는바 이와 같이 해당 데이터에만 과적용되는(overfitting) 예측모형은 효과적일 수 있다는 보장이 없다.

예측오차의 평가척도로 여러 가지를 사용할 수 있으나 평균절대오차(mean absolute deviation; MAD), 평균제곱오차(mean squared error; MSE) 또는 평균제곱오차의 제곱근(root mean squared error; RMS)을 널리 사용한다. 이는 훈련표본으로부터 구축된 예측모형을 테스트 표본의 $\boldsymbol{X}$ 데이터에 적용하여 예측한 y값을 $\hat{y}$라 할 때, 테스트 표본의 실제 y값과 비교하여 오차를 산출하는 척도이다. 훈련표본 및 테스트 표본을 각각 L_1, L_2라 표기하고 이들의 표본크기를 n_1, n_2라 할 때, 테스트 표본의 MAD, MSE, RMS는 각각 다음과 같이 산출된다.

$$MAD_{test} = \frac{1}{n_2} \sum_{y_i \in L_2} |y_i - \hat{y}_i| \quad (2.56)$$

$$MSE_{test} = \frac{1}{n_2} \sum_{y_i \in L_2} (y_i - \hat{y}_i)^2 \quad (2.57)$$

$$RMS_{test} = \sqrt{\frac{1}{n_2} \sum_{y_i \in L_2} (y_i - \hat{y}_i)^2} \quad (2.58)$$

테스트 표본을 분리하기에 충분하지 않는 데이터의 경우에는 cross validation 기법을 사용한다. V-fold cross validation이란 전체 표본을 V 등분한 후 1/V 부분을 테스트 표본으로 활용하고자 남겨두고 나머지 부분으로 예측모형을 구축하고자 한다. 테스트 표본이 V 가지가 생성되므로 각 경우에 대하여 예측오차를 산출한 후 전체에 대한 평균치를 최종 사용하게 된다. 예를 들어, 3-fold cross validation이란 전체 표본을 3등분한 후, 두 번째 및 세 번째 부분으로 예측모형을 만든 후 첫 부분을 테스트 표본으로 간주하여 예측오차를 산출하고 첫 번째 및 세 번째 부분으로 예측모형을 만든 후 두 번째 부분으로 예측오차를 산출하며 다시 첫 번째 및 두 번째 부분으로 예측모형을 만든 후 세 번째 부분으로 예측오차를 산출하여 결국 이 세 오류율의 평균을 최종 예측오차로 삼는 방법이다.

따라서 V-fold cross validation에서 RMS 예측오차는 다음과 같이 산출된다.

$$RMS_{cv} = \frac{1}{V} \sum_{v=1}^{V} RMS_v \quad (2.59)$$

위에서 RMS_v란 전체 표본에서 v-번째 부분을 제외한 나머지 데이터로부터 얻은 예측모형을 갖고 v-번째 표본에 적용시킬 때의 예측오차를 말한다. 전체 관측수 n이 작은 경우에는 n-fold cross validation을 종종 사용하는데 이를 leave-one-out validation이라고도 한다.

leave-one-out validation의 결과로부터 얻어지는 오차제곱합을 예측오차제곱합(prediction error sum of squares; PRESS)이라 한다. $\widehat{y_{(i)}}$를 i번째 관측치를 제외한 데이터로부터 추정한 회귀모형으로 예측한 Y값이라 할 때, PRESS는 다음과 같이 표현되는데

$$PRESS = \sum_{i=1}^{n} (y_i - \widehat{y_{(i)}})^2$$

이는 다시 아래와 같음이 증명된다.

$$PRESS = \sum_{i=1}^{n} (\frac{e_i}{1-h_{ii}})^2 \tag{2.60}$$

결국, PRESS는 n번의 모형 추정 대신 전체 데이터를 이용한 한 번의 회귀분석의 결과로 얻어질 수 있다.

2.7 ▸ 다중공선성

독립변수들 사이에 상관관계를 갖고 있는 현상을 다중공선성(multicollinearity)이라고 한다. 어떤 독립변수가 다른 독립변수들의 선형결합, 예를 들어 $X_2 = 5X_1$과 같이 표현된다면 완전공선성(perfect collinearity)이 존재하는 것이다. 이 경우 식 (2.10)에서 역행렬 $(\boldsymbol{X}^T\boldsymbol{X})^{-1}$이 산출되지 않기 때문에 회귀계수를 추정할 수 없게 된다. 비록 이와 같이 완전공선성은 없다 하여도 변수 간에 상당히 높은 선형관계가 존재하면 역행렬 $(\boldsymbol{X}^T\boldsymbol{X})^{-1}$을 산출하는 데 있어 매우 큰 오차가 유발되는데 이 현상을 다중공선성이라 한다.

모형 내에 포함된 독립변수들 간에 다중공선성이 존재하는 경우에는 추정된 회귀계수의 분산이 매우 커지며, 따라서 정확한 모수추정 및 검정에 어려움이 있다. 다음과 같은 두 개의 독립변수를 포함하는 회귀모형에서

$$Y = \beta_0 + \beta_1 X_1 + \beta_2 X_2 + \epsilon$$

회귀계수의 추정량 $\widehat{\beta_1}$의 분산은 식 (2.28)과 같은데, r_{12}를 X_1과 X_2의 표본상관계수라고 하면 이는 다시 다음과 같이 표현된다(이를 확인하라).

$$Var[\widehat{\beta_1}] = \sigma^2 (\frac{1}{1-r_{12}^2}) \frac{1}{\Sigma (X_{1i} - \overline{X_1})^2} \tag{2.61}$$

따라서 표본상관계수 r_{12}가 1에 가까워짐에 따라 $\widehat{\beta_1}$의 분산은 매우 커지게 된다.

다중공선성의 또 다른 문제점은 회귀계수의 해석상에 있다. 회귀계수는 해당 독립변수의 값이 한 단위 증가할 때 종속변수의 변화량을 의미하는데, 이때 다른 독립변수의 값이 일정할 때라는 전제가 부가되어 있음을 전술한 바 있다. 그러나 두 독립변수가 높은 상관관계에 있으면 동시에 변화할 수 있기 때문에 위와 같은 해석을 할 수 없게 될 것이다.

2.7.1 다중공선성의 진단 방법 및 척도

회귀모형을 분석하는 과정에서 다음 중 하나에 해당되면 독립변수들 사이의 다중공선성을 조사해 보아야 한다.

1. 독립변수들 간의 상관계수가 매우 높을 때
2. 한 독립변수를 모형에 추가하거나 기존의 변수를 제거하는 것이 추정된 회귀계수의 크기나 부호에 큰 변화를 줄 때
3. 중요한 영향을 가질 것이라 예상되는 독립변수에 대한 검정 결과가 유의하지 않게 나타날 때
4. 추정된 회귀계수의 부호가 기존 연구나 이론적인 면에서 알려진 부호와 상반될 때

위와 같은 결과들이 나타나면 다중공선성을 의심해볼 수 있으며, 다음의 몇 가지 척도로서 다중공선성의 정도를 알아볼 수 있다. 여기서는 분산팽창계수(variance inflation factor)에 대해 설명해 보기로 한다.

정의 2.5 분산팽창계수: variance inflation factor

j번째 회귀계수의 추정량 $\hat{\beta}_j$에 대한 분산팽창계수 VIF_j는 다음과 같이 정의된다.

$$VIF_j = \frac{1}{1-R_j^2} \qquad j = 1,2,\ldots,k$$

여기서 R_j^2은 X_j를 종속변수로 하고 나머지 변수를 독립변수로 하는 회귀모형에서의 결정계수를 말한다.

VIF_j는 독립변수 사이에서 발생하는 다중공선성으로 인한 분산의 증가를 의미한다. 일반적으로 k개의 VIF_j 중 가장 큰 값이 5를 넘으면(가장 큰 R_j^2이 0.8을 넘으면) 다중공선성이 있다고 할 수 있으며, 10보다 큰 값이면 심각하다고 볼 수 있다.

예 2.12 다음과 같은 독립변수가 2개인 회귀모형에서 각 변수의 회귀계수 추정량에 해당하는 분산팽창계수를 구하라.

$$Y = \beta_0 + \beta_1 X_1 + \beta_2 X_2 + \epsilon$$

풀이 r_{12}를 X_1과 X_2의 표본상관계수라고 하면 정의 2.5에 의하여 $\hat{\beta}_1$ 및 $\hat{\beta}_2$의 분산팽창계수는 다음과 같이 표현된다.

$$VIF_1 = VIF_2 = \frac{1}{1-r_{12}^2}$$

따라서 식 (2.61)에 의하여 $\hat{\beta}_1$의 분산은 다음과 같이 됨을 알 수 있다.

$$Var[\hat{\beta}_1] = \frac{\sigma^2}{\Sigma(X_{1i}-\overline{X_1})^2} VIF_1$$

위 식에서 $\sigma^2/\Sigma(X_{1i}-\overline{X_1})^2$은 독립변수가 X_1 하나인 단순회귀모형에서 $\hat{\beta}_1$의 분산

임을 볼 때 위의 VIF_1은 다른 독립변수 X_2가 추가됨에 따라 $\hat{\beta}_1$의 분산을 증가시키는 배수임을 알 수 있다.

2.7.2 다중공선성의 해결 방법

다중공선성의 문제를 해결하는 방안으로 다음을 들 수 있다.

1. 다중공선성을 사전에 방지하기 위해서는 변수선택 과정에서 상관계수가 높은 두 변수 중에는 하나만을 선택하는 것이 한 방법이 될 것이다. 이 경우 종속변수 Y를 설명하는 데 중요한 역할을 하는 변수를 빠뜨리는 경우가 없도록 주의해야 한다.
2. 다중공선성이 국부적인 자료수집 과정에서 비롯될 가능성이 있으므로 좀 더 많은 데이터를 수집하여 분석을 다시 한다.
3. 독립변수 중 한두 개를 차례로 모형에서 제거해 보고 회귀계수의 표준오차가 줄어드는가를 관찰해서 표준오차를 현격히 감소시키는 변수를 제거한다.
4. 다중공선성을 해결하기 위한 이론적 방법으로는 모수추정을 위해 최소자승법 대신에 능형회귀(ridge regression), 주성분회귀(principal components regression), 부분최소자승 회귀(partial least squares regression)를 사용하는 방법이 있다. 주성분회귀는 3장에서, 부분최소자승 회귀는 4장에서 다룬다.

다음의 예를 통하여 다중공선성을 설명해 보자.

예 2.13 종속변수(Y)는 인장강도이고, 독립변수로서는 X_1(탄소량), X_2(권취온도), X_3(망간)이 포함된 회귀모형에 대한 추정 결과는 [표 2.5]와 같다. 총 37개의 관측치가 사용되었다. 독립변수 간의 공선성이 있는가를 진단하는 방법과 해결 방안을 제시해 보도록 한다.

[표 2.5] 모든 독립변수를 포함한 회귀분석 결과

	회귀계수	표준오차	t-값	분산팽창계수(VIF)
절편	47.403	2.475	19.15	0
X_1	0.0398	0.0326	1.22	6.949
X_2	-0.0290	0.00247	-11.73	2.141
X_3	4.485	3.799	1.18	6.898

MSE=0.5419, R^2_{adj} =0.931

분산팽창계수 VIF가 5 이상의 값이면 다중공선성을 의심해볼 수 있는데 $VIF_1 = 6.949$와 $VIF_3 = 6.898$은 X_1과 X_3 간의 다중공선성이 있음을 알려준다. 독립변수 간의 상관계수를 보면 아래와 같은데, X_1과 X_3 간의 상관계수 0.921은 두 변수 간 높은 상관관계를 갖는다는 것을 보여준다.

$$\begin{array}{c} \\ X_1 \\ X_2 \\ X_3 \end{array} \begin{array}{c} \begin{array}{ccc} X_1 & X_2 & X_3 \end{array} \\ \begin{bmatrix} 1.00 & -0.716 & 0.921 \\ & 1.00 & -0.714 \\ & & 1.00 \end{bmatrix} \end{array}$$

여기서 한 가지 주의해야 할 것은 상관계수의 값은 이상점(outlier)에 매우 민감한 통계량이므로 산점도를 통해 상관관계를 검토할 필요가 있다. X_1과 X_3의 산점도 [그림 2.4]는 두 변수 간에 뚜렷한 선형관계가 있음을 보여준다. 따라서 이 경우 X_1과 X_3 중 하나를 모형에서 제거하는 것이 바람직하다.

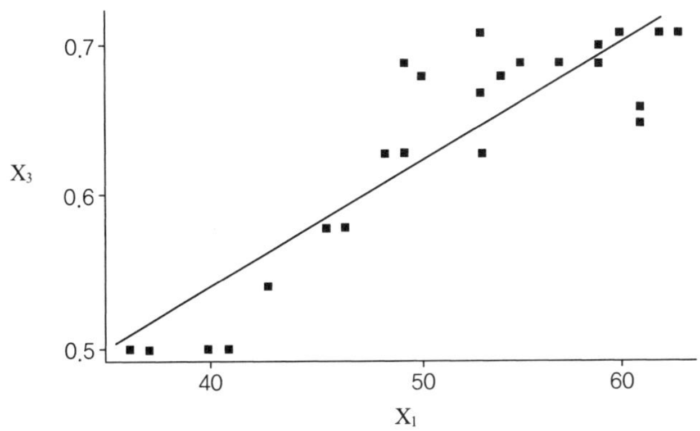

[그림 2.4] X_1과 X_3의 산점도

X_3을 제거한 경우의 회귀분석 결과는 [표 2.6]과 같다. [표 2.5]에서 보면 독립변수 간 다중공선성이 있는 경우 X_1, X_3 모두 유의수준 10%에서도 유의하지 않았다. 독립변수 X_3을 제거한 뒤의 결과인 [표 2-6]에서 보면 X_1이 매우 유의한 변수임을 알 수 있다.

[표 2.6] X_3을 제거한 모형의 회귀분석 결과

	회귀계수	표준오차	t-값	분산팽창계수(VIF)
절편	48.932	2.121	23.069	0
X_1	0.072	0.018	4.046	2.056
X_2	-0.029	0.002	-12.137	2.056

MSE=0.548, R^2_{adj} =0.930

이와 같이 다중공선성이 존재하는 경우는 서로 그 영향을 상쇄시켜 실제 유의한 것으로 예측된 변수가 유의하지 않은 것으로 나타나기도 한다. ■

다중공선성의 문제는 자료수집 과정에서 나타날 수 있으므로 데이터를 추가 수집하는 것도 한 방법이다. 물론 추가 수집이 어렵다든지 추가 수집으로도 다중공선성이 배제되지 않는 경우는 모형의 보완을 통해 해결하는 것이 바람직하다고 하겠다.

2.8 ▸ 지시변수와 회귀모형

지금까지 회귀모형은 독립변수 X와 종속변수 Y가 모두 정량적 변수인 경우에만 국한되어 다루어졌다. 그러나 경우에 따라서는 성별, 주거지역, 인종 등 범주형 변수가 독립변수로 회귀모형에 포함될 수 있는데, 이 경우 0과 1의 값을 갖는 지시변수(indicator variable 또는 dummy variable)를 사용하게 된다. 참고로 종속변수가 범주형인 경우는 로지스틱 회귀분석에서 다루게 된다.

예를 들어 종속변수가 월평균소득(Y)이고 독립변수가 경력연수(X_1), 성별(X_2)이라고 하면 경력연수는 양적변수이고 성별은 범주형 변수라고 할 수 있다. X_2를 지시변수로 간주하여 아래와 같이 정의하면 다음과 같은 회귀모형을 고려할 수 있다.

$$Y = \beta_0 + \beta_1 X_1 + \beta_2 X_2 + \epsilon \tag{2.62}$$

$$X_2 = \begin{cases} 1 & \text{남자인 경우} \\ 2 & \text{여자인 경우} \end{cases}$$

즉, 응답자가 남자인 경우의 회귀모형은

$$Y = (\beta_0 + \beta_2) + \beta_1 X_1 + \epsilon \tag{2.63}$$

이고, 여자인 경우는 X_2가 0이므로 다음과 같다.

$$Y = \beta_0 + \beta_1 X_1 + \epsilon \tag{2.64}$$

회귀모형에서 양적변수의 회귀계수가 갖는 의미는 해당 변수의 한 단위 변화에 따른 종속변수의 변화량을 의미한다. 그러나 지시변수의 경우 회귀계수가 갖는 의미는 다른 독립변수들의 고정된 상태에서 범주 간의 차이를 의미한다. 남/녀에 따른 기대반응치를 구하면 다음과 같다.

$$E[Y] = \begin{cases} \beta_0 + \beta_2 + \beta_1 X_1, & \text{남자의 경우} \\ \beta_0 + \beta_1 X_1, & \text{여자의 경우} \end{cases} \tag{2.65}$$

이를 그림으로 나타내면 [그림 2.5]와 같다.

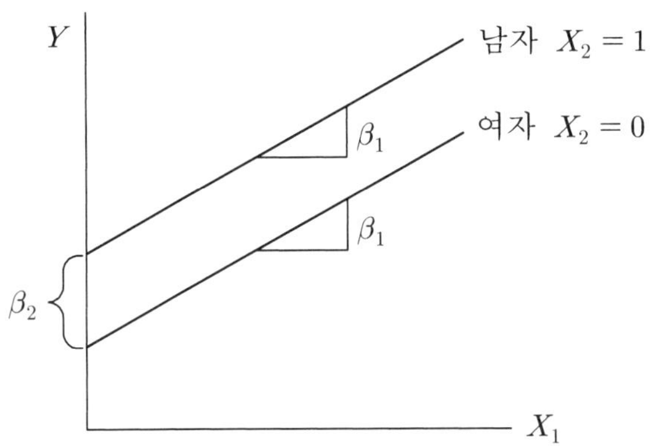

[그림 2.5] 지시변수를 포함한 회귀모형

즉 β_2는 경력연수가 같을 때 남자와 여자의 월평균소득의 차이를 의미한다. β_2에 대한 가설검정은 다른 회귀계수와 같이 t-검정통계량을 이용하여 검정한다.

$$H_0 : \beta_2 = 0$$
$$H_1 : \beta_2 \neq 0$$

위의 가설에 대한 검정통계량은 $T = \widehat{\beta_2}/se(\widehat{\beta_2})$이며, 유의수준 α에서 기각역은 $|T| > t_{(\alpha/2;n-2-1)}$이다. 만일 귀무가설 H_0이 기각되면 같은 경력을 가진 남녀 간의 월평균소득에 유의한 차이가 있다고 해석하고, 기각되지 않으면 차이가 없다고 결론 내릴 수 있다.

남녀에 따라 별도의 회귀식 (2.63)과 (2.64)를 추정하지 않고 식 (2.62)와 같이 굳이 지시변수를 사용하여 하나의 회귀식으로 추정하는 이유는 모형에서 보듯이 경력변수 X_1에 대하여 동일한(남녀 구분 없이) 기울기와 동일한 오차분산을 가정하고 있으므로 합한 데이터를 사용하는 것이 자유도를 크게 하여 추정의 정도를 높이기 때문이다. 예를 들어 남자에 대한 관측치가 60개, 여자에 대한 관측치가 40개 있다고 할 때 총 100개의 데이터를 사용하여 하나의 회귀추정식을 얻는 것이 각각 60, 40개의 관측치를 이용한 두 개의 회귀추정식을 얻는 것보다 효율적일 것이다.

식 (2.62)의 모형에서는 남녀에 대하여 경력 1년 증가에 따른 평균소득 증가량이 같다고 가정하였는데 그렇지 않은 상황에서는 다른 모형을 설정하여야 한다. 이에 대해서는 추후에 다시 언급하기로 한다.

예 2.14 어떤 열연코일의 인장강도(TS)에 권취온도(CT)가 어떤 영향을 미치는가를 조사하기 위해 TS를 종속변수, CT를 독립변수로 하여 회귀분석을 실시하기로 하였다. 그런데 수집된 데이터에는 두 개의 두께 그룹(2mm, 6mm)이 포함되어 있다. 각 두께 그룹에 대하여 권취온도에 대한 인장강도의 기울기는 동일하다고 가정할 때 적절한 회귀모형을 기술하고 추정하라. 또한 두께 그룹에 대하여 인장강도에 있어 차이가 있는지를 검정하라. 수집된 데이터는 아래와 같다.

[표 2.7] **인장강도에 대한 데이터**

	1	2	3	4	5	6	7	8	9	10
CT	540	660	610	710	570	700	560	600	680	530
두께	2	2	2	2	6	6	6	6	6	6
TS	52.5	50.2	51.3	49.1	50.8	48.7	51.2	50.8	49.3	51.5

풀이 두께를 나타내는 변수를 D라 하고 2mm일 때 1, 6mm일 때 0을 갖는 지시변수로 정의하면 회귀모형은 다음과 같다.

$$TS = \beta_0 + \beta_1 CT + \beta_2 D + \epsilon \tag{2.66}$$

이 경우 행렬 $\boldsymbol{X}^T$는 아래와 같다.

$$\boldsymbol{X}^T = \begin{bmatrix} 1 & 1 & 1 & 1 & 1 & 1 & 1 & 1 & 1 & 1 \\ 540 & 660 & 610 & 710 & 570 & 700 & 560 & 600 & 680 & 530 \\ 1 & 1 & 1 & 1 & 0 & 0 & 0 & 0 & 0 & 0 \end{bmatrix}$$

그리고 회귀계수를 다음 과정을 통하여 추정할 수 있다.

$$\boldsymbol{X}^T\boldsymbol{X} = \begin{bmatrix} 10.0 & 6160.0 & 4.0 \\ 6160.0 & 383520.0 & 2520.0 \\ 4 & 2520.0 & 4 \end{bmatrix} \quad \boldsymbol{X}^T\boldsymbol{y} = \begin{bmatrix} 505.4 \\ 310653.0 \\ 203.1 \end{bmatrix}$$

$$\hat{\beta}=(\boldsymbol{X}^T\boldsymbol{X})^{-1}\boldsymbol{X}^T\boldsymbol{y}=\begin{bmatrix}61.108\\-0.0177\\0.8042\end{bmatrix}$$

위의 과정을 통해 얻은 회귀분석의 결과는 다음과 같다.

[표 2.8] 지시변수가 포함된 회귀 결과

변수	회귀계수	표준오차	t-값	p-값
절편	61.108	0.703	86.9	0.0001
CT	-0.0177	0.001	-17.7	0.0001
D	0.8042	0.150	5.4	0.0010

R^2=0.9721, MSE=0.0519, n=10

따라서 추정된 회귀식은 다음과 같다.

$$TS = 61.108 - 0.0177\,CT + 0.8042\,D$$

여기서 두께를 구분하는 지시변수 D의 회귀계수 0.8042는 다음과 같이 해석된다. 권취온도가 일정하다고 할 때 2mm 두께의 열연코일이 6mm 두께의 열연코일보다 인장강도가 0.8042만큼 더 크다고 할 수 있다. 변수 D에 대한 p-값은 0.05보다 작으므로 두께 그룹에 따라 인장강도의 차이가 유의수준 α=0.05에서 유의하다고 할 수 있다.

■

범주형 변수의 경우 그 범주의 수가 m이라면 (m−1)개의 지시변수가 필요한데 다음의 예를 통해서 범주가 4일 때 3개의 지시변수에 대한 회귀계수는 어떻게 해석되는지 알아보자.

예 2.15 계절에 따른 판매량의 차이를 조사하고자 할 때 회귀모형을 설정하고(다른 독립변수는 없다고 가정) 각 회귀계수가 갖는 의미를 설명하라. 또한 겨울 판매량과 여름 판매량에 차이가 있는지를 검정하기 위한 가설을 설정하라.

풀이 우선 회귀모형에 포함될 범주형 변수가 계절이고 범주수가 4이므로 3개의 지시변수가 필요하며 다음과 같은 회귀모형을 설정할 수 있다.

$$Y = \beta_0 + \beta_1 X_1 + \beta_2 X_2 + \beta_3 X_3 + \epsilon$$

$$X_1 = \begin{cases} 1 & \text{여름이면} \\ 0 & \text{여름이 아니면} \end{cases}$$

$$X_2 = \begin{cases} 1 & \text{가을이면} \\ 0 & \text{가을이 아니면} \end{cases}$$

$$X_3 = \begin{cases} 1 & \text{겨울이면} \\ 0 & \text{겨울이 아니면} \end{cases}$$

따라서 각 계절에 대응하는 지시변수의 값은 다음과 같다.

	X_1	X_2	X_3
봄	0	0	0
여름	1	0	0
가을	0	1	0
겨울	0	0	1

이때 각 계절마다의 평균판매량 E[Y]는 다음과 같이 나타낼 수 있다.

$$E[Y|\text{봄}] = \beta_0$$
$$E[Y|\text{여름}] = \beta_0 + \beta_1$$
$$E[Y|\text{가을}] = \beta_0 + \beta_2$$
$$E[Y|\text{겨울}] = \beta_0 + \beta_3$$

위에서 보는 바와 같이 β_0은 봄일 때의 판매량이며, β_1은 여름 판매량과 봄 판매량의 차이이며, β_2는 가을 판매량과 봄 판매량의 차이이고, β_3은 겨울 판매량과 봄 판매량의 차이이다. 따라서 봄 판매량과 여름 판매량 또는 봄 판매량과 가을 판매량에 차이가 있는지를 검정하기 위해서는 β_1 또는 β_2에 대한 t-검정을 하면 될 것이다.

그리고 물음과 같이 겨울 판매량과 여름 판매량에 차이가 있는지를 검정하기 위한 가설은 다음과 같이 설정된다.

$$H_0 : \beta_1 - \beta_3 = 0$$
$$H_1 : \beta_1 - \beta_3 \neq 0$$

위의 귀무가설이 사실일 때의 회귀모형을 설정하면 다음과 같다.

$$Y = \beta_0 + \beta_1(X_1 + X_3) + \beta_2 X_2 + \epsilon$$

위의 모형을 축소모형($X_1 + X_3$을 새로운 하나의 독립변수로 간주)으로 보고 원래의 모형을 완전모형으로 보면 일부 계수에 대한 부분검정에 의거하여 다음과 같은 검정통계량으로 검정할 수 있다.

$$F = \frac{\frac{SSE(R) - SSE(F)}{(3-2)}}{\frac{SSE(F)}{(n-4)}} = \frac{\frac{SSR(F) - SSR(R)}{(3-2)}}{\frac{SSE(F)}{(n-4)}}$$

여기서 F는 완전모형을, R은 축소모형을 의미하며, F값의 자유도는 (1, n−4)가 된다.

예 2.16 [예 2.14]에서 두께 그룹에 따라 CT에 대한 TS의 기울기가 다르다고 예상되면 CT와 두께 간에 교호작용(interaction)이 존재한다고 말하며, 이때 회귀모형은 다음과 같이 설정될 수 있다.

$$TS = \beta_0 + \beta_1 CT + \beta_2 D + \beta_3 (CT \cdot D) + \epsilon \tag{2.67}$$

위 식에서 CT와 D의 곱으로 표현된 새로운 독립변수가 모형에 포함된 것을 볼 수 있다. 두께를 나타내는 지시변수 D의 값에 따라 TS 기대치는 다음과 같이 됨을 알 수 있다.

$$E[TS \mid D = 1] = \beta_0 + \beta_2 + (\beta_1 + \beta_3) CT$$
$$E[TS \mid D = 0] = \beta_0 + \beta_1 CT$$

위에서 우리는 CT에 대한 TS의 기울기가 서로 다른 것을 볼 수 있다. 물론 이 기울기가 유의하게 다른가를 검정하는 것은 $\beta_3 = 0$의 여부를 검정하는 것이 될 것이다.

교호작용이 추가된 식 (2.67)의 회귀모형에 적합시킨 결과는 다음과 같다.

[표 2.9] 교호작용이 추가된 회귀 결과

변수	회귀계수	표준오차	p-값
절편	60.1364	0.7499	0.0001
CT	-0.0161	0.0012	0.0001
D	3.2785	1.2104	0.0352
CTD	-0.0039	0.0019	0.0857

R^2=0.9836, MSE=0.0356, n=10

따라서 추정회귀식은 다음과 같이 표현되는데

$$\widehat{TS} = 60.1364 - 0.0161\,CT + 3.2785\,D - 0.0039\,CT \cdot D$$

각 두께 그룹에 대하여 아래와 같이 두 개의 회귀식으로 쓸 수 있다.

$$\widehat{TS} = 63.4149 - 0.02\,CT \qquad \text{D=1일 때}$$
$$\widehat{TS} = 60.1364 - 0.0161\,CT \qquad \text{D=0일 때}$$

두 두께 그룹에 대한 회귀선을 그려보면 [그림 2-6]과 같은데 두 회귀선의 기울기가 같지 않음을 알 수 있다. [표 2.9]에서 교호작용 CT·D에 대응하는 회귀계수가 유의수준 10%에서 유의함을 볼 수 있다.

한편 두께 그룹에 따라 TS의 절편이 동일한가를 검정하는 것은 $\beta_2 = 0$의 여부를 검정하는 것인데, [표 2.9]로부터 유의수준 5%에서 절편이 동일하다고 할 수 없을 것이다.

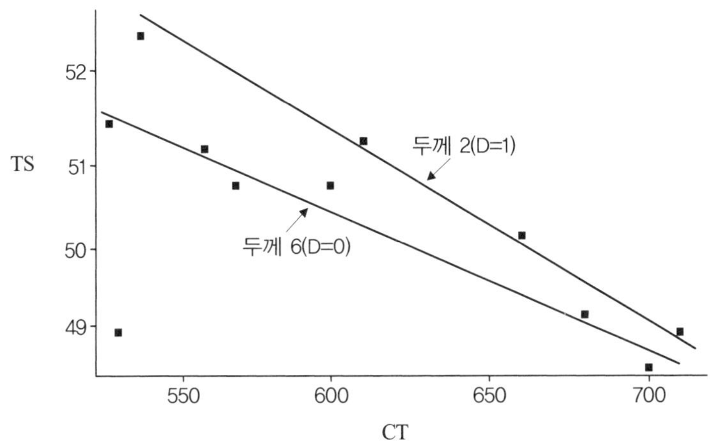

[그림 2.6] 두께에 따른 CT와 TS의 관계

식 (2.66)과 식 (2.67)의 회귀모형에 대한 결정계수(R^2)와 오차의 평균제곱(MSE)과 비교해 보면 교호작용을 추가시킨 회귀모형이 포함시키지 않은 모형보다 더 적합하다고 할 수 있다.

2.9 ▶ 참고사항

본 장의 대부분 내용은 [1]에서 발췌한 것임을 밝힌다. 2.4.3절의 단계적 변수선택 방법에 대한 보다 자세한 내용을 원하는 독자는 참고문헌 [4]를 참조하기 바란다. 잔차산점도에 의한 회귀분석의 가정과 진단은 참고문헌 [4]의 9장, 10장을 참조할 수 있다. 이상치의 존재 유무는 참고문헌 [3], [5]를 참조하기 바란다. PRESS는 참고문헌 [2]에서 제안되었으며, 식 (2.60)의 증명은 참고문헌 [4]에서도 볼 수 있다.

[1] 전치혁, 정민근, 이혜선 (2004). 공학응용통계(개정판). 홍릉과학출판사.

[2] Allen, D. M. (1974). "The relationship between variable selection and data augmentation and a method for prediction," *Technometrics*, 16, 125-127.

[3] Belsley, D. A., E. Kuh, and R. E. Welsch (1980). *Regression Diagnostics: Identifying Influential Data and Source of Collinearity*. Wiley, New York.

[4] Montgomery, D. C. and E. A. Peck (1992). *Introduction to Linear Regression Analysis*, 2nd ed. Wiley, New York.

[5] Rawling, J. O. (1988). *Applied Regression Analysis*. Wordsworth & Brooks/Cole, California.

연습문제

2.1 공장수가 지나가는 파이프의 부식도에 수질이 미치는 영향 관계를 알아보기 위하여 다음과 같은 모형을 고려하고자 한다.

$$Y = \beta_0 + \beta_1 X_1 + \beta_2 X_2 + \beta_3 X_3 + \beta_4 X_4 + \epsilon$$

Y: 부식도; X_1: pH; X_2: 탁도; X_3: 염소량; X_4: 약품농도

모형을 추정하기 위하여 다음과 같은 30개의 표본 자료를 얻었다.

i	pH	탁도	염소량	약품농도	부식도
1	7.93	11.9	19.0	59.8	2.2
2	8.07	12.9	26.6	59.6	10.3
3	7.85	11.0	17.0	26.3	19.5
4	7.98	9.3	15.3	27.4	13.2
5	7.77	6.4	13.1	51.5	7.2
6	7.87	7.1	11.9	41.9	23.5
7	8.07	12.9	26.6	59.6	10.3
8	7.85	11.0	17.0	26.3	19.5
9	7.98	9.3	15.3	27.4	13.2
10	7.89	7.1	13.5	44.9	8.0
11	7.96	9.8	16.5	34.5	12.2
12	7.87	9.4	15.3	32.4	11.2
13	7.83	13.0	17.6	24.9	36.2
14	7.92	11.4	17.4	37.3	18.9
15	7.89	7.1	13.5	44.9	8.0
16	7.96	9.8	16.5	34.5	12.2
17	7.87	9.4	15.3	32.4	11.2

i	pH	탁도	염소량	약품농도	부식도
18	7.83	11.0	13.8	56.9	3.2
19	7.72	4.0	11.8	23.9	5.4
20	7.67	13.0	24.6	53.9	19.8
21	7.77	6.0	12.5	35.5	10.6
22	7.66	4.0	10.1	49.3	9.1
23	7.48	2.0	7.8	70.9	4.0
24	7.57	2.0	8.5	81.4	3.5
25	7.71	4.0	9.8	92.0	1.7
26	7.60	7.0	11.6	81.8	4.3
27	8.21	21.4	84.7	68.1	18.7
28	8.20	26.4	127.4	54.7	19.4
29	8.20	31.3	38.3	76.3	17.8
30	7.84	13.4	24.9	72.1	2.6

(a) 위의 다중회귀모형을 추정하라. 각 회귀계수의 추정치, 표준오차, t-값을 나타내는 표를 작성하고 5%에서 유의하면 t-값에 *표를, 1%에서 유의하면 **표를 하라.

(b) 분산분석표를 작성하고 회귀성 검정을 하라. (a)와 유사하게 * 또는 **표를 하라. 또한, 결정계수는 얼마인가?

2.2 코크스품질을 대표하는 냉간강도(DI)에 영향을 주는 인자로 휘발분(VM)과 조직평형지수(CBI)를 고려하여 다음과 같은 다중회귀식을 추정하고자 한다.

$$DI = \beta_0 + \beta_1 VM + \beta_2 CBI + \epsilon$$

다음과 같이 7개의 자료를 얻었다.

번호	VM	CBI	DI
1	26.7	1.14	87.8
2	26.9	1.41	87.0
3	27.6	1.13	88.0
4	26.9	1.37	87.1
5	27.2	1.14	87.9
6	27.0	1.26	87.0
7	26.2	1.28	88.0

(a) 벡터-행렬을 사용하여 회귀계수들을 추정하라.

(b) 회귀표준오차를 구하라.

(c) 각 회귀계수에 대한 t-검정를 실시하라.

(d) ANOVA table을 작성한 후, 결정계수를 구하고 F-검정을 실시하라.

2.3 자동차 매출액에 대하여 다음과 같은 다중회귀모형을 고려한다.

$$S_t = \beta_0 + \beta_1 YP_t + \beta_2 R_t + \beta_3 CPI + \epsilon_t$$

S＝분기별 자동차 매출액

YP＝분기별 개인소득

R＝해당분기 대출 이자율(3개월간)

CP＝분기별 자동차 소비자가격지수

80개의 관측 자료로부터 모형을 추정한 결과 다음과 같은 추정식을 얻었다.

$$S_t = 56.36 + 0.036\,YP_t - 0.508R_t - 0.088\,CPI_t \qquad R_2 = 0.841$$

회귀표준오차는 2.97이며, $(\boldsymbol{X}^T\boldsymbol{X})^{-1}$ 행렬의 대각선 원소들은 차례로 5.089, 1.02×10^{-6}, 6.04×10^{-4}, 1.39×10^{-4}이었다.

(a) 각 회귀계수 추정치의 표준오차를 구하고 t-값을 산출하라. 유의수준 5%에서 유의한지 검정하라.

(b) 회귀성에 대한 F-검정을 실시하라(유의수준 5%).

(c) adjusted R-square를 산출하라.

(d) 추정된 회귀식에서 CPI에 대한 계수의 의미를 설명하라. 부호는 적합한가?

2.4 반도체 Mask-ROM의 품질특성치로 수율(%)이 중요한 것으로 알려져 있으며 이에 영향을 주는 공정조건으로 A, B, C, D를 고려하여 다중회귀모형을 세우고 SAS를 이용하여 다음과 같은 결과를 얻었다. 총 관측수는 193이다.

Source	df	Sum of Square	Mean Square	F-value
Model		233.6		
Error				
Total				

Root MSE	1.79	R-Square	________
DW	1.85		

Variables	Parameter Estimates	Standard Error	T for H0 Parameter=0	Prob >ITI
Intercept	78.941	6.843	11.536	0.0001
A	-0.014	0.00476	-2.942	0.0037
B	0.012	0.00538	2.229	0.0270
C	-0.020	0.00775	-2.579	0.0107
D	0.584	0.1327	4.400	0.0001

(a) 위 표에서 빈칸을 채워라.

(b) 유의수준 1%에서 회귀성 여부를 검정하라.

(c) 유의수준 5%에서 자기상관 여부를 검정하라(관측수가 100 이상일 때 DW 값의 경계치는 관측수 100일 때와 동일하다고 가정).

(d) 유의수준 1%에서 유의한 회귀계수는?

(e) 유의수준 5%에서 A의 회귀계수의 신뢰구간을 구하라.

(f) A=546, B=765, C=730, D=12에서의 반응치를 예측하라.

2.5 고로의 공정변수와 풍구선온도와의 관계를 알아보기 위하여 다음과 같은 데이터를 수집하였다.

번호	송풍압력	송풍온도	노정압력	노정온도	송풍에너지	풍구선온도
1	410	1117	239	224	990	2189
2	405	1106	239	198	995	2199
3	405	1119	239	162	1010	2217
4	405	1113	240	153	1001	2219
5	402	1098	239	151	992	2197
6	406	1112	240	158	995	2203
7	407	1108	239	165	987	2207
8	404	1093	239	184	977	2201
9	408	1104	239	159	977	2204
10	407	1106	239	179	981	2183
11	406	1094	239	171	966	2180
12	408	1109	239	178	978	2216
13	409	1119	240	183	993	2223
14	409	1113	239	186	985	2211
15	410	1111	239	178	975	2191
16	409	1118	239	197	996	2210
17	406	1108	239	167	992	2224
18	409	1101	239	171	974	2206
19	408	1112	240	195	985	2221
20	404	1102	239	190	992	2201
21	402	1092	239	178	985	2191
22	406	1108	239	161	990	2222
23	406	1102	239	156	982	2192
24	405	1091	239	158	972	2204
25	411	1119	240	158	989	2217

(a) 모든 가능한 조합의 회귀분석을 통하여 풍구선온도를 설명하는 최적모형을 선정하라.

(b) 단계적 회귀분석(stepwise regression)을 통하여 최적모형을 선정하라.

2.6 TV 부품 중 하나인 Shadow Mask의 수율(Y; %)과 공정조건 X_1, X_2, X_3의 관계를 알아보기 위하여 다음과 같은 모델을 사용하여

$$Y = \beta_0 + \beta_1 X_1 + \beta_2 X_2 + \beta_3 X_3 + \epsilon$$

다중회귀분석을 하였더니 다음과 같은 결과를 얻었다.

$$n = 105, \quad \sum_{i=1}^{105} (Y_i - \overline{Y})^2 = 106512, \quad R^2 = 0.475$$

Variable	Parameter Estimate	Standard Error
Intercept	72.213	11.229
X_1	-0.311	0.137
X_2	-0.223	0.047
X_3	0.585	0.143

(a) 분산분석표를 작성하고 회귀성 검정을 실시하라(유의수준 1%).

(b) 오차항의 표준편차(회귀 표준오차)를 추정하라.

(c) 1% 유의수준에서 유의한 회귀계수는 어떤 것들인가?

2.7 열연코일의 인장강도(TS)에 영향을 미치는 요인으로 탄소(C), 망간(Mn), 권취온도(CT)를 택하여 다중회귀분석을 실시하여 다음과 같은 결과를 얻었다. 사용한 데이터 수는 100이다.

$$TS = 40.56 + 84.2C + 6.72Mn - 0.015CT$$

(14.2) (4.8) (1.6) (-3.2) ← t값임

Root MSE = 1.5 Adjusted R-square = 0.9

(a) ANOVA table을 작성하라.

(b) 유의수준 5%에서 회귀계수의 유의성 여부를 검정하라.

(c) CT의 회귀계수에 대한 95% 신뢰구간을 구하라.

(d) C의 회귀계수를 β_1이라 할 때 다음을 검정하라(유의수준 5%).

$$H_0 : \beta_1 = 80$$
$$H_1 : \beta_1 \neq 80$$

2.8 소비함수를 추정하기 위하여 다음과 같이 소비(consumption; C)를 종속변수로, 가처분소득(disposable income; Y)을 독립변수로 하는 회귀모델을 설정하고 18년간의 분기별 자료를 분석하여 다음과 같은 결과를 얻었다.

$$\text{Model I: } C = 14.51 + 0.88\,Y \qquad R^2 = 0.9977 \qquad \text{Root MSE} = 3.72$$
$$(7.03) \quad (173.06) \qquad \leftarrow \text{t-값}$$

한편, 다음과 같이 저축(savings; $S = Y - C$)을 종속변수로 하는 회귀모델을 고려한다고 하자.

$$\text{Model II: } S = \beta_0 + \beta_1 Y + \epsilon$$

(a) Model II에서 회귀계수를 추정하라.

(b) Model II의 결정계수는 모델 I과 동일한가? 간단히 설명하라.

(c) Model II의 Root MSE는 모델 I과 동일한가? 간단히 설명하라.

(d) Model II의 회귀계수 β_1 추정치에 대한 t값을 구하라.

2.9 어떤 냉연제품의 항복강도(YP)에 미치는 영향변수로 탄소량(X_1), 망간(X_2), 소둔온도(X_3), 조질압하율(X_4)을 독립변수로 하여 중회귀분석을 한 결과 다음과 같은 분산분석표를 얻었다. 총 97개의 데이터를 사용하였다.

요인	자유도	제곱합	평균제곱	F-값	p-값
회귀	4	1059.54	264.88	79.3	0.0001
잔차	92	307.08	3.34		
전체	96	1366.62			

한편, 탄소량과 망간만을 독립변수로 하여 회귀분석한 결과는 다음과 같다.

요인	자유도	제곱합	평균제곱	F-값	p-값
회귀	2	1051.18	525.59	156.4	0.0001
잔차	94	315.44	3.36		
전체	96	1366.62			

(a) 다음 가설을 유의수준 5%에서 검정하고 해석하라.

$$H_0 : \beta_3 = \beta_4 = 0$$

$H_1 : \beta_3$와 β_4 모두 0은 아니다.

(b) 탄소와 망간만을 독립변수로 사용한 모형의 C_p값을 구하라.

2.10 어떤 열연코일의 항복강도(Y)에 미치는 영향변수로 슬라브 재가열시간(X_1)과 사상압연 후면온도(X_2)를 독립변수로 하여 중회귀모형을 수립하고 총 100개의 관측치에 대하여 회귀분석을 한 결과 다음을 얻었다.

$$\hat{Y} = 159.947 - 0.050X_1 - 0.1054X_2$$

요인	자유도	제곱합	평균제곱	F-값	p-값
회귀	2	376.03	188.01	40.29	0.0001
잔차	97	452.60	4.67		
전체	99	828.63			

또한 데이터로부터 다음 결과를 얻었다.

$$\overline{X_1} = 247.36 \qquad s^2_{X_1} = 8.3694$$

$$\overline{X_2} = 847.77 \qquad s^2_{X_2} = 262.34 \qquad r_{12} = 0.2241$$

(a) $\widehat{\beta_1}$ 및 $\widehat{\beta_2}$의 분산팽창계수를 구하라.

(b) $\widehat{\beta_1}$ 및 $\widehat{\beta_2}$의 분산을 각각 추정하라.

(c) $(\boldsymbol{X}^T\boldsymbol{X})^{-1}$을 구하라.

(d) $X_1 = 280$, $X_2 = 860$에서 항복강도의 95% 예측구간을 구하라.

2.11 3개의 독립변수(X1, X2, X3) 및 종속변수 Y에 대한 6개의 관측치를 바탕으로 계산된 상관계수들이 다음과 같다. 여기서 모든 변수는 평균조정된(각 변수의 평균이 0이 되도록) 값을 사용한다.

	X1	X2	X3
X2	0.973		
X3	-0.847	-0.808	
Y	0.932	0.887	-0.917

한편, 3개의 독립변수로 Y를 설명하고자 하는 절편없는 회귀모형(모형 1)의 분석 결과가 다음과 같다.

Predictor	Coef	SE Coef	T	P
X1	8.840	8.159	1.08	0.358
X2	-2.357	6.315	-0.37	0.734
X3	-1.4661	0.9740	-1.51	0.229

Analysis of Variance

Source	DF	SS	MS	F	P
Regression	3	2462.80	820.93	13.16	0.031
Residual Error	3	187.20	62.40		
Total	6	2650.00			

또한, X1만을 독립변수로 한 절편없는 회귀모형(모형 2)의 분석 결과는 다음과 같다.

Predictor	Coef	SE Coef	T	P
X1	10.227	1.781	5.74	0.002

Analysis of Variance

Source	DF	SS	MS	F	P
Regression	1	2301.1	2301.1	32.98	0.002
Residual Error	5	348.9	69.8		
Total	6	2650.0			

(a) 모형 1의 결과로부터 관측할 수 있는 점을 3줄 이내로 기술하라.

(b) 모형 1에서 X1에 대한 VIF(variance inflation factor)를 근사적으로 산출하라.

(c) 다음 가설을 유의수준 10%에서 검정하라.

$$H_0 : \beta_2 = \beta_3 = 0$$

$$H_1 : \beta_2, \beta_3 \text{ 모두 0은 아니다.}$$

(d) X1과 X2를 독립변수로 사용하는 새로운 모형에서의 X1에 대한 VIF를 구하라.

(e) X1과 X2를 독립변수로 사용하는 새로운 모형(즉, 모형 1에서 X3이 제외된)에서 R-square를 구하라.

(f) X2만을 독립변수로 하는 절편없는 회귀모형에서 기울기의 추정치와 표준오차를 구하라.

(g) 모형 1이 stepwise-backward elimination의 과정 중 첫 단계라 할 때, 다음 단계에서 제외될 변수가 있겠는가?(alpha to remove=0.15) 있다면, 어떤 변수가 제외되겠는가?

2.12 어느 공장에서 산화된 암모니아량(간단히 stack loss 또는 Y라 함)에 영향을 주는 요인으로 X1(공기량), X2(냉각수온도), X3(질산농도)의 세 가지를 고려하여 21개의 관측치를 얻은 후 다중회귀분석을 실시하여 다음과 같은 결과를 얻었다.

$$Y = -39.92 + 0.7156\ X1 + 1.2953\ X2 - 0.1521\ X3$$

(-3.36) (5.31) (3.52) (-0.97) ß 괄호 내 숫자는 t-값임.

Root MSE (또는 s) = 3.2434, $R^2 = 0.914$

(a) 냉각수온도의 회귀계수 추정치의 의미를 간단히 설명하라.

(b) 냉각수온도의 회귀계수가 1.0인지 여부를 유의수준 5%에서 검정하라.

(c) 위의 모형에 대한 ANOVA table를 작성하라(df, SS, MS, F값 포함).

(d) X3가 없는 모형에 대한 Adjusted R-square를 구하라.

(e) X2가 없는 모형에 대하여 F 검정을 유의수준 1%에서 실시하라.

2.13 다음은 야구선수들의 기록과 연봉에 대한 회귀분석을 stepwise method로 수행한 중간의 결과를 보여주고 있다.(alpha in = alpha out = 0.3 사용; SAS output)

Step 7: Variable HITS Entered.

Analysis of Variance

Source	*DF*	*Sum of Squares*	*Mean Square*	*F-Value*	*Pr > F*
Model	7	7,019.32	1,002.76	52.19	<0.0001
Error	90	1,729.27	19.21		
Total	97	8,748.59	-		

Variable	*Parameter Est.*	*Standard Error*	*Type II SS*	*F-Value*	*Pr > F*
Intercept	1.5478	1.16262	34.05	1.77	0.1865
RUN(득점)	0.1003	0.03542	154.16	8.02	0.0057
HITS(안타수)	-0.0550	0.02441	97.38	5.07	0.0268
HR(홈런)	-0.0081	0.07762	0.21	0.01	0.9173
RBI(타점)	0.1191	0.03678	201.50	10.49	0.0017
BB(포볼)	0.0298	0.02147	37.03	1.93	0.1685
KK(삼진)	-0.0264	0.01318	77.04	4.01	0.0483
DP(병살)	-0.0924	0.09226	19.28	1.00	0.3192

(a) 변수 HITS가 추가됨으로써 나타난 현상 중 한 가지를 기술하라.

(b) 현 단계의 추정모형을 진단할 때 (야구)상식과 배치되는 현상을 한 가지 지적하고 의심되는 이유를 간단히 설명하라.

(c) 바로 이전 단계(변수 HITS가 추가되기 전)의 ANOVA table을 작성하라.

(d) 바로 다음 단계에서 변수 하나가 제거된다고 하면 어떤 변수가 제거되겠는가?

(e) 최종 모형에서 더 이상 제거될 변수가 있음을 현 단계에서 알 수 있는가? 이유를 간단히 설명하라.

2.14 다음은 205개의 관측수를 갖는 어떤 데이터에 stepwise method를 적용한 SAS 결과를 나타낸 것이다. SST는 1.5823로 산출되었다.

Summary of Stepwise Method

Step	Variable Entered	Number in Vars	Partial R-Square	C(p)	F-value	Pr>F
1	X1	1	0.1574	37.5	37.91	<0.0001
2	X2	2	0.0711	19.4	18.61	<0.0001
3	X9	3	0.0311	12.6	8.45	0.0040

(a) Step 3에 대한 ANOVA table을 작성하라. 단, 자유도, 제곱합, 평균제곱합 및 F값을 포함하라.

(b) 변수 X1 및 X2가 포함되는 경우 변수 X9에 대한 Type II 제곱합을 산출하라.

(c) Step 2에서 변수 X2의 기울기 추정치에 대한 표준오차가 0.000158로 알려져 있다. 이 단계에서 X2 기울기 추정치를 구하라.

(d) 변수 X1 및 X9가 포함된 상태에서 변수 X2의 Type II 제곱합이 0.1150이라 한다. X1 a와 X9의 두 변수가 포함된 모형에서 R-square를 구하라.

2.15 다음은 세 변수를 포함하는 회귀모형의 추정 결과를 나타낸 것이다.

	Parameter Estimate	*Standard Error*	*t-value*	*p-value*
Intercept	2.101	3.431	0.612	0.553
X1	1.133	0.423	2.678	0.021
X2	0.674	0.310	2.174	0.052
X3	-1.165	0.335	-3.478	0.005

추가로 다음과 같은 제곱합 또는 부분제곱합이 알려져 있다.

SSR(X1)=2.73, SSR(X2)=3.40, SSR(X3)=52.54, ΔSSR(X2|X1)=9.46,
SSE=102.33, SST=214.74

(a) 상기 모형에 대하여 유의수준 5%에서 F-검정을 실시하라.
(b) ΔSSR(X3|X1,X2)를 산출하라. 이 의미를 간단히 설명하라.
(c) 가설 $H_0 : \beta_1 = \beta_2 = 0$($H_1$: 두 계수 모두 0은 아니다)를 유의수준 5%에서 검정하라.
(d) 변수 X3이 없는 모형(즉 변수 X1과 X2만 있는)에 대한 F-검정을 유의수준 5%에서 실시하라.
(e) ΔSSR(X1|X2)를 산출하고, SSR(X1)과의 차이를 설명하라.

2.16 다음은 63개 관측치를 갖는 두 변수 회귀모형의 결과이다.

variables	parameter estimate	standard error	VIF
constant	29.641	2.319	-
X1	1.187	0.224	?
X2	-0.046	0.015	2.83

(a) 변수 X2의 VIF(분산팽창계수) 값이 무엇을 의미하는지 설명하라.
(b) 변수 X1의 VIF를 구하라.
(c) 위의 정보를 바탕으로 변수 X1만 포함된 회귀모형에서 기울기의 표준오차를 추정하라.

(d) 아래 가설을 유의수준 5%에서 검정하라.

$$H_0 : \beta_1 = 1 \quad \text{vs.} \quad H_1 : \beta_1 \neq 1$$

(e) 아래 가설을 검정하고자 한다.

$$H_0 : \beta_1 = 1,\ \beta_2 = 0 \qquad \text{vs.} \quad H_0 : \beta_1 \neq 1,\ \beta_2 \neq 0$$

위의 정보만으로 검정할 수 있는가? 할 수 없다면 어떤 정보가 더 필요한가?

2.17 다음은 37종의 와인에 대한 화학성분 및 아로마 평점(aroma)을 측정한 데이터이다.

	Mo	Ba	Cr	Sr	Pb	B	Mg	Ca	K	Aroma
1	0.044	0.387	0.029	1.23	0.561	2.63	128	80.5	1130	3.3
2	0.16	0.312	0.038	0.975	0.697	6.21	193	75	1010	4.4
3	0.146	0.308	0.035	1.14	0.73	3.05	127	91	1160	3.9
4	0.191	0.165	0.036	0.927	0.796	2.57	112	93.6	924	3.9
5	0.363	0.38	0.059	1.13	1.73	3.07	138	84.6	1090	5.6
6	0.106	0.275	0.019	1.05	0.491	6.56	172	112	1290	4.6
7	0.479	0.164	0.062	0.823	2.06	4.57	179	122	1170	4.8
8	0.234	0.271	0.044	0.963	1.09	3.18	145	91.9	1020	5.3
9	0.058	0.225	0.022	1.13	0.048	6.13	113	70.2	1240	4.3
10	0.074	0.329	0.03	1.07	0.552	3.3	140	74.7	1100	4.3
11	0.071	0.105	0.028	0.491	0.31	6.56	103	67.9	1090	5.1
12	0.147	0.301	0.087	2.14	0.546	3.5	199	66.3	1470	3.3
13	0.116	0.166	0.041	0.578	0.518	6.43	111	83.8	1120	5.9
14	0.166	0.132	0.026	0.229	0.699	7.27	107	44.9	854	7.7
15	0.261	0.078	0.063	0.156	1.02	5.04	94.6	54.9	899	7.1
16	0.191	0.085	0.063	0.192	0.777	5.56	110	64.1	976	5.5
17	0.009	0.072	0.021	0.172	0.232	3.79	75.9	48.1	995	6.3
18	0.027	0.094	0.021	0.358	0.025	4.24	80.9	57.6	876	5
19	0.05	0.294	0.006	1.12	0.206	2.71	120	64.8	1050	4.6
20	0.268	0.099	0.045	0.36	1.28	5.68	98.4	64.3	945	6.4
21	0.245	0.071	0.053	0.186	1.19	4.42	87.6	70.6	820	5.5
22	0.161	0.181	0.06	0.898	0.747	8.11	160	82.1	1220	4.7

	Mo	Ba	Cr	Sr	Pb	B	Mg	Ca	K	Aroma
23	0.146	0.328	0.1	1.32	0.604	6.42	134	83.2	1810	4.1
24	0.155	0.081	0.037	0.164	0.767	4.91	86.5	53.9	1020	6
25	0.126	0.299	0.054	0.995	0.686	6.94	129	85.9	1330	4.3
26	0.184	0.346	0.037	1.17	1.28	3.29	145	72.8	1140	3.9
27	0.211	0.206	0.028	0.72	1.02	6.12	99.3	95.2	1260	5.1
28	0.129	0.281	0.034	0.889	0.638	7.28	139	84.2	1200	3.9
29	0.166	0.292	0.039	1.11	0.831	4.71	125	59.5	1030	4.5
30	0.199	0.292	0.058	0.927	1.02	6.97	131	85.9	1390	5.2
31	0.266	0.158	0.049	0.794	1.3	3.77	143	128	1230	4.2
32	0.183	0.225	0.037	1.19	0.915	2	123	69.4	943	3.3
33	0.208	0.087	0.042	0.168	1.33	5.04	92.9	56.3	949	6.8
34	0.142	0.408	0.022	1.16	0.745	3.94	143	67.6	1170	5
35	0.171	0.263	0.072	1.35	0.899	2.38	130	64.4	1070	3.5
36	0.307	0.29	0.031	0.885	1.61	4.4	151	103	1100	4.3
37	0.342	0.366	0.048	1.08	1.77	3.37	145	58.3	1010	5.2

(a) 전체 성분을 포함하여 aroma를 설명하는 회귀모형을 추정하라.

(b) 위의 모형에서 각 변수에 대한 VIP를 산출하고 10 이상 되는 변수를 나열하라.

(c) 단계별방법을 통한 회귀모형을 구축하라. 이 경우 각 변수에 대한 VIP를 산출하라.

(d) 첫 25개의 관측치를 사용하여 두 가지 모형(전체 변수 사용, 단계별방법에서 선택된 변수만 사용)으로 회귀분석을 한 후, 나머지 12개 관측치에 대한 aroma변수를 예측하고 실제값과 평균제곱오차를 산출하여 비교하라.

2.18 어느 나라의 1980~2002년 기간(23년간) 동안의 인구 증가를 분석하기 위하여 다음과 같은 회귀모형을 분석하였다. 괄호 내 숫자는 각 회귀계수 추정치의 t-값임.

(모형 1) $\ln(\widehat{Pop}) = 3.52 + 0.019T$

$\qquad (536.2) \quad (47.8)$

(모형 2) $\ln(\widehat{Pop}) = 3.44 + 0.023T + 0.069D - 0.011(D^*T)$

$\qquad (210.9) \quad (28.3) \quad (15.2) \quad (-21.5)$

여기서 Pop=인구수(백만 명), T=1980년을 1부터 부여한 시간변수, D=1990년 이전은 0, 그 이후는 1로 하는 지수변수이다.

(a) 모형 1에서 T의 계수는 무엇을 의미하나? 이 모형으로부터 분석 기간 동안의 인구 증가율은 몇 %라 할 수 있겠는가?
(b) 1980~1989 기간 및 1990~2002 기간의 인구 증가율을 각각 얼마인가? 두 기간의 인구 증가율의 차이가 통계적으로 유의한가? 유의수준 5%에서 검정하라.
(c) 모형 1에서 T의 회귀계수가 0.02보다 작은지 여부(즉, 대립가설이 '계수<0.02' 형태)를 유의수준 5%에서 검정하라.

2.19 다음은 31명의 건강검진 데이터를 나타낸 것이다. GENDER에서 1은 남자, 2는 여자이며, DRINK에서 1은 금주, 2는 가끔 음주, 3은 자주 음주를 나타내고, SMOKING에서 1은 금연, 2는 흡연을 의미한다. SYSBP는 수축기혈압, DIABP는 이완기혈압, BMI는 체질량지수, GPT는 간기능검사 수치를 의미한다.

	AGE	GENDER	DRINK	SMOKING	SYSBP	DIABP	BMI	GPT
1	58	1	1	2	108	75	107	14
2	38	1	2	1	114	73	155.7	44
3	21	1	2	1	167	125	98	29
4	38	1	2	2	112	64	125.4	51
5	62	1	2	1	145	89	95.5	14
6	36	1	2	2	99	59	95.5	20
7	33	2	1	1	118	70	111.7	11
8	38	1	2	2	117	74	132.1	32
9	34	2	1	1	122	74	97.1	6
10	38	2	1	1	102	58	116.5	13
11	37	1	2	2	99	68	111.2	28
12	34	2	1	1	111	58	97.7	9
13	34	2	1	1	108	61	111.2	10
14	44	1	2	1	138	84	115.5	20
15	70	1	1	2	104	63	102.1	6
16	58	1	2	1	136	80	112.2	16
17	40	1	3	2	161	108	87.9	84
18	60	2	1	1	138	80	125.3	19

	AGE	GENDER	DRINK	SMOKING	SYSBP	DIABP	BMI	GPT
19	39	2	1	1	101	62	106.9	11
20	40	2	1	1	112	59	101.1	13
21	48	1	2	1	156	93	124.9	32
22	29	1	3	2	125	71	96.1	29
23	44	1	3	2	106	75	112.1	19
24	55	1	2	1	114	67	102.4	20
25	46	1	1	1	149	79	109.5	25
26	42	1	2	1	112	68	105.4	26
27	51	2	3	2	140	100	112.6	29
28	46	1	1	2	132	80	96.1	16
29	42	1	1	1	134	83	110.6	9
30	45	1	2	1	106	70	103.9	21
31	43	1	2	1	119	77	103.1	13

(a) GPT를 다른 변수로 설명하는 회귀모형을 수립하고자 한다. 지시변수를 포함하는 회귀모형을 기술하라.

(b) 위의 회귀모형을 추정하고, 유의수준 10%에서 유의한 변수를 나열하라.

(c) 지시변수 각각에 대하여 추정 계수의 의미를 설명하라.

2.20 [예 2.15]에서 계절을 나타내는 하나의 변수 X를 다음과 같이 정의하고 X만을 독립변수로 하면 어떻게 되는지 알아보자.

$$Y = \beta_0 + \beta_1 X + \epsilon$$

$$X = \begin{cases} 1 & \text{봄} \\ 2 & \text{여름} \\ 3 & \text{가을} \\ 4 & \text{겨울} \end{cases}$$

(a) 계절별 평균 판매량을 표시하라.

(b) 위의 방안의 문제점을 지적하라.

2.21 식 (2.7)의 정규방정식이 식 (2.9)와 같이 됨을 보여라.

2.22 독립변수가 두 개 있는 다음 모형에서 $\widehat{\beta}_1$과 $\widehat{\beta}_2$의 공분산을 구하라.

$$Y_i = \beta_0 + \beta_1 X_{1i} + \beta_2 X_{2i} + \epsilon_i$$

2.23 독립변수가 두 개 있는 다음 모형에서

$$Y_i = \beta_0 + \beta_1 X_{1i} + \beta_2 X_{2i} + \epsilon_i$$

MSR의 기대치가 아래와 같음을 증명하라.

$$E[MSR] = \sigma^2 + \frac{1}{2}[\beta_1^2 \Sigma (X_{1i} - \overline{X_1})^2 + \beta_2^2 \Sigma (X_{2i} - \overline{X_2})^2 + 2\beta_1 \beta_2 \Sigma (X_{1i} - \overline{X_1})(X_{2i} - \overline{X_2})]$$

(힌트: $SSR = SST - SSE = \sum Y_i^2 - n\overline{Y^2} - SSE$의 관계를 이용하라)

2.24 True Regression Model이 다음과 같다고 한다.

$$Y_i = \beta_0 + \beta_1 X_{1i} + \beta_2 X_{2i} + \epsilon_i \qquad i = 1, \ldots, n$$

그런데 모르고 독립변수 X_2를 모델에서 빠뜨리고 다음의 모델을 사용하였다.

$$Y_i = \beta_0^* + \beta_1^* X_{1i} + \epsilon_i^*$$

(a) β_1^*의 추정량을 구하고 이의 기대치를 구하라.

(b) β_1^*의 추정량이 불편추정량인가? 간단히 설명하라.

2.25 어떤 제품의 수요(Y)가 고객의 소득수준(X)에 따라 증가하는 것으로 알려져 있다. 이를 보다 자세히 분석하기 위해 데이터를 수집하여 회귀분석을 사용코자 한다. 그런데 어떤 정보에 따르면, 소득수준이 c 미만이냐, c 이상이냐에 따라 기울기가 다를 것으로 예상하고 있다. 다시 말하면, 하나의 직선식으로 추정하는 것보다 X=c를 경계로 두 개의 직선식으로 추정하는 것이 효과적인 것으로 판단된다. 단, 두 개의 직선식을

사용할 때 X=c에서 두 직선이 일치하여야 한다.

(a) 지시변수를 사용하여 하나의 회귀식으로 표현할 수 있는 모델을 제시하라.
(b) (a)의 모델의 추정 결과로부터 첫 번째 직선식(X가 c 미만인 경우)의 절편과 기울기, 두 번째 직선식의 기울기를 얻는 방안을 기술하라.
(c) (a)의 모델의 추정 결과로부터 두 직선식의 기울기가 동일한지 여부를 검정하려면 어떻게 해야 하는지 기술하라.

2.26 식 (2.40)이 성립함을 보여라.

2.27 hat 행렬 $\boldsymbol{H}$가 idempotent임을 보여라. 또한, 행렬 $\boldsymbol{I}-\boldsymbol{H}$ 또한 idempotent임을 증명하라.

2.28 하나의 독립변수 X를 갖는 단순회귀모형에 대한 잔차의 분산은 다음 식과 같음을 증명하라.

$$Var[e_i] = \sigma^2\left(1 - \frac{1}{n} - \frac{(X_i - \overline{X})^2}{\sum(X_i - \overline{X})^2}\right)$$

2.29 단순회귀모형에서 $X = x_0$에 대응하는 평균반응치의 신뢰구간 및 미래반응치의 예측구간이 각각 식 (2.52), 식 (2.55)와 같음을 유도하라.

3장

주성분분석

들어가며

회귀분석과 동일한 상황으로 하나의 종속변수에 영향을 주는 여러 독립변수가 있다고 하자. 만약 독립변수 간에 강한 다중공선성이 존재한다면 회귀분석에 문제가 있을 수 있음을 2장에서 보았다. 이런 경우 독립변수들의 선형조합으로부터 새로운 변수들을 생성하여 분석을 시도하기도 하는데 주로 주성분분석이 사용된다.

본 장에서는 주성분분석의 기본 이론 및 알고리즘을 설명하며, 주성분을 이용한 회귀분석에 대하여 설명하고자 한다. 주성분분석 자체는 종속변수의 고려 없이 독립변수들만을 다루는 것으로, 특히 독립변수의 수가 많은 경우 이들을 차원수가 훨씬 적은 새로운 변수들을 생성하는 데 사용된다. 즉, 주성분분석은 다양한 분야에서 차원축소(dimension reduction)의 기법으로 널리 사용되고 있다.

3.1 ▶ 변수의 변동과 제곱합

총 k개의 독립변수가 있고 각 독립변수에 대하여 n개의 관측치가 있다고 하자. 이때 X_{ji}를 j번째 독립변수에 대한 i번째 관측치라 하자($j=1,\cdots,k;\ i=1,\cdots,n$). 주성분분석에서는 통상 원데이터를 그대로 사용하지 않고 적절한 변환을 취하는데 주로 평균조정(mean-centered) 데이터를 이용한다. 이는 아래와 같이 각 독립변수에 대하여 표본평균을 뺌으로써 조정된 변수의 평균이 0이 되도록 하는 것이다. 우선, j번째 독립변수의 표본 평균과 표준편차를 아래와 같이 산출한다.

$$\overline{X_j} = (1/n)\sum_i X_{ji}$$

$$s_j = \sqrt{\sum_i (X_{ji} - \overline{X_j})^2/(n-1)}$$

이때 평균조정된 j번째 독립변수의 각 관측치는 아래와 같다.

$$X_{ji} \leftarrow X_{ji} - \overline{X_j} \tag{3.1}$$

이 밖에도 다른 변환이 사용되는 경우가 있는데, 특히 단위 등이 서로 상이할 경우 분산 또는 표준편차가 1이 되도록 분산조정을 추가로 한다. 즉, 분산조정된 변수는 다음과 같으며 이때 조정된 변수의 평균은 0이고 표준편차는 1이 된다.

$$X_{ji} \leftarrow \frac{X_{ji} - \overline{X_j}}{s_j} \tag{3.2}$$

이후에는 별도의 언급이 없는 한 모든 변수가 평균조정된 것을 가정한다.

$\boldsymbol{x}_j$를 j번째 독립변수의 관측치 벡터라 하자. 여기서 벡터는 모두 열벡터(column vector)이다. 이때 독립변수에 대한 (n×k) 행렬 $\boldsymbol{X}$를 다음과 같이 나타낼 수 있다.

$$\boldsymbol{X} = (X_{ji}) = (\boldsymbol{x}_1, \ldots, \boldsymbol{x}_k)$$

통계적 분석은 변수의 변동을 설명하는 것이라 볼 수 있다. 변동은 통상 분산 또는 제곱합으로 표현되는데 본 장에서는 제곱합을 사용한다. 한 변수의 표본분산은 제곱합을 자유도로 나눈 값이기 때문에 결국 표본분산과 제곱합은 동일한 변동을 나타내는 개념이라 하겠다. 변수벡터 및 변수행렬에 대한 제곱합의 정의는 아래와 같다.

정의 3.1 제곱합: Sum of Squares

벡터 $\boldsymbol{x}_j$ 및 행렬 $\boldsymbol{X}$의 제곱합을 각각 다음과 같이 정의한다.

$$SS(\boldsymbol{x}_j) = \boldsymbol{x}_j^T \boldsymbol{x}_j = \sum_{i=1}^{n} X_{ji}^2$$

$$SS(\boldsymbol{X}) = \sum_{j=1}^{k} SS(\boldsymbol{x}_j) = \sum_{j=1}^{k} \sum_{i=1}^{n} X_{ji}^2$$

따라서 평균조정된 변수에 대해 제곱합과 표본분산은 다음과 같은 관계가 있다.

$$SS(\boldsymbol{x}_j) = (n-1)s_j^2$$

예 3.1 세 변수에 대하여 6개의 관측치가 있는 평균조정 이전의 데이터 행렬 $\boldsymbol{X}$가 다음과 같다.

$$\boldsymbol{X} = \begin{pmatrix} 2 & 3 & 11 \\ 3 & 3 & 13 \\ 5 & 6 & 10 \\ 6 & 8 & 6 \\ 7 & 8 & 1 \\ 7 & 8 & -5 \end{pmatrix}$$

평균조정 후 각 변수의 제곱합 및 행렬 $\boldsymbol{X}$에 대한 제곱합은 다음과 같이 산출된다.

$$SS(x_1) = 22,\ SS(x_2) = 30,\ SS(x_3) = 236$$

$$SS(X) = 22 + 30 + 236 = 288$$

정리 3.1 회귀계수벡터 임의의 벡터 $\boldsymbol{x}$, 행렬 $\boldsymbol{X}$에 대하여 다음이 성립한다. 상수 c에 대하여

$$\text{(a) } SS(c\boldsymbol{x}) = c^2 SS(\boldsymbol{x})$$

$$\text{(b) } SS(c\boldsymbol{X}) = c^2 SS(\boldsymbol{X})$$

특히, 직교벡터 및 직교행렬에 대하여 제곱합은 특수한 성질을 갖게 되는데, 우선 직교벡터 및 직교행렬을 정의하면 다음과 같다.

정의 3.2 직교벡터 및 직교행렬

(a) **직교벡터**(Orthogonal Vector): 차원 n의 두 벡터 x_1, x_2에 대하여 $x_1^T x_2 = 0$일 때, 두 벡터가 서로 직교한다고 한다.

(b) **직교정규벡터**(Orthonormal Vector): 두 벡터가 서로 직교하며 각 벡터의 크기가 1일 때, 각 벡터를 직교정규벡터라 한다.

(c) **직교행렬**(Orthogonal Matrix): 정방행렬(square matrix) A에 대하여 $A^T A = I$일 때, 이를 직교행렬이라 한다. 즉, 직교행렬의 모든 열벡터는 직교정규벡터이다.

정리 3.2 직교행렬 $\boldsymbol{P}$에 대하여 다음이 성립한다.

$$\text{(a)} \boldsymbol{P}^T\boldsymbol{P} = \boldsymbol{P}\boldsymbol{P}^T = \boldsymbol{I}$$

$$\text{(b)} \boldsymbol{P}^T = \boldsymbol{P}^{-1}$$

직교벡터 또는 직교행렬에 대한 제곱합은 다음과 같은 성질을 갖는다.

정리 3.3

(a) 두 직교벡터 $\boldsymbol{x}_1$, $\boldsymbol{x}_2$에 대하여, $SS(\boldsymbol{x}_1 + \boldsymbol{x}_2) = SS(\boldsymbol{x}_1) + SS(\boldsymbol{x}_2)$

(b) 동일 차원인 두 행렬 $\boldsymbol{X}^{(1)} = (\boldsymbol{x}_1^{(1)}, \dots, \boldsymbol{x}_k^{(1)})$, $\boldsymbol{X}^{(2)} = (\boldsymbol{x}_1^{(2)}, \dots, \boldsymbol{x}_k^{(2)})$에 대하여 $\boldsymbol{x}_j^{(1)}$과 $\boldsymbol{x}_j^{(2)}$이 서로 직교할 때, $SS(\boldsymbol{X}^{(1)} + \boldsymbol{X}^{(2)}) = SS(\boldsymbol{X}^{(1)}) + SS(\boldsymbol{X}^{(2)})$

(c) (n×r) 행렬 $\boldsymbol{T}$에 대하여 (r×r) 행렬 $\boldsymbol{P}$가 직교행렬일 때, $SS(\boldsymbol{T}\boldsymbol{P}^T) = SS(\boldsymbol{T})$

(d) 차원 n의 벡터 $\boldsymbol{p} = (p_1, \dots, p_n)^T$에서 $p_1^2 + \dots + p_n^2 = 1$일 때, 임의의 벡터 $\boldsymbol{x}$에 대하여 $SS(\boldsymbol{x}\boldsymbol{p}^T) = SS(\boldsymbol{x})$

【증명】 (a) 및 (d)에 대한 증명은 다음과 같으며, (b) 및 (c)의 증명은 연습문제로 놔둔다.

$$\text{(a)}\ SS(\boldsymbol{x}_1+\boldsymbol{x}_2)=(\boldsymbol{x}_1+\boldsymbol{x}_2)^T(\boldsymbol{x}_1+\boldsymbol{x}_2)=\boldsymbol{x}_1^T\boldsymbol{x}_1+\boldsymbol{x}_1^T\boldsymbol{x}_2+\boldsymbol{x}_2^T\boldsymbol{x}_1+\boldsymbol{x}_2^T\boldsymbol{x}_2$$
$$=\boldsymbol{x}_1^T\boldsymbol{x}_1+\boldsymbol{x}_2^T\boldsymbol{x}_2=SS(\boldsymbol{x}_1)+SS(\boldsymbol{x}_2)$$

$$\text{(d)}\ SS(\boldsymbol{x}\boldsymbol{p}^T)=\sum_{i=1}^{n}SS(p_i\boldsymbol{x})=\sum_{i=1}^{n}p_i^2SS(\boldsymbol{x})=SS(\boldsymbol{x})$$

예 3.2 두 벡터가 다음과 같다.

$$\boldsymbol{p}^T=(0.4804, 0.4003, 0.2402, -0.0801, -04803, -05605)$$
$$\boldsymbol{x}^T=(2, 1, -2, -3, 0, 2)$$

이때 두 벡터는 서로 직교하며, 벡터 p는 크기가 1임을 확인할 수 있다. 따라서 [정리 3.3(d)]에 의하여, $SS(\boldsymbol{x}\boldsymbol{p}^T)=SS(\boldsymbol{x})=22$이다. 한편,
$SS(p+x)=SS(p)+ss(x)=1+22=23$이다.

3.2 ▸ 주성분의 이해

주성분분석은 원래의 변수들의 선형조합으로 새로운 변수들을 생성하는 것이라 할 수 있다. 따라서 원래 변수들의 총변동과 새로운 변수들의 총변동은 동일하여야 한다. 이때 만약 몇 개의 새로운 변수가 총변동의 대부분을 설명한다고 하면, 전체 변수의 사용 대신 도출되는 몇 개의 새로운 변수만의 사용으로 여러 가지 분석을 대신할 수 있다는 것이 주성분분석의 개념이라 하겠다.

원래의 변수들의 선형조합으로 새로운 변수들을 만드는 경우, 첫 번째 새로운 변수가 전체 변동을 가장 많이 설명하도록, 두 번째 새로운 변수는 첫 번째가 설명하지 않은 나머지 변동을 가장 많이 설명하도록 구성한다. 즉, 새로운 변수들은 다음과 같

은 형태로 표현된다.

$$t_1 = p_{11}\boldsymbol{x_1} + p_{12}\boldsymbol{x_2} + \dots + p_{1k}\boldsymbol{x_k}$$
$$t_2 = p_{21}\boldsymbol{x_1} + p_{22}\boldsymbol{x_2} + \dots + p_{2k}\boldsymbol{x_k} \tag{3.3}$$

결과적으로 주성분분석은 위와 같이 표현되는 새로운 변수를 만들 때 필요한 계수를 구하는 것이라 할 수 있겠다. 이런 계수를 구하는 원리는 t_1이 전체 변동을 가장 많이 설명하도록, t_2는 t_1이 설명하지 못한 변동 중 가장 많이 설명하도록 등의 과정으로 진행하되, 이들 새로운 변수들은 서로 직교하도록 한다.

위의 원리를 간단한 예제를 통하여 알아보자. 두 변수 X_1 및 X_2에 대한 5개의 관측치를 평균조정하면 다음과 같은 행렬 $\boldsymbol{X}$가 된다고 하자.

$$\boldsymbol{X} = \begin{pmatrix} 4 & 3 \\ 2 & 0 \\ 0 & -1 \\ -1 & 1 \\ -5 & -3 \end{pmatrix}$$

이를 이차원 평면(x축에 X_1값을, y축에 X_2값)에 나타내면 [그림 3.1]과 같다. 이때 X_1축을 시계 반대 방향으로 θ도 회전시켜 새로운 축 X_1^*축을 만들고, 이에 수직하는 새로운 X_2^*축을 만든 다음 원래의 관측치를 새로운 두 축에 투영하면 새로운 변수값은 각각 다음과 같다.

$$\boldsymbol{x}_1^* = \cos\theta \times \boldsymbol{x}_1 + \sin\theta \times \boldsymbol{x}_2 \tag{3.4a}$$
$$\boldsymbol{x}_2^* = -\sin\theta \times \boldsymbol{x}_1 + \cos\theta \times \boldsymbol{x}_2 \tag{3.4b}$$

만약 $\theta = 10^\circ$ 회전한다면 새로운 변수값은 다음의 식으로 산출되며

$$\boldsymbol{x}_1^* = 0.984808 \times \boldsymbol{x}_1 + 0.173648 \times \boldsymbol{x}_2$$
$$\boldsymbol{x}_2^* = -0.173648 \times \boldsymbol{x}_1 + 0.984808 \times \boldsymbol{x}_2$$

결과적으로 다음과 같은 행렬로 표현될 것이다.

$$X^* = \begin{pmatrix} 4.4602 & 2.2598 \\ 1.9696 & -0.3473 \\ -0.1737 & -0.9848 \\ -0.8112 & 1.1585 \\ -5.4450 & -2.0862 \end{pmatrix}$$

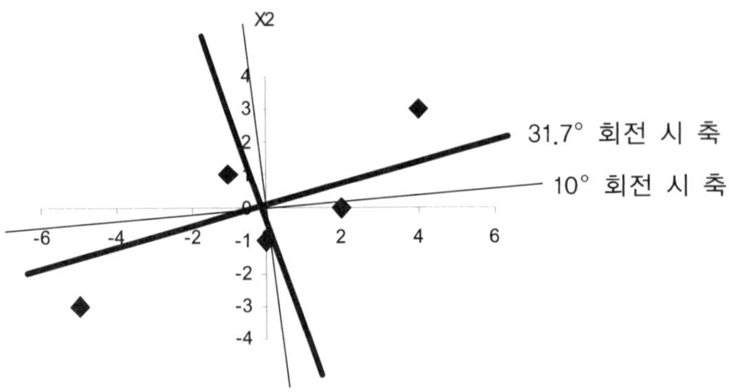

[그림 3.1] 원데이터 및 회전 시 새로운 축

원래의 데이터 $\boldsymbol{X}$에 대한 제곱합은 다음과 같으며

$$SS(\boldsymbol{X}) = SS(\boldsymbol{x}_1) + SS(\boldsymbol{x}_2) = 46 + 20 = 66$$

이때 변수 X_1이 설명하는 비중은 전체제곱합의 69.7%(=46/66)가 됨을 알 수 있다. 한편, 새로운 데이터 $\boldsymbol{X}^*$에 대한 제곱합은 다음과 같으며

$$SS(\boldsymbol{X}^*) = SS(\boldsymbol{x}_1^*) + SS(\boldsymbol{x}_2^*) = 54.11 + 11.89 = 66$$

새로운 변수 X_1^*이 설명하는 비중은 전체제곱합의 82.0%로 증가하는 것을 볼 수 있다. 회전 각도를 증가시키면 새로운 변수 X_1^*이 설명하는 비중이 차차 증가하다가 어느 시점에서는 다시 감소하게 되는데, 회전 각도가 31.717°에서변수 X_1^*이 설명하는 비중이 최대가 됨을 알 수 있다. 즉, 회전 각도 31.717°에서 새로운 변수값을 t_1, t_2라 할 때, 이는 다음 식으로 산출된다.(관련 계수 또는 회전 각도 산정은 추후에 설명.)

$$t_1 = 0.850651 \times \boldsymbol{x}_1 + 0.525731 \times \boldsymbol{x}_2$$
$$t_2 = -0.525731 \times \boldsymbol{x}_1 + 0.850651 \times \boldsymbol{x}_2$$

위와 같이 최대의 비중으로 전체제곱합을 설명하는 첫 번째 새로운 변수를 첫 번째 주성분(principal component)이라 한다. 본 예는 두 개의 주성분이 있으며, 새로운 데이터 행렬 T는 다음과 같다.

$$T = \begin{pmatrix} 4.9798 & 0.4491 \\ 1.7013 & -1.0515 \\ -0.5257 & -0.8507 \\ -0.3249 & 1.3764 \\ -5.8305 & 0.0767 \end{pmatrix}$$

위에서 첫 번째 열은 첫 번째 주성분의 관측값, 두 번째 열은 두 번째 주성분의 관측값을 나타내는데, 이와 같이 주성분의 관측값을 주성분 스코어(principal component score)라 한다.

한편, 위의 각 주성분의 제곱합은 다음과 같으며,

$$SS(t_1) = 62.07 \qquad SS(t_2) = 3.93$$

위의 새로운 행렬의 제곱합은 아래와 같이 원래 데이터 행렬의 제곱합과 동일하다.

$$SS(\boldsymbol{T}) = SS(t_1) + SS(t_2) = 62.07 + 3.93 = 66$$

이 중 첫 번째 주성분이 설명하는 비중이 94%, 두 번째 주성분이 설명하는 비중이 6%임을 알 수 있다.

3.3 ▸ 행렬의 분해

행렬 $\boldsymbol{X}$의 제곱합은 분산-공분산행렬의 고유치(eignenvalue)들의 합과 동일하게 되는데, 그 이유를 알아보기 위하여 관련 이론을 전개해 본다.

변수들의 제곱합 및 교차곱의 행렬인 $\boldsymbol{X}^T\boldsymbol{X}$를 산출하면, 다음과 같이 정방(square)이며 대칭(symmetric)행렬임을 알 수 있다.

$$X^TX=\begin{pmatrix} \sum_i X_{1i}^2 & \sum_i X_{1i}X_{2i} & \ldots & \sum_i X_{1i}X_{ki} \\ \sum_i X_{1i}X_{2i} & \sum_i X_{2i}^2 & \ldots & \sum_i X_{2i}X_{ki} \\ \vdots & & \ddots & \\ \sum_i X_{1i}X_{ki} & \sum_i X_{2i}X_{ki} & & \sum_i X_{ki}^2 \end{pmatrix} \tag{3.5}$$

그리고 위의 행렬을 자유도로 나누면 표본 분산-공분산(sample variance-covariance) 행렬이 된다. 즉,

$$S_X = \frac{1}{n-1}X^TX \tag{3.6}$$

행렬X^TX의 대각원소를 모두 합하면 행렬 X의 제곱합이 됨을 볼 수 있다. 어떤 정방행렬의 대각원소의 합을 트레이스(trace)로 정의하므로 다음이 성립한다.

정리 3.4 행렬 X의 제곱합은 다음과 같다.

(a) $SS(X) = tr(X^TX) = \sum_{j=1}^{k}\sum_{i=1}^{n} X_{ji}^2$

(b) $SS(S_X) = tr(S_X) = \sum_{j=1}^{k} s_j^2 = \frac{1}{n-1}SS(X)$

예 3.3 3.2절의 예에 대하여 X^TX 및 분산-공분산행렬은 각각 다음과 같다.

$$X^TX=\begin{pmatrix} 46 & 26 \\ 26 & 20 \end{pmatrix} \qquad S_X = \begin{pmatrix} 11.5 & 6.5 \\ 6.5 & 5 \end{pmatrix}$$

참고로 주성분행렬 T에 대한 T^TT 및 이의 분산-공분산행렬은 다음과 같다.

$$T^TT = \begin{pmatrix} 62.07 & 0 \\ 0 & 3.93 \end{pmatrix} \qquad S_T = \begin{pmatrix} 15.517 & 0 \\ 0 & 0.983 \end{pmatrix}$$

S_X의 두 고유치를 산출하면 각각 15.517, 0.983인데, 이는 S_T의 대각원소가 됨을 알 수 있다. 또한, 두 행렬의 대각원소들의 합은 동일하며 두 변수의 분산의 합과 역시 일치함을 볼 수 있다. ■

일반적으로 임의의 행렬 $\boldsymbol{X}$는 세 개의 행렬, 즉 두 개의 직교행렬과 $\boldsymbol{X}^T\boldsymbol{X}$의 고유치를 갖는 행렬의 곱으로 분해되는데, 이를 아래와 같이 특이치 분해(singular value decomposition)라 한다. 우선, 행렬 $\boldsymbol{A}$에 대한 고유치 및 고유벡터는 다음과 같이 정의된다.

정의 3.3 고유치 및 고유벡터

정방행렬 $\boldsymbol{A}$에 대하여 다음이 성립하는 0 아닌 벡터 $\boldsymbol{x}$가 존재할 때

$$\boldsymbol{A}\boldsymbol{x} = \lambda \boldsymbol{x} \qquad (\text{상수 } \lambda)$$

상수 λ를 행렬 $\boldsymbol{A}$의 고유치(eigenvalue)라 하며, $\boldsymbol{x}$를 이에 대응하는 고유벡터(eigenvector)라 한다.

차원이 (k×k)인 행렬 $\boldsymbol{A}$에 대한 0 아닌 고유치는 최대 k개가 있을 수 있으며, 이들은 k개의 연립방정식으로부터 산출할 수 있다. 벡터 $\boldsymbol{x}$에 대한 선형변환 $\boldsymbol{A}$가 $\boldsymbol{x}$의 λ배가 된다고 할 때, λ를 행렬 $\boldsymbol{A}$의 고유치라고 한다. 벡터란 크기와 방향을 가진 양이라 할 수 있는데 벡터에 선형변환을 취하면 크기 및 방향이 변경될 수 있다. 그러나 고유벡터란 선형변환을 취할 때 크기만 바뀌는 경우를 일컫는다. 고유벡터의 크기는 통상 1로 두는데, 변경된 크기의 배수가 고유치이다. [정의 3.3]으로부터 다음 결과가 성립함을 볼 수 있다.

정리 3.5 정방행렬 $\boldsymbol{A}$에 대응하는 고유치 및 고유벡터는 다음으로부터 산출된다.

(a) 고유치는 다음 방정식의 해로 산출된다.

$$Det(\boldsymbol{A} - \lambda \boldsymbol{I}) = 0 \quad (\text{I는 단위행렬})$$

(b) 고유치 λ에 대응하는 고유벡터 $\boldsymbol{v}$는 다음의 시스템 방정식으로부터 산출된다.

$$(\boldsymbol{A} - \lambda \boldsymbol{I})\boldsymbol{v} = 0$$

예 3.4 행렬 $\boldsymbol{A}$가 아래와 같을 때, 이의 고유치 및 고유벡터를 구하라.

$$\boldsymbol{A} = \begin{pmatrix} 1 & 0.5 \\ 0.5 & 1 \end{pmatrix}$$

풀이 [정리 3.5(a)]를 적용하면,

$$\begin{vmatrix} 1-\lambda & 0.5 \\ 0.5 & 1-\lambda \end{vmatrix} = (1-\lambda)^2 - 0.25 = \lambda^2 - 2\lambda + 0.75 = (\lambda - 1.5)(\lambda - 0.5) = 0$$

따라서 두 근은 두 개의 고유치가 되며, $\lambda_1 = 1.5$, $\lambda_2 = 0.5$와 같다. $\lambda_1 = 1.5$일 때 $v = (w_1, w_2)^T$로 두고 [정리 3.5(b)]를 적용하면,

$$\begin{pmatrix} -0.5 & 0.5 \\ 0.5 & -0.5 \end{pmatrix} \begin{pmatrix} w_1 \\ w_2 \end{pmatrix} = \begin{pmatrix} 0 \\ 0 \end{pmatrix}$$

그러므로 다음 방정식을 만족하는 값을 찾는다.

$$w_1 - w_2 = 0$$

따라서 임의의 상수 c에 대해

$$v = \begin{pmatrix} w_1 \\ w_2 \end{pmatrix} = c \begin{pmatrix} 1 \\ 1 \end{pmatrix}$$

c=1로 둘 때 $\lambda_1 = 1.5$에 대응하는 고유벡터는 다음과 같다고 하겠다.

$$\boldsymbol{v}_1 = \begin{pmatrix} 1 \\ 1 \end{pmatrix}$$

유사한 방법으로 $\lambda_2 = 0.5$에 대응하는 고유벡터를 구하면 다음과 같다.

$$\boldsymbol{v}_2 = \begin{pmatrix} 1 \\ -1 \end{pmatrix}$$

■

[그림 3.2]에서 벡터 $\boldsymbol{x}_1 = (-1,0)^T$에 대한 행렬 $\boldsymbol{A}$의 선형변환을 통한 결과 벡터 $\boldsymbol{Ax}_1$의 모양(점선화살표)과 위의 고유벡터 $\boldsymbol{v}_1$에 대한 선형변화의 결과를 볼 수 있다.

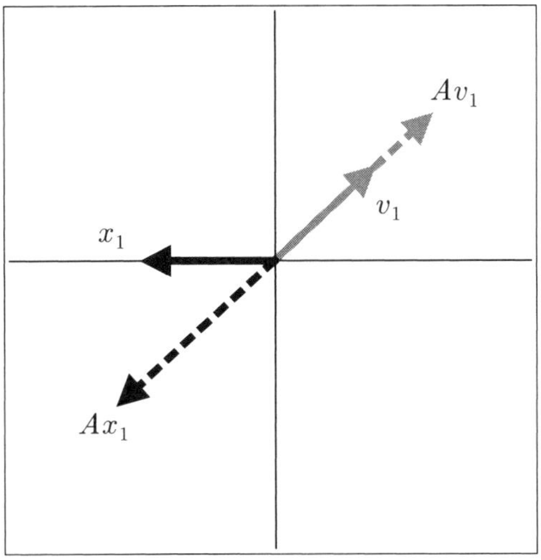

그림 3.2] 벡터의 선형변환 및 고유벡터

위의 벡터를 크기 1인 것으로 정규화하여 고유벡터를 다음과 같이 나타낼 수도 있다.

$$v_1 = \begin{pmatrix} 1/\sqrt{2} \\ 1/\sqrt{2} \end{pmatrix} \qquad v_2 = \begin{pmatrix} 1/\sqrt{2} \\ -1/\sqrt{2} \end{pmatrix}$$

참고로 고유치의 성질 중 다음과 같은 결과가 있다.

정리 3.6 차원 (n×n) 행렬 $\boldsymbol{A}$에 대한 고유치들을 λ_i $(i=1,\cdots,n)$라 할 때, 다음이 성립한다.

(a) $\sum_{i=1}^{n} \lambda_i = tr(\boldsymbol{A})$

(b) $\prod_{i=1}^{n} \lambda_i = Det(\boldsymbol{A})$

또한 고유치 및 고유벡터에 대하여 다음이 성립한다.

정리 3.7 정방행렬 A에 대한 고유치 및 고유벡터에 대하여 다음이 성립한다.

(a) 두 개의 다른 고유치에 대응하는 고유벡터는 서로 직교한다.

(b) $\boldsymbol{A}$의 고유치를 λ, 고유벡터를 v라 할 때, 상수 b에 대하여 b$\boldsymbol{A}$에 대한 고유치는 bλ, 고유벡터는 v이다.

정리 3.8 [특이치분해: Singular Value Decomposition] 임의의 (n×k) 행렬 $\boldsymbol{X}$는 다음과 같이 분해된다.

$$\boldsymbol{X} = \boldsymbol{Q}_1 \Sigma \boldsymbol{Q}_2^T$$

여기서 $\boldsymbol{Q}_1$는 차원 (n×n)의 직교행렬이고, $\boldsymbol{Q}_2$는 차원 (k×k)의 직교행렬이며, Σ는 (n×k) 행렬로서 rank 수만큼의 비음 대각원소를 갖는다(나머지 원소들은 모두 0).

위에서 행렬 $\sum$의 비음의 대각원소를 행렬 $\boldsymbol{X}$의 특이치(singular value)라 하며 이는 고유치의 제곱근과 동일하다. 또한, 행렬 $\boldsymbol{Q}_2$의 각 열벡터는 $\boldsymbol{X}^T\boldsymbol{X}$의 고유벡터(eigenvector)를 나타낸다.

예 3.5 평균조정 후 데이터 행렬 X가 다음과 같다.

$$\boldsymbol{X} = \begin{pmatrix} 1 & 2 & 3 & 2 \\ -1 & 0 & -1 & -1 \\ 0 & -2 & -2 & -1 \end{pmatrix}$$

위의 행렬의 rank는 2임을 알 수 있다. 일반적으로 평균조정한 행렬의 rank는 min(관측수−1, column 수)보다 클 수 없다. 특이치 분해 결과는 다음과 같다.

$$\boldsymbol{X} = \begin{pmatrix} 0.7995 & -0.1657 & 0.5774 \\ -0.2563 & 0.7752 & 0.5774 \\ -0.5432 & -0.6096 & 0.5774 \end{pmatrix} \begin{pmatrix} 5.2987 & 0 & 0 & 0 \\ 0 & 1.3868 & 0 & 0 \\ 0 & 0 & 0 & 0 \end{pmatrix} \begin{pmatrix} 0.1993 & -0.6785 & 0.5113 & -0.4884 \\ 0.5068 & 0.6402 & 0.1107 & -0.5666 \\ 0.7061 & -0.0383 & 0.2900 & 0.6449 \\ 0.4527 & -0.3584 & -0.8014 & -0.1565 \end{pmatrix}^T$$

한편, $\boldsymbol{X}^T\boldsymbol{X}$는 다음과 같다.

$$X^TX = \begin{pmatrix} 2 & 2 & 4 & 3 \\ 2 & 8 & 10 & 6 \\ 4 & 10 & 14 & 9 \\ 3 & 6 & 9 & 6 \end{pmatrix}$$

이의 0 아닌 고유치는 $\lambda_1 = 28.0767$, $\lambda_2 = 1.9233$의 두 개이며 이의 각 제곱근이 위의 행렬의 대각원소 5.2987, 1.3868과 같음을 확인할 수 있다. 또한, 이에 해당하는 eigenvector가 행렬 Q_2의 첫 번째, 두 번째 열과 같음을 알 수 있다. 예를 들어 두 번째 고유치에 대하여 다음이 성립한다.

$$X^TX\begin{pmatrix} -0.6785 \\ 0.6402 \\ -0.0383 \\ -0.3584 \end{pmatrix} = \begin{pmatrix} -1.3049 \\ 1.2312 \\ -0.0736 \\ -0.6893 \end{pmatrix} = 1.9233\begin{pmatrix} -0.6785 \\ 0.6402 \\ -0.0383 \\ -0.3584 \end{pmatrix}$$

예 3.6 평균조정 후 행렬 X가 다음과 같다.

$$X = \begin{pmatrix} 4 & 3 \\ 2 & 0 \\ 0 & -1 \\ -1 & 1 \\ -5 & -3 \end{pmatrix}$$

이 경우 특이치 분해 결과는 다음과 같다.

$$X = \begin{pmatrix} 0.6321 & 0.2265 & 0.1725 & -0.1343 & 0.7081 \\ 0.2159 & -0.5303 & -0.4022 & 0.6845 & 0.2047 \\ -0.0667 & -0.4290 & 0.8784 & 0.1987 & 0.0205 \\ -0.0412 & 0.6942 & 0.1827 & 0.6879 & -0.0992 \\ -0.7401 & 0.0387 & -0.0594 & 0.0287 & 0.6682 \end{pmatrix}\begin{pmatrix} 7.8784 & 0 \\ 0 & 1.9827 \\ 0 & 0 \\ 0 & 0 \\ 0 & 0 \end{pmatrix}\begin{pmatrix} 0.8507 & -0.5257 \\ 0.5257 & 0.8507 \end{pmatrix}$$

■

X의 rank를 r이라 할 때 Q_1의 처음 r개 column, 즉 $(n \times r)$ 행렬을 V라 하고 Σ에서 0 아닌 값을 갖는 $(r \times r)$ 대각행렬을 D로, Q_2의 처음 r개 column, 즉 $(k \times r)$ 행렬을 P라 하자. 이때 [정리 3.8]은 아래의 [정리 3.9]와 같은 결과가 된다.

정리 3.9 (n×k) 행렬 $\boldsymbol{X}$의 rank를 r이라 할 때 이는 다음과 같이 분해된다.

$$\boldsymbol{X} = \boldsymbol{V}\boldsymbol{D}\boldsymbol{P}^T$$

여기서 $\boldsymbol{V}$는 차원 (n×r)의 행렬, $\boldsymbol{P}$는 차원 (k×r)의 열이 고유벡터를 이루는 행렬이며($\boldsymbol{P}$는 고유벡터행렬), $\boldsymbol{D}$는 $\boldsymbol{X}$의 특이치를 대각원소로 하는 (r×r)의 대각행렬이다.

예 3.7 [예 3.6]의 데이터 행렬 $\boldsymbol{X}$는 rank가 2이므로, [정리 3.9]에 의하여 다음과 같이 분해된다.

$$\boldsymbol{X} = \begin{pmatrix} 0.6321 & 0.2265 \\ 0.2159 & -0.5303 \\ -0.0667 & -0.4290 \\ -0.0412 & 0.6942 \\ -0.7401 & 0.0387 \end{pmatrix} \begin{pmatrix} 7.8784 & 0 \\ 0 & 1.9827 \end{pmatrix} \begin{pmatrix} 0.8507 & -0.5257 \\ 0.5257 & 0.8507 \end{pmatrix}^T$$

위의 결과에서 가운데 대각행렬은 두 원소는 행렬 $\boldsymbol{X}$의 특이치(또는 행렬 $\boldsymbol{X}^T\boldsymbol{X}$의 고유치의 제곱근)이며, 마지막 행렬의 각 열은 $\boldsymbol{X}^T\boldsymbol{X}$의 고유벡터이다. ■

[정리 3.9]로부터 특히 $\boldsymbol{X}^T\boldsymbol{X}$가 아래와 같이 분해됨을 알 수 있는데, 이를 분광분해(spectral decomposition)이라 한다.

정리 3.10 [분광분해: Spectral Decomposition] (n×k) 행렬 $\boldsymbol{X}$의 rank를 r이라 할 때 $\boldsymbol{X}^T\boldsymbol{X}$는 차원 (r×r)의 고유치행렬 $\boldsymbol{\Lambda}$와 차원 (k×r)의 고유벡터행렬 $\boldsymbol{P}$로 다음과 같이 분해된다.

$$\boldsymbol{X}^T\boldsymbol{X} = \boldsymbol{P}\boldsymbol{\Lambda}\boldsymbol{P}^T$$

【증명】 [정리 3.9]로부터

$$\boldsymbol{X}^T\boldsymbol{X} = \boldsymbol{P}\boldsymbol{D}\boldsymbol{V}^T\boldsymbol{V}\boldsymbol{D}\boldsymbol{P}^T = \boldsymbol{P}\boldsymbol{D}^2\boldsymbol{P}^T$$

따라서 $\boldsymbol{D}^2 = \boldsymbol{\Lambda}$이므로 결과가 성립한다.

[정리 3.10]에서 X의 rank가 k(≤n)일 때 $\boldsymbol{P}$는 직교행렬이 된다. 즉,

$$P^TP = PP^T = I$$

[정리 3.10]과 [정리 3.7(b)]로부터 표본 분산-공분산행렬에 대하여 다음이 성립한다.

$$\boldsymbol{S_X} = \boldsymbol{P}\boldsymbol{\Lambda}'\boldsymbol{P}^T \tag{3.7}$$

여기서 Λ'는 분산-공분산행렬의 고유치행렬이며 $\boldsymbol{P}$는 고유벡터행렬이다.

변수들이 취하는 값의 범위가 변수 간에 서로 유사할 때는 $\boldsymbol{X}^T\boldsymbol{X}$ 또는 $\boldsymbol{S_X}$를 사용하여 분석하는 데 큰 문제가 없으나, 변수 간에 큰 차이가 있는 경우에 이로부터 고유치를 구하면 변동이 매우 큰 변수에 의해 좌우될 수 있다. 즉 데이터의 총변동이 이 변수에 의존하므로 하나의 큰 고유치가 산출되고 나머지는 상대적으로 작은 값들을 취하게 될 수 있다. 이런 문제를 피하기 위해서는 대신 상관계수행렬을 사용한다. 이는 각 변수를 평균조정하고 표준편차를 1이 되게 표준화시켜 분석하는 것과 동일하다. 분산-공분산행렬로부터 상관계수행렬은 얻을 수 있으나 반대는 일반적으로 불가능하다. 상관계수행렬을 사용하여 분석하는 경우 산출되는 고유치 및 고유벡터는 분산-공분산행렬을 사용하는 경우와 일반적으로 다르게 됨을 유의하여야 한다. 그러나 이 경우에도 식 (3.7)과 유사한 분해는 가능하다. 즉, 상관계수행렬 $\boldsymbol{R}$에 대하여 다음이 성립한다.

$$\boldsymbol{R_X} = \boldsymbol{P}'\boldsymbol{\Lambda}''\boldsymbol{P}'^T \tag{3.8}$$

여기서 $\boldsymbol{P}'$는 $\boldsymbol{R_X}$에 대응하는 고유행렬이며 Λ''는 고유치행렬을 나타낸다. 식 (3.7)에서의 $\boldsymbol{P}$와 $\boldsymbol{P}'$ 또는 Λ'와 Λ''와의 관계는 알기 어려우나 Λ''의 대각원소 λ_i''에 대하여 다음이 성립한다. 이는 $\boldsymbol{R_X}$의 대각원소들이 모두 1이기 때문이다.

$$\sum_{i=1}^{r} \lambda_i'' = r \tag{3.9a}$$

또한 식 (3.8)로부터 다음이 성립함을 알 수 있다.

$$\sum_{i=1}^{r} \lambda_i^{''} p_{ij}{'}^{2} = 1 \tag{3.9b}$$

예 3.8 [예 3.6]의 데이터 $\boldsymbol{X}$에 대한 분산-공분산행렬에 대하여 다음이 성립한다.

$$\boldsymbol{S_X} = \begin{pmatrix} 11.5 & 6.5 \\ 6.5 & 5 \end{pmatrix} = \begin{pmatrix} 0.8507 & -0.5257 \\ 0.5257 & 0.8507 \end{pmatrix} \begin{pmatrix} 15.5172 & 0 \\ 0 & 0.9828 \end{pmatrix} \begin{pmatrix} 0.8507 & -0.5257 \\ 0.5257 & 0.8507 \end{pmatrix}$$

따라서 분산-공분산행렬의 두 고유치는 각각 15.5172, 0.9828이다. 참고로 $\boldsymbol{X}$에 대한 상관계수행렬에 대한 고유치는 1.8572 및 0.1428이며 다음과 같이 분해된다.

$$\boldsymbol{R_X} = \begin{pmatrix} 1 & 0.8572 \\ 0.8572 & 1 \end{pmatrix} = \begin{pmatrix} 0.7071 & -0.7071 \\ 0.7071 & 0.7071 \end{pmatrix} \begin{pmatrix} 1.8572 & 0 \\ 0 & 0.1428 \end{pmatrix} \begin{pmatrix} 0.7071 & -0.7071 \\ 0.7071 & 0.7071 \end{pmatrix}^T$$

3.4 ▸ 주성분 스코어

[정리 3.9]에서 $\boldsymbol{T} = \boldsymbol{VD}$로 (n×r) 행렬 $\boldsymbol{T}$를 정의하면 다음과 같은 결과를 얻는다.

$$\boldsymbol{X} = \boldsymbol{TP}^T \tag{3.10}$$

또는

$$\boldsymbol{T} = \boldsymbol{XP} \tag{3.11}$$

이때 행렬 $\boldsymbol{T}$를 주성분 (스코어)행렬이라 하자. 즉, 행렬 $\boldsymbol{T}$의 각 열은 주성분에 대응되며 주성분 스코어(principal component score)라 한다. 행렬 $\boldsymbol{T}$의 i번째 열을 $\boldsymbol{t}_i$, 행렬 $\boldsymbol{P}$의 i번째 열을 $\boldsymbol{p}_i = (p_{i1}, p_{i2}, \cdots, p_{ik})^T$라 할 때, 식 (3.11)은 다음과 같이 표현된다.

$$\boldsymbol{t_i} = \boldsymbol{Xp_i} = p_{i1}\boldsymbol{x}_1 + \cdots + p_{ik}\boldsymbol{x_k} \quad i = 1, 2, \cdots, r \tag{3.12}$$

여기서 p_{ij}는 i번째 주성분에 대한 j번째 변수의 가중치(weight)를 나타낸다. 위의 주성분 관련 식은 3.2절에서 언급한 식 (3.3)과 동일함을 알 수 있다. 정리하면, p_i는 i번째 새로운 축을 나타내는 주성분(principal component)이며 t_i는 각 데이터를 i번째의 주성분에 투영시킨 값(principal component score)을 나타낸다.

예 3.9 [예 3.6]의 데이터 행렬 $\boldsymbol{X}$에 대한 주성분행렬은 [예 3.7]의 결과와 식 (3.11)로부터 다음과 같음을 알 수 있다.

$$\boldsymbol{T}=\boldsymbol{XP}=\begin{pmatrix} 4.9798 & 0.4491 \\ 1.7013 & -1.0515 \\ -0.5257 & -0.8507 \\ -0.3249 & 1.3764 \\ -5.8305 & 0.0767 \end{pmatrix}$$

■

주성분행렬 T는 다음과 같은 성질을 갖는다.

정리 3.11 주성분행렬 $\boldsymbol{T}$의 열벡터들은 서로 직교한다. 또한 Λ를 $\boldsymbol{X}^T\boldsymbol{X}$의 고유치를 대각원소로 하는 대각행렬이라 할 때 다음이 성립한다.

$$\boldsymbol{T}^T\boldsymbol{T}=\Lambda$$

【증명】 $\boldsymbol{T}$의 정의인 $\boldsymbol{T}=\boldsymbol{VD}$을 이용하면 다음과 같다.

$$\boldsymbol{T}^T\boldsymbol{T}=\boldsymbol{DV}^T\boldsymbol{VD}$$

위에서 $\boldsymbol{V}$는 직교행렬이며, $\boldsymbol{D}^2=\Lambda$이므로 결과가 성립한다. 또 다른 증명 방법으로는 식 (3.11)과 [정리 3.10]을 이용할 수 있다(연습문제 참조).

새로운 변수인 t_i는 원래 변수인 x_j들의 선형결합으로 이루어진 것임을 상기하면, t_i를 구성하는 주요 변수들이 무엇인가에 대하여 관심이 있을 수 있다. 이는 새로운 변수의 의미를 부여하는 데에도 도움이 될 것이기 때문이다. 이때 식 (3.12)의 가중치를 주로 이용하며 이와 함께 다음에 정의하는 상관로딩을 이용하기도 한다.(혹자는 위의 가중치 p_{ij}를 로딩이라 부르기도 하므로 구분을 위하여 상관로딩이란 용어를 사용한다.)

정의 3.4 상관로딩: loading

새로운 변수 t_i와 원변수 $\boldsymbol{x}_j$와의 표본상관계수를 상관로딩이라 한다.

정리 3.12 t_i에 대한 $\boldsymbol{x}_j$의 상관로딩은 다음과 같다.

$$l_{ij} = \frac{\boldsymbol{t}_i^T \boldsymbol{x}_j}{\sqrt{\boldsymbol{t}_i^T \boldsymbol{t}_i}\sqrt{\boldsymbol{x}_j^T \boldsymbol{x}_j}} = \frac{p_{ij}\lambda_i}{\sqrt{\lambda_i}\, s_j} = \frac{p_{ij}}{s_j}\sqrt{\lambda_i}$$

여기서 s_j는 변수 $\boldsymbol{x}_j$의 표본표준편차이다.

결국, $\boldsymbol{t}_i$에 대한 $\boldsymbol{x}_j$의 상관로딩은 $\boldsymbol{t}_i$의 표준편차와 $\boldsymbol{x}_j$의 표준편차의 비에 p_{ij}를 곱한 값이다. 즉, 상관로딩은 가중치에 비례하며 고유치 제곱근에 비례하나 원변수의 표준편차에는 반비례한다.

주성분분석의 결과를 [표 3.1]과 같이 가중치 및 로딩으로 정리할 수 있다.

[표 3.1] 주성분의 가중치 및 로딩

PC Scores	Eigenvalues	Weights $\boldsymbol{x}_1$ $\boldsymbol{x}_2$ $\cdots$ $\boldsymbol{x}_k$	Loadings $\boldsymbol{x}_1$ $\boldsymbol{x}_2$ $\cdots$ $\boldsymbol{x}_k$
$\boldsymbol{t}_1$	λ_1	p_{11} p_{12} $\cdots$ p_{1k}	l_{11} l_{12} $\cdots$ l_{1k}
$\boldsymbol{t}_2$	λ_2	p_{21} p_{22} $\cdots$ p_{2k}	l_{21} l_{22} $\cdots$ l_{2k}
$\vdots$	$\vdots$	$\vdots$	$\vdots$
$\boldsymbol{t}_r$	λ_r	p_{r1} p_{r2} $\cdots$ p_{rk}	l_{r1} l_{r2} $\cdots$ l_{rk}

예 3.10 [예 3.6]의 데이터 행렬 $\boldsymbol{X}$에 대하여 주성분분석을 수행하고 가중치 및 로딩을 구해 보자. $\boldsymbol{X}^T\boldsymbol{X}$의 두 고유치는 다음과 같고

$$\lambda_1 = 62.07, \qquad \lambda_2 = 3.93$$

고유벡터행렬이 아래와 같다.

$$\boldsymbol{P} = \begin{pmatrix} 0.8507 & -0.5257 \\ 0.5257 & 0.8507 \end{pmatrix}$$

따라서 주성분별 가중치와 로딩은 아래 표와 같다. 결과를 볼 때, 원래의 두 변수는 첫 번째 주성분과 보다 밀접한 관계가 있음을 알 수 있다.

PC Scores	Weights x_1	Weights x_2	Loadings x_1	Loadings x_2
t_1	0.8507	0.5257	0.9882	0.9261
t_2	-0.5257	0.8507	-0.1537	0.3771

3.5 ▸ 제곱합 분해

[정리 3.11]의 결과로부터 rank r의 행렬 $\boldsymbol{X}$의 i번째 주성분벡터를 $\boldsymbol{t}_i$, 행렬 $\boldsymbol{X}^T\boldsymbol{X}$의 i번째 고유치를 λ_i라 할 때, 다음이 성립함을 알 수 있다.

$$SS(\boldsymbol{t}_i) = \lambda_i \tag{3.13}$$

즉, $\boldsymbol{t}_i$의 표본분산이 고유치와 동일함을 알 수 있다. 또한 이를 기초로 다음 결과를 얻을 수 있다.

정리 3.13 rank r의 행렬 X의 i번째 주성분벡터를 $\boldsymbol{t}_i$, 행렬 $\boldsymbol{X}^T\boldsymbol{X}$의 i번째 고유치를 λ_i라 할 때, 다음이 성립한다.

$$SS(\boldsymbol{X}) = \sum_{i=1}^{r} SS(\boldsymbol{t}_i) = \sum_{i=1}^{r} \lambda_i$$

위의 증명을 위해서는 다음과 같은 결과가 필요하다.

정리 3.14 rank r인 행렬 $\boldsymbol{X}$는 다음과 같이 rank 1인 행렬 r개로 분해된다. 즉,

$$\boldsymbol{X} = \boldsymbol{t}_1\boldsymbol{p}_1^T + \cdots + \boldsymbol{t}_r\boldsymbol{p}_r^T = \boldsymbol{X}^{(1)} + \cdots + \boldsymbol{X}^{(r)}$$

여기서

$$\boldsymbol{X}^{(i)} = \boldsymbol{t}_i\boldsymbol{p}_i^T \tag{3.14}$$

예 3.11 [예 3.5]의 데이터 행렬 $\boldsymbol{X}$를 [정리 3.14]와 같이 분해해 보자. $\boldsymbol{X}$의 rank는 2이며, 고유치행렬 및 고유벡터행렬이 다음과 같으므로

$$\Lambda = \begin{pmatrix} 28.0767 & 0 \\ 0 & 1.9233 \end{pmatrix}$$

$$\boldsymbol{P} = \begin{pmatrix} 0.1993 & -0.6785 \\ 0.5068 & 0.6402 \\ 0.7061 & -0.0383 \\ 0.4527 & -0.3584 \end{pmatrix}$$

주성분행렬은 다음과 같이 산출된다.

$$\boldsymbol{T} = \boldsymbol{XP} = \begin{pmatrix} 4.2364 & -0.2298 \\ -1.3580 & 1.0751 \\ -2.8784 & -0.8454 \end{pmatrix}$$

따라서 [정리 3.14]에 의하여 $\boldsymbol{X}$는 다음의 두 행렬의 합으로 표현될 수 있다.

$$\boldsymbol{X} = \begin{pmatrix} 0.8441 & 2.1471 & 2.9912 & 1.9177 \\ -0.2706 & -0.6882 & -0.9588 & -0.6147 \\ -0.5735 & -1.4588 & -2.0324 & -1.3030 \end{pmatrix} + \begin{pmatrix} 0.1559 & -0.1471 & 0.0088 & 0.0823 \\ -0.7294 & 0.6882 & -0.0412 & -0.3853 \\ 0.5735 & -0.5412 & 0.0324 & 0.3030 \end{pmatrix}$$

【정리 3.13의 증명】 [정리 3.14]에서 행렬 $\boldsymbol{X}^{(i)}$와 $\boldsymbol{X}^{(j)}\,(i \neq j)$의 동일한 열은 서로 직교하므로 [정리 3.3(b)]에 의하여 다음이 성립한다.

$$SS(\boldsymbol{X}) = \sum_{i=1}^{r} SS(\boldsymbol{X}^{(i)}) = \sum_{i=1}^{r} SS(\boldsymbol{t}_i \boldsymbol{p}_i^T) = \sum_{i=1}^{r} SS(\boldsymbol{t}_i)$$

따라서 식 (3.13)을 이용하면 [정리 3.13]이 성립함을 알 수 있다.

$\boldsymbol{X}$의 열들 간에 상관관계가 높을수록 $\boldsymbol{X}$차원보다 훨씬 낮은 차원 개수의 주성분들로 $\boldsymbol{X}$의 변동을 설명할 수 있다. 즉, 고유치가 큰 순서로 몇 개의 주성분만을 선택함으로써 전체 변동의 대부분을 설명할 수 있는 경우가 보통이다. 각 주성분의 변동이 전체 변동의 얼마를 차지하는가를 보기 위해 다음과 같은 기여율의 척도가 필요하다.

정의 3.5 기여율: contribution

주성분 t_i에 의해 설명되는 변동의 기여율을 다음과 같이 정의한다.

$$\rho_i = \frac{\lambda_i}{\sum_{i=1}^{r} \lambda_i} \times 100(\%)$$

주성분을 얻은 다음 다른 목적을 갖고 2차 분석을 수행하는 경우 전체의 주성분을 다 이용하는 대신 기여율이 큰 유효한 주성분 개수를 정한 후 이들만을 활용하는 경우가 대부분이다. 이를 위해 위의 기여율을 사용할 때 동시에 누적기여율을 산출하여 충분히 큰 값을 갖는 수준에서 주성분 수를 정할 수 있다. 대신 고유치 자체를 그림으로 나타낸 후 고유치 크기가 현저히 낮아지기 직전의 주성분까지를 유효한 것으로 판단하기도 한다. 이러한 그림을 스크리 도표(scree plot)라 한다. 앞에서도 언급한 바 있으나, 분산-공분산행렬로 산출한 고유치와 상관계수행렬로 산출한 고유치는 서로 다르기 때문에 이를 바탕으로 계산한 주성분별 기여율 역시 일반적으로 다르다.

예 3.12 아래 표는 국내 18개 증권회사의 주요 재무제표를 나열한 것이다.

[표 3.2] 국내 증권회사의 주요 재무제표

	총자본 순이익율 (X_1)	자기자본 순이익율(X_2)	자기자본 비율(X_3)	부채비율 (X_4)	자기자본 회전율(X_5)
SK증권	2.43	11.1	18.46	441.67	0.9
교보증권	3.09	9.95	29.46	239.43	0.9
대신증권	2.22	6.86	28.62	249.36	0.69
대우증권	5.76	23.19	23.47	326.09	1.43
동부증권	1.6	5.64	25.64	289.98	1.42
메리츠증권	3.53	10.64	32.25	210.1	1.17
미래에셋증권	4.26	15.56	24.4	309.78	0.81
부국증권	3.86	5.5	70.74	41.36	0.81
브릿지증권	4.09	6.44	64.38	55.32	0.32
삼성증권	2.73	10.68	24.41	309.59	0.64
서울증권	2.03	4.5	42.53	135.12	0.59
신영증권	1.96	8.92	18.48	441.19	1.07
신흥증권	3.25	7.96	40.42	147.41	1.19
우리투자증권	2.01	10.28	17.46	472.78	1.25
유화증권	2.28	3.65	63.71	56.96	0.12
한양증권	4.51	7.5	63.52	57.44	0.8
한화증권	3.29	12.37	24.47	308.63	0.57
현대증권	1.73	7.57	19.59	410.45	1.19

출처: 한국신용평가정보. 데이터는 2007. 3.31 기준.

위의 데이터에 대해 주성분분석을 실시할 때 변수 X_4의 변동이 매우 크기 때문에 분산-공분산행렬을 바탕으로 고유치 등을 산출하는 것은 적절치 못하다. 대신 상관계수행렬을 구하면 다음과 같으며

$$R_X = \begin{pmatrix} 1 & 0.617 & 0.324 & -0.355 & 0.014 \\ 0.617 & 1 & -0.512 & 0.466 & 0.423 \\ 0.324 & -0.512 & 1 & -0.937 & -0.563 \\ -0.355 & 0.466 & -0.937 & 1 & 0.540 \\ 0.014 & 0.423 & -0.563 & 0.540 & 1 \end{pmatrix}$$

이에 대한 고유치는 다음과 같다.

$$2.7615, \quad 1.6057, \quad 0.5506, \quad 0.0641, \quad 0.0183$$

이를 스크리 도표로 나타내면 [그림 3.3(a)]와 같으며 누적기여율을 그림으로 표시하면 [그림 3.3(b)]와 같다.

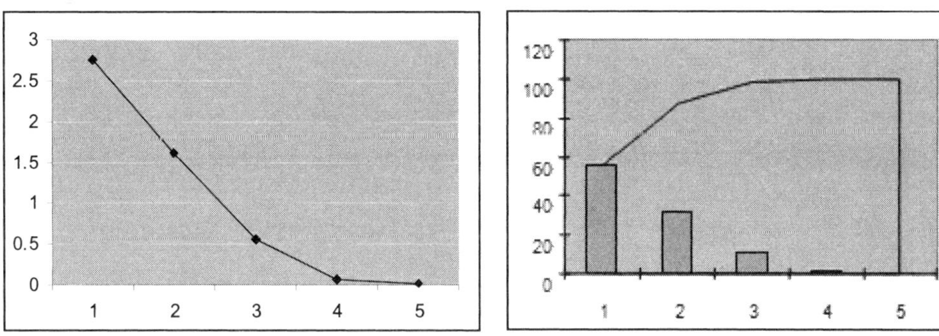

(a) 고유치 스크리 도표 (b) 고유치별 기여율 및 누적기여율

[그림 3.3] 고유치 및 기여율

한편, 다음의 결과로부터 각 변수(데이터 행렬의 각 열)의 변동이 각 주성분에 의하여 얼마나 설명되는지를 산출할 수 있다.

정리 3.15 j번째 변수에 대한 제곱합 및 표본분산은 다음과 같다.

(a) $SS(\boldsymbol{x}_j) = \sum_{i=1}^{r} \lambda_i p_{ij}^2$

(b) $s_j^2 = \sum_{i=1}^{r} \lambda_i' p_{ij}^2$

위에서 λ_i'는 분산-공분산행렬의 i번째 고유치이며 $\lambda_i' = \lambda_i/(n-1)$이다. 한편, $\lambda_i p_{ij}^2$은 i번째 주성분에 의해 설명되는 j번째 열에 대한 제곱합이다.

위의 결과들로부터 $\boldsymbol{X}$의 변동을 [표 3.3]과 같이 분해가 가능하다. 여기서는 각 변수의 제곱합을 분해한 것이나, 각 변수의 표본 분산 역시 유사하게 분해된다. 각 변수를 표준화한 경우에도 역시 유사하게 분해할 수 있다.

[표 3.3] **주성분별 $\boldsymbol{X}$ 변동의 분해**

PC Scores	$\boldsymbol{X}$ 변동 $\boldsymbol{x}_1$	$\boldsymbol{x}_2$	$\cdots$	$\boldsymbol{x}_k$	합	기여율 (%)	누적기여율 (%)
$\boldsymbol{t}_1$	$\lambda_1 p_{11}^2$	$\lambda_1 p_{12}^2$	$\cdots$	$\lambda_1 p_{1k}^2$	λ_1	ρ_1	ρ_1
$\boldsymbol{t}_2$	$\lambda_2 p_{21}^2$	$\lambda_2 p_{22}^2$	$\cdots$	$\lambda_2 p_{2k}^2$	λ_2	ρ_2	$\rho_1 + \rho_2$
$\vdots$		$\vdots$			$\vdots$	$\vdots$	$\vdots$
$\boldsymbol{t}_r$	$\lambda_r p_{r1}^2$	$\lambda_r p_{r2}^2$	$\cdots$	$\lambda_r p_{rk}^2$	λ_r	ρ_r	100
Total	$SS(\boldsymbol{x}_1)$	$SS(\boldsymbol{x}_2)$	$\cdots$	$SS(\boldsymbol{x}_k)$	$\sum \lambda_i$	100	

예 3.13 [예 3.6]의 데이터 행렬 $\boldsymbol{X}$의 변동을 주성분별로 분해하면 다음과 같다.

PC Scores	$\boldsymbol{X}$ 변동 $\boldsymbol{x}_1$	$\boldsymbol{x}_2$	합	기여율 (%)	누적기여율 (%)
$\boldsymbol{t}_1$	44.91	17.16	62.07	94.05	94.05
$\boldsymbol{t}_2$	1.09	2.84	3.93	5.95	100
Total	46.0	20.0	66.0	100	

예 3.14 [예 3.12]에 대하여 각 변수를 표준화한 후 첫 세 개의 주성분에 대하여 X 변동을 분해하면 다음과 같다.

PC Scores	X 변동 x_1	x_2	x_3	x_4	x_5	합	기여율 (%)	누적기여율 (%)
t_1	0.016	0.430	0.896	0.865	0.554	2.7615	55.2	55.2
t_2	0.976	0.513	0.042	0.062	0.012	1.6057	32.1	87.3
t_3	0.0	0.048	0.032	0.036	0.434	0.5506	11.1	98.4
기타	0.008	0.009	0.029	0.036	0.0	0.0822	1.6	100
Total	1.0	1.0	1.0	1.0	1.0	5.0	100	

즉, 세 개의 주성분으로 전체 변동의 98% 이상을 설명하고 있다. 첫 주성분 스코어인 t_1은 변수 x_3 및 x_4와 관련이 있고, t_2는 변수 x_1 및 x_2와, 그리고 t_3은 변수 x_5와 관련이 깊은 것을 볼 수 있다. 실제로 재무분석 시 변수 x_1(총자본순이익율) 및 x_2(자기자본순이익율)는 수익성 비율을 나타내며, x_3(자기자본비율) 및 x_4(부채비율)는 안정성비율을, 변수 x_5(자기자본회전율)은 활동성 비율 중의 하나이므로 각 주성분을 이에 따라 해석이 가능할 것이다.

3.6 ▸ NIPALS 알고리즘

주성분분석 결과는 결국 [표 3.1] 및 [표 3.3]으로 요약될 수 있는데, 이들의 작성을 위해서는 가중치행렬 $\boldsymbol{P}$와 고유치행렬 Λ가 필요하다. 이들은 [정리 3.10]의 분광분해의 결과로부터 도출될 수 있으나 H. Wold가 제안한 NIPALS(Nonlinear Iterative Partial Least Squares) 알고리즘을 이용하기도 한다. NIPALS 알고리즘의 장점은 수렴할 때까지의 반복적(iterative) 방법을 사용함으로써 이의 이해 및 구현이 용이하다는 것이다.

NIPALS 알고리즘은 다음과 같은 절차를 통하여 가중치와 주성분 스코어를 동시에 산출하는 것이다. 고유치는 주성분 스코어로부터 산출할 수 있다.

[단계 1] 데이터 행렬 $\boldsymbol{X}$의 임의의 열을 하나의 주성분 스코어의 초기치로 둔다. 즉,

$$t = \boldsymbol{x}_j \quad (\text{임의의 } j)$$

[단계 2] t를 독립변수, $\boldsymbol{X}$의 각 열을 종속변수로 하는 단순회귀에서 산출한 기울기로 가중치 벡터를 구한다. 그리고 $\boldsymbol{p}$의 크기가 1이 되도록 표준화한다.

$$\boldsymbol{p}^T = \boldsymbol{t}^T\boldsymbol{X}/\boldsymbol{t}^T\boldsymbol{t}, \qquad \boldsymbol{p}^T \leftarrow \boldsymbol{p}^T/\sqrt{\boldsymbol{p}^T\boldsymbol{p}} \tag{3.15}$$

[단계 3] t를 다음과 같이 수정한다.

$$t = \boldsymbol{X}\boldsymbol{p} \tag{3.16}$$

[단계 4] t가 이전에 구한 것과 동일하지 않으면(수렴하지 않으면) 단계 2부터 반복한다. 수렴하는 경우 이때 최종 t가 하나의 주성분 스코어이며 이의 제곱합이 대응하는 $\boldsymbol{X}^T\boldsymbol{X}$의 고유치가 된다. 그리고 $\boldsymbol{p}$는 가중치벡터(고유벡터)이다.

[단계 5] 다음 주성분 스코어 산출을 위해 $\boldsymbol{X}$ 행렬을 아래와 같이 수정하고, 단계 1부터의 과정을 반복한다. 이상의 과정을 $\boldsymbol{X}$의 rank 수만큼의 주성분을 구할 때까지 반복한다.

$$\boldsymbol{X} \leftarrow \boldsymbol{X} - \boldsymbol{t}\boldsymbol{p}^T \tag{3.17}$$

예 3.15 3.2절의 데이터 $\boldsymbol{X}$에 대하여 NIPALS 알고리즘에 의거 주성분 스코어 및 가중치들을 구해보자. 처음에 $\boldsymbol{X}$의 첫 열을 첫 주성분 스코어로 간주하여 시작하면 결과는 다음과 같다.

$$t_1^T = (4.97979, 1.70131, -0.52572, -0.32493, -5.83045)$$

$$\lambda_1 = SS(t_1) = 62.07$$

$$p_1^T = (0.85066, 0.52572)$$

위의 결과는 첫 주성분에 대한 것이며, Step 5와 같이 $\boldsymbol{X}$를 수정하면 다음과 같다.

$$\boldsymbol{X} = \begin{pmatrix} -0.23609 & 0.38200 \\ 0.55277 & -0.89442 \\ 0.44721 & -0.72361 \\ -0.7236 & 1.17082 \\ -0.0403 & 0.06521 \end{pmatrix}$$

수정된 $\boldsymbol{X}$의 첫 열을 두 번째 주성분 스코어의 초기치로 사용하면 그 결과는 다음과 같다.

$$t_2^T = (0.44907, -1.05145, -0.85066, 1.37638, 0.07666)$$

$$\lambda_2 = SS(t_2) = 3.93$$

$$p_2^T = (-0.5272, 0.85066)$$

3.7 ▸ 주성분 회귀분석

종속변수의 관측치벡터 y를 독립변수 데이터 행렬 $\boldsymbol{X}$로 설명하고자 하는 회귀모형은 다음과 같다. 여기서 y 역시 평균조정한 데이터라 간주한다.

$$y = \boldsymbol{X}\beta + \epsilon \tag{3.18}$$

여기서 β는 회귀계수벡터이며, ϵ은 오차항을 나타내는 벡터이다. $\boldsymbol{X}$의 열벡터 간 다중공선성(multicollinearity)이 높으면 최소자승법에 의한 β 추정치의 분산이 커지는 문제가 있으며, $\boldsymbol{X}$ 행렬의 관측수보다 변수수가 많을 때는 β 추정치를 구할 수 없다.

이 문제의 해결을 위해 주성분 회귀분석(principal component regression; PCR)에서는 $\boldsymbol{X}$ 변동 대부분을 설명하는 A개(A≤r)의 주성분 스코어를 다음과 같이 독립변수로 사용하고자 한다.

$$y= q_1\boldsymbol{t}_1 + q_2\boldsymbol{t}_2 + \cdots + q_A\boldsymbol{t}_A + \boldsymbol{f} \tag{3.19}$$

여기서 $\boldsymbol{f}$는 오차항을 나타내는 벡터이며, $q_1,\cdots,q_A$는 회귀계수들이다. 이때 A개의 주성분 스코어로 구성되는 (n×A) 주성분행렬을 $\boldsymbol{T}_A = (\boldsymbol{t}_1, \boldsymbol{t}_2, \cdots, \boldsymbol{t}_A)$로, 회귀계수벡터를 $\boldsymbol{q} = (q_1,\cdots,q_A)^T$로 표기하면 식 (3.19)의 모형은 다음과 같이 표현된다.

$$y= \boldsymbol{T}_A q + f \tag{3.20}$$

위의 모형은 다중회귀모형으로 볼 수 있으므로 다중회귀모형에 대한 모든 이론이 적용될 수 있다. 그러나 데이터 행렬 대신 주성분행렬을 사용하므로 다소 분석이 용이한 면이 있다.

3.7.1 회귀계수의 추정

주성분 회귀모형의 경우 주성분 스코어가 서로 직교하므로 해당 회귀계수는 독립적으로 다음과 같이 추정할 수 있다.

$$\hat{q}_a = \boldsymbol{t}_a^T \boldsymbol{y} / \boldsymbol{t}_a^T \boldsymbol{t}_a = \boldsymbol{t}_a^T \boldsymbol{y} / \lambda_a \qquad a = 1, \cdots, A \tag{3.21}$$

즉, 각 회귀계수는 하나의 주성분 스코어가 독립변수로 사용되는 단순회귀모형에서의 추정치와 동일하다. 위의 결과를 벡터-행렬식으로 나타내면 q의 추정식은 다음과 같다.

$$\hat{q} = \Lambda_A^{-1} \boldsymbol{T}_A^T \boldsymbol{y} \tag{3.22}$$

여기서 Λ_A는 첫 A개 주성분에 대응하는 고유치행렬이다.

참고로, 위의 추정치로부터 식 (3.18)의 원래 독립변수를 사용하는 회귀식의 계수를 산출할 수 있는데, 이는 다음과 같은 관계식으로부터 도출된다.

$$E[y] = X\beta = XPP^T\beta = Tq \tag{3.23}$$

$PP^T = I$를 이용하였으며 $P^T\beta = q$의 관계가 성립한다.

즉, 식 (3.18) 모형의 회귀계수는 PCR를 통하여 다음과 같이 추정될 수 있다.

$$\hat{\beta}_{PCR} = P_A \cdot \hat{q} \tag{3.24}$$

여기서 P_A는 A개의 주성분으로 이루어진 고유벡터행렬이다.

한편, 모형의 오차항들이 평균 0, 분산 σ^2을 갖는 정규분포를 따른다고 가정할 때, σ^2의 추정은 다중회귀모형의 경우가 동일하게 진행된다. 즉,

$$\hat{\sigma}^2 = \frac{SSE}{n-A} = MSE \tag{3.25}$$

위에서 SSE는 잔차제곱합을 나타낸다.

3.7.2 개별 회귀계수의 검정

식 (3.19)의 모형에서 오차항들이 평균 0, 분산 σ^2을 갖는 정규분포를 따른다고 가정할 때, 개별 회귀계수에 대한 검정을 고려하자. 즉, 다음과 같은 가설을 검정한다고 하자.

$$\begin{aligned} H_0 &: q_a = 0 \\ H_1 &: q_a \neq 0 \end{aligned} \tag{3.26}$$

이때 식 (3.21)의 추정량의 분산은 다음과 같으며

$$Var[\hat{q}_a] = \frac{\sigma^2}{\lambda_a^2}\sum_{j=1}^{n} t_{aj}^2 = \frac{\sigma^2}{\lambda_a} \tag{3.27}$$

$\hat{q}_a$에 대한 표준오차는 다음과 같다.

$$se(\hat{q}_a) = \sqrt{MSE/\lambda_a} \tag{3.28}$$

따라서 위의 가설에 대한 t-검정통계량은 다음과 같다.

$$\tau_a = \frac{\hat{q}_a}{se(\hat{q}_a)} = \frac{\hat{q}_a}{\sqrt{MSE/\lambda_a}} \tag{3.29}$$

3.7.3 회귀성 검정

주성분 회귀모형에 대한 적합도 척도로 다중회귀의 경우와 동일하게 R^2을 사용할 수 있다. A개의 주성분을 사용하는 모형의 경우 전체제곱합(SST)는 다음과 같이 분해된다.

$$SST = SS(y) = SSR + SSE \tag{3.30}$$

이때 SSR은 아래와 같이 산출할 수 있다.

$$SSR = SS(\hat{q_1}t_1) + \cdots + SS(\widehat{q_A}t_A) = \hat{q_1}^2 SS(t_1) + \cdots + \widehat{q_A}^2 SS(t_A) = \sum_{j=1}^{A} \hat{q_j}^2 \lambda_j \tag{3.31}$$

따라서 모형의 설명 정도를 나타내는 결정계수 R^2은 다음과 같이 산출된다.

$$R^2 = \frac{SSR}{SST} \tag{3.32}$$

한편, 회귀성 검정을 위한 다음 가설을 고려해 보자.

$$H_0 : q_1 = q_2 = \cdots = q_A = 0$$

H_1 : 모든 계수가 0은 아님

이에 대한 F-검정 통계량은 다중회귀모형의 경우와 동일하며 다음과 같다.

$$F = \frac{MSR}{MSE} \tag{3.33}$$

주성분 회귀분석에서는 SSR을 각 주성분이 설명하는 부분들로 다시 분해할 수 있는데 우선

$$SSR_a = SS(\hat{q}_a \boldsymbol{t}_a) = \hat{q}_a^2 SS(\boldsymbol{t}_a) = \hat{q}_a^2 \lambda_a, \qquad a = 1, 2, \cdots, A \tag{3.34}$$

로 정의하면 다음이 성립한다.

$$SSR = SSR_1 + \cdots + SSR_A \tag{3.35}$$

또한 각 주성분이 설명하는 변동의 비율을 다음과 같이 정의하면

$$\Delta R_a^2 = \frac{SSR_a}{SST}, \quad a = 1, \cdots, A \tag{3.36}$$

다음이 성립한다.

$$R^2 = \Delta R_1^2 + \cdots + \Delta R_A^2 \tag{3.37}$$

한편, a번째 주성분 $\boldsymbol{t}_a$에 대응하는 부분 F-값은 다음과 같다.

$$F_a = \frac{SSR_a}{MSE} = \frac{\hat{q}_a^2 / \lambda_a}{MSE} \tag{3.38}$$

이는 식 (3.26)의 가설 검정통계량이 되며, 다음 관계가 성립한다.

$$F_a = \tau_a^2 \tag{3.39}$$

따라서 PCR의 결과를 [표 3.4]와 같이 요약할 수 있다.

[표 3.4] PCR의 추정 결과 및 분산분석

주성분	회귀계수 추정치	표준오차	제곱합	자유도	평균제곱	F-값	Y 기여율
t_1	$\hat{q}_1$	$se(\hat{q}_1)$	SSR_1	1	-	F_1	ΔR_1^2
t_2	$\hat{q}_2$	$se(\hat{q}_2)$	SSR_2	1	-	F_2	ΔR_2^2
⋮	⋮	⋮	⋮	⋮	⋮	⋮	⋮
t_A	$\hat{q}_A$	$se(\hat{q}_A)$	SSR_A	1	-	F_A	ΔR_A^2
모형	-	-	SSR	A	MSR	F	R^2
잔차	-	-	SSE	n-A	MSE	-	$1-R^2$
합	-	-	SST	n	-	-	1

예 3.16 3개의 독립변수에 대한 평균조정 후의 데이터 행렬 $\boldsymbol{X}$와 종속변수 관측벡터 $\boldsymbol{y}$가 다음과 같다.

$$\boldsymbol{X}=\begin{pmatrix} -3 & -3 & 5 \\ -2 & -3 & 7 \\ 0 & 0 & 4 \\ 1 & 2 & 0 \\ 2 & 2 & -5 \\ 2 & 2 & -11 \end{pmatrix} \qquad \boldsymbol{y}=\begin{pmatrix} -30 \\ -20 \\ 0 \\ 5 \\ 10 \\ 35 \end{pmatrix}$$

우선 $\boldsymbol{X}^T\boldsymbol{X}$의 고유치를 구하면, $\lambda_1 = 54.709$, $\lambda_2 = 2.769$, $\lambda_3 = 0.122$로 산출되므로, 첫 주성분이 $\boldsymbol{X}$ 변동의 대부분(95.0%)을 설명하고 있다. 그러나 처음 두 개의 주성분으로 $\boldsymbol{y}$를 설명하는 회귀모형을 고려한다고 하자. 이때 두 주성분 스코어는 다음과 같이 산출된다.

$$t_1 = (6.2347, 7.8320, 3.6997, -0.8209, -5.6980, -11.2475)^T$$

$$t_2 = (1.9880, 0.6817, -1.5152, -2.0393, -0.6940, 1.5787)^T$$

그리고 고유벡터행렬 P는 다음과 같다.

$$P=\begin{pmatrix} -0.25253 & -0.54873 \\ -0.28417 & -0.74526 \\ 0.92492 & -0.37879 \end{pmatrix}$$

따라서 고려하는 회귀모형은 다음과 같다.

$$y=q_1 t_1 + q_2 t_2 + f$$

PCR 회귀분석의 결과를 [표 3.4]와 같이 요약하면 아래와 같다.

주성분	회귀계수 추정치	표준오차	제곱합	자유도	평균제곱	F-값	Y기여율 (%)
t_1	-2.9188	0.4588	2,330.4	1	2,330.4	40.5	87.9
t_2	-2.5390	2.0390	89.3	1	89.3	1.6	3.4
모형			2,419.7	2	1,209.9	21.0	91.3
잔차			230.3	4	57.6		8.7
합			2,650.0	6			100

위의 결과를 보면 주성분 t_2는 결국 유의하지 않으며, 첫 주성분만으로 y를 설명할 때, 87.9 %의 변동이 설명됨을 볼 수 있다.

한편, 원래 변수를 독립변수로 하는 회귀계수는 주성분회귀모형에서 두 개의 주성분을 사용할 때 식 (3.24)를 사용하면 다음과 같이 추정된다.

$$\hat{\beta}_{1,PCR}=2.1303,\ \hat{\beta}_{2,PCR}=2.7217,\ \hat{\beta}_{3,PCR}=1.7379$$

이는 최소자승법(절편없는 다중회귀모형에 대한)의 아래와 같은 추정치와 큰 차이가 있음을 볼 수 있다.

$$\hat{\beta}_1=8.840,\ \hat{\beta}_2=-2.357,\ \hat{\beta}_3=-1.466$$

3.7.4 반응치의 예측

PCR 모형의 추정 이후 새로운 데이터 행렬 $\boldsymbol{X}_{new}$(하나의 관측치인 경우는 벡터)에 대한 반응치 벡터인 $\boldsymbol{y}$를 예측한다고 하자. 우선 새로운 데이터가 평균조정이 되어 있지 않다면 기존 데이터에서 사용한 변수별 평균을 이용하여 평균조정을 수행한다. 그리고 다음과 같이 $\boldsymbol{X}_{new}$에 대응하는 주성분 스코어 행렬을 산출한다.

$$\boldsymbol{T}_{new} = \boldsymbol{X}_{new}\boldsymbol{P}_A \tag{3.40}$$

여기서 $\boldsymbol{P}_A$는 기존 데이터 행렬 $\boldsymbol{X}$에 대응하는 A개의 주성분에 대한 고유벡터행렬을 나타낸다. 반응치는 다음과 같이 예측된다.

$$\hat{\boldsymbol{y}}_{new} = \boldsymbol{T}_{new}\hat{\boldsymbol{q}} \tag{3.41}$$

여기서 $\hat{\boldsymbol{q}}$은 식 (3.22)와 같다. 결국 새로운 데이터 $\boldsymbol{X}_{new}$에 대응하는 반응치 예측식은 다음과 같다.

$$\hat{\boldsymbol{y}}_{new} = \boldsymbol{X}_{new}\boldsymbol{P}_A\hat{\boldsymbol{q}} \tag{3.42}$$

예 3.17 [예 3.16]의 데이터에 대하여 PCR 모형을 추정한 후, 새로운 데이터 $\boldsymbol{X}_{new} = (-1,-2,3)$에 대한 반응치를 예측한다고 하자. 우선 기존 데이터에 대한 고유벡터행렬은 다음과 같다.

$$\boldsymbol{P} = \begin{pmatrix} -0.2525 & -0.5487 & 0.7969 \\ -0.2842 & -0.7453 & -0.6032 \\ 0.9249 & -0.3788 & 0.0323 \end{pmatrix}$$

PCR 모형에서 첫 두 개의 주성분을 사용하였으므로 반응치는 다음과 같이 예측된다.

$$\hat{y}_{new} = (-1,-2,3)\begin{pmatrix} -0.2525 & -0.5487 \\ -0.2842 & -0.7453 \\ 0.9249 & -0.3788 \end{pmatrix}\begin{pmatrix} -2.9188 \\ -2.5390 \end{pmatrix} = -2.3599$$

3.8 ▸ 참고사항

본 절에서는 고유치 및 고유벡터에 대하여 기본적인 성질만을 언급하고 있다. 보다 자세한 설명 및 증명을 위해서는 참고문헌 [1] 등의 선형대수학 관련 서적을 참고하여야 한다. NIPALS 알고리즘은 1966년 H. Wold에 의해 처음 PCA를 위해 제안되었으며(참고문헌 [2] 참조), 이후 부분최소자승법(Partial Least Squares; PLS)에 주로 사용되고 있다. 본 알고리즘은 참고문헌 [3] 등에 다시 소개되고 있다. 참고문헌 [4] 또한 제곱합의 성질 및 주성분분석 등을 다루고 있다.

[1] Strang, G. (1980). *Linear Algebra and Its Applications*, 2nd ed. Academic Press, New York.

[2] Wold, H. (1966). Estimation of principal components and related models by iterative least squares, *Multivariate Analysis*(Ed., Krishnaiah, P. R.), Academic Press, NY, pp. 391-420.

[3] Geladi, P. and Kowalski, B. R. (1986). "Partial Least-Squares Regression: A Tutorial," Analytica Chimica Acta, 185, 1-17.

[4] Sharma, S. (1996). *Applied Multivariate Techniques*. Wiley, New York.

연습문제

3.1 3개의 변수에 대한 21개의 관측치로 구성된 데이터 행렬 $\boldsymbol{X}$에 대한 표본 분산-공분산행렬이 다음과 같다.

$$\boldsymbol{S_X} = \begin{pmatrix} 24.8 & -7.3 & 15.1 \\ -7.3 & 11.2 & 4.6 \\ 15.1 & 4.6 & 39.4 \end{pmatrix}$$

(a) 위의 행렬에 대한 고유치 및 고유벡터를 구하라.

(b) 전체 변동의 90% 정도를 설명하는 주성분을 도출하려면 몇 개를 사용하여야 하나.

(c) 상관계수행렬을 산출하고 이에 대응하는 고유치 및 고유벡터를 구하라.

3.2 변수 2개에 대한 10개의 관측치로 구성된 데이터 행렬 $\boldsymbol{X}$가 있다. 이의 표본상관계수행렬에 대한 하나의 고유치가 1.57로 알려져 있다.

(a) 또 다른 고유치를 구하라.

(b) 두 변수의 상관계수를 구하라.

3.3 변수 4개에 대한 표본 상관계수행렬이 다음과 같다.

$$\boldsymbol{R_X} = \begin{pmatrix} 1 & -0.35 & 0.82 & 0.47 \\ -0.35 & 1 & -0.42 & -0.51 \\ 0.82 & -0.42 & 1 & 0.73 \\ 0.47 & -0.51 & 0.73 & 1 \end{pmatrix}$$

(a) 위의 행렬에 대한 고유치 및 고유벡터를 구하라.

(b) 각 변수의 분산을 첫 2개의 주성분에 대하여 분해하고 결과를 해석하라.

3.4 다음은 45명의 프로야구 선수 1루수에 대한 일정 기간 동안의 기록이다.

선수 번호	득점	홈런	타점	4구	삼진	타율	장타율	출루율
1	55	1	30	31	65	0.275	0.322	0.324
2	82	19	95	86	53	0.343	0.522	0.445
3	123	47	126	89	109	0.323	0.689	0.436
4	35	3	27	25	49	0.286	0.385	0.344
5	63	19	76	40	54	0.284	0.472	0.361
6	38	12	42	24	88	0.248	0.417	0.306
7	76	23	64	45	75	0.288	0.507	0.358
8	101	34	113	83	114	0.291	0.571	0.402
9	86	23	97	90	53	0.311	0.534	0.422
10	101	39	95	96	130	0.276	0.605	0.412
11	36	0	49	37	50	0.286	0.358	0.357
12	52	17	62	52	88	0.27	0.479	0.367
13	55	15	54	45	87	0.273	0.44	0.356
14	44	8	30	18	44	0.234	0.413	0.287
15	90	14	48	88	57	0.324	0.489	0.436
16	109	36	95	80	113	0.293	0.604	0.404
17	27	2	40	35	37	0.274	0.351	0.355
18	73	23	90	51	75	0.294	0.487	0.378
19	73	29	95	53	115	0.296	0.543	0.369
20	28	6	29	32	60	0.302	0.425	0.393
21	90	34	101	83	126	0.297	0.566	0.406
22	128	54	123	112	114	0.323	0.733	0.458
23	22	6	39	17	19	0.311	0.447	0.37
24	111	35	119	59	65	0.372	0.672	0.442
25	80	27	86	54	93	0.284	0.533	0.365
26	77	42	103	65	115	0.305	0.619	0.393
27	76	15	49	44	53	0.312	0.462	0.381
28	100	38	102	78	97	0.306	0.621	0.404
29	47	8	46	26	59	0.282	0.417	0.333
30	62	18	59	43	79	0.274	0.457	0.354
31	77	15	64	51	97	0.292	0.465	0.375
32	60	17	66	41	69	0.275	0.435	0.344
33	84	31	90	104	79	0.309	0.606	0.44
34	38	12	43	36	65	0.234	0.386	0.308
35	36	4	35	13	46	0.268	0.357	0.305
36	96	32	114	49	79	0.329	0.598	0.391
37	51	4	69	38	45	0.316	0.439	0.379
38	41	9	61	62	39	0.311	0.49	0.419
39	61	25	75	39	76	0.259	0.487	0.328
40	74	22	76	63	76	0.293	0.515	0.385
41	95	26	79	84	54	0.344	0.636	0.46
42	46	14	48	37	77	0.244	0.396	0.303
43	16	2	11	21	31	0.206	0.286	0.286
44	57	9	76	34	42	0.303	0.458	0.354
45	51	4	69	38	45	0.316	0.439	0.379

상관계수행렬을 바탕으로 주성분분석을 한 결과 다음과 같은 고유치를 얻었다.

6.0019 1.2432 0.3325 0.1788 0.1145 0.1037 0.0149 0.0105

한편, 첫 5개의 주성분별 고유벡터는 다음과 같다.

PC1	PC2	PC3	PC4	PC5
-0.38751	0.069656	0.051411	-0.15322	0.851524
-0.37564	0.289661	0.163251	-0.29057	-0.25458
-0.38028	0.053953	0.413817	-0.1851	-0.09074
-0.36714	-0.02355	-0.72572	-0.19573	0.02487
-0.27392	0.60124	-0.06149	0.743126	-0.03289
-0.276	-0.61454	0.323295	0.438227	0.102771
-0.39559	0.001168	0.198958	-0.20012	-0.3555
-0.34876	-0.41065	-0.35342	0.187604	-0.25144

(a) 전체 변동의 약 95%를 설명하는 수준에서 적절한 주성분 수를 결정하라.

(b) $\boldsymbol{X}$의 변동을 주성분별로 분해하라. 단 (a)에서 결정한 주성분 수를 사용하라.

(c) 첫 3개의 주성분의 의미를 간단히 해석하라.

3.5 다음은 식품별 각종 함유량을 나타내고 있다. 변수들의 상관계수행렬을 바탕으로 주성분분석을 실시한 후 다음에 답하라.

	칼로리	수분	단백질	지방	당분
O1	351	15.5	6.2	0.8	76.6
O2	471	4	19.5	24	46.2
O3	249	40	4.5	0.4	54.5
O4	366	11.5	11.5	1.4	74.5
O5	270	35	8	1.5	54.3
O6	414	4.5	7.2	8.2	79.1
O7	325	22.7	6.7	3.7	66.2
O8	116	72	2.6	0.3	24.8
O9	377	6	9	1	80.2
O10	167	60.2	24.2	4.2	6.6
O11	354	52.5	14.1	32.5	0.1
O12	135	72.8	21	5	0

	칼로리	수분	단백질	지방	당분
O13	280	56.7	18.6	22.2	0
O14	648	22.6	5.5	69.2	0
O15	77	79.5	1.9	0.1	17.3
O16	40	89.1	1.2	0.2	8.3
O17	33	90.5	1.3	0.3	6.9
O18	51	85.3	1.3	0.2	10.9
O19	28	91.9	1.3	0.4	4
O20	721	15.5	0.6	81.6	0.2
O21	719	15.5	0.6	81.1	0.2
O22	400	35.3	27.9	31.5	0.9
O23	512	7	6.8	30.8	59.3

(a) 첫 3개의 주성분을 도출한다고 할 때 각각의 고유치를 구하라. 이들 3개의 주성분으로 전체 변동의 얼마나 설명할 수 있나?

(b) 위의 3개 주성분 각각의 어떤 변수들과 주로 관련이 있는지를 설명하라.

3.6 다음은 어떤 데이터에 대한 주성분분석으로 도출된 첫 두 개의 주성분 스코어 및 종속변수를 나타내고 있다.

t_1	t_2	y
72.0693	29.0359	163
49.3127	28.9586	74
-14.2052	18.1284	-135
70.0119	35.6215	126
-14.3851	1.6942	-84
-6.133	-25.8141	103
-27.995	-0.0378	-116
-11.6537	-16.9481	29
25.1774	-61.1165	397
-24.4915	15.5325	-174
-37.2383	12.2785	-211
-39.1275	11.6816	-218
-32.7934	12.9149	-200
-41.8799	10.2159	-223
33.3314	-72.1454	469

(a) t_1을 독립변수로 하는 PCR에서 계수를 추정하고 이 모형의 결정계수를 구하라.

(b) t_1 및 t_2를 독립변수로 하는 PCR에서 계수들을 추정하고 이 모형의 결정계수를 구하라.

(c) (b)의 결과를 바탕으로 주성분별 y의 분산을 분석하라.

3.7 (문제 3.5)의 데이터 중 칼로리를 종속변수로 하고 다른 변수들의 주성분들을 이용한 주성분회귀분석을 실시코자 한다.

(a) 모든 변수를 표준화하라.

(b) 칼로리 변수를 제외한 나머지 변수들에 대한 주성분분석을 실시하라. 몇 개의 주성분을 사용하는 것이 타당하겠는가?

(c) 칼로리 변수를 설명하는 주성분회귀분석모형을 추정하라.

(d) 위의 추정모형에 대해 분산분석표를 작성하라.

(e) 다음과 같은 성분을 갖는 새로운 식품에 대하여 칼로리를 예측하라.(아래 데이터는 표준화가 되지 않은 것임에 유의)

	수분	단백질	지방	당분
새식품1	25.5	4.2	1.3	56.6
새식품2	4.3	9.5	14.7	86.1

3.8 다음은 우리나라의 연도별 각종 물가 관련 지수를 보이고 있다.

년도	생산자 물가지수	식료품 생산지수	수출물가	수입물가	도소매업 판매액지수	소비자 물가지수
1986	65.3	52	74.63	59.85	38.3	40.8
1987	65.6	51.4	77.87	64.13	42.8	42.1
1988	67.4	56.1	81.23	67.85	46.1	45.1
1989	68.4	58.2	79.73	65.4	50.5	47.6
1990	71.2	64.6	81.65	64.75	57.1	51.7
1991	74.6	69.9	84.72	64.72	62.2	56.5
1992	76.2	73.1	86.98	65.69	65.7	60.1

년도	생산자 물가지수	식료품 생산지수	수출물가	수입물가	도소매업 판매액지수	소비자 물가지수
1993	77.4	74	89.13	68.01	71.2	62.9
1994	79.5	80.5	91.59	70.69	77.4	66.9
1995	83.2	83.4	92.87	74.77	83.6	69.9
1996	85.9	85.9	88.96	75.31	89.5	73.3
1997	89.2	88.1	94.84	82.44	92.3	76.6
1998	100.1	98.2	124.52	105.71	80.6	82.3
1999	98	102.6	101.03	92.88	91.1	83
2000	100	100	100	100	100	84.9
2001	99.5	102.4	96.19	103.53	106.8	88.3
2002	99.2	104.5	89.48	97.11	116	90.8
2003	101.4	109.1	87.51	98.85	115.1	93.9
2004	107.6	118.5	92.93	108.89	114.6	97.3
2005	109.9	117.6	86.74	112.03	117.9	100
2006	112.4	114.8	85.1	117.97	122.9	102.2

출처: 한국은행

(a) 소비자물가지수를 설명하는 주성분회귀모형을 추정하라. 분산-공분산행렬 또는 상관계수행렬의 사용 여부는 적절히 판단하고 주성분 수는 타당하도록 결정하라. 단, 1986년~2004년도 간의 데이터를 사용하라. 추정모형은 소비자물가지수를 얼마나 설명하고 있는가?

(b) 위의 모형으로부터 다중회귀모형의 회귀계수를 추정하라. 그리고 최소자승법에 의한 추정치와 비교하라.

(c) 주성분회귀모형으로부터 2005년 및 2006년도 소비자물가지수를 각각 예측하라.

3.9 [정리 3.3]의 (b) 및 (c)를 증명하라.

3.10 [정리 3.11]을 식 (3.11)에 의거하여 증명하라.

3.11 데이터 행렬 $\boldsymbol{X}$에 대한 첫 A개의 주성분 스코어 $t_a(a=1,\cdots,A)$와 종속변수 $\boldsymbol{y}$와의 상관계수 r_{ay}가 주어져 있다. $\boldsymbol{X}^T\boldsymbol{X}$ 행렬의 첫 A개의 고유치는 λ_a $(a=1,\cdots,A)$이다. 종속변수 $\boldsymbol{y}$에 대한 주성분회귀모형의 계수 추정치를 구하라.

3.12 n개의 관측치를 갖는 독립변수들에 대해 실시한 주성분분석으로 첫 두 개의 고유치 λ_1, λ_2를 얻었다. 그리고 표본 분산 s_y^2을 갖는 종속변수를 설명하는 주성분회귀모형으로부터 계수 추정치 $\hat{q}_1$, $\hat{q}_2$를 얻었다. 각 주성분의 $\boldsymbol{y}$에의 기여율을 구하라.

3.13 [정리 3.15]가 성립함을 증명하라.

1부 | 예측

4장

부분최소자승 회귀분석

들어가며

회귀분석에서와 같이 하나의 종속변수에 영향을 주는 k개의 독립변수가 있다고 하자. 모든 변수는 평균조정되었다고 간주한다. 본 장에서 다루고자 하는 부분최소자승법(partial least squares: PLS)은 3.7절에서 다룬 주성분 회귀분석(principal component regression; PCR)과 유사하게 주성분을 활용하여 종속변수 y를 설명하는 것이나 주성분 도출이 다르다.

PCR에서는 데이터 행렬 $\boldsymbol{X}$의 변동 대부분을 설명하는 주성분 중 일부를 선택하여 y를 설명하는 회귀모형에 사용하는 것인데 반해, PLS에서는 주성분 도출과 회귀모형 추정을 동시에 수행하고자 한다. 따라서 PLS에서는 $\boldsymbol{X}$와 y를 동시에 '잘' 설명하는 주성분 스코어, 관련 계수를 동시에 도출하고자 한다. PCR에서는 주성분 스코어를 도출한 후 이들을 독립변수로 하는 회귀모형에서 회귀계수를 추정하는 두 단계를 별도로 수행하는 것이 다르다 하겠다. 따라서 PLS와 PCR에서 사용되는 주성분 스코어는 서로 다른 값이다. PLS에서는 이와 같이 주성분 스코어를 구함으로써 $\boldsymbol{X}$의 설명력을 PCR에 비해 약간 희생시키는 대신 y의 설명력을 높이려는 것이다. 엄밀히 말하면 PLS에서 사용하는 새로운 변수는 주성분이 아니며 이를 잠재변수(latent variable)라 부른다.

PLS에서는 다수의 종속변수들을 동시에 다룰 수 있는 장점도 있다. 4.1절에서는 하나의 종속변수가 있는 경우를 우선 취급하며, 4.2절에서 다수의 종속변수를 다루는 모형을 소개하고자 한다.

4.1 ▶ 하나의 종속변수에 대한 PLS 회귀분석

우선, (n×k) 데이터 행렬 $\boldsymbol{X}$, 종속변수벡터 $\boldsymbol{y}$에 대하여 동시에 A개의 잠재변수 $\boldsymbol{t}_a$ $(a=1,\cdots,A)$로 설명할 수 있는 모형을 고려할 수 있다. 그러나 $\boldsymbol{X}$를 잘 설명하는 잠재변수와 $\boldsymbol{y}$를 잘 설명하는 잠재변수가 다를 수 있기 때문에, $\boldsymbol{y}$는 새로운 잠재변수인 $\boldsymbol{U}=[\boldsymbol{u}_1,\boldsymbol{u}_2,\cdots,\boldsymbol{u}_A]$에 의하여 설명된다고 하고 $\boldsymbol{u}_a$와 $\boldsymbol{t}_a$를 선형관계로 가정하는 모형이 흔히 사용되고 있다. 즉, 데이터 행렬 $\boldsymbol{X}$, 종속변수벡터 $\boldsymbol{y}$에 대하여 PLS 모형은 다음과 같다.

$$\boldsymbol{X}=\boldsymbol{t}_1\boldsymbol{p}_1^T+\boldsymbol{t}_2\boldsymbol{p}_2^T+\cdots+\boldsymbol{t}_A\boldsymbol{p}_A^T+\boldsymbol{E} \tag{4.1a}$$

$$\boldsymbol{y}=\boldsymbol{u}_1q_1+\boldsymbol{u}_2q_2+\cdots+\boldsymbol{u}_Aq_A+\boldsymbol{f} \tag{4.1b}$$

$$\boldsymbol{u}_a=b_a\boldsymbol{t}_a+\boldsymbol{h}, \qquad a=1,\cdots,A \tag{4.1c}$$

여기서 계수에 해당하는 k-벡터 $\boldsymbol{p}_a$와 계수 q_a는 각각 $\boldsymbol{X}$, $\boldsymbol{y}$에 대응하는 로딩(loading)을 나타내며, $\boldsymbol{E}$, $\boldsymbol{f}$는 각 모델에 해당하는 오차항(행렬 또는 벡터)이다. 위에서 식 (4.1c)의 관계를 내부관계(inner relation), 여기서의 계수 b_a를 내부관계 계수라 하며, 식 (4.1a) 및 (4.1b)의 관계를 외부관계(outer relation)라 한다. 위의 모형에서는 내부관계를 선형으로 가정하였으나, 비선형(nonlinear)으로 가정하여 인공신경망 모형을 사용하여 분석하는 경우도 있다. 후자의 경우를 비선형 PLS라 부른다.

식 (4.1)의 모형은 여러 종속변수를 염두에 둔 것이며, 실제 종속변수가 하나인 경우는 위의 모형을 보다 간단히 기술할 수 있다. 위에서 로딩계수는 잠재변수별로 크기 1로 조정하는데, y-로딩계수는 상수이므로 모두 1로 둘 수 있다. 따라서 식 (4.1c)의 관계를 식 (4.1b)에 대입하면 식 (4.1)의 모형은 내부관계가 없는 다음과 같은 모형이 된다.

$$\boldsymbol{X}=\boldsymbol{t}_1\boldsymbol{p}_1^T+\boldsymbol{t}_2\boldsymbol{p}_2^T+\cdots+\boldsymbol{t}_A\boldsymbol{p}_A^T+\boldsymbol{E} \tag{4.2a}$$

$$\boldsymbol{y}=\boldsymbol{t}_1b_1+\boldsymbol{t}_2b_2+\cdots+\boldsymbol{t}_Ab_A+\boldsymbol{f} \tag{4.2b}$$

이에 따라, 종속변수가 하나인 경우에는 계수 b_a들을 y-로딩이라 부르기도 한다.

한편, 식 (4.1)의 모형과 이의 축소 형태인 식 (4.2)의 모형을 [그림 4.1]과 같이 도식화할 수 있다. 여기서 화살표는 변수 간의 영향 방향을 나타낸다.

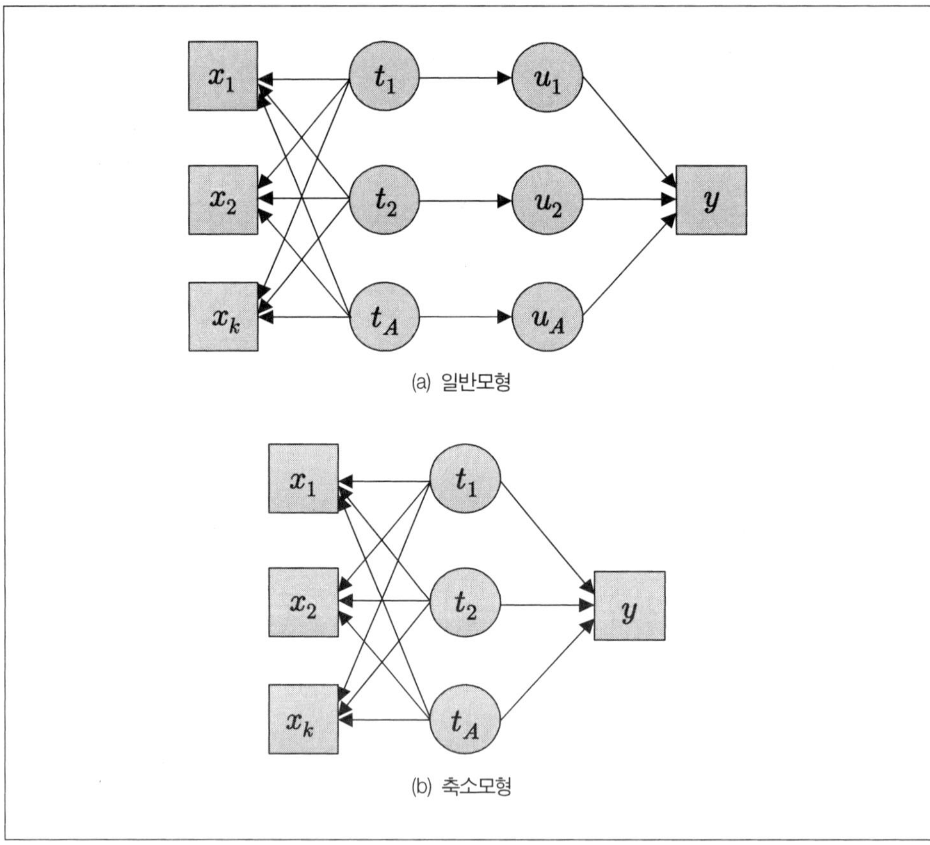

[그림 4.1] 하나의 종속변수를 갖는 PLS 모형

4.1.1 NIPALS 알고리즘

식 (4.2)의 축소모형에 대한 계수 및 잠재변수값들을 다음과 같은 NIPALS 알고리즘을 이용하여 산출할 수 있다. 이 알고리즘도 주성분분석에서와 같이 한 번에 하나의 잠재변수 관련 계수를 산출하여 A개의 잠재변수를 구할 때까지 반복한다. 즉, (t_1, p_1, b_1), $(t_2, p_2, b_2), \cdots$, (t_A, p_A, b_A)의 순으로 산출한다.

[단계 1] $\boldsymbol{X}$의 각 열벡터를 종속변수로, $\boldsymbol{y}$를 독립변수로 하는 단순회귀모형으로부터 $\boldsymbol{y}$의 기울기를 추정하여 가중치 $\boldsymbol{w}=(w_1,\cdots,w_k)^T$를 산출하고 이의 크기가 1이 되도록 조정한다. 즉,

$$w_j=\boldsymbol{x}_j^T\boldsymbol{y}/\boldsymbol{y}^T\boldsymbol{y},\quad j=1,\cdots,k;\qquad \boldsymbol{w}\leftarrow\boldsymbol{w}/\sqrt{\boldsymbol{w}^T\boldsymbol{w}}$$

[단계 2] $\boldsymbol{t}$를 다음과 같이 산출한다.

$$\boldsymbol{t}=w_1\boldsymbol{x}_1+\cdots+w_k\boldsymbol{x}_k=\boldsymbol{Xw}$$

[단계 3] $\boldsymbol{t}$를 $\boldsymbol{X}$에 회귀시켜 로딩 벡터 $\boldsymbol{p}$를 다음과 같이 구한다.

$$\boldsymbol{p}=\boldsymbol{X}^T\boldsymbol{t}/\boldsymbol{t}^T\boldsymbol{t}$$

[단계 4] 로딩 벡터 $\boldsymbol{p}$의 크기를 반영하여 $\boldsymbol{t}$와 $\boldsymbol{w}$를 조정한다.

$$\boldsymbol{t}\leftarrow\boldsymbol{t}\sqrt{\boldsymbol{p}^T\boldsymbol{p}},\qquad \boldsymbol{w}\leftarrow\boldsymbol{w}\sqrt{\boldsymbol{p}^T\boldsymbol{p}}$$

[단계 5] $\boldsymbol{p}$의 크기를 1이 되도록 조정한다.

$$\boldsymbol{p}\leftarrow\boldsymbol{p}/\sqrt{\boldsymbol{p}^T\boldsymbol{p}}$$

[단계 6] $\boldsymbol{t}$를 $\boldsymbol{y}$에 회귀시킬 때 계수 b를 산출한다.

$$b=\boldsymbol{y}^T\boldsymbol{t}/\boldsymbol{t}^T\boldsymbol{t}$$

[단계 7] $\boldsymbol{X}$와 $\boldsymbol{y}$를 다음과 같이 수정 후 A개의 잠재변수를 얻을 때까지 단계 1부터 과정을 반복한다.

$$\boldsymbol{X}\leftarrow\boldsymbol{X}-\boldsymbol{tp}^T\qquad(\boldsymbol{x}_j\leftarrow\boldsymbol{x}_j-p_j\boldsymbol{t},\ j=1,\cdots,k)$$
$$\boldsymbol{y}\leftarrow\boldsymbol{y}-b\boldsymbol{t}$$

위의 알고리즘과 관련하여 몇 가지 참고사항을 기술하면 다음과 같다.

1) 단계 1과 2에서 보듯이 PLS에서는 잠재변수값을 PCA와는 다르게 산출하고 있다. 즉, PLS에서도 잠재변수를 $\boldsymbol{X}$ 각 변수들의 선형결합으로 구하나 이때 가중치로 $\boldsymbol{y}$가 각 변수를 얼마나 설명하고 있는가를 반영하여 산출하고 있다. 이를 [그림 4.2]와 같이 설명할 수 있는데, $\boldsymbol{x}_j$에 대응하는 가중치로서 벡터 $\boldsymbol{x}_j$를 벡터 $\boldsymbol{y}$에 projection시킬 때 얻는 길이를 이용한다.

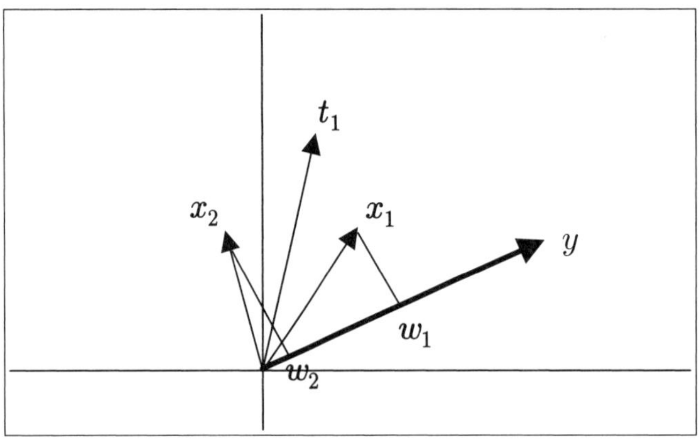

[그림 4.2] PLS에서의 가중치와 잠재변수

2) 결과적으로 얻는 A개의 로딩 벡터들은 각 크기가 1이나, 서로 직교하지 않는다. 그러나 가중치 벡터들은 크기가 1이 아니나 서로 직교하며, 따라서 잠재변수값들 역시 직교한다.

3) 단계 5에서의 기존 $\boldsymbol{X}$를 $\boldsymbol{X}_{old}$, 새로운 $\boldsymbol{X}$를 $\boldsymbol{X}_{new}$라 할 때 이의 제곱합은 다음과 같이 감소된다.

$$SS(\boldsymbol{X}_{new}) = SS(\boldsymbol{X}_{old}) - SS(\boldsymbol{t}) \tag{4.3a}$$

4) 단계 5에서 기존 $\boldsymbol{y}$를 $\boldsymbol{y}_{old}$, 새로운 $\boldsymbol{y}$를 $\boldsymbol{y}_{new}$라 할 때 이의 제곱합은 다음과 같이 감소한다.

$$SS(\boldsymbol{y}_{new}) = SS(\boldsymbol{y}_{old}) - SS(b\boldsymbol{t}) = SS(\boldsymbol{y}) - b^2 SS(\boldsymbol{t}) \tag{4.3b}$$

5) 잠재변수행렬을 $\boldsymbol{T}=(t_1,\cdots,t_A)$, 로딩 행렬을 $\boldsymbol{P}=(p_1,\cdots,p_A)$, y-계수벡터를 $b=(b_1,\cdots,b_A)^T$라 할 때, 식 (4.2)의 모형을 다음과 같이 기술할 수 있다.

$$\boldsymbol{X}=\boldsymbol{TP}+\boldsymbol{E} \tag{4.4a}$$

$$y=\boldsymbol{T}b+f \tag{4.4b}$$

따라서 $\boldsymbol{T}$가 산출된다면 $\boldsymbol{P}$, b는 각각 다음과 같이 추정된다.

$$\boldsymbol{P}^T=(\boldsymbol{T}^T\boldsymbol{T})^{-1}\boldsymbol{T}^T\boldsymbol{X} \tag{4.5}$$

$$\hat{b}=(\boldsymbol{T}^T\boldsymbol{T})^{-1}\boldsymbol{T}^T\boldsymbol{y} \tag{4.6}$$

6) 위의 축소모형에서는 $\boldsymbol{y}$의 잠재변수 스코어가 언급되지 않지만, 필요하면 다음과 같이 구할 수 있다.

$$u_1=\boldsymbol{y}$$

$$u_a=\boldsymbol{y}-(b_1t_1+\cdots+b_{a-1}t_{a-1}),\ a=2,\cdots,A$$

위에서 보듯이 잠재변수들은 순차적으로 도출되고 있는데, 결국 $\boldsymbol{X}$의 선형결합으로 산출됨을 다음 결과로부터 알 수 있다.

정리 4.1 잠재변수행렬 (n×A)를 $\boldsymbol{T}=(t_1,\cdots,t_A)$, 가중치행렬 (k×A)를 $\boldsymbol{W}=(w_1,\cdots,w_A)$, 로딩 행렬 (k×A)를 $\boldsymbol{P}=(p_1,\cdots,p_A)$라 할 때, $\boldsymbol{T}$는 $\boldsymbol{X}$로부터 다음을 통하여 변환된다.

$$\boldsymbol{T}=\boldsymbol{XW}^*$$

여기서 $\boldsymbol{W}^*$은 변환가중치행렬로 아래와 같다.

$$\boldsymbol{W}^*=\boldsymbol{W}(\boldsymbol{P}^T\boldsymbol{W})^{-1} \tag{4.7}$$

결과적으로, PLS 모형으로부터 $\boldsymbol{X}$의 가중치행렬과 로딩 행렬을 얻는다면 [정리 4.1]로부터 잠재변수 스코어를 산출할 수 있으며 다시 식 (4.6)으로 부터 y-로딩을 얻을 수 있다. [정리 4.1]에서 사용되는 $\boldsymbol{W}^*$는 $\boldsymbol{X}$를 $\boldsymbol{T}$로 선형변환시키는 $\boldsymbol{W}$와 다른 새로운 가중치행렬이다. 즉, 가중치행렬 $\boldsymbol{W}$의 해석은 어려우나 $\boldsymbol{W}^{*}$은 위와 같이 해석이 가능하다. 만약 2개의 잠재변수가 관여되는 경우라면, 첫 잠재변수값은 우선 다음과 같이 산출된다.

$$\boldsymbol{t}_1 = \boldsymbol{X}\boldsymbol{w}_1$$

그리고 두 번째 잠재변수값은 아래와 같이 산출된다.

$$\boldsymbol{t}_2 = (\boldsymbol{X} - \boldsymbol{t}_1\boldsymbol{p}_1^T)\boldsymbol{w}_2 = \boldsymbol{X}(\boldsymbol{I} - \boldsymbol{w}_1\boldsymbol{p}_1^T)\boldsymbol{w}_2$$

즉, 첫 두 개의 변환 가중치 벡터는 다음과 같다.

$$\boldsymbol{w}_1^* = \boldsymbol{w}_1,\ \boldsymbol{w}_2^* = (\boldsymbol{I} - \boldsymbol{w}_1\boldsymbol{p}_1^T)\boldsymbol{w}_2$$

예 4.1 3개의 독립변수에 대한 평균조정 후의 데이터 행렬 $\boldsymbol{X}$와 종속변수 관측벡터 $\boldsymbol{y}$가 다음과 같다.

$$\boldsymbol{X} = \begin{pmatrix} -3 & -3 & 5 \\ -2 & -3 & 7 \\ 0 & 0 & 4 \\ 1 & 2 & 0 \\ 2 & 2 & -5 \\ 2 & 2 & -11 \end{pmatrix} \qquad \boldsymbol{y} = \begin{pmatrix} -30 \\ -20 \\ 0 \\ 5 \\ 10 \\ 35 \end{pmatrix}$$

NIPALS 알고리즘으로부터 도출되는 첫 번째 잠재변수 관련 가중치 및 스코어는 다음과 같다.

$$\boldsymbol{w}_1 = (0.2818, 0.3131, -0.9080)^T$$
$$\boldsymbol{t}_1 = (-6.3243, -7.8584, -3.6318, 0.9079, 5, 7295, 11.1771)^T$$

이때 첫 잠재변수에 대응하는 $\boldsymbol{X}$의 로딩 벡터 및 $\boldsymbol{y}$의 로딩 추정치는 아래와 같다.

$$\boldsymbol{p}_1 = (0.2538, 0.2858, -0.9241)^T$$
$$\hat{b}_1 = 2.9246$$

그리고 두 번째 잠재변수 관련 가중치 및 스코어는 다음과 같으며,

$$\boldsymbol{w}_2 = (0.6580, 0.6389, 0.4245)^T$$
$$\boldsymbol{t}_2 = (-2.0381, -0.5966, 1.5430, 1.9745, 0.7158, -1.5986)^T$$

$\boldsymbol{X}$의 로딩 벡터 및 $\boldsymbol{y}$의 로딩 추정치는 다음과 같다.

$$\boldsymbol{p}_2 = (0.5424, 0.7280, 0.4194)^T$$
$$\hat{b}_2 = 2.4647$$

결국 두 개의 잠재변수를 사용하는 경우 잠재변수행렬, X-로딩 행렬, 가중치행렬 및 y-로딩 벡터는 아래와 같다.

$$\boldsymbol{T} = \begin{pmatrix} -6.3243 & -2.0381 \\ 7.8584 & -0.5966 \\ -3.6318 & 1.5430 \\ 0.9079 & 1.9745 \\ 5.7295 & 0.7158 \\ 11.1771 & -1.5986 \end{pmatrix} \quad \boldsymbol{P} = \begin{pmatrix} 0.2538 & 0.5424 \\ 0.2858 & 0.7280 \\ -0.9241 & 0.4194 \end{pmatrix}$$

$$\boldsymbol{W} = \begin{pmatrix} 0.2818 & 0.6580 \\ 0.3131 & 0.6389 \\ -0.9080 & 0.4245 \end{pmatrix} \qquad \boldsymbol{b} = \begin{pmatrix} 2.9246 \\ 2.4647 \end{pmatrix}$$

종속변수에 대한 추정식은 아래와 같다.

$$\hat{y} = 2.9246\boldsymbol{t}_1 + 2.4647\boldsymbol{t}_2$$

그리고 변환 가중치행렬 $\boldsymbol{W}^*$의 산출 과정은 다음과 같다.

$$\boldsymbol{P}^T\boldsymbol{W} = \begin{pmatrix} 1 & -0.0427 \\ 0 & 1 \end{pmatrix} \qquad (\boldsymbol{P}^T\boldsymbol{W})^{-1} = \begin{pmatrix} 1 & 0.0427 \\ 0 & 1 \end{pmatrix}$$

$$\boldsymbol{W}^* = \boldsymbol{W}(\boldsymbol{P}^T\boldsymbol{W})^{-1} = \begin{pmatrix} 0.2818 & 0.6700 \\ 0.3131 & 0.6523 \\ -0.9080 & 0.3857 \end{pmatrix}$$

위의 $\boldsymbol{W}^*$와 [정리 4.1]을 사용하여 잠재변수행렬 $\boldsymbol{T}$를 도출할 수 있다(이를 확인하라).

4.1.2 제곱합 분해

A개의 잠재변수를 사용하는 모형에 대하여 모형이 설명하는 $\boldsymbol{y}$의 변동(제곱합)을 SSR, 설명하지 못하는 변동을 SSE라 할 때, $\boldsymbol{y}$의 전체제곱합(SST)은 다음과 같이 분해된다.

$$SST = SS(\boldsymbol{y}) = SSR + SSE \tag{4.8}$$

여기서 SSR은 다음과 같이 산출할 수 있다.

$$SSR = SS(b_1\boldsymbol{t}_1) + \cdots + SS(b_A\boldsymbol{t}_A) = b_1^2 SS(\boldsymbol{t}_1) + \cdots + b_A^2 SS(\boldsymbol{t}_A) \tag{4.9}$$

즉, a번째 잠재변수가 $\boldsymbol{y}$를 설명하는 회귀제곱합을 아래와 같이 정의할 때

$$SSR_a = b_a^2 SS(\boldsymbol{t}_a), \quad a = 1, \cdots, A \tag{4.10}$$

SSR은 각 잠재변수가 설명하는 부분으로 분해된다.

$$SSR = SSR_1 + SSR_2 + \cdots + SSR_A \tag{4.11}$$

또한 각 주성분이 설명하는 $\boldsymbol{y}$ 변동의 기여율을 다음과 같이 정의하면

$$\Delta R_a^2 = \frac{SSR_a}{SST} \qquad a = 1, \cdots, A \tag{4.12}$$

모형의 총 기여율인 R^2는 다음과 같다.

$$R^2 = \frac{SSR}{SST} = \Delta R_1^2 + \cdots + \Delta R_A^2 \tag{4.13}$$

한편, 잠재변수들이 $\boldsymbol{X}$의 변동을 얼마나 설명하는지 동시에 검토할 필요가 있다. 잠재변수들이 $\boldsymbol{X}$의 변동을 잘 설명하지 못한다면 새로운 데이터에 대한 y를 예측하는데 문제가 될 수 있기 때문이다. A개의 잠재변수들로 설명하는 $\boldsymbol{X}$의 변동은 [정리 3.3(d)]에 의하여 다음과 같다.

$$SS(t_1p_1^T+\cdots+t_Ap_A^T)=SS(t_1)+\cdots+SS(t_A) \qquad (4.14)$$

이때 잠재변수 t_a의 X 변동에의 기여율을 다음과 같이 정의한다.

$$\rho_a=\frac{SS(t_a)}{SS(X)}\times 100(\%) \qquad (4.15)$$

따라서 PLS의 결과를 [표 4.1]과 같이 각 잠재변수별 X 및 y에 대한 기여율을 정리할 수 있다. 또한 필요에 따라 분산분석표를 작성하여 사용할 수도 있겠다. 다만, F-검정을 위해서는 오차항에 대한 정규분포의 가정이 필요하다.

[표 4.1] PLS 모형의 잠재변수별 기여율

잠재변수	계수 추정치	X 제곱합	X 기여율	y 제곱합	y 기여율
t_1	$\hat{b}_1$	$SS(t_1)$	ρ_1	SSR_1	ΔR_1^2
t_2	$\hat{b}_2$	$SS(t_2)$	ρ_2	SSR_2	ΔR_2^2
⋮	⋮	⋮	⋮	⋮	⋮
t_A	$\hat{b}_A$	$SS(t_A)$	ρ_A	SSR_A	ΔR_A^2
모형	-			SSR	R^2
잔차	-			SSE	$1-R^2$
합	-	$SS(X)$	100	SST	1

예 4.2 [예 4.1]의 데이터에 대하여 2개의 잠재변수를 사용하는 PLS의 결과는 다음 표와 같이 요약할 수 있다.

잠재변수	계수 추정치	X 제곱합	X 기여율(%)	y 제곱합	y 기여율(%)
t_1	2.9246	273.55	95.0	2,339.46	88.3
t_2	2.4647	13.85	4.8	84.17	3.2
모형	-	287.4	99.8	2,423.63	91.5
잔차	-	0.6	0.2	226.37	8.5
합		288	100	2,650	100

즉, 2개의 잠재변수를 사용하는 PLS 모형은 $\boldsymbol{X}$ 변동을 99.8% 설명하면서 동시에 $\boldsymbol{y}$ 변동을 91.5% 설명하고 있다.

4.1.3 새로운 데이터에 대한 종속변수 예측

k개 독립변수의 새로운 데이터 행렬 $\boldsymbol{X}_{new}$에 대한 $\boldsymbol{y}$의 예측을 위하여서 우선 다음과 같이 새로운 잠재변수값을 산출한다. 이때 새로운 데이터 역시 각 변수별로 평균조정하는데 모형 수립 시 사용한 평균값들을 사용하여야 한다.

[단계 0] a=1

[단계 1] $\boldsymbol{X}_{new}$의 열벡터의 다음과 같은 선형결합으로 a번째 잠재변수값 산출

$$\boldsymbol{t}_a' = \boldsymbol{X}_{new}\boldsymbol{w}_a$$

[단계 2] $\boldsymbol{X}_{new}$를 다음과 같이 수정

$$\boldsymbol{X}_{new} \leftarrow \boldsymbol{X}_{new} - \boldsymbol{t}_a'\boldsymbol{p}_a^T$$

[단계 3] a=A이면 마치며, 그렇지 않으면 a=a+1로 두고 단계 1부터 반복한다.

위의 반복적 알고리즘 대신 [정리 4.1]의 식 (4.7)을 이용하여 다음과 같이 새로운 데이터에 대한 잠재변수행렬을 구성할 수 있다.

$$\boldsymbol{T}' = \boldsymbol{X}_{new}\boldsymbol{W}^* \tag{4.16}$$

위와 같이 $\boldsymbol{X}_{new}$에 대응하는 새로운 잠재변수를 구한 후 $\boldsymbol{y}$의 예측식은 다음과 같다.

$$\hat{y}_{new} = \hat{b}_1\boldsymbol{t}_1' + \cdots + \hat{b}_A\boldsymbol{t}_A' = \boldsymbol{T}'\hat{\boldsymbol{b}} \tag{4.17}$$

예 4.3 [예 4.1]의 데이터에 대한 PLS 회귀모형 추정 이후, 새로운 데이터 행렬 $\boldsymbol{X}_{new}$(평균조정 후)가 다음과 같이 주어질 때 이에 대응하는 y값을 예측하라.

$$\boldsymbol{X}_{new} = \begin{pmatrix} -1.5 & -2 & 4 \\ 1 & 1 & 3 \end{pmatrix}$$

풀이 식 (4.7)에 의하여 산출된 $\boldsymbol{W}^*$는 다음과 같다.

$$\boldsymbol{W}^* = \begin{pmatrix} 0.2818 & 0.6700 \\ 0.3131 & 0.6523 \\ -0.9080 & 0.3857 \end{pmatrix}$$

따라서 $\boldsymbol{T}'$는 식 (4.16)에 의하여 다음과 같으며,

$$\boldsymbol{T}' - \begin{pmatrix} -4.6806 & -0.7666 \\ -2.1290 & 2.4795 \end{pmatrix}$$

y값은 다음과 같이 예측된다.

$$\hat{y}_{new} = \begin{pmatrix} -15.578 \\ -0.115 \end{pmatrix}$$ ■

2장의 회귀분석에서 독립변수들 간에 다중공선성이 강한 경우 OLS에 의한 회귀계수 추정치에 문제가 있을 수 있음을 보았다. 이때 PLS 결과를 사용하여 회귀계수를 구하면 이런 문제를 해소할 수 있다. 아래의 [정리 4.2]는 다중회귀모형의 회귀계수를 PLS를 통하여 구하는 방법을 나타낸 것이다.

정리 4.2 아래의 다중회귀모형을 고려할 때,

$$\boldsymbol{y} = \boldsymbol{X}\boldsymbol{\beta} + \boldsymbol{\epsilon}$$

PLS를 사용한 회귀계수(또는 베타계수) $\boldsymbol{\beta}$의 추정치는 다음과 같이 산출할 수 있다.

$$\hat{\boldsymbol{\beta}}_{pls} = \boldsymbol{W}^*\hat{\boldsymbol{b}} = \boldsymbol{W}^*(\boldsymbol{T}^T\boldsymbol{T})^{-1}\boldsymbol{T}^T\boldsymbol{y}$$

【증명】 PLS 모형으로부터 y의 추정식을 아래와 같이 표현할 수 있다.

$$\hat{y} = T\hat{b} = XW^{*}\hat{b}$$

위는 $\hat{y} = X\hat{\beta}_{pls}$와 동일하므로 결과가 성립한다.

만약 2개의 잠재변수가 사용될 때, 추정식은 다음과 같다.

$$\hat{y} = \hat{b}_1 t_1 + \hat{b}_2 t_2$$

이는 다시 변환가중치벡터를 사용하여 다음과 같이 기술할 수 있다.

$$\hat{y} = \hat{b}_1 X w_1^{*} + \hat{b}_2 X w_2^{*} = X(w_1^{*}\hat{b}_1 + w_2^{*}\hat{b}_2)$$

따라서 PLS에 의한 β의 추정치는 다음과 같이 표현된다.

$$\hat{\beta}_{pls} = w_1^{*}\hat{b}_1 + w_2^{*}\hat{b}_2 \tag{4.18}$$

예 4.4 [예 4.1]의 데이터에 대하여 PLS에 의한 회귀모형에서의 계수들은 다음과 같이 추정된다.

$$\hat{\beta}_{pls,1} = 2.4754, \ \hat{\beta}_{pls,2} = 2.5232, \ \hat{\beta}_{pls,3} = -1.7046$$ ■

[정리 4.2]를 사용하면 새로운 데이터 행렬 X_{new}에 대응하는 $\hat{y}_{new}$는 다음과 같이 산출할 수 있다.

$$\hat{y}_{new} = X_{new}\hat{\beta}_{pls} \tag{4.19}$$

4.1.4 독립변수의 중요도

원래의 각 독립변수가 종속변수를 설명하는 데 얼마나 영향을 미치는지는 공정분석 등에서 매우 중요하다. 원래의 독립변수를 직접 사용하는 다중회귀분석에서는 각 변수의 회귀계수 추정치를 바탕으로 중요도를 산정할 수 있다. PLS에 의한 회귀분석에서는 잠재변수를 사용하기 때문에 각 독립변수가 잠재변수에 어떤 영향을 주며 다시 잠재변수들이 종속변수에 어떤 영향을 주는지를 동시에 고려할 필요가 있다. 따라서 j번째 독립변수의 종속변수에 대한 중요도로 다음과 같은 형태의 척도가 사용될 수 있다.

$$\boldsymbol{x}_j \text{의 중요도} \propto \sum_{a=1}^{A} SSR_a (w_{aj} / \parallel \boldsymbol{w}_a \parallel)^2, \ j = 1, \cdots, k \tag{4.20}$$

여기서 w_{aj}는 $\boldsymbol{x}_j$의 $\boldsymbol{t}_a$에 대한 기여도이고, SSR_a는 식 (4.10)으로 주어지는 것으로 $\boldsymbol{t}_a$의 $\boldsymbol{y}$에 대한 기여도로 간주할 수 있다. $\parallel \boldsymbol{w}_a \parallel$로 나눈 것은 $\sum_j w_{aj}^2$이 1이 되지 않기 때문에 조정하기 위한 것이다. 이에 근거하여 각 독립변수의 중요도 척도로 VIP(variable importance in projection)를 다음과 같이 정의한다.

정의 4.1 VIP: Variable Importance in Projection

독립변수 $\boldsymbol{x}_j$의 중요도 척도인 VIP를 다음과 같이 정의한다.

$$VIP_j = \sqrt{\frac{k}{SSR} \sum_{a=1}^{A} SSR_a (w_{aj} / \parallel \boldsymbol{w}_a \parallel)^2}, \quad j = 1, \cdots, k$$

위의 정의에 의하면 다음이 성립하므로

$$\sum_{j=1}^{k} VIP_j^2 = k \tag{4.21}$$

한 독립변수당 중요도 제곱의 평균은 1이 됨을 알 수 있다. 이에 따라 통상 VIP가 1보다 큰 독립변수를 의미 있는 변수로 간주한다.

예 4.5 [예 4.1]의 데이터에 대하여 각 독립변수의 VIP를 구하면 다음과 같다.

$$VIP_1 = 0.523,\ \ VIP_2 = 0.570,\ \ VIP_3 = 1.550$$

즉, x_3가 가장 영향력 있는 변수라 할 수 있겠다.

예 4.6 5개의 독립변수 및 하나의 종속변수에 대해 19개의 관측치를 갖는 데이터를 각각 평균 0, 표준편차 1로 표준화한 후 PLS 모형으로 분석한 결과 다음을 얻었다. 단 2개의 잠재변수가 결정되었다.

PLS y-로딩(내부관계 계수): $\hat{b}_1 = 0.4736,\ \hat{b}_2 = 0.2026$

잠재변수 표본분산: $s_{t_1}^2 = 4.33,\ s_{t_2}^2 = 0.55$

$$\boldsymbol{P}=\begin{pmatrix} 0.479 & 0.056 \\ 0.474 & 0.177 \\ 0.358 & -0.883 \\ 0.463 & -0.081 \\ 0.451 & 0.424 \end{pmatrix} \qquad \boldsymbol{W}=\begin{pmatrix} 0.482 & 0.035 \\ 0.486 & 0.222 \\ 0.317 & -0.814 \\ 0.451 & -0.255 \\ 0.479 & 0.519 \end{pmatrix}$$

(a) PLS 모형이 $\boldsymbol{X}$ 및 $\boldsymbol{y}$를 각각 얼마나 설명하는가?

(b) 5개 독립변수에 대한 아래의 관측치에 대응하는 y값을 예측하라.

	X1	X2	X3	X4	X5
1	1.77	1.68	-0.32	1.84	1.54
2	1.94	1.54	-0.47	2.19	1.73

(c) 원래 독립변수를 사용하는 다중회귀모형에서의 벡터 계수를 PLS 추정치를 바탕으로 산출하라.

(d) 각 독립변수의 VIP 지수를 산출하라.

풀이

(a) t_1의 기여율은 다음과 같이 산출된다.

$$\rho_1 = \frac{SS(t_1)}{SS(X)} = \frac{18s_{t_1}^2}{18(5)} = \frac{77.94}{90} = 86.6(\%)$$

또한 t_1의 y 제곱합은 다음과 같다.

$$SSR_1 = \hat{b}_1^2 SS(t_1) = 17.48$$

참고로, 각 변수를 표준화한 경우 전체제곱합은 (관측수−1)이 됨을 알 수 있다. 이와 같은 계산을 통하여 PLS 모형의 기여율을 다음 표로 정리할 수 있다. 즉, 추정모형은 $\boldsymbol{X}$ 데이터를 97.6%, y 데이터를 99.4% 설명하고 있다.

잠재변수	계수 추정치	$\boldsymbol{X}$ 제곱합	$\boldsymbol{X}$ 기여율(%)	y 제곱합	y 기여율(%)
t_1	0.4736	77.94	86.6	17.48	97.1
t_2	0.2026	9.90	11.0	0.41	2.3
모형	-	87.84	97.6	17.89	99.4
잔차	-	2.16	2.4	0.11	0.6
합		90.0	100	18.0	100

(b) 우선 변환 가중치행렬은 다음과 같이 계산된다.

$$\boldsymbol{W}^* = \begin{pmatrix} 0.482 & 0.0607 \\ 0.486 & 0.2480 \\ 0.317 & -0.7971 \\ 0.451 & -0.2309 \\ 0.479 & 0.5446 \end{pmatrix}$$

따라서 y값의 예측치는 아래와 같다.

$$\boldsymbol{y}_{new} = \boldsymbol{X}_{new} \boldsymbol{W}^* \hat{\boldsymbol{b}} = \begin{pmatrix} 1.7278 \\ 1.8526 \end{pmatrix}$$

(c) 5개 변수에 대한 벡터 계수는 다음과 같이 추정된다.

$$\hat{\beta}_{pls} = \boldsymbol{W}^* \hat{\boldsymbol{b}} = (0.2406, 0.2804, \ -0.0114, \ 0.1668, \ 0.3372)^T$$

(d) VIP 지수는 다음의 표와 같이 계산된다.

변수	t_1	t_2		
	$SSR_1 = 17.48$	$SSR_2 = 0.41$	$SSR = 17.89$	
	조정된 가중치		가중합	VIP
X_1	0.4816	0.0592	4.05	1.06
X_2	0.4856	0.2420	4.15	1.08
X_3	0.3167	0.7777	2.00	0.75
X_4	0.4506	0.2253	3.57	1.00
X_5	0.4786	0.5314	4.12	1.07

결과적으로 X_3의 중요도가 가장 떨어지며 나머지 변수의 중요도는 거의 비슷함을 알 수 있다. 이는 (c)의 벡터 계수로도 알 수 있다.

4.2 ▸ 다수의 종속변수에 대한 PLS 회귀분석

종속변수가 m개 있을 때 $(Y_1, \ldots, Y_m)$, 각 종속변수에 대하여 4.1절에서 설명한 PLS 회귀모형을 적용할 수 있으나, 이 경우 각 모형별로 별개의 T 및 P가 산출되며 따라서 이는 각 종속변수를 별개의 T로 설명한다는 전제를 갖고 있다. 이보다는 여러 종속변수를 설명하는 공통의 T, P를 찾는 것이 보다 합리적일 것이다. 더욱이 여러 종속변수들도 서로 상관관계가 높은 경우 각 종속변수를 별도로 설명하는 것보다 동시에 설명하는 모형이 필요하다. 물론 각 종속변수를 별개로 예측하여도 무방한 상황일 때에는 개별적으로 적용하는 것이 예측력은 일반적으로 높다고 하겠다.

j번째 종속변수벡터를 $\boldsymbol{y}_j (j = 1, \cdots, m)$라 하고 이 벡터들의 $(n \times m)$ 행렬을 $\boldsymbol{Y} = [\boldsymbol{y}_1, \cdots, \boldsymbol{y}_m]$라 하자. 이 경우 고려하고자 하는 PLS 회귀분석은 X와 Y를 동시에 설명하는 잠재변수를 찾고 관련 계수들을 추정하고자 한다. 따라서 식 (4.1)의 모형을 다수의 종속변수로 확장하면 다음과 같은 모형이 된다.

$$X = t_1 p_1^T + t_2 p_2^T + \cdots + t_A p_A^T + E \tag{4.22a}$$

$$Y = u_1 q_1^T + u_2 q_2^T + \cdots + u_A q_A^T + F \tag{4.22b}$$

$$u_a = b_a t_a + h, \qquad a = 1, \cdots, A \tag{4.22c}$$

여기서 계수에 해당하는 k-벡터 p_a와 m-벡터 q_a는 각각 X, Y에 대응하는 로딩 벡터를 나타내며, E, F는 각 모델에 해당하는 오차 행렬이다. 위에서 식 (4.22c)의 관계를 내부관계(inner relation), 식 (4.22a) 및 (4.22b)의 관계를 외부관계(outer relation)라 한다. 이때 외부관계식은 다음과 같이 행렬로 표현할 수 있다.

$$X = TP^T + E \tag{4.23a}$$

$$Y = UQ^T + F \tag{4.23b}$$

여기서 T, P는 4.1절에서와 동일하며, $U = [u_1, \ldots, u_A]$, $Q = [q_{1,\ldots,} q_A]$이다.

한편, 위의 모형을 [그림 4.3]과 같이 도식화할 수 있다.

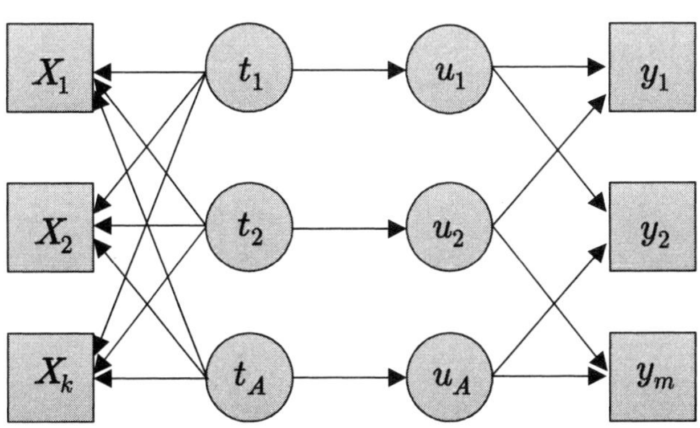

[그림 4.3] 다수 종속변수의 PLS 모형

4.2.1 NIPALS 알고리즘

식 (4.22)의 모형에서 잠재변수 및 계수 추정 역시 NIPALS 알고리즘을 사용한다. 이를 단계별로 정리하면 다음과 같다. 여기서도 아래의 알고리즘을 한 번 적용할 때마다 하나의 잠재변수 및 이에 대응하는 계수들이 추정된다. 따라서 A개의 잠재변수를 구하기 위해서는 A번의 적용이 필요하다.

[단계 1] Y의 임의의 열을 u로 놓는다.

[단계 2] $\boldsymbol{X}$의 각 열벡터를 종속변수로, $\boldsymbol{u}$를 독립변수로 하는 단순회귀모형으로부터 y의 기울기를 추정하여 가중치 $\boldsymbol{w}=(w_1,\cdots,w_k)^T$를 산출하고 이의 크기가 1이 되도록 조정한다. 즉,

$$w_j = \boldsymbol{x}_j^T \boldsymbol{u}/\boldsymbol{u}^T\boldsymbol{u}, \quad j=1,\cdots,k \ (\text{또는 } \boldsymbol{w}=\boldsymbol{X}^T\boldsymbol{u}/\boldsymbol{u}^T\boldsymbol{u})$$

$$\boldsymbol{w} \leftarrow \boldsymbol{w}/\sqrt{\boldsymbol{w}^T\boldsymbol{w}}$$

[단계 3] 잠재변수 $\boldsymbol{t}$를 다음과 같이 산출한다.

$$\boldsymbol{t}=\boldsymbol{X}\boldsymbol{w}$$

[단계 4] Y의 각 열을 종속변수로, $\boldsymbol{t}$를 독립변수로 하는 회귀모형의 기울기로부터 Y-로딩 벡터를 구한다. 또한 이의 크기가 1이 되도록 조정한다.

$$\boldsymbol{q}=\boldsymbol{Y}^T\boldsymbol{t}/\boldsymbol{t}^T\boldsymbol{t}$$

$$\boldsymbol{q}\leftarrow\boldsymbol{q}/\sqrt{\boldsymbol{q}^T\boldsymbol{q}}$$

[단계 5] 잠재변수 $\boldsymbol{u}$를 다음과 같이 산출한다.

$$\boldsymbol{u}=\boldsymbol{Y}\boldsymbol{q}$$

[단계 6] (수렴 확인) u의 모든 원소값이 이전의 값들과 동일한지 조사한다. 모든 값들이 동일하면 단계 7로 가며, 그렇지 않으면 단계 2를 반복한다.

[단계 7] t를 $\boldsymbol{X}$에 회귀시켜 X-로딩 벡터 p를 다음과 같이 구한다.

$$p = X^T t / t^T t$$

[단계 8] 로딩 벡터 p의 크기를 반영하여 t와 w를 조정한다.

$$t \leftarrow t\sqrt{p^T p}, \qquad w \leftarrow w\sqrt{p^T p}$$

[단계 9] p의 크기를 1이 되도록 조정한다.

$$p \leftarrow p / \sqrt{p^T p}$$

[단계 10] 내부관계의 계수를 산출한다.

$$b = u^T t / t^T t$$

[단계 11] $\boldsymbol{X}$와 $\boldsymbol{Y}$를 다음과 같이 수정 후 A개의 잠재변수를 얻을 때까지 단계 1부터 과정을 반복한다.

$$\boldsymbol{X} \leftarrow \boldsymbol{X} - tp^T \qquad (x_j \leftarrow x_j - p_j t,\ j = 1, \cdots, k)$$

$$\boldsymbol{Y} \leftarrow \boldsymbol{Y} - btq^T$$

위의 알고리즘과 관련하여 몇 가지 언급하면 다음과 같다.

1) 종속변수가 하나인 경우(m=1), 단계 4에서 q=1이므로 단계 6에서 항상 수렴하게 된다. 즉, 하나의 종속변수 경우에는 단계 4, 단계 5, 단계 6의 과정이 필요 없게 된다.

2) 단계 1에서 Y의 열을 선택할 때 제곱합이 큰 열을 통상적으로 선택한다.

3) 결과적으로 얻는 로딩 행렬 $\boldsymbol{P}$의 열들은 크기가 1이나, 서로 직교하지 않는다. 로딩 행렬 $\boldsymbol{Q}$도 마찬가지이다. 그러나 가중치행렬 $\boldsymbol{W}$의 열들은 크기가 1이 아니나 서로 직교한다. 그리고 잠재변수행렬 $\boldsymbol{T}$의 열들은 서로 직교하나, U의 각 열들은 서로 직교하지 않는다.

4) 식 (4.23a)로부터 $\boldsymbol{T}$가 구해진 경우 X-로딩 행렬은 다음과 같이 산출할 수 있다.

$$\boldsymbol{P}^T = (\boldsymbol{T}^T\boldsymbol{T})^{-1}\boldsymbol{T}^T\boldsymbol{X} \tag{4.24}$$

5) 여기서도 [정리 4.1]이 성립한다. 즉,

$$\boldsymbol{T} = \boldsymbol{X}\boldsymbol{W}^* \quad (\text{여기서 } W^* = W(P^TW)^{-1}) \tag{4.25}$$

6) 내부관계 계수 추정치를 대각원소로 하는 행렬을 $\boldsymbol{B}$라 할 때, Q는 다음과 같이 표현된다.

$$\boldsymbol{Q}^T = \boldsymbol{B}^{-1}(\boldsymbol{T}^T\boldsymbol{T})^{-1}\boldsymbol{T}^T\boldsymbol{Y} \tag{4.26}$$

7) $\boldsymbol{P}$의 열과 $\boldsymbol{W}$의 열 간에는 다음과 같은 관계가 있다.

$$\boldsymbol{p}_a^T\boldsymbol{w}_a = 1,\ a = 1, \cdots, A \tag{4.27a}$$

$$\boldsymbol{p}_b^T\boldsymbol{w}_a = 0,\ b > a \tag{4.27b}$$

즉, $\boldsymbol{P}^T\boldsymbol{W}$는 대각원소가 1이고 대각선 하부원소가 0인 상부삼각행렬(upper triangular matrix)이 된다.

8) $\boldsymbol{U}$의 각 열은 다음과 같이 산출된다.

$$\boldsymbol{u}_1 = \boldsymbol{Y}\boldsymbol{q}_1 \tag{4.28a}$$

$$\boldsymbol{u}_a = (\boldsymbol{Y} - b_a\boldsymbol{T}_{a-1}\boldsymbol{Q}_{a-1}^T)\boldsymbol{q}_a,\ a = 2, \cdots, A \tag{4.28b}$$

여기서 $\boldsymbol{T}_{a-1}$ 및 $\boldsymbol{Q}_{a-1}$은 각각 $\boldsymbol{T}$ 및 $\boldsymbol{Q}$의 처음 a−1개의 열로 구성된 행렬이다.

예 4.7 4개의 독립변수 및 2개의 종속변수에 대한 평균조정된 데이터가 다음과 같다.

	X_1	X_2	X_3	X_4	Y_1	Y_2
1	-1	-0.5	-1	1	5.9	-10
2	1	1.1	-6	-6	-3.7	-2
3	0	0.3	-5	-2	1	11
4	-3	-3.2	-9	19	7.7	-22
5	4	1.2	14	-12	-7.5	4
6	-2	-2.6	-2	9	2.8	1
7	1	3.7	9	-9	-6.2	18

잠재변수를 3개로 제한할 때, NIPALS 알고리즘으로 얻는 $\boldsymbol{T}$ 및 $\boldsymbol{U}$ 행렬은 각각 다음과 같다.

$$\boldsymbol{T} = \begin{pmatrix} -1.5778 & 0.4118 & 0.4471 \\ 2.2994 & 8.0194 & -0.7980 \\ -0.8146 & 5.1398 & -0.3002 \\ -21.3867 & -3.2066 & -0.0108 \\ 17.8784 & -5.7770 & -1.6893 \\ -9.2701 & -3.6198 & -0.0904 \\ 12.8714 & -0.9676 & 2.4417 \end{pmatrix}$$

$$\boldsymbol{U} = \begin{pmatrix} -11.6060 & -9.4014 & -8.5596 \\ 0.0370 & -3.3410 & -7.2526 \\ 9.1472 & 11.4378 & 9.4747 \\ -22.9817 & -6.0217 & -4.9145 \\ 7.1262 & -9.1250 & -6.7941 \\ -0.4775 & 7.9141 & 9.2598 \\ 18.7549 & 8.5373 & 8.7862 \end{pmatrix}$$

이때 X 및 Y에 대한 로딩 행렬은 각각 다음과 같다.

$$\boldsymbol{P} = \begin{pmatrix} 0.1649 & 0.0026 & -0.5484 \\ 0.1588 & 0.1300 & 0.6241 \\ 0.5487 & -0.8595 & 0.4559 \\ -0.8041 & -0.4943 & 0.3192 \end{pmatrix}$$

$$Q = \begin{pmatrix} -0.4832 & -0.1202 & 0.0795 \\ 0.8755 & 0.9927 & 0.9968 \end{pmatrix}$$

또한 내부관계의 계수는 다음과 같이 추정된다.

$$\hat{b}_1 = 0.8444,\ \hat{b}_2 = 0.4256,\ \hat{b}_3 = 3.2063$$

한편, 가중치행렬 $\boldsymbol{W}$는 다음과 같이 산출된다.

$$\boldsymbol{W} = \begin{pmatrix} 0.1476 & -0.4020 & -0.6922 \\ 0.1849 & 0.4863 & 0.5028 \\ 0.5065 & -0.8236 & 0.4769 \\ -0.8313 & -0.4651 & 0.2795 \end{pmatrix}$$

4.2.2 제곱합 분해

Y의 전체제곱합은 다음과 같이 분해된다.

$$SST = SS(\boldsymbol{Y}) = SSR + SSE \tag{4.29}$$

여기서 SSR은 다음과 같이 산출된다.

$$SSR = \sum_{a=1}^{A} SS(b_a \boldsymbol{t}_a \boldsymbol{q}_a^T) = \sum_{a=1}^{A} b_a^2 SS(\boldsymbol{t}_a) \tag{4.30}$$

$\boldsymbol{t}_a$에 의해 설명되는 Y의 변동을 SSR_a라 할 때 이는 다음과 같다.

$$SSR_a = b_a^2 SS(\boldsymbol{t}_a),\ i = 1, \cdots, A \tag{4.31}$$

따라서

$$SSR = SSR_1 + \cdots + SSR_A \tag{4.32}$$

따라서 PLS의 분석 결과를 종속변수 하나인 경우와 동일하게 [표 4.1]과 같이 요약할 수 있다.

나아가서 t_a에 의해 설명되는 $\boldsymbol{y}_j$의 변동을 SSR_{aj}라 할 때 이는 다음과 같이 산출되며,

$$SSR_{aj} = q_{aj}^2 SS_a,\ j = 1, \cdots, m \tag{4.33}$$

다음과 같은 관계가 있다.

$$SSR_a = SSR_{a1} + \cdots + SSR_{am} \tag{4.34}$$

그러므로 필요에 따라 Y 제곱합을 다시 각 종속변수별로 분해할 수 있다. 또한, 각 종속변수별 잠재변수별 기여도를 아래와 같이 정의할 수 있다. 즉, j번째 종속변수에 대한 t_a의 기여도는 다음과 같다.

$$\boldsymbol{y}_j\text{에 대한 } t_a\text{의 기여도} = \frac{SSR_{aj}}{SS(\boldsymbol{y}_j)} \tag{4.35}$$

예 4.8 [예 4.7]의 데이터 및 결과를 바탕으로 Y 제곱합을 분해하면 아래와 같다.

잠재변수	내부계수 추정치	X 기여율(%)	Y 제곱합	Y 기여율(%)
t_1	0.8444	86.6	739.5	58.6
t_2	0.4256	12.4	26.9	2.1
t_3	3.2063	0.8	100.2	7.9
모형	-	99.8	866.6	68.7
잔차	-	0.2	394.7	31.3
합	-	100	1261.3	100

Y 제곱합은 다시 아래 표와 같이 분해할 수 있다.

잠재변수	y_1 제곱합	기여율(%)	y_2 제곱합	기여율(%)	Y 제곱합	기여율(%)
t_1	172.7	81.7	566.8	54.0	739.5	58.7
t_2	0.4	0.2	26.5	2.5	26.9	2.1
t_3	0.6	0.3	99.6	9.5	100.2	7.9
합(모형)	173.7	82.2	692.9	66.0	866.6	68.7

위의 표에서 보듯이 y_1의 변동은 3개의 잠재변수로 82.2%가 설명되나, y_2의 변동은 66%만이 설명됨을 알 수 있다. 또한 y_1의 변동은 잠재변수 t_1(또는 u_1)으로 대부분 설명되며, y_2의 변동은 잠재변수 $t_2(u_2)$ 및 $t_3(u_3)$에 의해서도 설명됨을 볼 수 있다.

예 4.9 5개의 독립변수와 2개의 종속변수 (y_1, y_2)에 대한 21개의 관측치 데이터에 PLS 모형을 적용시켜 다음 결과를 얻었다. 즉, 두 개의 잠재변수가 사용되었으며, 각 잠재변수의 $\boldsymbol{X}$ 기여율은 각각 82.4%, 15.9%이다. 또한 두 잠재변수가 설명하는 y_1 및 y_2 제곱합은 각각 18.6, 19.5이며, 잠재변수 t_1의 Y 기여율(두 종속변수 합에 대한)은 89.7%이다. 내부관계 계수 추정치를 구하라(양수라 가정). 또한 y_1에 대한 u_1의 로딩이 0.6822라 할 때 나머지 Y-로딩을 산출하라(모두 양수라 가정).

풀이 각 잠재변수의 제곱합은 $\boldsymbol{X}$ 전체제곱합에 각 기여율을 곱하여 산출된다. 즉,

$$SS(t_1) = 0.824\,SS(\boldsymbol{X}) = 0.824(21-1)(5) = 82.4$$
$$SS(t_2) = 0.159\,SS(\boldsymbol{X}) = 0.159(100) = 15.9$$

SSR_1은 다음과 같다.

$$SSR_1 = 0.897\,SST = 0.897(2)(21-1) = 35.88$$

그리고 SSR_2는 다음으로부터 산출된다.

$$SSR_2 = SSR - SSR_1 = SS(y_1) + SS(y_2) - SSR_1 = 18.6 + 19.5 - 35.88 = 2.22$$

SSR_a와 $SS(t_a)$ 간 다음 관계가 성립하므로

$$SSR_a = b_a^2 SS(t_a)$$

첫 잠재변수에 대응하는 내부관계 계수는 다음과 같이 산출된다.

$$b_1 = \sqrt{SSR_1/SS(t_1)} = \sqrt{35.88/82.4} = 0.6599$$

$$b_2 = \sqrt{SSR_2/SS(t_2)} = \sqrt{2.22/15.9} = 0.3737$$

q_{11}을 알므로 SSR_{11}은 다음과 같다.

$$SSR_{11} = q_{11}^2 SSR_1 = (0.6822)^2(35.88) = 16.70$$

그리고 q_{12}는 다음과 같다.

$$q_{12} = \sqrt{1 - q_{11}^2} = 0.7312$$

한편, q_{21}은 다음과 같이 산출된다.

$$q_{21} = \sqrt{SSR_{21}/SSR_2} = \sqrt{(SS(y_1) - SSR_{11})/SSR_2} = \sqrt{(18.6 - 16.70)/2.22} = 0.9255$$

마지막으로 q_{22}는 다음과 같다.

$$q_{22} = \sqrt{1 - q_{21}^2} = 0.3787$$

참고로 본 예제에 대한 제곱합 분해를 정리하면 아래 표와 같다.

잠재변수	내부계수 추정치	X 제곱합	X 기여율 (%)	y_1 제곱합	y_2 제곱합	Y 제곱합	Y 기여율 (%)
t_1 (u_1)	0.6599	82.4	82.4	16.70	19.18	35.88	89.7
t_2 (u_2)	0.3737	15.9	15.9	1.90	0.32	2.22	5.55
모형	-	98.3	98.3	18.60	19.50	38.10	95.25
잔차	-	1.7	1.7	1.40	0.50	1.90	4.75
합	-	100	100	20.0	20.0	40.0	100

주) 음영으로 된 부분은 문제에서 주어진 수치이며 나머지는 산출된 것임.

4.2.3 새로운 데이터에 대한 종속변수 예측

k개 독립변수에 대한 새로운 데이터 행렬 $\boldsymbol{X}_{new}$에 대한 $\boldsymbol{Y}$의 예측을 위하여 우선 다음과 같이 새로운 잠재변수값을 산출한다. 이때 새로운 데이터 역시 각 변수별로 평균조정하는데 모형 수립 시 사용한 평균값들을 사용하여야 한다.

[단계 0] a=1

[단계 1] $\boldsymbol{X}_{new}$의 열벡터의 다음과 같은 선형결합으로 a번째 잠재변수값 산출

$$t_a' = \boldsymbol{X}_{new}\boldsymbol{w}_a$$

[단계 2] $\boldsymbol{X}_{new}$를 다음과 같이 수정

$$\boldsymbol{X}_{new} \leftarrow \boldsymbol{X}_{new} - t_a'\boldsymbol{p}_a^T$$

[단계 3] a=A이면 마치며, 그렇지 않으면 a=a+1로 두고 단계 1부터 반복한다.

위의 반복적 알고리즘 대신 식 (4.25)을 이용하여 다음과 같이 새로운 데이터에 대한 잠재변수행렬을 구성할 수 있다.

$$T' = X_{new} W^{*} \tag{4.36}$$

위와 같이 X_{new}에 대응하는 새로운 잠재변수를 구한 후 Y의 예측식은 다음과 같다.

$$\hat{Y}_{new} = \sum_{a=1}^{A} \hat{b}_a t_a' q_a^T = T'BQ^T \tag{4.37}$$

예 4.10 [예 4.7]의 데이터에 대한 PLS 회귀모형 추정 이후, 새로운 데이터 행렬 X_{new}가 다음과 같이 주어질 때 이에 대응하는 y_1 및 y_2 값을 각각 예측하라.

$$X_{new} = \begin{pmatrix} -1.5 & -2 & 1 & 5 \\ 1 & 1 & -3 & -4 \end{pmatrix}$$

이에 대응하는 새로운 잠재변수행렬은 다음과 같다.

$$T' = \begin{pmatrix} -4.2409 & -3.8030 & 0.0758 \\ 2.1381 & 4.5589 & -0.5350 \end{pmatrix}$$

따라서 행렬 Y의 예측식은 다음과 같다.

$$\begin{aligned} \hat{Y}_{new} &= \begin{pmatrix} -4.2409 & -3.8030 & 0.0758 \\ 2.1381 & 4.5589 & -0.5350 \end{pmatrix} \begin{pmatrix} 0.8444 & & \\ & 0.4256 & \\ & & 3.2063 \end{pmatrix} \begin{pmatrix} -0.4832 & 0.8755 \\ -0.1202 & 0.9927 \\ 0.0795 & 0.9968 \end{pmatrix} \\ &= \begin{pmatrix} 1.9442 & -4.4998 \\ -1.2420 & 1.7970 \end{pmatrix} \end{aligned}$$

즉, y_1 및 y_2값은 각각 다음과 같이 예측된다.

$$y_{1,new} = \begin{pmatrix} 1.9442 \\ -1.2420 \end{pmatrix} \qquad y_{2,new} = \begin{pmatrix} -4.4998 \\ 1.7970 \end{pmatrix}$$

정리 4.3 아래의 다중회귀모형을 고려할 때,

$$Y = XB + \epsilon$$

PLS의 결과로부터 회귀계수 $\boldsymbol{B}$의 추정치를 다음과 같이 산출할 수 있다.

$$\hat{\boldsymbol{B}}_{pls} = \boldsymbol{W}^{*}\boldsymbol{B}\boldsymbol{Q}^{T}$$

예 4.11 [예 4.7]의 데이터에 대하여 다중회귀분석을 하는 경우 PLS에 의한 회귀계수를 구해보자. 이를 위해 우선 $\boldsymbol{W}^{*}$를 구하면 다음과 같다.

$$\boldsymbol{W}^{*} = \begin{pmatrix} 0.1476 & -0.3921 & -0.8825 \\ 0.1849 & 0.4987 & 0.7439 \\ 0.5065 & -0.7897 & 0.0930 \\ -0.8312 & -0.5208 & 0.0294 \end{pmatrix}$$

따라서 [정리 4.3]에 의하여 회귀계수 행렬은 다음과 같다.

$$\hat{\boldsymbol{B}}_{pls} = \begin{pmatrix} -0.2650 & -2.8770 \\ 0.0887 & 2.7249 \\ -0.1430 & 0.3379 \\ 0.3733 & -0.7410 \end{pmatrix}$$

즉, 추정회귀식은 다음과 같이 기술된다.

$$\hat{Y}_1 = -0.265X_1 + 0.089X_2 - 0.143X_3 + 0.373X_4$$

$$\hat{Y}_2 = -2.877X_1 + 2.725X_2 + 0.338X_3 - 0.741X_4$$

참고로 각 종속변수에 대해 OLS를 적용한 추정회귀식은 다음과 같이 두 방법에 따라 큰 차이가 있음을 알 수 있다.

$$\hat{Y}_1 = -2.139X_1 - 1.342X_2 - 0.0267X_3 - 0.2144X_4$$

$$\hat{Y}_2 = -4.806X_1 + 1.252X_2 + 0.457X_3 - 1.346X_4$$

4.3 ▸ 예측성능 평가

다중회귀모형을 추정하여 종속변수값을 예측하는 경우 예측치의 신뢰구간을 구할 수 있다. 통상 PLS 모형에서는 분포에 대한 가정이 없기 때문에 추정되는 계수 추정량에 대한 분포 역시 유도가 되지 않으며 예측치의 신뢰구간 등을 산출하기 어렵다. 이에 따라 PLS 모형의 예측성능 평가는 2.6.3 절에서 설명한 바와 같이 학습 데이터(learning data)를 바탕으로 이루어진다. 즉, $\boldsymbol{X}$ 및 $\boldsymbol{Y}$가 알려진 데이터(훈련표본)를 이용하여 모형을 구축하고 $\boldsymbol{Y}$를 예측한 후 테스트 표본의 실제 $\boldsymbol{Y}$값과 비교하여 오차를 산출하는 방식을 사용한다. 예측오차의 평가척도 역시 2.6.3절에서 언급한 MAD, MSE, RMS 등이 사용된다.

cross validation 기법은 PLS 모형의 적절한 잠재변수 수를 결정하는 데에도 널리 활용되고 있다. 잠재변수의 수를 변화시키면서 모형의 예측오차를 산출하여 예측오차가 가장 최소가 되는 잠재변수 수를 최종 모형에서 택하는 방법을 사용할 수 있다. 동일한 데이터에 대하여 모형을 구축하고 대입법에 의해 예측오차를 구하는 경우에는 잠재변수 수가 증가함에 따라 예측오차가 지속적으로 감소하게 되지만, 일반적으로 테스트 데이터를 사용할 때(cross validation 포함)에는 잠재변수 수가 증가함에 따라 예측오차가 감소하다 다시 증가하는 경향을 보이는 경우가 대부분이다.

4.4 ▸ 참고사항

[정리 4.1]의 증명은 참고문헌 [4] 등에 있다. NIPALS 알고리즘 등 PLS에 대한 구체적 내용을 위해서는 참고문헌 [3], [6] 등을 참고할 수 있다. VIP 지수는 공정분석용 소프트웨어인 Umetrics사의 SIMCA에서 처음으로 소개되었으며, 참고문헌 [1] 등에서 정의를 찾아볼 수 있다. 비선형 PLS 모형에 대해서는 참고문헌 [5] 등을 참조하기 바란다. PLS 회귀분석을 수행할 수 있는 통계 소프트웨어로는 Minitab, SAS(ver. 6.11부터) 등이 있으며 Matlab tool box가 널리 사용된다.

[1] Chong, Il-Gyo and Chi-Hyuck Jun (2005). "Performance of some variable selection methods when multicollinearity is present," *Chemometrics and Intelligent Laboratory Systems*, 78(1-2), 103-112.

[2] Frank, I. E. and B. R. Kowalski (1984). "Prediction of wine quality and geographic origin from chemical measurements by partial least-squares regression modeling," *Analytica Chimica Acta*, 162, 241-251.

[3] Geladi, P. and Kowalski, B. R. (1986). "Partial least-squares regression: A Tutorial," *Analytica Chimica Acta*, 185, 1-17.

[4] Helland, I. S. (1988). "On the structure of partial least squares," *Communications in Statistics-Computation and Simulation*, 17, 581-607.

[5] Qin, S. J. and McAvoy, T. J. (1992). "Nonlinear PLS modeling using neural networks," *Computers & Chemical Engineering*, 16, 4, 379-391.

[6] Wold, S., Sjöström, M., and Eriksson, L. (2001). "PLS regression: A basic tool of chemometrics," *Chemometrics and Intelligent Laboratory Systems*, 58, 109-130.

[7] Wold, S., E. Johansson and M. Cocchi (1993). "PLS – partial least-squares projections to latent structures," 3D QSAR in Drug Design: Theory, Methods and Applications (ed. H. Kubinyi), Kluwer/Escom, Netherlands.

연습문제

4.1 [예 4.1]에서 $T = XW^*$가 성립함을 확인하라.

4.2 7개의 독립변수, 하나의 종속변수에 대한 31개의 관측치 데이터가 있다. 각 변수를 평균 0, 분산 1이 되도록 표준화한 후 PLS 모형에 적용시킨 후 다음의 결과를 얻었다. 잠재변수 수는 3개로 결정되었다.

잠재변수 표본 분산: $s_{t_1}^2 = 3.45,\ s_{t_2}^2 = 2.17,\ s_{t_3}^2 = 0.83$

내부계수: $\hat{b}_1 = 0.432,\ \hat{b}_2 = 0.361,\ \hat{b}_3 = 0.194$

잠재변수별로 $\boldsymbol{X}$, $\boldsymbol{y}$를 얼마나 설명하는가? 위의 모형의 $\boldsymbol{X}$ 및 $\boldsymbol{y}$의 기여율을 구하라.

4.3 다음은 어느 해의 프로야구선수들의 각종 기록(안타수, 타점 등 10개 변수)을 독립변수로, 이듬해의 연봉(SALARY)을 종속변수로 한 PLS 모형을 구축 후 분석한 결과로서 $\boldsymbol{X}$ 및 $\boldsymbol{y}$의 누적기여율을 나타낸다. 모든 변수는 평균 0, 표준편차 1로 표준화되었으며 총 관측치(선수수)는 93이다.

잠재변수	$\boldsymbol{X}$ 누적기여율	$\boldsymbol{y}$ 누적기여율
1	0.7856	0.7059
2	0.8683	0.7706
3	0.9325	0.7972

(a) 추정모형이 $\boldsymbol{X}$ 및 $\boldsymbol{y}$변수를 각각 얼마나 설명하고 있는가?
(b) [표 4.1]과 같은 잠재변수별 기여율을 정리한 표를 작성하라.
(c) 각 잠재변수별 내부계수를 구하라.

4.4 (연습문제 3.8)의 데이터에 대하여 다음을 분석하라.

(a) 소비자물가지수를 종속변수, 나머지 변수들을 독립변수들로 하는 PLS 모형을 추정하라. 단, 1986년~2004년도 간의 데이터를 사용하라. 잠재변수 수는 적절히 판단하라.
(b) 위의 모형으로부터 다중회귀모형의 회귀계수를 추정하라.
(c) PLS 모형으로부터 2005년 및 2006년도 소비자물가지수를 각각 예측하라.

4.5 다음은 도금강판의 공정변수들(X1 ~X6)과 품질변수인 도금량(COAT)을 나타내고 있다.

	X1	X2	X3	X4	X5	X6	COAT
1	0.7	1579	45	135	18	31	960
2	1.4	1575	40	135	16	30	950
3	0.7	1473	50	150	20	35	1040
4	0.8	1448	50	150	20	35	1030
5	0.8	1548	50	138	20	25	940
6	0.8	1523	40	120	16	40	1020
7	1.7	1512	50	110	20	25	900
8	1.6	1511	57	101	28	24	880
9	1.5	1510	50	105	20	25	860
10	1.3	1502	55	115	22	33	970
11	0.7	1413	60	108	24	36	980
12	0.8	1413	65	115	26	32	970
13	0.7	1394	65	195	26	42	1140
14	0.8	1384	68	204	27	44	1100
15	1.6	1242	40	120	16	20	880
16	1.6	1242	40	110	16	16	870
17	1.7	1242	40	102	16	16	810
18	0.7	1241	66	198	28	36	1160
19	0.7	1199	66	198	28	37	1170
20	0.8	1167	65	195	26	36	1090
21	0.7	1160	65	195	26	36	1100
22	0.5	1134	80	240	32	42	1240
23	0.5	1134	62	240	32	42	1290
24	0.9	1434	55	186	25	35	1030
25	0.7	1444	80	165	22	33	1060
26	0.9	1034	52	240	32	32	1250
27	0.9	1340	70	156	20	21	910

	X1	X2	X3	X4	X5	X6	COAT
28	0.9	1133	50	171	22	32	1010
29	1.3	1064	50	195	26	26	900
30	1.5	1064	50	100	20	20	870
31	0.8	1052	55	100	20	20	930
32	0.8	1052	75	125	20	20	940
33	0.8	1052	55	138	22	22	920
34	0.6	903	45	143	20	28	980
35	0.6	903	50	138	22	22	1100
36	0.7	1421	70	135	18	24	880
37	0.6	1414	60	150	20	30	1003
38	0.7	1264	70	110	28	27	906
39	0.7	1254	60	180	24	30	1000
40	1.2	1237	60	210	28	31	1027
41	1	1244	60	180	24	32	1008
42	0.5	1225	60	180	24	26	922
43	0.6	1134	45	180	24	27	1089
44	0.7	1126	60	180	24	37	1123
45	0.9	1071	45	135	18	25	954
46	1	1025	50	180	24	42	1141
47	1.2	1024	45	135	18	31	996
48	0.9	1024	45	150	20	35	1056
49	0.6	937	40	135	18	29	945
50	0.6	937	45	135	18	33	972
51	1.3	1572	40	125	18	25	901
52	1.1	1502	45	131	18	30	941
53	0.8	1433	50	150	30	50	1245

(a) COAT를 종속변수, 나머지 공정변수들을 독립변수로 하는 PLS 모형을 구축하고 추정하라. 단, 각 변수는 표준화하라.

(b) 몇 개의 잠재변수가 적절한가? 이때 X 및 Y(COAT)의 설명력은 각각 얼마인가?

(c) 각 공정변수의 종속변수에 대한 VIP 지수를 구하라.

(d) 공정변수 각각에 대한 벡터 계수를 추정하라.

4.6 종속변수가 다수인 PLS 모형에서 X변수 각각의 중요도인 VIP 지수는 어떻게 산출할 수 있는가?

4.7 자동차 차체(body in white) 및 문(door)의 조립공정에서 차체 주요 지점의 공차들(X1~X10)을 X변수들로, 문 장착 후의 3개 지점에서 측정한 갭(gap) (Y1, Y2, Y3)을 Y변수로 하는 PLS 모형을 구축한 후 첫 3개 잠재변수에 대하여 다음과 같은 결과를 얻었다. 단, 모든 변수는 평균조정되었으며, X의 총 제곱합은 112.28이며, y_1, y_2, y_3의 제곱합은 각각 24.77, 41.04, 23.61이다.

내부계수 추정치: 1.0548 0.5817 1.2031

잠재변수 제곱합: $SS(t_1)=29.776$, $SS(t_2)=38.011$, $SS(t_3)=12.323$

행렬 P

0.4916	0.2017	-0.0288
0.0803	0.1135	-0.6109
0.4238	0.17450	-0.2240
0.2456	-0.3153	-0.1320
0.5494	-0.2280	-0.3705
0.2642	-0.4921	0.5099
0.1832	-0.4118	0.2899
-0.0589	-0.3497	0.2131
0.0954	-0.3411	0.0269
0.3068	-0.3377	0.1760

행렬 W

0.8221	0.2547	-0.0111
-0.2181	-0.2572	-0.6727
0.5899	0.1095	-0.2127
0.0108	-0.5904	-0.1300
0.3610	-0.5476	-0.3508
0.2412	-0.3698	0.4298
0.0954	-0.3437	0.2634
-0.1686	-0.2538	0.3038
-0.0800	-0.3898	0.0907
0.2570	-0.3033	0.1777

행렬 Q

-0.6094	-0.4723	-0.4170
0.5424	0.8777	0.5807
-0.5783	-0.0815	-0.6992

변환가중치행렬(W^*)

0.8221	0.7240	0.4970
-0.2181	-0.3817	-0.9046
0.5899	0.4462	0.1144
0.0108	-0.5843	-0.4274
0.3610	-0.3415	-0.4653
0.2412	-0.2321	0.3512
0.0954	-0.2893	0.1313
-0.1686	-0.3500	0.0964
-0.0800	-0.4355	-0.1456
0.2570	-0.1566	0.1405

(a) 공정변수 X1~X4의 VIP 지수를 각각 구하라.

(b) 잠재변수들이 X및 Y를 얼마나 설명하는지 제곱합을 분해하고 기여율을 구하라.

(c) PLS 모형이 y_1, y_2, y_3을 각각 얼마나 설명하는가?

(d) X 데이터가 다음과 같은 3대의 자동차에 대한 y_1, y_2, y_3을 예측하라.

	X1	X2	X3	X4	X5	X6	X7	X8	X9	X10
1	0.435	0.06	0.358	0.217	0.225	0.24	-0.262	-0.673	0.13	-0.262
2	-0.365	-0.34	-0.542	0.518	-0.375	0.14	-0.162	-0.472	-0.97	-1.062
3	0.735	0.26	0.657	1.017	0.725	0.04	-0.363	0.127	-0.17	0.037

4.8 다음은 37개의 피노누어(Pinot Noir) 포도주에 대한 화학성분과 방향(Aroma) 점수를 나타낸 것이다.

	Cd	Mo	Cu	Ba	Cr	Sr	B	Si	Na	Ca	K	Aroma
1	0.005	0.044	0.83	0.387	0.029	1.23	2.63	17.3	66.8	80.5	1130	3.3
2	0.055	0.16	0.066	0.312	0.038	0.975	6.21	19.7	53.3	75	1010	4.4
3	0.056	0.146	0.643	0.308	0.035	1.14	3.05	15.8	35.4	91	1160	3.9
4	0.063	0.191	0.133	0.165	0.036	0.927	2.57	13.4	27.5	93.6	924	3.9
5	0.011	0.363	0.051	0.38	0.059	1.13	3.07	16.7	76.6	84.6	1090	5.6
6	0.05	0.106	0.055	0.275	0.019	1.05	6.56	18.7	15.7	112	1290	4.6
7	0.025	0.479	0.753	0.164	0.062	0.823	4.57	17.8	98.5	122	1170	4.8
8	0.024	0.234	0.102	0.271	0.044	0.963	3.18	14.3	10.5	91.9	1020	5.3
9	0.009	0.058	0.17	0.225	0.022	1.13	6.13	13	54.4	70.2	1240	4.3
10	0.033	0.074	0.053	0.329	0.03	1.07	3.3	16.3	70.5	74.7	1100	4.3
11	0.039	0.071	0.163	0.105	0.028	0.491	6.56	9.47	45.3	67.9	1090	5.1
12	0.045	0.147	0.074	0.301	0.087	2.14	3.5	9.18	80.4	66.3	1470	3.3
13	0.06	0.116	0.18	0.166	0.041	0.578	6.43	11.1	59.7	83.8	1120	5.9
14	0.067	0.166	0.043	0.132	0.026	0.229	7.27	6	55.2	44.9	854	7.7
15	0.077	0.261	0.285	0.078	0.063	0.156	5.04	6.34	10.4	54.9	899	7.1
16	0.064	0.191	0.552	0.085	0.063	0.192	5.56	6.96	13.6	64.1	976	5.5
17	0.025	0.009	0.081	0.072	0.021	0.172	3.79	6.4	11.6	48.1	995	6.3
18	0.02	0.027	0.153	0.094	0.021	0.358	4.24	7.92	38.9	57.6	876	5
19	0.034	0.05	0.058	0.294	0.006	1.12	2.71	14.7	68.1	64.8	1050	4.6
20	0.043	0.268	0.314	0.099	0.045	0.36	5.68	9.11	19.5	64.3	945	6.4
21	0.061	0.245	0.172	0.071	0.053	0.186	4.42	7.62	11.6	70.6	820	5.5
22	0.047	0.161	0.082	0.181	0.06	0.898	8.11	19.3	12.5	82.1	1220	4.7

	Cd	Mo	Cu	Ba	Cr	Sr	B	Si	Na	Ca	K	Aroma
23	0.048	0.146	0.09	0.328	0.1	1.32	6.42	19.3	125	83.2	1810	4.1
24	0.049	0.155	0.158	0.081	0.037	0.164	4.91	6.46	11.5	53.9	1020	6
25	0.042	0.126	0.21	0.299	0.054	0.995	6.94	43.6	45	85.9	1330	4.3
26	0.058	0.184	0.058	0.346	0.037	1.17	3.29	16.7	65.8	72.8	1140	3.9
27	0.065	0.211	0.055	0.206	0.028	0.72	6.12	27.1	20.5	95.2	1260	5.1
28	0.065	0.129	0.151	0.281	0.034	0.889	7.28	22.2	13.3	84.2	1200	3.9
29	0.068	0.166	0.053	0.292	0.039	1.11	4.71	17.6	13.9	59.5	1030	4.5
30	0.067	0.199	0.163	0.292	0.058	0.927	6.97	38.3	42.9	85.9	1390	5.2
31	0.084	0.266	0.071	0.158	0.049	0.794	3.77	19.7	39.1	128	1230	4.2
32	0.069	0.183	0.095	0.225	0.037	1.19	2	4.57	7.51	69.4	943	3.3
33	0.087	0.208	0.099	0.087	0.042	0.168	5.04	6.96	12	56.3	949	6.8
34	0.074	0.142	0.052	0.408	0.022	1.16	3.94	6.75	36.8	67.6	1170	5
35	0.084	0.171	0.038	0.263	0.072	1.35	2.38	6.18	101	64.4	1070	3.5
36	0.106	0.307	0.051	0.29	0.031	0.885	4.4	17.4	7.25	103	1100	4.3
37	0.102	0.342	0.077	0.366	0.048	1.08	3.37	5.33	33.1	58.3	1010	5.2

(a) 처음 25개의 관측치를 사용하여 Aroma를 설명하는 PLS 모형을 구축하라. 단, 모형 구축 전에 각 변수를 평균 0, 표준편차 1이 되도록 표준화하여 사용하라. 잠재변수 수는 종속변수를 약 80%를 설명하는 수준에서 결정하라.

(b) 위에서 추정한 모형으로 나머지 관측(테스트 데이터)에 대한 X 데이터를 갖고 종속변수를 예측하라. 테스트 데이터에 대한 MAD 및 RMS 오차를 구하라.

(c) 잠재변수 수를 다르게 설정함에 따라 위의 과정이 어떻게 변화하는지 분석하라. 즉, 잠재변수 수를 1에서 7까지 변화시키면서 테스트 데이터에 대한 MAD 및 RMS의 변화 추이를 나타내라. 이로부터 적절한 잠재변수 수를 결정하라.

(d) 위의 데이터 중 처음 35개 관측치를 택하여 무작위로 섞은 다음, 5-fold cross validation을 사용하여 PLS 모형의 적절한 잠재변수 수를 결정하라.

5장

분류분석 개요

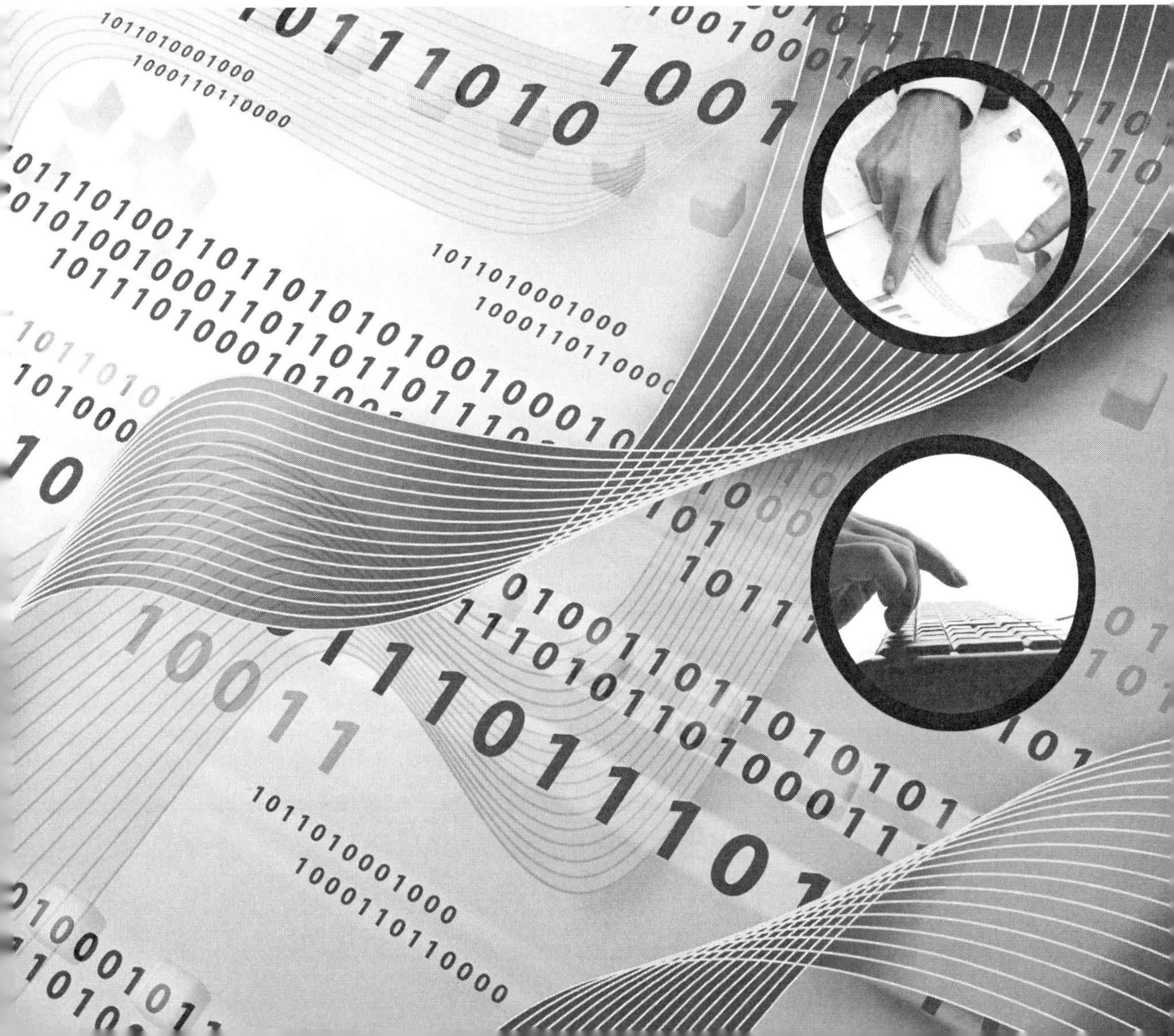

들어가며

분류분석(classification analysis)은 다수의 속성(attribute) 또는 변수를 갖는 객체(object)를 사전에 정해진 그룹 또는 범주(class, category) 중의 하나로 분류하는 것이다. 예를 들어, 기업의 3개의 재무제표를 기준으로 우량 또는 불량으로 분류하는 것은 범주수가 2이고 변수수가 3인 분류분석 문제가 될 것이다. 이를 위해서는 이미 범주(우량 또는 불량)가 알려진 여러 기업에 대하여 3개의 재무제표 데이터를 수집한 후 효율적인 분류규칙(classification rule)을 만들어야 할 것이다. 여기서 효율적이라 함은 기존 객체를 잘 분류할 뿐만 아니라 새로운 객체 역시 잘 분류함을 의미한다. 분류규칙을 만들기 위해서는 기존의 범주가 알려진 객체 데이터를 수집하여야 하며 이를 학습표본(learning sample)이라 한다.

5.1 ▶ 분류문제 및 분류기법

분류문제를 설명하기 위하여 다음과 같은 기호를 정의하자. 학습표본이 n개의 객체로 이루어진다고 하고, 각 객체는 p개의 변수를 갖는다 하자.

X_{ai} = 변수 X_a에 대한 i번째 객체의 관측치, $a = 1,...,p; i = 1,...,n$

$\boldsymbol{x_i} = (X_{1i}, X_{2i}, ..., X_{pi})^T$: i번째 객체의 변수벡터, $i = 1,...,n$

(객체 번호를 구분하지 않는 변수벡터를 대표할 때는 $\boldsymbol{x}$라 표기)

J = 총 범주수

Y_i(또는 y_i) = i번째 객체의 범주 변수(1,2,..,J 중의 하나)

이때 학습표본을 다음과 같이 나타낼 수 있다.

$$L = \{(\boldsymbol{x}_1, y_1), (\boldsymbol{x}_2, y_2), ..., (\boldsymbol{x}_n, y_n)\} \tag{5.1}$$

분류문제는 새로운 객체를 범주 중의 하나로 분류하기 위하여 학습표본을 바탕으로 분류규칙을 만드는 것이다. 이때 분류규칙은 객체의 변수벡터의 함수로 도출되므로 이를 $r(\boldsymbol{x})$로 나타낸다. 이때 $r(\boldsymbol{x})$는 1,...,J 중 하나의 값을 가지며, 이를 분류기(classifier)라 부르기도 한다. 분류규칙의 성능을 관찰하기 위하여 우선 학습표본에 적용하여 실제범주와 추정된 범주를 비교한다. 즉, $r(\boldsymbol{x}_i)$와 y_i를 비교하여 오분류율 등을 분석한다. 다시 말하면, $r(\boldsymbol{x}_i) = y_i$이면 올바르게 분류된 것이나 그렇지 않으면 잘못 분류된 것이다. 학습표본에 있는 전체 객체는 서로 배타적인 J개의 집합으로 나누어진다. 분류규칙의 성능평가에 대한 보다 자세한 설명은 10장에서 하고자 한다.

예 5.1 9명의 고객에 대하여 이동통신회사 선호도를 조사하였더니 아래와 같았다. 고객의 속성 자료로 성별과 나이를 조사하였으며 선호 통신회사 A, B 중 택일토록 하였다.

[표 5.1] 간단한 분류 학습표본

고객	1	2	3	4	5	6	7	8	9
성별	남	남	남	남	여	여	여	여	여
나이	20	23	35	41	19	24	25	33	39
선호 회사	A	B	A	A	A	B	A	B	B

고객의 성별과 나이를 바탕으로 선호 회사 A 및 B를 구분하는 분류문제를 생각해 보자. 이때 각 고객이 객체가 되며 각 객체는 성별과 나이의 두 가지 변수(p=2)를 가지며, 회사 A를 범주 1, 회사 B를 범주 2라 할 때 2범주(J=2) 분류문제가 된다. 위의 학습표본으로부터 다음과 같은 분류규칙을 얻었다고 가정하자.

[규칙 1]

남자이고 나이가 30 이상이거나 여자이고 나이가 30 이하이면 범주 1 (A)
그 밖의 경우이면 범주 2 (B)

위의 분류규칙을 학습표본에 적용시킬 때 잘못 분류된 경우는 고객 1과 6이 된다. 가능한 한 학습표본에 대하여 이러한 오분류율(misclassification rate)이 작은 분류규칙이 좋겠지만 아직 관측되지 않은 표본에 대한 분류성능을 고려하여야 한다. 위의 예에 대하여 만약 다음과 같은 분류규칙을 사용하면 학습표본에 대하여서는 오분류율이 0이 될 것이다. 한 예로 규칙 1 및 규칙 2를 각각 r_1과 r_2로 표기할 때, $r_1(\boldsymbol{x}_1)=B$이나 $r_2(\boldsymbol{x}_1)=A$가 된다.

[규칙 2]

남자이고 나이가 30 이상이거나 20 이하면 범주 1
여자이고 나이가 30 이하이면 범주 1
그 밖의 경우이면 범주 2(단, 여자이고 나이가 24이면 범주 2)

그러나 [규칙 2]는 다분히 인위적인 것을 볼 수 있겠다. 이와 같이 학습표본에 대하여서만 오분류율을 0으로 만드는 분류규칙은 과적용되는(overfitting) 경우가 많다. 이를 피하기 위해 학습표본을 모두 사용하여 분류규칙을 유도하지 않고 일부만을 이용한 후 나머지는 분류규칙의 테스트를 위해 사용하는 방안을 채용하는 것이 보통이다.

분류를 위한 방법론은 무수하게 많은데 크게 아래와 같이 대별된다.

1) 통계적 방법: 로지스틱 회귀분석, 판별분석 등 다변량 통계이론에 바탕을 둔 방법
2) 트리기반 기법: CART, C4.5, CHAID 등 트리 형태의 분지방법을 이용하는 기법
3) 비선형 최적화 기법: 서포트 벡터 머신(support vector machine; SVM) 등
4) 기계학습 기법: 신경망(neural network) 등의 블랙박스 형태의 기법

6장에서는 로지스틱 회귀분석을, 7장에서는 판별분석에 의한 분류분석을, 8장에서는 트리기반 기법을 다루며, 9장에서는 서포트 벡터 머신을 다루고자 한다.

5.2 ▸ 기본적인 분류기법

본 절에서는 위에서 언급하지 않은 기본적인 몇 가지 분류기법에 대하여 설명하고자 한다.

5.2.1 인접객체법

인접객체법(nearest neighbor classification)은 학습 데이터를 활용하지만 규칙을 도출하는 기법은 아니다. 분류하고자 하는 새로운 객체에 대하여 학습 데이터에 있는 가장 가까운 몇 개의 객체들을 찾은 후 이들 인접객체들의 다수 범주로 분류하는 기법이다. k개의 인접객체를 고려할 때, k-인접객체법(k-nearest neighbor method)이라 한다. 가까운 정도의 척도는 유사성 척도 또는 유클리드 거리 등의 비유사성 척도가 사용되는데, 이들에 대한 자세한 설명은 11장에서 이루어진다.

k-인접객체법의 알고리즘은 다음과 같다.

[단계 1] k값을 정한다.

[단계 2] 분류하고자 하는 새로운 객체 z에 대하여

2-1 학습표본에 있는 각 객체 $\boldsymbol{x}_i$와의 거리 $d(z, \boldsymbol{x}_i)$를 산출한다.

2-2 위의 거리가 짧은 순으로 k개의 객체를 선정한다.

2-3 k개의 인근객체가 취하는 범주 중 최빈값을 새로운 객체 z의 범주로 정한다.

예 5.2 다음과 같은 7개의 객체에 대한 학습표본이 있다.

객체 번호	X1	X2	범주
1	5	7	1
2	4	3	2
3	7	8	2
4	8	6	2
5	3	6	1
6	2	5	1
7	9	6	2

(a) 학습표본에 있는 각 객체에 대해 3-인근객체법으로 분류하고 실제범주와 비교하라.

(b) 두 개의 새로운 객체 $z_1 = (6, 7)^T$와 $z_1 = (4, 2)^T$의 범주를 3-인근객체법으로 분류하라.

풀이

(a) 거리척도로 유클리드 거리를 사용한다. 이때 객체 간의 거리 행렬은 다음과 같다.

	1	2	3	4	5	6	7
1	0	4.123	2.236	3.162	2.236	3.606	4.123
2	4.123	0	5.831	5.0	3.162	2.828	6.481
3	2.236	5.831	0	2.236	4.472	5.831	2.828
4	3.162	5.0	2.236	0	5.0	6.083	1.0
5	2.236	3.162	4.472	5.0	0	1.414	6.0
6	3.606	2.828	5.831	6.083	1.414	0	7.071
7	4.123	6.481	2.828	1.0	6.0	7.071	0

따라서 학습표본의 각 객체별 3개의 인근객체 및 추정범주는 아래 표와 같다.

	인근객체	추정범주	실제범주
1	3, 4, 5	2	1
2	1, 5, 6	1	2
3	1, 4, 7	2	2
4	1, 3, 7	2	2
5	1, 2, 6	1	1
6	1, 2, 5	1	1
7	1, 3, 4	2	2

예를 들어 객체 1과 가장 가까운 3개의 객체는 3, 4, 5이며 범주가 각각 2, 2, 1이므로 추정범주는 2가 된다.

(b) 유사하게 새로운 두 객체와 기존 객체들과의 거리는 다음과 같다.

	1	2	3	4	5	6	7
z_1	1.0	4.472	1.414	2.236	3.162	4.472	3.162
z_2	5.099	1.0	6.708	5.657	4.123	3.606	6.403

따라서 z_1 의 인근객체는 1, 3, 4이며 범주 2로 추정되고, z_2 의 인근객체는 2, 5, 6으로 범주 1로 추정된다.

5.2.2 나이브 베이지안 분류법

나이브 베이지안(Naive Bayesian) 분류법이란 속성변수들과 범주변수가 확률분포를 따른다고 간주하여 베이즈 정리와 조건부 독립성을 활용한 분류기법이다. 속성변수들이 범주형일 때 주로 사용되나, 연속형인 경우에도 확률분포의 형태를 가정하여 사용할 수 있다. 여기서는 범주형 변수인 경우를 설명한다.

어떤 객체 $\boldsymbol{x}$에 대한 범주를 Y라 하자. $\boldsymbol{x}$가 주어질 때 Y의 조건부 확률분포는 베이즈 정리에 의하여 다음과 같이 표현된다.

$$f(y|\boldsymbol{x}) \propto f(y)f(\boldsymbol{x}|y),\ \ y=1,...,J \tag{5.2}$$

여기서 $f(y)$는 Y의 사전분포(prior distribution)를 의미하며, $f(y|\boldsymbol{x})$는 $\boldsymbol{x}$의 관측 후 사후분포(posterior distribution)를 나타낸다. 나이브 베이지안 분류법은 이 사후분포를 산출하여 가장 큰 값을 갖는 범주를 객체 $\boldsymbol{x}$에 부여하는 것이다. 사후분포를 정확히 계산하기 위해서는 비례상수가 필요하나 범주를 부여하기 위해서는 오른쪽의 두 항을 산출하면 된다.

식 (5.2)에서 $f(\boldsymbol{x}|y)$는 속성변수들의 조건부 결합확률분포를 나타내는데 나이브 베이지안에서는 조건부 독립성(conditional independence)을 이용하여 이를 평가하고 있다. 확률변수 X_1, X_2, Y에 대하여 다음이 성립할 때, Y가 주어질 때 X_1과 X_2가 조건부 독립이라 말한다.

$$P(X_1=x_1|X_2,Y)=P(X_1=x_1|Y) \tag{5.3}$$

예를 들어 어떤 데이터로부터 키가 큰 사람이 대체로 이해력이 높다는 관측이 이루어졌다고 하자. 그러나 키와 이해력의 관계는 직접적인 것이 아니고 '나이'라는 변수가 중간에 개입되어 발생한 것으로 해석되었다면(나이가 많으면 키가 커지고 따라서 이해력이 높아진다), 나이가 동일할 때 키와 이해력은 독립이라고 할 수 있을 것이다. 다시 말하면 나이가 주어질 때 키와 이해력은 조건부 독립이라 할 수 있다.

식 (5.2)에서 속성변수들의 범주가 주어질 때(동일한 범주 내에서) 서로 독립이라 가정하면 다음과 같이 표현된다.

$$f(y|\boldsymbol{x}) \propto f(y)\prod_{i=1}^{p} f_{X_i}(x_i|y) \tag{5.4}$$

사후확률(또는 비례항)을 평가하기 위하여 학습표본으로부터 Y의 사전확률 및 각 속성변수별 분포를 추정하여야 한다. 이들은 다음과 같이 추정된다.

$$f(y) = \text{범주 } y\text{의 상대돗수},\ y = 1, \ldots, J$$
$$f_{X_i}(x_i|y) = \text{범주 } y\text{인 객체 중에서 } X_i = x_i\text{인 객체들의 비율}$$

사후확률이 산출된 후에는 가장 큰 값을 갖는 범주를 선택하여 객체 $\boldsymbol{x}$에 부여하는 것이다.

예 5.3 아래와 같은 9명의 고객에 대한 학습표본이 있다.

고객	1	2	3	4	5	6	7	8	9
성별(X1)	남	남	남	남	여	여	여	여	여
나이(X2)	20대	20대	30대	40대	10대	20대	20대	30대	40대
범주(Y)	1	2	1	1	1	2	1	2	2

나이브 베이지안 분류법을 적용하여 보자. 우선 Y의 사전분포는 다음으로 추정된다.

$$f(1) = 5/9, f(2) = 4/9$$

성별에서 '남'을 1로 '여'를 2로 하고, 나이에서 10대를 1, 20대를 2 등으로 나타낼 때, 변수별 조건부 확률분포는 아래와 같이 추정된다.

$$f_{X_1}(1|1) = 3/5,\ f_{X_1}(2|1) = 2/5;$$
$$f_{X_1}(1|2) = 1/4,\ f_{X_1}(2|2) = 3/4$$
$$f_{X_2}(1|1) = 1/5,\ f_{X_2}(2|1) = 2/5,\ f_{X_2}(3|1) = 1/5,\ f_{X_2}(4|1) = 1/5;$$
$$f_{X_2}(1|2) = 0,\ f_{X_2}(2|2) = 2/4,\ f_{X_2}(3|2) = 1/4,\ f_{X_2}(4|2) = 1/4$$

고객 1의 범주별 사후확률은 다음과 같다.

$$f(1|X_1=1, X_2=2) \propto f(1) f_{X_1}(1|1) f_{X_2}(2|1) = (5/9)(3/5)(2/5) = 2/15$$
$$f(2|X_1=1, X_2=2) \propto f(2) f_{X_1}(1|2) f_{X_2}(2|2) = (4/9)(1/4)(2/4) = 1/18$$

즉, Y=1에 대한 사후확률이 더 크므로 고객 1의 범주는 1로 추정된다.

한편, 10대 남자인 새로운 고객에 대한 범주를 추정하면

$$f(1|X_1=1, X_2=1) \propto f(1) f_{X_1}(1|1) f_{X_2}(1|1) = (5/9)(3/5)(1/5) = 3/15$$
$$f(2|X_1=1, X_2=1) \propto f(2) f_{X_1}(1|2) f_{X_2}(1|2) = (4/9)(1/4)(0) = 0$$

이므로 10대 남자는 범주 1로 추정된다.

5.3 ▶ 참고사항

k-인근객체법 및 나이브 베이지안 분류법 등에 대한 보다 자세한 특성은 참고문헌 [1] 등을 참조할 수 있다.

[1] Tan, P.-N., M. Steinbach and V. Kumar (2006). *Introduction to Data Mining*. Pearson International Edition, Boston.

연습문제

5.1 k-인근객체법에서 k값이 작을 때와 클 때의 단점을 각각 설명하라.

5.2 객체의 속성변수들이 높은 상관관계를 가질 때 나이브 베이지안 분류법을 적용하는 경우 어떤 결과가 예상되는가?

5.3 다음은 10명의 봉급생활자에 대한 속성 및 신용등급을 나타낸 자료이다.

	주택보유	결혼여부	봉급수준	신용등급
1	예	예	상	A
2	아니오	아니오	중	B
3	아니오	예	중	B
4	예	아니오	중	A
5	예	예	중	A
6	예	아니오	상	A
7	아니오	아니오	하	B
8	예	예	중	B
9	아니오	예	하	B
10	예	예	상	A

(a) k-인근객체법을 사용하여 위의 각 고객에 대한 신용등급을 추정하라. 단, k=3을 사용하라. 속성 중 '주택보유' 및 '결혼여부'는 이분형으로 '봉급수준'은 서열형으로 간주하여 11.3절에서 설명하는 거리척도를 사용하라.

(b) 나이브 베이지안 분류법을 사용하여 위의 각 고객에 대한 신용등급을 추정하라.

5.4 다음과 같은 두 변수를 갖는 8개의 객체에 대한 학습표본이 있다.

객체	1	2	3	4	5	6	7	8
X1	5	4	7	8	3	2	6	9
X2	7	3	8	6	6	5	6	6
범주	1	-1	1	-1	-1	-1	1	1

k-인근객체법(k=3)을 사용하여 다음의 새로운 객체를 분류하라.

(a) (X1, X2)=(5, 4)

(b) (X1, X2)=(7, 6)

6장

로지스틱 회귀분석

들어가며

로지스틱 회귀분석(logistic regression)은 종속변수가 통상 2개의 범주(있음/없음, 불량/양호, 합격/불합격 등)를 다루는 모형을 지칭하나 3개 이상의 범주를 다루기도 한다. 후자의 경우는 다시 서열형 데이터(ordinal data)와 명목형 데이터(nominal data)인 경우에 따라 서로 다른 모형이 사용된다. 따라서 본 장에서 다음의 세 가지 회귀모형을 다룬다. 이러한 모형들은 분류분석 목적 이외에 범주형 종속변수를 갖는 회귀분석에 사용된다.

1) 이분 로지스틱 회귀모형(binary logistic regression): 종속변수가 2개의 범주를 가질 때 사용
2) 서열 로지스틱 회귀모형(ordinal logistic regression): 종속변수가 3개 이상의 범주를 가지며 범주 간에 자연적인 순서가 있을 때 사용
3) 명목 로지스틱 회귀모형(nominal logistic regression): 종속변수가 3개 이상의 범주를 가지며 범주 간에 순서가 없을 때 사용

6.1 ▶ 이분 로지스틱 회귀모형

6.1.1 이분형 종속변수

이분 로지스틱 회귀모형은 종속변수가 2가지 범주를 취하는 경우에 사용된다. 예를 들어, 특정 후보에 대한 지지 여부(지지함/지지하지 않음), 제품의 불량 여부(양품/불량품), 거래의 사기 여부(사기 거래/정상 거래) 등을 들 수 있다. 따라서 종속변수를 Y라 하고 i번째 관측치를 Y_i라 하면, 이는 0 또는 1의 값을 갖는다고 할 수 있다.

Y_i가 지시변수(indicator variable)이므로 이의 기대치 $E[Y_i]$는 Y_i가 1일 확률과 같다. 이 확률을 P_i라 하면 다음과 같은 식이 성립된다.

$$P_i = P\{Y_i = 1\} = E[Y_i] \tag{6.1}$$

Y_i에 대한 확률분포는 베르누이(Bernoulli) 분포를 따른다. 즉, Y_i에 대한 확률밀도함수는 다음과 같이 표현할 수 있다.

$$f_i(y) = P\{Y_i = y\} = P_i^y(1 - P_i)^{1-y}, y = 0,1 \tag{6.2}$$

이 경우의 회귀모형은 Y_i를 직접적으로 설명하는 것이 아니라 P_i를 설명하는 것을 고려한다. 하나의 독립변수 X에 대하여 n개의 관측치가 있는 경우 우선 생각할 수 있는 모형은 다음과 같이 이 확률이 X에 대하여 선형적일 것으로 가정하는 것이다.

$$P_i = \beta_0 + \beta_1 X_i \quad i = 1, ..., n \tag{6.3}$$

위의 모형을 선형확률모형(linear probability model)이라 한다. 여기서 문제가 되는 것은 P_i가 확률값이므로 0에서 1의 값을 가져야 하는데 X에 대하여 선형으로 가정하면 X값에 따라 0 이하 또는 1 이상의 값을 가질 수 있다는 점이다. 이와 같은 문제점을 보완하기 위하여 다음 절에서 설명하는 로짓 변환을 바탕으로 하는 로지스틱 모형이 개발되었다.

6.1.2 로짓 변환

선형확률모형의 문제를 해결하는 모형으로 제시된 것이 로지스틱 회귀모형이다. 로지스틱함수(logistic function)는 확률변수의 분포함수 형태와 같이 S곡선을 그리고 있으며 변수변환에 의해 선형으로 바꾸기가 용이하기 때문에 널리 사용된다. 즉, P_i가 X_i의 취하는 값에 관계없이 항상 0에서 1 사이의 값을 갖는 다음과 같은 로지스틱 함수를 따른다고 가정한다(이하에서 편의상 오차항 사용을 생략하였다).

$$P_i = \frac{\exp(\beta_0 + \beta_1 X_i)}{1 + \exp(\beta_0 + \beta_1 X_i)} \tag{6.4}$$

위의 로지스틱 함수는 [그림 6.1]에서 보듯이 X값에 상관없이 항상 확률 P가 0과 1 사이 값을 갖게 된다.

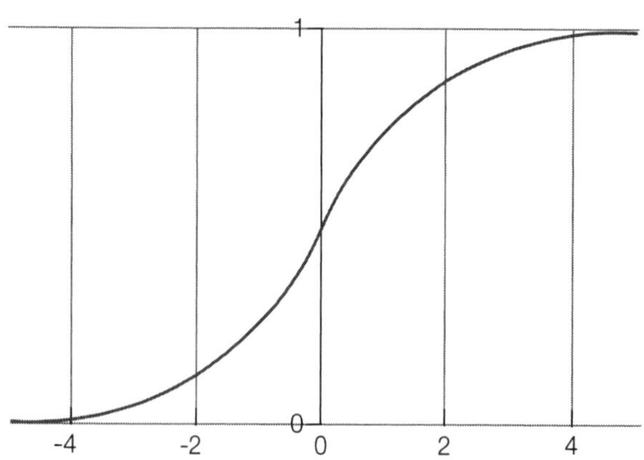

[그림 6.1] 로지스틱 함수의 예

식 (6.4)는 변수 X 및 계수들에 대하여 선형이 아니므로 추정이 어렵다. 그러나 P를 다음과 같이 변환하면 선형회귀식으로 바꿀 수 있다.

$$logit(P) = \ln\left[\frac{P}{1-P}\right] \tag{6.5}$$

위의 변환을 로짓(logit)변환이라 한다. 여기서 $P/(1-P)$는 발생하지 않을 확률 대비

발생확률의 비로서 승산비(odds ratio)라고 한다. 즉, 승산비는 'Y=0'이 일어날 확률 대비 'Y=1'이 일어날 확률의 비를 말하는 것이다. 예를 들어, 승산비=1은 P=0.5를 의미하며 P=0.75인 경우 승산비는 3이 된다. $logit(P)$는 P가 증가함에 따라 증가하며 $-\infty$에서 ∞까지 모든 실수값을 취한다. 이때 식 (6.4)의 로지스틱 회귀모형은 식 (6.5)의 로짓 변환을 통하여 다음과 같은 선형모형 형태로 표현된다(이를 확인하라).

$$logit(P) = \beta_0 + \beta_1 X \tag{6.6}$$

식 (6.6)에서 회귀계수 β_1의 의미는 선형회귀모형에서와는 달리 다소 복잡하다. β_1은 X가 한 단위 증가할 때 $logit(P)$, 즉 승산비의 로그값(또는 로그 승산비)의 증가분을 말하므로 승산비가 e^{β_1}배로 증가함을 의미한다.

식 (6.6)의 모형은 여러 독립변수가 있는 경우로 확장이 가능하다. 즉, p개의 독립변수가 있는 경우 로지스틱 회귀모형은 다음과 같다.

$$logit(P) = \beta_0 + \beta_1 X_1 + \ldots + \beta_p X_p = \boldsymbol{\beta}^T \boldsymbol{x} \tag{6.7}$$

여기서 $\boldsymbol{\beta} = (\beta_0, \beta_1, \cdots, \beta_p)^T$는 계수벡터를 나타내며, $\boldsymbol{x} = (1, X_1, \cdots, X_p)^T$이다. 또한 두 개 이상의 독립변수 간의 교호작용(interaction)이 있는 경우 두 개 또는 그 이상의 변수의 곱을 또 다른 독립변수로 간주하여 추가할 수 있다.

6.1.3 회귀계수의 추정

식 (6.6) 또는 식 (6.7)의 모형에서 확률 P는 직접적으로 관측되는 것이 아니고 0 또는 1을 갖는 Y가 관측되므로 최소자승법으로 계수를 추정하기 어렵다. 로지스틱 모형에서 회귀계수의 추정을 위해서 주로 최우추정법(maximum likelihood estimation)이 사용된다. 최우추정법이란 확률변수인 관측치들에 대한 결합확률밀도함수(joint probability density function)를 모수의 함수로 표현한 후, 이를 최대화시키는 모수 값을 찾는 방법이다. 이때 모수의 함수를 우도함수(likelihood function)라 하며, 각 관측치에 대한 확률밀도함수를 단순히 곱함으로써 얻을 수 있다. 또한, 우도함수를 최대화시키는 대신 우도함수에 로그를 취한 로그 우도함수를 최대화시키는 방안을 통상적으로 사용하고 있다. 정규분포의 모수에 대한 최우추정법을 본 장의 부록에 설명하였다.

편의상 식 (6.6)과 같이 독립변수가 하나인 모형에 대한 회귀계수 추정을 설명하고자 한다. Y_i가 식 (6.2)와 같이 베르누이 분포를 따르므로, 데이터 $(x_1, y_1), \ldots, (x_n, y_n)$이 주어질 때 우도함수는 다음과 같다.

$$L = \prod_{i=1}^{n} f_i(y_i) = \prod_{i=1}^{n} P_i^{y_i}(1-P_i)^{1-y_i} \tag{6.8}$$

그리고 우도함수에 자연로그를 취하면 아래와 같다.

$$\begin{aligned} \log L &= \sum_{i=1}^{n} y_i \log P_i + \sum_{i=1}^{n} (1-y_i)\log(1-P_i) \\ &= \sum_{i=1}^{n} y_i \log \frac{P_i}{1-P_i} + \sum_{i=1}^{n} \log(1-P_i) \end{aligned} \tag{6.9}$$

이 식에 (6.6)의 관계를 대입하면 로그 우도함수는 다음과 같다.

$$\log L = \sum_{i=1}^{n} y_i(\beta_0 + \beta_1 x_i) - \sum_{i=1}^{n} \log(1 + e^{\beta_0 + \beta_1 x_i}) \tag{6.10}$$

식 (6.10)을 최대로 하는 모수 β_0 및 β_1을 구하기 위하여, 위 식을 β_0와 β_1에 대하여 각각 편미분하고 0으로 놓으면 다음의 두 식을 얻는다.

$$\sum_{i=1}^{n} y_i = \sum_{i=1}^{n} \frac{e^{\beta_0 + \beta_1 x_i}}{1 + e^{\beta_0 + \beta_1 x_i}} \tag{6.11a}$$

$$\sum_{i=1}^{n} x_i y_i = \sum_{i=1}^{n} \frac{x_i e^{\beta_0 + \beta_1 x_i}}{1 + e^{\beta_0 + \beta_1 x_i}} \tag{6.11b}$$

위의 비선형 방정식을 풀어 β_0와 β_1에 대한 최우추정치를 얻는다. 이를 위해 주로 뉴턴-랩슨 알고리즘(Newton-Raphson algorithm)이나 quasi-Newton 알고리즘이 사용된다.

한편, i번째 객체(또는 관측)에 대한 Y_i의 데이터 형태가 r_i번 반복할 때 '1'이 나오는 수를 나타낸다면 Y_i는 다음과 같이 이항분포(binomial distribution)를 따르게 된다.

$$f_i(y_i) = P\{Y_i = y_i\} = \binom{r_i}{y_i} P_i^{y_i}(1-P_i)^{r_i - y_i}, \quad y_i = 0, 1, \ldots, r_i \tag{6.12}$$

따라서 이때 우도함수는 다음과 같다.

$$L = \prod_{i=1}^{n} \binom{r_i}{y_i} P_i^{y_i}(1-P_i)^{r_i - y_i} \tag{6.13}$$

그리고 최우추정치를 얻는 방법은 위의 경우와 유사하다.

각 객체에 대한 반복 관측치가 있는 경우에는 P_i의 추정이 가능하므로, 최우추정치 대신 최소자승법(least squares method)을 이용할 수도 있다. 이때 각 객체에 대한 P_i는 다음과 같이 추정되므로

$$\widehat{P}_i = y_i / r_i \tag{6.14}$$

하나의 독립변수가 있는 경우 회귀모형은 다음과 같다.

$$logit(\widehat{P}_i) = \beta_0 + \beta_1 X_i + \varepsilon_i \tag{6.15}$$

위의 계수를 통상적 최소자승법(ordinary least squares; OLS)을 사용하여 추정할 수 있으나 모형의 오차항의 분산이 아래와 같이 객체에 따라 다르므로

$$Var[\varepsilon_i] = \frac{1}{r_i \widehat{P}_i (1 - \widehat{P}_i)} \tag{6.16}$$

보다 엄밀하게는 다음과 같은 가중치를 갖는 가중최소자승법(weighted least squares; WLS)을 사용하여야 한다.

$$w_i = r_i \widehat{P}_i (1 - \widehat{P}_i) \tag{6.17}$$

참고로, 단순회귀모형 $Y_i = \beta_0 + \beta_1 X_i + \epsilon_i$에 대한 가중최소자승법은 아래 함수를 최소로 하는 회귀계수를 얻는 것이다.

$$Q_w = \sum_{i=1}^{n} w_i (Y_i - \beta_0 - \beta_1 X_i)^2$$

6.1.4 분류규칙

이분 로지스틱 회귀모형에서 기본적인 분류규칙은 $Y=1$일 확률이 $Y=0$일 확률보다 크면 1로 분류하고, 그렇지 않으면 0으로 분류하는 것이다. 즉,

$$P_i > 0.5 \text{이면 } i\text{번째 객체를 '1'로 분류} \tag{6.18a}$$

$$P_i \le 0.5 \text{이면 } i\text{번째 객체를 '0'으로 분류} \tag{6.18b}$$

이 규칙은 로짓에 대하여서는 다음과 같다.

$$logit(P_i) > 0 \text{이면 i번째 객체를 '1'로 분류} \tag{6.19a}$$

$$logit(P_i) \le 0 \text{이면 i번째 객체를 '0'으로 분류} \tag{6.19b}$$

예 6.1 기숙사에 거주하는 남자 대학생 15명을 대상으로 생활습관에 대한 설문조사를 하여 아래 표와 같은 결과를 얻었다. 그리고 이 학생들의 평점을 기준으로 '우수'와 '보통' 학생으로 구분하였다. 여기서 Break는 지시변수로서 아침식사를 하는 경우 1, 그렇지 않은 경우 0이다.

[표 6.1] 우수/보통 학생에 대한 설문조사 결과

객체	아침식사여부 (Break)	수면시간 (Sleep)	서클활동시간 (Circle)	범주
1	0	8	2	우수
2	1	7	1	우수
3	0	9	0	우수
4	1	6	4	우수
5	1	8	2	우수
6	0	7	3	우수
7	0	7	0	보통
8	1	6	1	보통
9	0	7	2	보통
10	0	8	1	보통
11	0	5	2	보통
12	1	8	0	보통
13	0	6	3	보통
14	1	7	2	보통
15	0	6	1	보통

우수 학생을 범주 1로 보통 학생을 범주 0으로 하고, 범주 1일 확률을 P로 정의할 때 Minitab에 의한 로짓모형의 추정 결과는 다음과 같다.

[표 6.2] [예 6.1]에 대한 Logistic Regression 결과

Predictor	Coef	SE Coef	Z	p-value	Odds Ratio
Constant	-30.51	18.02	-1.69	0.090	
Break	2.031	1.984	1.02	0.306	7.62
Sleep	3.471	2.075	1.67	0.094	32.16
Circle	2.414	1.397	1.73	0.084	11.18

위의 결과에 따르면 추정회귀식은 다음과 같다.

$$logit(P) = -30.51 + 2.031 Break + 3.471 Sleep + 2.414 Circle$$

[표 6.2]에서 'SE Coef'는 각 회귀계수에 추정치에 대한 표준오차(standard error)를 나타내는데, 로그 우도함수의 2차 미분량으로 구성된 헤시안 행렬(Hessian matrix)의 역행렬로부터 근사적으로 산출된다. 이의 과정을 부록 6.2에 기술하였다. 'Z'는 각 계수의 유의성 검정에 대한 검정통계치이며, 'Odds Ratio'는 각 변수의 승수비를 나타낸다. [표 6.1]의 데이터에 대하여 범주 1일 확률을 추정하고 분류규칙을 적용한 결과는 [표 6.3]과 같다.

[표 6.3] [예 6-1]에 대한 범주 추정

객체	아침식사여부 (Break)	수면시간 (Sleep)	서클활동시간 (Circle)	실제범주	Logit(P)	P	추정범주
1	0	8	2	우수 (1)	2.086	0.8895	1
2	1	7	1	우수 (1)	-1.768	0.1458	0
3	0	9	0	우수 (1)	0.729	0.6746	1
4	1	6	4	우수 (1)	2.003	0.8811	1
5	1	8	2	우수 (1)	4.117	0.9840	1
6	0	7	3	우수 (1)	1.029	0.7367	1
7	0	7	0	보통 (0)	-6.213	0.0020	0
8	1	6	1	보통 (0)	-5.239	0.0053	0
9	0	7	2	보통 (0)	-1.385	0.2002	0
10	0	8	1	보통 (0)	-0.328	0.4187	0
11	0	5	2	보통 (0)	-8.327	0.0002	0
12	1	8	0	보통 (0)	-0.711	0.3294	0
13	0	6	3	보통 (0)	-2.442	0.0800	0
14	1	7	2	보통 (0)	0.646	0.6561	1
15	0	6	1	보통 (0)	-7.270	0.0007	0

[표 6.3]의 결과를 오분류행렬(confusion matrix)로 정리하면 [표 6.4]와 같다. 즉, 실제 '우수' 학생 6명 중 1명(16.7%)은 '보통'으로 잘못 분류하였으며, 실제 '보통' 학생 9명 중 1명(11.1%)은 '우수'로 잘못 분류하고 있다.

[표 6.4] [예 6.1]에 대한 오분류행렬

		추정범주 1	추정범주 0	계
실제 범주	1	5	1	6
	0	1	8	9
계		6	9	15

6.1.5 비용을 고려한 분류규칙

실제 1인 범주를 0으로 오분류할 때와 실제 0인 범주를 1로 오분류할 때 초래되는 비용을 고려하여 총비용이 최소가 되는 분류 방안을 생각할 수 있다. 우선 두 가지 오분류비용을 다음과 같이 정의하자.

C(0/1)=실제 1인 범주를 0으로 오분류할 때 초래 비용
C(1/0)=실제 0인 범주를 1로 오분류할 때 초래 비용

아래와 같은 분류규칙을 적용한다고 할 때

$P_i > v$이면 i번째 객체를 '1'로 분류 (6.20a)

$P_i \le v$이면 i번째 객체를 '0'으로 분류 (6.20b)

학습표본으로부터 다음과 같은 두 가지 오분류율을 추정한다고 하자.

$p(0/1;v)$=실제 1인 범주를 0으로 오분류하는 비율
$p(1/0;v)$=실제 0인 범주를 1로 오분류하는 비율

여기서 $p(0/1;v)$는 v값이 증가할 때 같이 증가할 것이며, $p(1/0;v)$는 감소할 것이다. 이때 총 오분류비용(total cost of misclassification; TCM)은 다음과 같이 산출된다.

$$TCM(v) = C(0/1)p(0/1;v)\pi_1 + C(1/0)p(1/0;v)\pi_0 \tag{6.21}$$

여기서 π_0 및 π_1는 각각 범주 0 및 1일 사전확률(prior probability)로서 데이터 관측 이전에 각 범주로 예상되는 가능성을 확률로 나타내는 값이다. 따라서 $TCM(v)$를 최소로 하는 분류 경계치 v를 구하여 분류규칙에 적용할 수 있다. $TCM(v)$를 최소화시키기 위해서는 다수의 v값에 대하여 총비용을 산출하는 탐색 기법을 사용할 수 있다.

예 6.2 [예 6.1]에서 $v=0.5$, $C(0/1)=C(1/0)=1$, $\pi_0=\pi_1=0.5$인 경우 총오분류비용 TCM은 다음과 같다.

$$TCM(0.5)=0.5(0.1667)+0.5(0.1111)=0.1389$$

한편 v=0.66일 때 객체 2의 경우만 '0'으로 분류되므로 TCM은 다음과 같이 줄어든다.

$$TCM(0.66)=0.5(0.1667)+0.5(0.0)=0.0834$$

6.1.6 기타 변환

식 (6.4)에서는 로지스틱 함수를 사용하고 있으나 X값에 무관하게 0에서 1 사이의 값을 갖는 다른 함수를 고려할 수 있다. 로지스틱 함수 대신 많이 사용되는 함수로는 곰페르츠(Gompertz) 함수가 있다. 즉,

$$P=1-\exp(-\exp(\beta_0+\beta_1 X)) \tag{6.22}$$

이는 다시 다음과 같이 쓸 수 있는데

$$\ln(-\ln(1-P))=\beta_0+\beta_1 X \tag{6.23}$$

이때 왼쪽의 P에 대한 변환을 곰핏(Gompit) 변환이라 한다.

식 (6.6) 또는 (6.23)을 일반화하면 다음과 같은 식을 만들 수 있다.

$$g(P) = \beta^T \boldsymbol{x} \tag{6.24}$$

이때 왼쪽의 함수 g를 연결함수(link function)라 하는데 확률 P에 대한 적절한 변환함수를 의미한다. 일반적으로 누적확률분포함수가 0에서 1 사이의 값을 취하므로 누적확률분포함수 F의 역함수를 g로 사용할 수 있다. 즉,

$$g(P) = F^{-1}(P) = \beta^T \boldsymbol{x} \tag{6.25}$$

위의 모형을 프로빗(Probit)모형이라 한다. 이 중에서도 표준정규분포를 종종 사용하는데 이 경우를 노밋(Normit)모형이라 한다. 즉 노밋모형은 다음과 같다.

$$g(P) = \Phi^{-1}(P) = \beta^T \boldsymbol{x} \tag{6.26}$$

위에서 Φ는 표준정규분포의 누적확률분포함수로서 다음과 같이 주어진다.

$$\Phi(x) = \int_{-\infty}^{x} \frac{1}{\sqrt{2\pi}} e^{-z^2/2} dz \tag{6.27}$$

식 (6.24)의 일반적인 모형에 대하여 연결함수를 요약하면 다음과 같다.

로짓모형: $g(P) = \ln\left(\frac{P}{1-P}\right)$

곰핏모형: $g(P) = \ln(-\ln(1-P))$

프로빗모형: $g(P) = F^{-1}(P)$

노밋모형: $g(P) = \Phi^{-1}(P)$

예 6.3 [예 6.1]의 데이터를 곰핏모형 및 노밋모형에 각각 적용한 후 범주를 추정하여 보자. 우선 MINITAB에 의한 곰핏모형의 추정 결과는 다음과 같다.

(Gompit 모형 결과)

Predictor	Coef	SE Coef	Z	p-value
Constant	-26.3501	14.9786	-1.76	0.079
Break	1.34952	1.50273	0.90	0.369
Sleep	2.96744	1.71083	1.73	0.083
Circle	2.03976	1.07047	1.91	0.057

Log-Likelihood=-4.838

즉, 곰핏모형에 의한 추정회귀식은 다음과 같다.

$$\ln(-\ln(1-\hat{P})) = -26.35 + 1.34952 Break + 2.96744 Sleep + 2.03976 Circle$$

한편, 노밋모형의 추정 결과는 다음과 같다.

(Normit 모형 결과)

Predictor	Coef	SE Coef	Z	p-value
Constant	-17.8505	9.91310	-1.80	0.072
Break	1.26074	1.12886	1.12	0.264
Sleep	2.03133	1.14244	1.78	0.075
Circle	1.41444	0.779863	1.81	0.070

Log-Likelihood=-5.190

따라서 노밋모형에 의한 추정회귀식은 다음과 같다.

$$\Phi^{-1}(\hat{P}) = -17.85 + 1.26074 Break + 2.03133 Sleep + 1.41444 Circle$$

위의 추정식을 바탕으로 각 객체에 대하여 범주를 추정하면 [표 6.5]와 같다. 이 데이터에 대한 추정 결과는 로짓모형의 경우와 동일함을 볼 수 있다.

[표 6.5] [예 6.1]에 대한 곰핏 및 노밋모형 적용 시 범주 추정치

객체	아침식사여부 (Break)	수면시간 (Sleep)	서클활동시간 (Circle)	실제 범주	곰핏모형		노밋모형	
					P	추정범주	P	추정범주
1	0	8	2	우수 (1)	0.987	1	0.891	1
2	1	7	1	우수 (1)	0.106	0	0.171	0
3	0	9	0	우수 (1)	0.760	1	0.666	1
4	1	6	4	우수 (1)	0.927	1	0896	1
5	1	8	2	우수 (1)	1.000	1	0.994	1
6	0	7	3	우수 (1)	0.821	1	0.729	1
7	0	7	0	보통 (0)	0.004	0	0.000	0
8	1	6	1	보통 (0)	0.006	0	0.001	0
9	0	7	2	보통 (0)	0.200	0	0.212	0
10	0	8	1	보통 (0)	0.432	0	0.425	0
11	0	5	2	보통 (0)	0.001	0	0.000	0
12	1	8	0	보통 (0)	0.247	0	0.367	0
13	0	6	3	보통 (0)	0.085	0	0.078	0
14	1	7	2	보통 (0)	0.578	1	0.677	1
15	0	6	1	보통 (0)	0.001	0	0.000	0

6.2 ▸ 명목 로지스틱 회귀모형

종속변수가 셋 이상의 범주를 갖고 있으나 자연스러운 순서가 없는 경우를 고려해 보자. 이를 위해서 다범주 회귀모형(multicategory or polychotomous regression model)을 사용하는데, 이 중에서 널리 사용되는 기준범주 로짓모형(baseline-category logit model)을 소개한다. 종속변수 Y가 1, 2, ⋯, J의 값을 취한다고 하자. 이때 Y가 각 범주에 들 확률을 아래와 같이 정의하자.

$$P_j = P\{Y = j\}, j = 1, \ldots J \tag{6.28}$$

여기서 당연히 모든 확률을 합하면 1이 된다. 즉,

$$\sum_{j=1}^{J} P_j = 1$$

기준범주 로짓모형이란 마지막 범주인 범주 J를 기준(baseline)으로 간주하여(다른 범주를 기준으로 할 수도 있음) 범주별로 다음과 같은 회귀모형을 사용하는 것이다. 여기서는 편의상 독립변수는 X 하나인 경우를 고려하자.

$$\log\left(\frac{P_j}{P_J}\right) = \alpha_j + \beta_j X,\ \ j = 1, \ldots, J-1 \tag{6.29}$$

특히, 두 개의 범주를 가질 때(J=2) 위의 모형은 식 (6.6)의 로짓모형이 됨을 알 수 있다.

(6.29)의 모형하에서 범주별 확률은 다음과 같이 표현된다(이를 확인하라).

$$P_j = P_J e^{\alpha_j + \beta_j X} = \frac{e^{\alpha_j + \beta_j X}}{1 + \sum_{j=1}^{J-1} e^{\alpha_j + \beta_j X}},\ j = 1, \ldots, J-1 \tag{6.30a}$$

$$P_J = \frac{1}{1 + \sum_{j=1}^{J-1} e^{\alpha_j + \beta_j X}} \tag{6.30b}$$

모형이 추정된 후 새로운 객체에 대하여 각 범주별 확률을 추정한 후 최대의 확률을 갖는 범주를 부여하게 된다. 즉, 분류규칙은 다음과 같다.

$$k = \text{arg}max P_j \text{일 때 해당 객체를 범주 } k\text{에 분류} \tag{6.31}$$

모수의 추정을 위해 최우추정법을 사용할 수 있는데, i번째 객체의 범주가 y_i일 때 다음의 변수를 정의한다.

$$v_{ij} = \begin{cases} 1 & y_i = j\text{일 때} \\ 0 & y_i \neq j\text{일 때} \end{cases} \tag{6.32}$$

이때 Y_i는 1개를 J항으로 나누는 다항분포(multinomial distribution)를 따르므로 우도함수는 다음과 같다.

$$L = \prod_{i=1}^{n} P\{Y_i = y_i\} = \prod_{i=1}^{n}\prod_{j=1}^{J} P_j^{v_{ij}}$$

따라서 로그 우도함수는 다음과 같다.

$$\log L = \sum_{i=1}^{n}\sum_{j=1}^{J} v_{ij} \log P_j \tag{6.33}$$

예 6.4 어떤 제품의 불량 원인을 파악하기 위하여 불량품을 분석한 결과 공정변수 X_1 및 X_2의 값에 따라 [표 6.6]에서 보는 바와 같이 3종류의 불량(Y=1, 2, 3)이 발생함을 알았다. 공정변수에 따른 불량 종류를 모형화하여 분류규칙을 도출코자 한다.

[표 6.6] 공정변수-불량 종류 데이터

	X_1	X_2	Y
1	9.33	5.02	1
2	9.91	5.01	1
3	11.88	4.94	1
4	11.54	5.12	1
5	11.66	5.03	1
6	12.43	4.94	2
7	10.32	5.13	2
8	10.15	4.87	1
9	9.83	5.13	2
10	10.79	4.94	3
11	10.57	4.93	3
12	8.66	5.02	3
13	9.59	5.01	3
14	9.35	4.94	3
15	10.20	5.12	2
16	12.20	4.93	2
17	9.80	5	1
18	8.80	5.01	3

위의 데이터에 대한 명목 로지스틱 회귀분석의 결과는 다음과 같다.

Predictor	Coef	SE Coef	Z	p-value	Odds Ratio
Logit 1: (1/3)					
Constant	-80.36	66.71	-1.20	0.228	
X1	1.43	0.86	1.66	0.098	*
X2	13.28	12.58	1.06	0.291	5.84E+05
Logit 2: (2/3)					
Constant	-153.21	79.29	-1.93	0.053	
X1	2.23	1.07	2.08	0.037	*
X2	25.99	14.65	1.77	0.076	1.94E+11

모형 추정식은 아래와 같이 쓸 수 있다.

$$\log\left(\frac{P_1}{P_3}\right) = -80.36 + 1.43X_1 + 13.28X_2$$

$$\log\left(\frac{P_2}{P_3}\right) = -153.21 + 2.23X_1 + 25.99X_2$$

식 (6.30)을 사용하여(단, 본 예에서는 독립변수가 X_1 및 X_2이므로 계수가 추가된다) 범주별 확률을 구하고 식 (6.31)에 의하여 범주를 추정하면 아래 표와 같다.

	Y	P_1	P_2	P_3	추정범주
1	1	0.3678	0.0709	0.5613	3
2	1	0.4936	0.1341	0.3723	1
3	1	0.6008	0.3322	0.0670	1
4	1	0.1836	0.8136	0.0029	2
5	1	0.3923	0.5902	0.0175	2
6	2	0.5288	0.4437	0.0275	1
7	2	0.3500	0.62094	0.0291	2
8	1	0.2251	0.0126	0.7623	3
9	2	0.4062	0.5318	0.0620	2
10	3	0.5741	0.1405	0.2854	1
11	3	0.5073	0.0898	0.4029	1
12	3	0.2178	0.0279	0.7543	3
13	3	0.4182	0.0887	0.4931	3
14	3	0.2003	0.0154	0.7843	3

	Y	P_1	P_2	P_3	추정범주
15	2	0.3878	0.5701	0.0421	2
16	2	0.5786	0.3765	0.0449	1
17	1	0.4588	0.1065	0.4347	1
18	3	0.2181	0.0258	0.7561	3

또한, 이를 오분류행렬로 정리하면 [표 6.7]과 같다. 실제 범주를 정확히 추정한 비율은 55.6%(18개 제품 중 10개 제품)임을 알 수 있다.

[표 6.7] [예 6.4]에 대한 오분류행렬

		추정범주			
		1	2	3	계
실제 범주	1	3	2	2	7
	2	2	3	0	5
	3	2	0	4	6
계		7	5	6	18

6.3 ▸ 서열 로지스틱 회귀모형

종속변수가 3개 이상의 범주를 갖는데 각 범주 간에 서열이 있는 경우를 고려하는 두 가지 모형, 즉 누적 로짓모형과 인근범주 로짓모형을 소개한다.

6.3.1 누적 로짓모형(Cumulative logit model)

식 (6.28)의 범주별 확률에 대하여 Y가 범주 j 이하에 속할 (누적)확률은 다음과 같다.

$$P\{Y \leq j\} = P_1 + \ldots + P_j, \quad j = 1, \ldots, J-1 \tag{6.34}$$

위의 누적확률에 로짓 변환을 취하면 다음과 같으며,

$$logit(P\{Y \le j\}) = \log\left(\frac{P\{Y \le j\}}{1 - P\{Y \le j\}}\right) \tag{6.35}$$

하나의 독립변수 X에 대한 누적 로짓모형은 아래와 같다.

$$logit(P\{Y \le j\}) = \alpha_j + \beta X, \quad j = 1, \ldots, J-1 \tag{6.36}$$

여기서 특이사항은 독립변수에 대한 계수가 범주에 관계없이 일정하다고 가정한 것이다. 즉, X가 한 단위 증가할 때 로그 승산비가 범주 j에 관계없이 β만큼 증가하게 된다. 이런 성질 때문에 식 (6.36)의 모형을 비례 승산 모형(proportional odds model)이라고도 한다. 이 모형의 큰 장점은 추정할 계수 수를 줄일 수 있는 것이다.

모형 파라미터의 추정은 6.2절의 명목형 모형인 경우와 유사하게 다항분포를 사용한 최우추정법을 사용할 수 있으며 여기서는 생략한다. 모형이 추정된 후 새로운 객체에 대하여 각 범주별 확률을 추정한 후 최대의 확률을 갖는 범주를 부여하게 된다. 즉, 분류기준은 식 (6.31)과 같다. 그리고 각 범주별 확률은 다음과 같이 산출된다.

$$P_j = P\{Y \le j\} - P\{Y \le j-1\} = \frac{e^{\alpha_j + \beta X}}{1 + e^{\alpha_j + \beta X}} - \frac{e^{\alpha_{j-1} + \beta X}}{1 + e^{\alpha_{j-1} + \beta X}}, \quad j = 2, \ldots, J-1 \tag{6.37a}$$

$$P_1 = P\{Y \le 1\} = \frac{e^{\alpha_1 + \beta X}}{1 + e^{\alpha_1 + \beta X}} \tag{6.37b}$$

$$P_J = 1 - \frac{e^{\alpha_{J-1} + \beta X}}{1 + e^{\alpha_{J-1} + \beta X}} \tag{6.37c}$$

예 6.5 아래 표는 벨 연구소에서 한 통신장치에 대하여 실시한 조사 결과를 나타낸 것이다. 주요 성능변수인 회선잡음(circuit noise: N)과 소리크기 손실(loudness loss: L)이 이용자의 주관적인 만족도에 미치는 영향을 분석하기 위한 것이다. 만족도는 원결과(Cavanaugh, 1976)를 가공하여 다음과 같이 3가지로 분류하였다.

$$Y = \begin{cases} 1 & \text{나쁘다} \\ 2 & \text{보통} \\ 3 & \text{좋다} \end{cases}$$

[표 6.8] 성능변수에 따른 통신 만족도

성능변수		만족도
잡음(N)	손실(L)	
25	5	3
25	10	3
25	20	2
25	30	1
32	5	3
32	10	3
32	20	2
32	30	1
42	5	1
42	10	3
42	20	1
42	30	1

위의 데이터를 Minitab의 누적 로짓모형을 이용하여 분석한 결과는 다음과 같다.

(누적 로짓모형 결과)

Predictor	Coef	SE Coef	Z	p-value	Odds Ratio	95% CI Lower	95% CI Upper
Const(1)	-13.0353	6.78308	-1.92	0.055			
Const(1)	-11.3991	6.40165	-1.78	0.075			
N	0.223637	0.146679	1.52	0.127	1.25	0.94	1.67
L	0.299875	0.138286	2.17	0.030	1.35	1.03	1.77

이에 따르면 추정모형은 다음과 같다.

$$logit(P\{Y \leq 1\}) = -13.04 + 0.2236N + 0.2999L$$

$$logit(P\{Y \leq 2\}) = -11.40 + 0.2236N + 0.2999L$$

범주별 추정확률은 다음 식으로부터 산출할 수 있다.

$$P_1 = \frac{e^{-13.04+0.2236N+0.2999L}}{1+e^{-13.04+0.2236N+0.2999L}}$$

$$P_2 = \frac{e^{-11.40+0.2236N+0.2999L}}{1+e^{-11.40+0.2236N+0.2999L}} - P_1$$

$$P_3 = 1 - P_1 - P_2$$

위의 식에 의하여 범주별 확률을 구한 후 가장 큰 확률을 갖는 범주를 추정범주라 할 때 이를 정리하면 [표 6.9]와 같다. 오분류율은 33.3%(=4/12)이다.

[표 6.9] [예 6.5]에 대한 실제범주와 추정범주

성능변수		실제범주	범주별 확률			추정범주
잡음(N)	손실(L)		나쁘다(1)	보통(2)	좋다(3)	
25	5	3	0.0026	0.0107	0.9867	3
25	10	3	0.0115	0.0452	0.9433	3
25	20	2	0.1897	0.3572	0.4531	3
25	30	1	0.8245	0.1359	0.0396	1
32	5	3	0.0123	0.0480	0.9397	3
32	10	3	0.0529	0.1705	0.7766	3
32	20	2	0.5283	0.3241	0.1476	1
32	30	1	0.9574	0.0340	0.0086	1
42	5	1	0.1044	0.2710	0.6246	3
42	10	3	0.3430	0.3861	0.2709	2
42	20	1	0.9129	0.0689	0.0182	1
42	30	1	0.9953	0.0038	0.0009	1

6.3.2 인근범주 로짓모형(Adjacent-categories logit model)

독립변수 X를 갖는 인근범주 로짓모형은 다음과 같다.

$$\log\left(\frac{P_{j+1}}{P_j}\right)=\alpha_j+\beta_j X \quad j=1,\ldots,J-1 \tag{6.38}$$

이 경우 범주별 확률은 다음과 같이 표현된다.

$$P_j=P_1\exp\left\{\sum_{i=1}^{j-1}(\alpha_i+\beta_i X)\right\} \quad j=2,\ldots J \tag{6.39}$$

여기서

$$P_1=\left\{1+\exp(\alpha_1+\beta_1 X)+\ldots+\exp(\sum_{i=1}^{J-1}\alpha_i+\beta_i X)\right\}^{-1} \tag{6.40}$$

따라서 식 (6.38)의 모형은 다음의 모형과 동일함을 알 수 있다.

$$\log\left(\frac{P_j}{P_1}\right)=\eta_j+\gamma_j X, \quad j=2,\ldots,J \tag{6.41}$$

즉, 범주 1을 기준으로 하는 기준범주 로짓모형과 같다고 하겠다. 이때 범주별 확률은 다음과 같다.

$$P_1=\frac{1}{1+\sum_{i=2}^{J}\exp(\eta_i+\gamma_i X)} \tag{6.42a}$$

$$P_j=P_1\exp(\eta_j+\gamma_j X) \quad j=2,\ldots,J \tag{6.42b}$$

예 6.6 [예 6.5]에 대하여 인근범주모형을 적용하여 보자. 식 (6.41)과 같이 범주 1(나쁘다)을 기준으로 하는 기준범주 로짓모형을 사용하면 추정 결과는 다음과 같다.

(인근범주모형 결과)

Predictor	Coef	SE Coef	Z	p-value	Odds Ratio	95% CI Lower	95% CI Upper
Logit 1: (3/1)							
Const	19.0483	12.2302	1.56	0.119			
N	-0.360746	0.263210	-1.37	0.171	0.70	0.42	1.17
L	-0.470785	0.264272	-1.78	0.075	0.62	0.37	1.05
Logit 2: (2/1)							
Const	12.9423	10.9157	1.19	0.236			
N	-0.314316	0.246213	-1.28	0.202	0.73	0.45	1.18
L	-0.175004	0.189716	-0.92	0.356	0.84	0.58	1.22

모형 추정식은 다음과 같다.

$$\log\left(\frac{P_2}{P_1}\right) = 12.94 - 0.3143N - 0.1750L$$

$$\log\left(\frac{P_3}{P_1}\right) = 19.05 - 0.3607N - 0.4708L$$

식 (6.42)에 의한 범주별 확률과 추정범주는 [표 6.10]에서 보는 바와 같다. 오분류율은 25%(=3/12)이다.

[표 6.10] [예 6.6]의 인근범주모형에 의한 범주별 확률

잡음(N)	손실(L)	실제범주	P1	P2	P3	추정범주
25	5	3	0.0005	0.0301	0.9694	3
25	10	3	0.0043	0.1195	0.8762	3
25	20	2	0.1295	0.6305	0.2400	2
25	30	1	0.5369	0.4541	0.0090	1
32	5	3	0.0055	0.0410	0.9535	3
32	10	3	0.0487	0.1511	0.8002	3
32	20	2	0.5926	0.3195	0.0879	1
32	30	1	0.9132	0.0856	0.0012	1
42	5	1	0.1662	0.0534	0.7804	3
42	10	3	0.6329	0.0848	0.2823	1
42	20	1	0.9734	0.0227	0.0039	1
42	30	1	0.9960	0.0040	0.0000	1

6.4 ▸ 참고사항

6.1.3 절의 이분 로지스틱 회귀모형에 대하여 가중최소자승법을 사용한 내용에 대해서는 참고문헌 [6]을 참조하였다. 가중최소자승법 자체에 대한 설명을 위해서는 참고문헌 [1] 등을 참조할 수 있다. 여러 범주에 대한 로짓모형에 대한 참고문헌으로 [2], [4]를 들 수 있다. [예 6.5]에 대한 데이터는 참고문헌 [3]에서 발췌한 것이다. 6.3.1절에서의 비례승수모형은 참고문헌 [5]에서 제안되었다. 부록 6.2의 내용은 참고문헌 [7]을 참조하였다.

[1] 전치혁, 정민근, 이혜선 (2004). 공학응용통계(개정판). 홍릉과학출판사.

[2] Agresti, A. (1996). *An Introduction to Categorical Data Analysis*. Wiley, NewYork.

[3] Cavanaugh, J.-R. et al. (1976). "Models for the subjective effects of loss, noise,

and talker echo on telephone connections," *The Bell System Technical Journal*, 55, 9, 1319-1371.

[4] Kooperberg, C., S. Bose and C. J. Stone (1997). "Polychotomous regression," *Journal of the American Statistical Association*, vol.92, no.437, pp.117-127.

[5] McCullagh, P. (1980). "Regression models for ordinal data (with discussion)," *Journal of the Royal Statistical Society*, Series B, 42(2), 109-142.

[6] Montgomery, D. C. and E. A. Peck(1992). *Introduction to Linear Regression Analysis*, 2nd ed. Wiley, NewYork.

[7] Neter, J., M. H. Kutner, C. J. Nachtsheim, and W. Wasserman (1996). *Applied Linear Regression Models*, third edition. Irwin, Chicago.

부록 6.1 정규분포 모수에 대한 최우추정법

최우추정법이란 확률변수의 관측치에 대한 결합확률밀도함수(joint probability density function)를 모수의 함수로 간주하여 이를 최대화시키는 모수 값을 찾는 방법이다. 이때 결합확률밀도함수를 우도함수(likelihood function)라 하며, 각 관측치에 대한 확률밀도함수를 단순히 곱함으로써 얻을 수 있다. 또한, 우도함수를 최대화시키는 대신 우도함수에 로그를 취한 로그 우도함수를 최대화시키는 방안을 통상적으로 사용하고 있다.

확률변수 Y가 다음과 같은 확률밀도함수를 갖는 정규분포를 따른다고 하자.

$$f(y) = \frac{1}{\sqrt{2\pi}\,\sigma} exp\left(-\frac{(y-\mu)^2}{2\sigma^2}\right)$$

여기서 μ와 σ^2을 추정하여야 할 모수라 하고 Y에 대한 n개의 관측치를 $y_{1,\dots,}y_n$이라 할 때 이에 대한 우도함수는 다음과 같다.

$$L = \prod_{i=1}^{n} f(y_i) = \left(\frac{1}{\sqrt{2\pi}\,\sigma}\right)^n \exp\left(-\sum_{i=1}^{n}\frac{(y_i-\mu)^2}{2\sigma^2}\right)$$

따라서 자연로그를 취한 로그 우도함수는 다음과 같다.

$$\ln L = -n\ln(\sqrt{2\pi\sigma^2}) - \sum_{i=1}^{n}\frac{(y_i-\mu)^2}{2\sigma^2}$$

위의 함수를 최대로 하는 모수값을 구하기 위하여 각 모수에 대하여 편미분한 후 0으로 놓으면 다음과 같은 2개의 방정식을 얻는다.

$$\frac{\partial\,\ln L}{\partial\,\mu} = \frac{1}{\sigma^2}\sum_{i=1}^{n}(y_i-\mu) = 0$$

$$\frac{\partial\,\ln L}{\partial\,\sigma^2} = -\frac{n}{2\sigma^2} + \frac{\sum(y_i-\mu)^2}{2(\sigma^2)^2} = 0$$

위의 2개 방정식을 연립으로 풀면 다음과 같은 최우추정치를 얻는다.

$$\hat{\mu} = \bar{y} = \frac{1}{n}\sum_{i=1}^{n} y_i$$

$$\hat{\sigma}^2 = \frac{1}{n}\sum_{i=1}^{n}(y_i - \bar{y})^2$$

부록 6.2 최우추정치에 대한 표준오차

모수 $\boldsymbol{\beta} = (\beta_0, \beta_1, \ldots, \beta_{p-1})^T$가 포함된 우도함수 L이 구성되고 로그우도 함수 log L을 최대로 하는 최우추정치 $\hat{\boldsymbol{\beta}} = (\widehat{\beta_0}, \widehat{\beta_1}, \ldots, \hat{\beta}_{p-1})^T$이 산출된 후 각 모수에 대한 근사적 표준오차는 다음의 과정을 통하여 얻어진다(참고문헌 [7] p.599 참조). 우선 다음과 같이 2차 편미분량으로 구성된 $p \times p$ 헤시안 행렬을 만든다.

$$\boldsymbol{H} = [h_{ij}], \quad i, j = 0, 1, \ldots, p-1$$

여기서

$$h_{ii} = \frac{\partial^2 \log L}{\partial \beta_i^2} \quad i = 0, 1, \ldots, p-1$$

$$h_{ij} = \frac{\partial^2 \log L}{\partial \beta_i \partial \beta_j} \quad i \neq j$$

이때 모수 추정치에 대한 근사적 분산-공분산행렬은 다음과 같이 산출된다.

$$S = [(-h_{ij})_{\beta = \hat{\beta}}]^{-1}$$

따라서 $\widehat{\beta_i}$에 대한 표준오차는 위의 행렬의 $(i+1)$번째 대각원소의 제곱근과 같다.

예로서 다음과 같이 두 개의 독립변수가 있는 로짓모형

$$logit(P) = \beta_0 + \beta_1 X_1 + \beta_2 X_2$$

에 대하여 헤시안 행렬을 구하면 다음과 같다.

$$H = \begin{bmatrix} -\sum \widehat{P}_i(1-\widehat{P}_i) & -\sum x_{1i}\widehat{P}_i(1-\widehat{P}_i) & -\sum x_{2i}\widehat{P}_i(1-\widehat{P}_i) \\ -\sum x_{1i}\widehat{P}_i(1-\widehat{P}_i) & -\sum x_{1i}^2\widehat{P}_i(1-\widehat{P}_i) & -\sum x_{1i}x_{2i}\widehat{P}_i(1-\widehat{P}_i) \\ -\sum x_{2i}\widehat{P}_i(1-\widehat{P}_i) & -\sum x_{1i}x_{2i}\widehat{P}_i(1-\widehat{P}_i) & -\sum x_{2i}^2\widehat{P}_i(1-\widehat{P}_i) \end{bmatrix}$$

여기서

$$\widehat{P}_i = \frac{\exp(\widehat{\beta}_0 + \widehat{\beta}_1 x_{1i} + \widehat{\beta}_2 x_{2i})}{1 + \exp(\widehat{\beta}_0 + \widehat{\beta}_1 x_{1i} + \widehat{\beta}_2 x_{2i})}$$

연습문제

6.1 다음 데이터는 건강검진으로 지방간 여부를 판정받은 사람들에 대한 데이터이다. 'GENDER'는 성별로서 1은 남자, 2는 여자를 나타내며, 'BMI(body mass index)'는 체질량지수로서 체중(kg)을 신장(m)의 제곱으로 나눈 값이고, 'TG'는 중성지방 수치를 나타낸다. 그리고 'FAT'은 지방간 여부를 나타내는 종속변수로서 1은 지방간을 0은 정상임을 나타낸다.

객체	GENDER	BMI	TG	FAT
1	1	22.2	169	1
2	2	26.6	46	0
3	2	22.6	58	0
4	1	19.9	70	0
5	2	33.2	179	0
6	2	22	68	0
7	1	28.6	66	1
8	1	24.5	78	1
9	1	22	40	0
10	2	24.1	72	0
11	1	20.6	141	0
12	1	24.9	56	0
13	1	23.9	132	1
14	1	20.7	55	0
15	2	23.9	59	0
16	2	19.8	140	0
17	1	32.2	151	1
18	1	25.6	188	1
19	1	23.5	108	0
20	1	34.3	79	1
21	1	21.6	43	0
22	1	27.6	45	0
23	1	21	16	0
24	1	21	130	0
25	2	24.6	45	0

객체	GENDER	BMI	TG	FAT
26	1	29.1	184	1
27	2	21.4	140	0
28	2	25.6	90	0
29	1	24.5	74	0
30	2	21.5	57	0
31	2	24.5	79	0
32	1	25.4	89	0
33	1	22.5	93	0
34	1	24.7	37	0
35	1	26.5	216	1
36	2	27.6	159	1
37	2	23.5	60	0
38	2	22.2	102	0
39	1	27.5	231	1
40	2	27.3	79	0

(a) 로지스틱 회귀모형을 추정하고 각 계수 추정치를 해석하라.

(b) 위의 학습표본에 대한 범주를 추정하고 오분류행렬을 작성하라.

6.2 다음은 어떤 부품의 강도 시험을 위해 부하(load)에 따른 시험 부품수와 파괴 부품수를 나타낸 것이다.

관측번호	부하	시험 부품수	파괴 부품수
1	20	40	5
2	25	50	7
3	30	25	4
4	35	60	10
5	40	45	13
6	45	50	20
7	50	20	11
8	55	30	17
9	60	40	27
10	65	40	23
11	70	30	22
12	75	35	25

(a) 이분 로지스틱 회귀모형을 이용하여 부하에 따른 파괴확률의 추정식을 도출하라.

(b) 파괴를 1, 비파괴를 0으로 분류할 때 부하가 얼마 이상일 때 1로 분류되는가?

6.3 다음 데이터는 30개 기업의 3가지 재무제표와 범주(Y)를 나타낸 것이다. 범주 중 0은 2년 후 파산한 기업을 말하며 1은 그렇지 않은 것을 의미한다. X1은 잉여이익금율(=잉여이익금/총자산, %), X2는 세전이익율(=세전이익/총자산, %), X3는 매출액 비율(=매출액/총자산, %)을 나타낸다.

	X1	X2	X3	Y		X2	X2	X3	Y
1	-48.2	6.8	1.6	0	16	21.5	-14.4	1.0	1
2	-49.2	-17.2	0.3	0	17	8.5	5.8	1.5	1
3	-19.2	-36.7	0.8	0	18	40.6	5.8	1.8	1
4	-18.1	-6.5	0.9	0	19	34.6	26.4	1.8	1
5	-98.0	-20.8	1.7	0	20	19.9	26.7	2.3	1
6	-129.0	-14.2	1.3	0	21	17.4	12.6	1.3	1
7	-4.0	-15.8	2.1	0	22	54.7	14.6	1.7	1
8	-8.7	-36.3	2.8	0	23	53.5	20.6	1.1	1
9	-59.2	-12.8	2.1	0	24	35.9	26.4	2.0	1
10	-13.1	-17.6	0.9	0	25	39.4	30.5	1.9	1
11	-38.0	1.6	1.2	0	26	53.1	7.1	1.9	1
12	-57.9	0.7	0.8	0	27	39.8	13.8	1.2	1
13	-8.8	-9.1	0.9	0	28	59.5	7.0	2.0	1
14	-64.7	-4.0	0.1	0	29	16.3	20.4	1.0	1
15	-11.4	4.8	0.9	0	30	21.7	-7.8	1.6	1

(a) 로짓모형을 추정하고 결과를 해석하라.

(b) 파산확률을 추정하고 이를 바탕으로 범주를 추정하라. 또한 오분류행렬을 작성하라.

6.4 [예 6.4]에서 범주 1을 기준으로 하는 기준범주 로짓모형으로부터 각 범주확률을 추정하라. 범주 3을 기준으로 하는 경우와 결과가 동일한가?

6.5 [예 6.5]에서 추정된 누적 로짓모형을 사용하여 다음의 6개의 새로운 객체를 분류하라.

객체	1	2	3	4	5	6
잡음	20	20	30	30	40	40
손실	15	25	15	25	15	25

6.6 다음은 세 가지 품종 'Setosa', 'Versicolor', 'Virginica'의 붓꽃(Iris)으로부터 각각 50개, 총 150개의 객체들을 추출해서 4가지 부위를 mm 단위로 측정한 자료이다. 측정 변수는 X1(Sepal Length, 꽃받침 조각의 길이), X2(Sepal Width, 꽃받침 조각의 폭), X3(Petal Length, 꽃잎의 길이), X4(Petal Width, 꽃잎의 폭)이다.

Setosa				Versicolor				Virginica			
X1	X2	X3	X4	X1	X2	X3	X4	X1	X2	X3	X4
5.1	3.5	1.4	0.2	7.0	3.2	4.7	1.4	6.3	3.3	6.0	2.5
4.9	3.0	1.4	0.2	6.4	3.2	4.5	1.5	5.8	2.7	5.1	1.9
4.7	3.2	1.3	0.2	6.9	3.1	4.9	1.5	7.1	3.0	5.9	2.1
4.6	3.1	1.5	0.2	5.5	2.3	4.0	1.3	6.3	2.9	5.6	1.8
5.0	3.6	1.4	0.2	6.5	2.8	4.6	1.5	6.5	3.0	5.8	2.2
5.4	3.9	1.7	0.4	5.7	2.8	4.5	1.3	7.6	3.0	6.6	2.1
4.6	3.4	1.4	0.3	6.3	3.3	4.7	1.6	4.9	2.5	4.5	1.7
5.0	3.4	1.5	0.2	4.9	2.4	3.3	1.0	7.3	2.9	6.3	1.8
4.4	2.9	1.4	0.2	6.6	2.9	4.6	1.3	6.7	2.5	5.8	1.8
4.9	3.1	1.5	0.1	5.2	2.7	3.9	1.4	7.2	3.6	6.1	2.5
5.4	3.7	1.5	0.2	5.0	2.0	3.5	1.0	6.5	3.2	5.1	2.0
4.8	3.4	1.6	0.2	5.9	3.0	4.2	1.5	6.4	2.7	5.3	1.9
4.8	3.0	1.4	0.1	6.0	2.2	4.0	1.0	6.8	3.0	5.5	2.1
4.3	3.0	1.1	0.1	6.1	2.9	4.7	1.4	.7	2.5	5.0	2.0
5.8	4.0	1.2	0.2	5.6	2.9	3.6	1.3	5.8	2.8	5.1	2.4
5.7	4.4	1.5	0.4	6.7	3.1	4.4	1.4	6.4	3.2	5.3	2.3
5.4	3.9	1.3	0.4	5.6	3.0	4.5	1.5	6.5	3.0	5.5	1.8
5.1	3.5	1.4	0.3	5.8	2.7	4.1	1.0	7.7	3.8	6.7	2.2
5.7	3.8	1.7	0.3	6.2	2.2	4.5	1.5	7.7	2.6	6.9	2.3
5.1	3.8	1.5	0.3	5.6	2.5	3.9	1.1	6.0	2.2	5.0	1.5
5.4	3.4	1.7	0.2	5.9	3.2	4.8	1.8	6.9	3.2	5.7	2.3

Setosa				Versicolor				Virginica			
X1	X2	X3	X4	X1	X2	X3	X4	X1	X2	X3	X4
5.1	3.7	1.5	0.4	6.1	2.8	4.0	1.3	5.6	2.8	4.9	2.0
4.6	3.6	1.0	0.2	6.3	2.5	4.9	1.5	7.7	2.8	6.7	2.0
5.1	3.3	1.7	0.5	6.1	2.8	4.7	1.2	6.3	2.7	4.9	1.8
4.8	3.4	1.9	0.2	6.4	2.9	4.3	1.3	6.7	3.3	5.7	2.1
5.0	3.0	1.6	0.2	6.6	3.0	4.4	1.4	7.2	3.2	6.0	1.8
5.0	3.4	1.6	0.4	6.8	2.8	4.8	1.4	6.2	2.8	4.8	1.8
5.2	3.5	1.5	0.2	6.7	3.0	5.0	1.7	6.1	3.0	4.9	1.8
5.2	3.4	1.4	0.2	6.0	2.9	4.5	1.5	6.4	2.8	5.6	2.1
4.7	3.2	1.6	0.2	5.7	2.6	3.5	1.0	7.2	3.0	5.8	1.6
4.8	3.1	1.6	0.2	5.5	2.4	3.8	1.1	7.4	2.8	6.0	1.9
5.4	3.4	1.5	0.4	5.5	2.4	3.7	1.0	7.9	3.8	6.4	2.0
5.2	4.1	1.5	0.1	5.8	2.7	3.9	1.2	6.4	2.8	5.6	2.2
5.5	4.2	1.4	0.2	6.0	2.7	5.1	1.6	6.3	2.8	5.1	1.5
4.9	3.1	1.5	0.2	5.4	3.0	4.5	1.5	6.1	2.6	5.6	1.4
5.0	3.2	1.2	0.2	6.0	3.4	4.5	1.6	7.7	3.0	6.1	2.3
5.5	3.5	1.3	0.2	6.7	3.1	4.7	1.5	6.3	3.4	5.6	2.4
4.9	3.6	1.4	0.1	6.3	2.3	4.4	1.3	6.4	3.1	5.5	1.8
4.4	3.0	1.3	0.2	5.6	3.0	4.1	1.3	6.0	3.0	4.8	1.8
5.1	3.4	1.5	0.2	5.5	2.5	4.0	1.3	6.9	3.1	5.4	2.1
5.0	3.5	1.3	0.3	5.5	2.6	4.4	1.2	6.7	3.1	5.6	2.4
4.5	2.3	1.3	0.3	6.1	3.0	4.6	1.4	6.9	3.1	5.1	2.3
4.4	3.2	1.3	0.2	5.8	2.6	4.0	1.2	5.8	2.7	5.1	1.9
5.0	3.5	1.6	0.6	5.0	2.3	3.3	1.0	6.8	3.2	5.9	2.3
5.1	3.8	1.9	0.4	5.6	2.7	4.2	1.3	6.7	3.3	5.7	2.5
4.8	3.0	1.4	0.3	5.7	3.0	4.2	1.2	6.7	3.0	5.2	2.3
5.1	3.8	1.6	0.2	5.7	2.9	4.2	1.3	6.3	2.5	5.0	1.9
4.6	3.2	1.4	0.2	6.2	2.9	4.3	1.3	6.5	3.0	5.2	2.0
5.3	3.7	1.5	0.2	5.1	2.5	3.0	1.1	6.2	3.4	5.4	2.3
5.0	3.3	1.4	0.2	5.7	2.8	4.1	1.3	5.9	3.0	5.1	1.8

(a) 각 품종별로 처음 30개의 객체들을 학습표본으로 명목 로지스틱 회귀모형을 적용하여 분류하고 학습표본에 대한 오분류행렬을 작성하라.

(b) 학습표본이 아닌 나머지 데이터(각 품종별 20개, 총 60개 관측치)에 대한 범주를 추정하고 오분류행렬을 작성하라.

6.7 다음은 유방암 상태(이분형: malignant or benign)와 세 가지 변수(x1-clump thickness; x6-bare nuclei; x7-bland chromatin; 각 변수는 0에서 10 사이의 값을 가짐)와의 관계를 알아보기 위한 로짓모형과 노밋모형의 미니탭 결과를 나타낸 것이다.

Binary Logistic Regression: y versus x1, x6, x7

Response Information

Variable	Value	Count	
y	1	161	(Malignant: Event)
	0	316	(Benign)
	Total	477	

Link Function: Logit

Predictor	Coef	SE Coef	Z	P	Odds Ratio	95% CI Lower	Upper
Constant	-9.72357	1.11490	-8.72	0.000			
X1	0.782704	0.137454	5.69	0.000	2.19	1.67	2.86
X6	0.535184	0.096578 8	5.54	0.000	1.71	1.41	2.06
X7	0.937970	0.207919	4.51	0.000	2.55	1.70	3.84

Link Function: Normit

Predictor	Coef	SE Coef	Z	P
Constant	-5.00099	0.487753	-10.25	0.000
X1	0.392899	0.0653413	6.01	0.000
X6	0.284298	0.0450344	6.31	0.000
X7	0.458536	0.0895436	5.12	0.000

(a) 로짓모형에서 x1의 승수비를 해석하라.

(b) 로짓모형에서 x1의 승수비가 x6의 승수비보다 높다고 할 수 있는가? 간단히 설명하라.

(c) 로짓모형에서 (x1, x6, x7)=(5, 10, 4)일 때, 'malignant'일 확률을 구하라.

(d) 노밋모형에서 (x1, x6, x7)=(5, 10, 4)일 때, 'malignant'일 확률을 구하라.

(e) 노밋모형을 사용할 경우 (x1, x6, x7)=(9, 3, 5)인 환자의 유방암 상태를 어떤 것으로 분류하겠는가?

6.8 식 (6.4)가 로짓 변환을 통하여 식 (6.6)과 같이 됨을 보여라.

6.9 식 (6.6)의 로짓모형에 대하여 Y_i가 식 (6.12)와 같은 이항분포를 따를 때 로그 우도함수를 유도하고 파라미터 추정을 위한 두 개의 방정식을 유도하라.

6.10 식 (6.23)의 곰핏모형에 대하여 Y_i가 베르누이 분포(0 및 1의 값)를 따를 때 로그 우도함수를 유도하고 파라미터 추정을 위한 두 개의 방정식을 유도하라.

6.11 설명변수가 하나(X) 있는 이분 곰핏모형에서 P가 1/2 이상인 X의 범위를 구하라.

6.12 이분형 종속변수(Y)를 하나의 독립변수 X로 설명하는 모형을 고려한다. $Y=1$인 확률 P에 대하여 다음과 같은 관계가 있다고 한다.

$$P = 1 - \exp[(\beta_0 + \beta_1 X)^a]$$

위에서 a는 알고 있는 상수이며, β_0, β_1는 추정할 계수이다.

(a) 상기 모형에 대한 적절한 연결함수를 구하라.

(b) 관측 데이터 $\{(x_i, y_i), i=1,\cdots,n\}(y_i=0,1)$가 있다고 할 때 모형 계수를 추정할 로그 우도함수를 기술하라.

(c) 상기 모형이 추정된 후 X에 대한 새로운 관측치만을 갖고 Y를 1 또는 0으로 분류할 수 있는가? 그렇다면 1과 0으로 분류할 수 있는 X의 경계치를 구하라.

6.13 기준범주 로짓모형에서 식 (6.30)이 성립함을 확인하라.

6.14 누적 로짓모형에서 식 (6.37)이 성립함을 확인하라.

6.15 서열 로지스틱 모형의 일종으로 다음과 같은 로짓 형태를 사용하는 것을 연속비율 로짓모형(continuation-ratio logit model)이라 한다.

$$\log\left(\frac{P_1}{P_2}\right), \log\left(\frac{P_1+P_2}{P_3}\right), \ldots, \log\left(\frac{P_1+\ldots+P_{j-1}}{P_J}\right)$$

설명변수로 X를 사용하는 경우 범주별 추정확률을 유도하라.

6.16 세 범주 이상의 명목 로지스틱 모형에서 변수 v_{ij}를 식 (6.32) 대신 r_i의 시행 중 범주 j에 속한 수라 정의할 때 이 변수는 확률 $(P_{1,\ldots,}P_J)$를 갖는 다항분포를 따른다. 이 경우 우도함수를 구성하라.

6.17 Y가 범주를 나타내며 범주 간의 서열이 있는 경우 누적곰핏모형(cumulative gompit model)을 사용하고자 한다. 즉, Y가 j일 확률을 $P_j(j=1,2,\cdots,j)$라 할 때 Y가 j 이하일 확률에 대하여 곰핏 변환을 이용한 모델을 사용하고자 한다. 독립변수는 X라 하자.

(a) 사용할 누적곰핏모형을 기술하라.

(b) 모형이 추정된 후 P_j를 산출하는 식을 도출하라.

(c) 모형 추정을 위한 학습표본의 객체(관측) i에 대하여 다음 데이터가 있다.

$$v_{ij} = \begin{cases} 1 & y_i = j\text{일 때} \\ 0 & \text{그렇지 않을 때} \end{cases}$$

최우추정법을 사용한다고 할 때 로그 우도함수를 유도하고 추정 방안을 간단히 기술하라.

7장

판별분석

들어가며

판별분석(discriminant analysis)은 객체를 몇 개의 범주로 분류하는 목적 외에도 범주들을 가장 잘 구분하는 변수를 찾고 범주 간의 차이를 가장 잘 표현하는 새로운 함수를 구하는 등 여러 목적으로 활용되나, 여기서는 분류 목적으로 사용하는 방안을 다룬다. 분류 목적의 판별분석에서는 범주들을 가장 잘 구별하는 변수들의 하나 또는 다수의 함수(선형 또는 비선형)를 도출하여 이를 기반으로 분류규칙을 제시한다. 이러한 판별함수는 피셔(Fisher) 방법 또는 의사결정이론으로부터 유도되는데, 의사결정이론에서는 주로 다변량 정규분포를 사용한다. 이때 정규분포의 분산-공분산행렬이 범주에 관계없이 동일하다고 가정하면 판별함수가 선형으로 도출되므로 이 경우를 선형판별분석(linear discriminant analysis; LDA)이라 하며, 분산-공분산행렬이 범주별로 다르다고 가정하면 이차식의 판별함수가 유도되므로 이 경우를 이차판별분석(quadratic discriminant analysis; QDA)이라 한다. 7.1절에서 피셔 방법을 소개하며, 그 이후에는 의사결정론에 의한 분석을 설명한다.

7.1 ▶ 피셔 방법

판별분석은 주로 의사결정이론에 의거한 것을 의미하나 이해를 돕기 위하여 피셔에 의한 방법을 먼저 소개한다. 피셔 방법에서는 변수의 분포에 대한 가정이 필요 없으며, 사전확률 또는 비용의 고려가 없다. 본 절에서는 두 범주의 분류 문제만을 다룬다.

7.1.1 피셔 판별함수

각 객체는 p개 변수들의 벡터 $\boldsymbol{x}=(X_{1,\ldots,}X_p)^T$로 이루어지고, 범주 1 또는 범주 2 중 하나를 취한다 하자. 그리고 객체 $\boldsymbol{x}$의 기대치와 분산-공분산행렬(variance-covariance matrix)을 아래와 같다고 하자.

$$E[\boldsymbol{x}]=\begin{cases}\boldsymbol{\mu}_1, & \boldsymbol{x}\text{가 범주 1에 속할 때}\\ \boldsymbol{\mu}_2, & \boldsymbol{x}\text{가 범주 2에 속할 때}\end{cases}$$

$$Var[\boldsymbol{x}]=\boldsymbol{\Sigma}\quad(\text{범주에 관계없이 동일})$$

피셔의 방법은 변수들의 선형조합으로 새로운 변수를 형성한 후 이를 바탕으로 분류규칙을 만드는 것이다. 다음과 같이 변수들의 선형조합으로 새로운 변수 Z를 형성하는 함수를 피셔 판별함수(Fisher's discriminant function)라 한다.

$$Z=w_1X_1+w_2X_2+\ldots+w_pX_p=\boldsymbol{w}^T\boldsymbol{x} \tag{7.1}$$

여기서 계수벡터 $\boldsymbol{w}=(w_1,\ldots,w_p)^T$는 통상 다음 비율을 최대화하는 것으로 결정한다.

$$\lambda=\frac{\text{범주 간 }Z\text{의 평균차이}}{Z\text{의 분산}} \tag{7.2}$$

우선 범주 간 Z의 평균차이는 다음과 같다.

$$\text{범주 간 } Z\text{의 평균차이} = E[Z|\text{범주}1] - E[Z|\text{범주}2] = \boldsymbol{w}^T\boldsymbol{\mu}_1 - \boldsymbol{w}^T\boldsymbol{\mu}_2$$

그리고 Z의 분산은 다음과 같다.

$$Var[Z] = Var[\boldsymbol{w}^T\boldsymbol{x}] = \boldsymbol{w}^T\boldsymbol{\Sigma}\boldsymbol{w}$$

따라서 식 (7.2)의 비율은 다음과 같다.

$$\lambda = \frac{\boldsymbol{w}^T(\boldsymbol{\mu}_1 - \boldsymbol{\mu}_2)}{\boldsymbol{w}^T\boldsymbol{\Sigma}\boldsymbol{w}} \tag{7.3}$$

식 (7.3)의 비율을 최대로 하는 w벡터를 구하기 위하여 w로 미분하여 0으로 두면 다음 식을 얻는다.

$$\mu_1 - \mu_2 = \frac{2w^T(\mu_1 - \mu_2)}{w^T\Sigma w}\Sigma w \tag{7.4}$$

이를 만족하는 w에 대하여 다음이 성립한다.

$$w \propto \Sigma^{-1}(\mu_1 - \mu_2) \tag{7.5}$$

즉, w는 유일한 해는 아니며, 임의의 상수를 곱한 계수들이 모두 해가 될 수 있다. 편의상 비례상수를 1로 두면 위의 계수는 다음과 같으며

$$w = \Sigma^{-1}(\mu_1 - \mu_2) \tag{7.6}$$

따라서 식 (7.1)의 피셔 판별함수는 아래와 같다.

$$Z = w^T\boldsymbol{x} = (\mu_1 - \mu_2)\Sigma^{-1}\boldsymbol{x} \tag{7.7}$$

위에서 관련된 모수는 학습표본으로부터 추정될 수 있다. 학습표본으로 총 n개의 객체가 있으며, 다음과 같이 n_1개는 범주 1에, n_2개는 범주 2로 구분된다고 하자 ($n_1 + n_2 = n$).

$$\text{범주 1: } \boldsymbol{x}_i^{(1)}, \quad i=1,\ldots,n_1$$
$$\text{범주 2: } \boldsymbol{x}_i^{(2)}, \quad i=1,\ldots,n_2$$

이때 범주별 평균벡터는 다음과 같이 추정된다.

$$\widehat{\boldsymbol{\mu}_j} = \overline{\boldsymbol{x}^{(j)}} = \frac{1}{n_j}\sum_{i=1}^{n_j}\boldsymbol{x}_i^{(j)} \quad j=1,2 \tag{7.8}$$

그리고 분산-공분산행렬은 아래와 같이 합동 분산-공분산행렬(pooled variance-covariance matrix)로 추정된다.

$$\widehat{\boldsymbol{\Sigma}} = \boldsymbol{S}_p = \frac{(n_1-1)\boldsymbol{S}_1 + (n_2-1)\boldsymbol{S}_2}{n_1+n_2-2} \tag{7.9}$$

여기서 $\boldsymbol{S}_1, \boldsymbol{S}_2$는 각각 범주 1, 범주 2에 속하는 객체들에 대한 표본 분산-공분산행렬을 나타낸다. 즉,

$$\boldsymbol{S}_j = \frac{1}{n_j-1}\sum_{i=1}^{n_j}(\boldsymbol{x}_i^{(j)} - \overline{\boldsymbol{x}^{(j)}})(\boldsymbol{x}_i^{(j)} - \overline{\boldsymbol{x}^{(j)}})^T, \quad j=1,2. \tag{7.10}$$

위와 같이 합동 분산-공분산행렬을 사용하는 이유는 각 범주별 평균이 서로 다를 수 있기 때문이다. 따라서 식 (7.6)의 판별계수는 다음과 같이 추정된다.

$$\hat{\boldsymbol{w}} = \boldsymbol{S}_p^{-1}(\overline{\boldsymbol{x}^{(1)}} - \overline{\boldsymbol{x}^{(2)}}) \tag{7.11}$$

참고로 식 (7.2)의 λ 대신 다음의 비율을 최대화시키는 방안도 동일한 결과를 얻는다(이를 확인하라).

$$\lambda = \frac{(\text{범주 간 } Z\text{의 평균차이})^2}{Z\text{의 분산}} \tag{7.12}$$

$$\lambda = \frac{\text{범주 간 제곱합}}{\text{범주 내 제곱합}} \tag{7.13}$$

7.1.2 분류규칙

객체 $\boldsymbol{x}$의 범주를 분류하기 위하여 우선 각 범주의 표본평균과 판별함수값과의 차이를 산출한 후 그 차이가 작은 범주에 분류하게 된다. 즉,

$$|\hat{\boldsymbol{w}}^T(\boldsymbol{x}-\overline{\boldsymbol{x}^{(1)}})| \le |\hat{\boldsymbol{w}}^T(\boldsymbol{x}-\overline{\boldsymbol{x}^{(2)}})| \text{이면, } \boldsymbol{x}\text{를 범주1로 분류} \tag{7.14a}$$

$$|\hat{\boldsymbol{w}}^T(\boldsymbol{x}-\overline{\boldsymbol{x}^{(1)}})| > |\hat{\boldsymbol{w}}^T(\boldsymbol{x}-\overline{\boldsymbol{x}^{(2)}})| \text{이면, } \boldsymbol{x}\text{를 범주2로 분류} \tag{7.14b}$$

또는 새로운 변수인 Z값을 기준으로 다음과 같이 분류할 수 있다. 다음이 성립할 때

$$\overline{Z_1} = \hat{\boldsymbol{w}}^T\overline{\boldsymbol{x}^{(1)}} > \overline{Z_2} = \hat{\boldsymbol{w}}^T\overline{\boldsymbol{x}^{(2)}}$$

객체 $\boldsymbol{x}$의 분류규칙은 아래와 같다.

$$\hat{Z} = \hat{\boldsymbol{w}}^T\boldsymbol{x} \ge \overline{Z}\text{이면, } \boldsymbol{x}\text{를 범주 1로 분류} \tag{7.15a}$$

$$\hat{Z} = \hat{\boldsymbol{w}}^T\boldsymbol{x} < \overline{Z}\text{이면, } \boldsymbol{x}\text{를 범주 2로 분류} \tag{7.15b}$$

여기서 $\overline{Z}$는 경계값으로

$$\overline{Z} = \frac{\overline{Z_1} + \overline{Z_1}}{2}$$

로 산출하나, 범주별 객체수가 다른 경우에는 다음을 사용함이 보다 타당할 것이다.

$$\overline{Z} = \frac{1}{n}\sum_{i=1}^{n} Z_i = \frac{n_1\overline{Z_1} + n_2\overline{Z_2}}{n_1 + n_2}$$

결국, 피셔 판별함수에 따른 분류 경계식은 다음과 같이 주어진다.

$$\hat{\boldsymbol{w}}^T\boldsymbol{x} = \overline{Z} \tag{7.16}$$

참고로 마할라노비스 거리(Mahalanobis distance)를 이용한 분류규칙도 위와 동일함을

알 수 있다. 벡터 $\boldsymbol{x}_1$와 벡터 $\boldsymbol{x}_2$ 간의 마할라노비스 거리의 제곱 또는 일반화된 제곱거리(generalized squared distance)는 아래와 같이 정의된다(11.2절 참조).

$$d^2(\boldsymbol{x}_1, \boldsymbol{x}_2) = (\boldsymbol{x}_1 - \boldsymbol{x}_2)^T \boldsymbol{\Sigma}^{-1} (\boldsymbol{x}_1 - \boldsymbol{x}_2) \tag{7.17}$$

벡터 $\boldsymbol{x}$와 범주 1의 평균 $\boldsymbol{\mu}_1$의 거리가 벡터 $\boldsymbol{x}$와 범주 2의 평균 $\boldsymbol{\mu}_2$와의 거리보다 가까우면 범주 1에 분류하는 것이 타당하므로, 분류규칙은 다음과 같다.

$$d^2(\boldsymbol{x}, \boldsymbol{\mu}_1) \le d^2(\boldsymbol{x}, \boldsymbol{\mu}_2) \text{이면, } \boldsymbol{x}\text{를 범주 1로 분류} \tag{7.18}$$

위의 규칙을 정리하면 위에서 도출한 식 (7.14) 또는 (7.15)와 동일함을 알 수 있다.

예 7.1 두 변수 X1, X2에 대하여 학습표본으로 [표 7.1]과 같이 9개의 객체와 사전에 분류된 범주가 있다고 하자. [그림 7.1]은 각 객체를 두 변수 좌표축에 나타낸 것이다.

[표 7.1] 두 변수 객체의 학습표본

객체 번호	X1	X2	범주
1	5	7	1
2	4	3	2
3	7	8	2
4	8	6	2
5	3	6	1
6	2	5	1
7	6	6	1
8	9	6	2
9	5	4	2

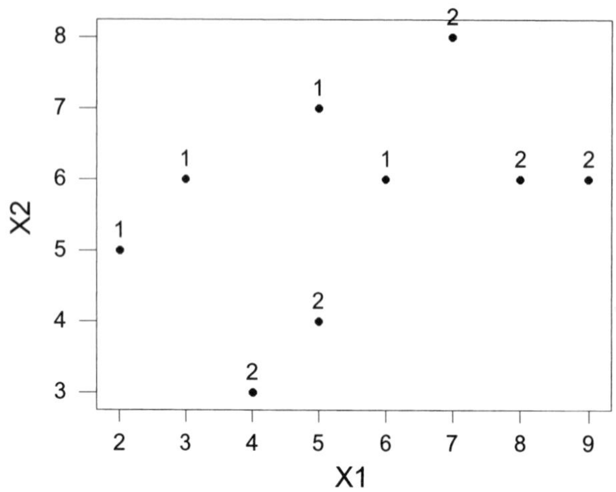

[그림 7.1] [예 7.1]의 학습표본

범주별 평균벡터는 다음과 같으며,

$$\overline{\boldsymbol{x}^{(1)}} = \begin{pmatrix} 4.0 \\ 6.0 \end{pmatrix} \qquad \overline{\boldsymbol{x}^{(2)}} = \begin{pmatrix} 6.6 \\ 5.4 \end{pmatrix}$$

범주별 표본 분산-공분산행렬은 다음과 같다.

$$\boldsymbol{S}_1 = \begin{pmatrix} 3.3333 & 1 \\ 1 & 0.6666 \end{pmatrix} \qquad \boldsymbol{S}_2 = \begin{pmatrix} 4.3 & 2.95 \\ 2.95 & 3.8 \end{pmatrix}$$

따라서 합동 분산-공분산행렬은 다음과 같다.

$$\boldsymbol{S}_p = \begin{pmatrix} 3.8857 & 2.1143 \\ 2.1143 & 2.4571 \end{pmatrix}$$

그러므로 판별계수는 다음과 같이 추정된다.

$$\hat{w} = \boldsymbol{S}_p^{-1}(\overline{\boldsymbol{x}^{(1)}} - \overline{\boldsymbol{x}^{(2)}}) = \begin{pmatrix} 0.4839 & -0.4164 \\ -0.4164 & 0.7653 \end{pmatrix} \begin{pmatrix} -2.6 \\ 0.6 \end{pmatrix} = \begin{pmatrix} -1.5080 \\ 1.5418 \end{pmatrix}$$

[표 7.2]는 학습표본에 대한 분류 결과를 나타내고 있다. 3번째와 7번째 객체를 제외한 7개 객체는 올바로 분류됨을 볼 수 있다. 여기서

$$\overline{Z_1} = 3.2187, \quad \overline{Z_2} = -1.6273$$

이며, $\overline{Z} = 0.5264$이다.

[표 7.2] [예 7.1]의 학습표본에 대한 분류 결과

실제 범주	객체 번호	X1	X2	Z	$\lvert\hat{w}^T(x-\overline{x^{(1)}})\rvert$	$\lvert\hat{w}^T(x-\overline{x^{(2)}})\rvert$	추정 범주
1	1	5	7	3.2524	0.0338	4.8797	1
1	5	3	6	4.7267	1.5080	6.3540	1
1	6	2	5	4.6929	1.4743	6.3203	1
1	7	6	6	0.2026	3.0161	1.8299	2
2	2	4	3	-1.4068	4.6254	0.2206	2
2	3	7	8	1.7781	1.4405	3.4055	1
2	4	8	6	-2.8135	6.0322	1.1862	2
2	8	9	6	-4.3215	7.5402	2.6942	2
2	9	5	4	-1.3730	4.5916	0.2543	2

(식 7.16)에 의한 분류 경계식은 다음과 같이 주어지므로

$$-1.5080X_1 + 1.5418X_2 = 0.5264 \quad (\text{또는 } X_2 = 0.3414 + 0.9781X_1)$$

이를 [그림 7.1]에 표시하면 [그림 7.2]와 같다.

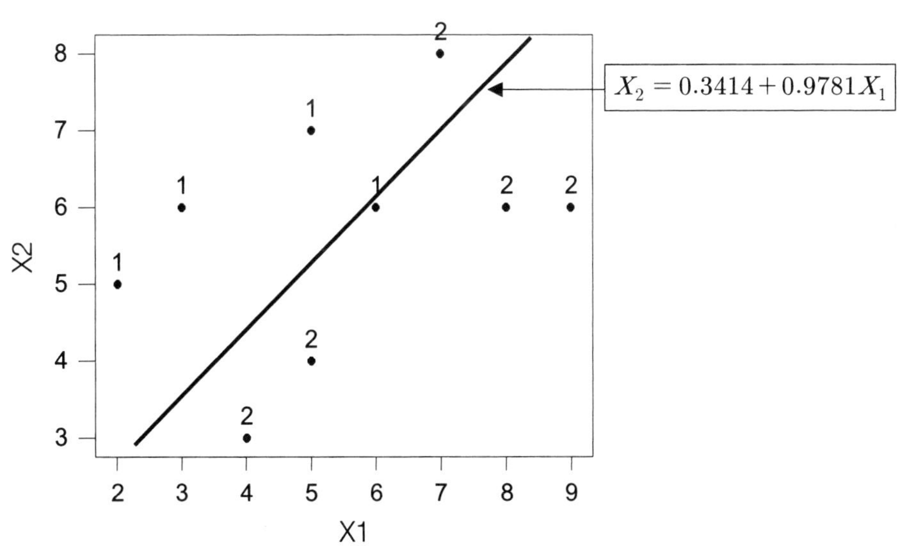

[그림 7.2] 학습표본과 분류 경계식

[표 7.2]에서 Z값은 다음의 추정된 피셔 판별함수에 의하여 계산된 것으로

$$Z = -1.5080X_1 + 1.5418X_2$$

새로운 축에 투영된 새로운 변수값을 의미한다. 여기서 w 벡터를 크기 1로 바꾸면 다음과 같다.

$$Z = -0.6992X_1 + 0.7149X_2$$

다음과 같은 관계를 이용하면

$$Z = X_1\cos\theta + X_2\sin\theta$$

X_1축과의 각도인 θ는 134.36°임을 알 수 있다. 즉, X_1축과 134.36°를 이루는 새로운 축을 고려하여 두 변수값을 이에 투영시킬 때 두 범주의 분류가 가장 잘 이루어짐을 의미한다고 하겠다.

7.2 ▸ 의사결정론에 의한 분류규칙

두 범주에 대하여 우선 하나의 판별변수 X가 있다고 하자. 범주 1과 2에 대한 X의 확률밀도함수를 각각 $f_1(x), f_2(x)$라 하자. [그림 7.3]과 같이 각 확률밀도함수를 통하여 x축 값으로 관측이 이루어질 때, 분류의 목적은 두 범주를 구분하는 x축상의 적절한 경계치(cutoff value) c를 구하는 것이다.

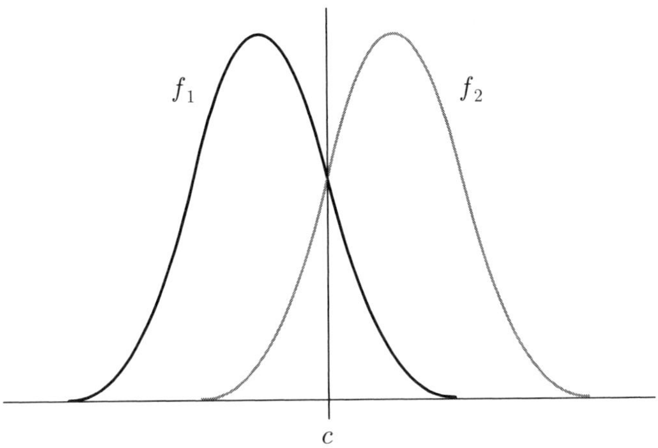

[그림 7.3] X의 범주별 확률밀도함수 및 경계치

임의의 객체가 범주 1에 속할 사전확률(prior probability)을 π_1, 범주 2에 속할 사전확률을 π_2라 하자. 관측치가 c보다 왼쪽에 있으면 범주 1로 분류하며, c보다 오른쪽에 있으면 범주 2로 분류할 때, 범주 1로 오분류할 확률은 다음과 같다.

$$\begin{aligned} P\{\text{범주 1로 오분류}\} &= P\{\text{범주 1로 분류} \mid \text{범주 2}\}\ \pi_2 \\ &= \pi_2 \int_{-\infty}^{c} f_2(x)dx \end{aligned} \tag{7.19}$$

유사하게 범주 2로 오분류할 확률은 다음과 같다.

$$\begin{aligned} P\{\text{범주 2로 오분류}\} &= P\{\text{범주 2로 분류} \mid \text{범주 1}\}\ \pi_1 \\ &= \pi_1 \int_{c}^{\infty} f_1(x)dx \end{aligned} \tag{7.20}$$

따라서 오분류 총 확률(total probability of misclassification; TPM)은 다음과 같다.

$$\begin{aligned} TPM &= P\{\text{범주 1로 오분류}\} + P\{\text{범주 2로 오분류}\} \\ &= \pi_2 \int_{-\infty}^{c} f_2(x)dx + \pi_1 \int_{c}^{\infty} f_1(x)dx \end{aligned} \tag{7.21}$$

위의 TPM을 최소로 하는 c를 c^*라 하면 다음식이 성립한다.

$$\pi_2 f_2(c^*) = \pi_1 f_1(c^*)$$

또는

$$\frac{\pi_2}{\pi_1} = \frac{f_1(c^*)}{f_2(c^*)}$$

그러므로 X의 관측치 x에 대하여 분류규칙은 다음과 같다.

$x \le c^*$이면 x를 범주 1에 분류

$x > c^*$이면 x를 범주 2에 분류

이는 다시 다음과 같이 표현된다.

$$\frac{f_1(x)}{f_2(x)} \ge \frac{\pi_2}{\pi_1} \text{이면 } x\text{를 범주 1에 분류} \tag{7.22a}$$

$$\frac{f_1(x)}{f_2(x)} < \frac{\pi_2}{\pi_1} \text{이면 } x\text{를 범주 2에 분류} \tag{7.22b}$$

여기서 각 범주별 확률밀도함수의 모수는 학습표본으로부터 추정한다.

예 7.2 X가 범주 1에서는 평균 μ_1, 분산 σ^2을 갖는 정규분포를 따르고, 범주 2에서는 평균 μ_2, 분산 σ^2을 갖는 정규분포를 따른다고 하자. 이때

$$\frac{f_1(x)}{f_2(x)} = \frac{e^{-\frac{(x-\mu_1)^2}{2\sigma^2}}}{e^{-\frac{(x-\mu_2)^2}{2\sigma^2}}} = e^{-\frac{(x-\mu_1)^2-(x-\mu_2)^2}{2\sigma^2}}$$

이므로, 분류규칙은 식 (7.22a)로 부터 다음과 같다.

$$\ln\frac{f_1(x)}{f_2(x)} = -\frac{(x-\mu_1)^2-(x-\mu_2)^2}{2\sigma^2} \ge \ln\frac{\pi_2}{\pi_1} \text{이면 범주 1에 분류}$$

여기서 각 평균 및 분산은 관측 데이터로부터 추정하여야 한다. 참고로 피셔 방법과 비교하여 보자. 위의 분류규칙은 다시 다음과 같이 표현된다.

$$\frac{(\mu_1-\mu_2)x}{\sigma^2} \geq \frac{1}{2}\left\{\frac{(\mu_1-\mu_2)\mu_1}{\sigma^2}+\frac{(\mu_1-\mu_2)\mu_2}{\sigma^2}\right\}+\ln\frac{\pi_2}{\pi_1} \text{이면 범주 1에 분류}$$

이때 피셔의 판별함수는 식 (7.7)로부터 다음과 같으므로

$$Z=\frac{(\mu_1-\mu_2)x}{\sigma^2}$$

위의 규칙은 아래와 같다.

$$Z \geq \frac{\overline{Z_1}+\overline{Z_2}}{2}+\ln\frac{\pi_2}{\pi_1} \text{이면 범주 1에 분류}$$

따라서 $\pi_1=\pi_2=0.5$인 경우에는 피셔 방법에 의한 규칙 (7.15)와 동일함을 알 수 있다. ■

p개의 변수로 이루어진 벡터 $\boldsymbol{x}$에 대하여서도 식 (7.22)의 분류규칙은 다음과 같이 일반화될 수 있다.

$$\frac{f_1(\boldsymbol{x})}{f_2(\boldsymbol{x})} \geq \frac{\pi_2}{\pi_1} \text{이면 범주 1에 분류} \tag{7.23a}$$

$$\frac{f_1(\boldsymbol{x})}{f_2(\boldsymbol{x})} < \frac{\pi_2}{\pi_1} \text{이면 범주 2에 분류} \tag{7.23b}$$

통상적으로 벡터 $\boldsymbol{x}$가 다변량 정규분포를 따르는 것으로 가정하는데 범주 1에서는 평균 벡터 $\boldsymbol{\mu}_1$, 범주 2에서는 평균 벡터 $\boldsymbol{\mu}_2$를 가지며 분산-공분산행렬은 두 범주에서 공히 $\boldsymbol{\Sigma}$라 할 때 분류규칙은 다음과 같이 유도된다. 우선 각 범주에서의 확률밀도함수는

$$f_i(\boldsymbol{x})=\frac{1}{(2\pi)^{p/2}|\boldsymbol{\Sigma}|^{1/2}}e^{-\frac{1}{2}(\boldsymbol{x}-\boldsymbol{\mu}_i)^T\boldsymbol{\Sigma}^{-1}(\boldsymbol{x}-\boldsymbol{\mu}_i)},\quad i=1,2 \tag{7.24}$$

따라서 식 (7.23a)에 의하여 다음이 성립할 때 $\boldsymbol{x}$를 범주 1에 분류하게 된다.

$$-\frac{1}{2}(\boldsymbol{x}-\boldsymbol{\mu}_1)^T\boldsymbol{\Sigma}^{-1}(\boldsymbol{x}-\boldsymbol{\mu}_1)+\frac{1}{2}(\boldsymbol{x}-\boldsymbol{\mu}_2)^T\boldsymbol{\Sigma}^{-1}(\boldsymbol{x}-\boldsymbol{\mu}_2) \geq \ln\left[\frac{\pi_2}{\pi_1}\right]$$

이를 정리하면 다음과 같다.

$$(\boldsymbol{\mu}_1-\boldsymbol{\mu}_2)^T\boldsymbol{\Sigma}^{-1}\boldsymbol{x} \geq \frac{1}{2}\boldsymbol{\mu}_1^T\boldsymbol{\Sigma}^{-1}\boldsymbol{\mu}_1-\frac{1}{2}\boldsymbol{\mu}_2^T\boldsymbol{\Sigma}^{-1}\boldsymbol{\mu}_2+\ln\left[\frac{\pi_2}{\pi_1}\right] \text{이면 범주 1에 분류} \quad (7.25)$$

여기서 $\boldsymbol{\mu}_1$, $\boldsymbol{\mu}_2$ 및 $\boldsymbol{\Sigma}$는 학습표본으로부터 식 (7.8), (7.9)와 같이 추정한다.

한편, 범주 1 및 범주 2에 대한 범주판별함수(discriminant function for class)를 각각 다음과 같이 정의하면,

$$U_1=\boldsymbol{\mu}_1^T\boldsymbol{\Sigma}^{-1}\boldsymbol{x}-\frac{1}{2}\boldsymbol{\mu}_1^T\boldsymbol{\Sigma}^{-1}\boldsymbol{\mu}_1+\ln\pi_1 \quad (7.26a)$$

$$U_2=\boldsymbol{\mu}_2^T\boldsymbol{\Sigma}^{-1}\boldsymbol{x}-\frac{1}{2}\boldsymbol{\mu}_2^T\boldsymbol{\Sigma}^{-1}\boldsymbol{\mu}_2+\ln\pi_2 \quad (7.26b)$$

위의 각 판별함수는 $\boldsymbol{x}$에 대하여 선형함수임을 볼 수 있으며 이에 근거한 판별분석을 선형판별분석(linear discriminant analysis; LDA)이라 한다. 식 (7.25)의 분류규칙은 다음과 같다.

$$U_1 \geq U_2 \text{이면, } \boldsymbol{x}\text{를 범주 1에 분류} \quad (7.27)$$

식 (7.26)의 범주판별함수에서 사전확률이 동일한 경우 ($\pi_1=\pi_2=0.5$)에는 종종 마지막 항($\ln\pi_1$ 또는 $\ln\pi_2$)을 생략하기도 한다.

예 7.3 [예 7.1]의 데이터에 대하여 LDA를 적용하여 보자.

(a) 범주별 사전확률이 동일하다고 하면, 각 범주에 대한 판별함수는 다음과 같다.

$$U_1=-7.6527-0.5627X_1+2.9261X_2$$
$$U_2=-6.8571+0.9453X_1+1.3842X_2$$

(b) $\pi_1 = 0.4, \pi_2 = 0.6$ 인 경우 범주판별함수는 다음과 같다.

$$U_1 = -8.5690 - 0.5627X_1 + 2.9261X_2$$
$$U_2 = -7.3679 + 0.9453X_1 + 1.3842X_2$$

여기서도 식 (7.9)에 의한 합동 분산-공분산행렬을 사용한 점에 유의하여야 한다. (b)의 경우에 대한 분류 결과는 [표 7.3]과 같으며, 객체 7과 3이 잘못 분류됨을 볼 수 있다.

[표 7.3] [예 7.1] 데이터에 대한 LDA 적용 결과

실제범주	객체 번호	X1	X2	U_1	U_2	추정범주
1	1	5	7	9.100	7.048	1
1	5	3	6	7.300	3.773	1
1	6	2	5	4.936	1.444	1
1	7	6	6	5.611	6.609	2
2	2	4	3	-2.042	0.566	2
2	3	7	8	10.901	10.323	1
2	4	8	6	4.486	8.500	2
2	8	9	6	3.923	9.445	2
2	9	5	4	0.322	2.895	2

■

식 (7.23)의 분류규칙은 사후확률을 바탕으로 하는 분류규칙과 동일함을 알 수 있는데, 이를 위해 임의의 벡터 $\boldsymbol{x}$의 관측 후 이 객체가 범주 1 또는 2에 속할 사후확률(posterior probability)는 베이즈 정리에 의하여 다음과 같다.

$$P(\text{범주}1|\boldsymbol{x}) = \frac{\pi_1 f_1(\boldsymbol{x})}{\pi_1 f_1(\boldsymbol{x}) + \pi_2 f_2(\boldsymbol{x})} \tag{7.28a}$$

$$P(\text{범주}2|\boldsymbol{x}) = \frac{\pi_2 f_2(\boldsymbol{x})}{\pi_1 f_1(\boldsymbol{x}) + \pi_2 f_2(\boldsymbol{x})} \tag{7.28b}$$

이때 분류규칙은 다음과 같다.

$$P(\text{범주}1|\boldsymbol{x}) \geq P(\text{범주}2|\boldsymbol{x}) \text{ 이면, 객체 } \boldsymbol{x}\text{를 범주 1에 분류} \tag{7.29}$$

즉, 이는 식 (7.23a)와 동일함을 알 수 있다.

벡터 $\boldsymbol{x}$가 식 (7.24)의 확률밀도함수를 갖는 다변량 정규분포를 따를 때 범주 j에 대한 사후확률은 다음과 같이 유도된다.

$$P(\text{범주}j|\boldsymbol{x}) \propto \pi_j f_j(\boldsymbol{x}) \propto \pi_j e^{-0.5(\boldsymbol{x}-\boldsymbol{\mu}_j)^T \boldsymbol{\Sigma}^{-1}(\boldsymbol{x}-\boldsymbol{\mu}_j)},\ j=1,2 \tag{7.30}$$

객체 $\boldsymbol{x}$와 평균벡터 $\boldsymbol{\mu}_j$와의 일반화된 제곱거리를 사용하면 위의 식은 다음과 같이 표현된다.

$$P(\text{범주}j|\boldsymbol{x}) = K\pi_j e^{-0.5d^2(\boldsymbol{x},\,\boldsymbol{\mu}_j)} \tag{7.31}$$

여기서 상수 K는 두 사후확률의 합이 1임을 이용하여 다음과 같이 산출된다.

$$K = (\pi_1 e^{-0.5d^2(\boldsymbol{x},\boldsymbol{\mu}_1)} + \pi_2 e^{-0.5d^2(\boldsymbol{x},\boldsymbol{\mu}_2)})^{-1}$$

그러므로 각 범주별 사후확률은 다음과 같다.

$$P(\text{범주}j|\boldsymbol{x}) = \frac{\pi_j e^{-0.5d^2(\boldsymbol{x},\boldsymbol{\mu}_j)}}{\pi_1 e^{-0.5d^2(\boldsymbol{x},\boldsymbol{\mu}_1)} + \pi_2 e^{-0.5d^2(\boldsymbol{x},\boldsymbol{\mu}_2)}},\quad j=1,2 \tag{7.32}$$

한편, 피셔의 판별함수를 사용하면 범주 1에 대한 사후확률을 다음과 같이 표현할 수 있다.

$$P(\text{범주}1|x) = \frac{1}{1+\dfrac{\pi_2}{\pi_1}e^{-Z+\frac{\overline{Z_1}+\overline{Z_2}}{2}}} = \frac{1}{1+\dfrac{\pi_2}{\pi_1}e^{\frac{\overline{Z_1}+\overline{Z_2}}{2}}e^{-Z}} \tag{7.33}$$

또한, 식 (7.26)과 같이 범주별 판별함수를 정의하면 식 (7.29)의 분류규칙은 (7.27)과 동일함을 알 수 있다.

예 7.4 [예 7.1]의 데이터에 대하여 $\pi_1 = \pi_2 = 0.5$인 경우

$$\frac{\overline{Z_1} + \overline{Z_2}}{2} = 0.7957$$

이므로 범주1에 대한 사후확률은 식 (7.33)에 의거 다음과 같이 산출될 수 있다.

$$P(\text{범주1}|\boldsymbol{x}) = \frac{1}{1 + 2.2159e^{-Z}}$$

따라서 사후확률에 근거한 각 객체의 범주를 추정하면 [표 7.4]와 같으며, [예 7.1]의 추정범주 결과와 동일함을 볼 수 있다.

[표 7.4] 사후확률에 의한 범주 추정

실제 범주	관측 번호	X1	X2	Z	$d^2(\boldsymbol{x}, \boldsymbol{\mu}_1)$	$d^2(\boldsymbol{x}, \boldsymbol{\mu}_2)$	$P(\text{범주1}\|\boldsymbol{x})$	$P(\text{범주2}\|\boldsymbol{x})$	추정 범주
1	1	5	7	3.2524	0.4164	5.3299	0.921	0.079	1
1	5	3	6	4.7267	0.4839	8.3460	0.981	0.019	1
1	6	2	5	4.6929	1.035	8.830	0.980	0.020	1
1	7	6	6	0.2026	1.9357	0.7495	0.356	0.644	2
2	2	4	3	-1.4068	6.887	2.483	0.100	0.900	2
2	3	7	8	1.7781	2.420	4.385	0.728	0.272	1
2	4	8	6	-2.8135	7.7428	0.5244	0.026	0.974	2
2	8	9	6	-4.3215	12.098	1.864	0.006	0.994	2
2	9	5	4	-1.3730	5.2106	0.8733	0.103	0.897	2

7.3 ▸ 오분류비용을 고려한 분류규칙

사전확률 이외에 오분류에 따르는 비용을 동시에 고려하여 보자. 우선 오분류와 관련하여 다음과 같은 두 종류의 비용이 있다.

$$C(1|2) = \text{범주 2를 1로 잘못 분류 시 초래 비용}$$
$$C(2|1) = \text{범주 1을 2로 잘못 분류 시 초래 비용}$$

이때 오분류에 따르는 총기대비용(total expected cost of misclassification; TCM)은 다음과 같다.

$$\begin{aligned} \text{TCM} &= C(1|2)\text{P}\{\text{범주 1로 오분류}\} + C(2|1)\text{P}\{\text{범주 2로 오분류}\} \\ &= C(1|2)\pi_2 \int_{-\infty}^{c} f_2(\boldsymbol{x})d\boldsymbol{x} + C(2|1)\pi_1 \int_{c}^{\infty} f_1(\boldsymbol{x})d\boldsymbol{x} \end{aligned} \tag{7.34}$$

따라서 7.2절에서와 유사한 방법으로 진행하면 분류규칙은 다음과 같다.

$$\frac{f_1(\boldsymbol{x})}{f_2(\boldsymbol{x})} \geq \frac{\pi_2}{\pi_1}\frac{C(1|2)}{C(2|1)} \text{ 이면 } \boldsymbol{x}\text{를 범주 1에 분류} \tag{7.35a}$$

$$\frac{f_1(\boldsymbol{x})}{f_2(\boldsymbol{x})} < \frac{\pi_2}{\pi_1}\frac{C(1|2)}{C(2|1)} \text{ 이면 } \boldsymbol{x}\text{를 범주 2에 분류} \tag{7.35b}$$

$C(1|2) = C(2|1)$일 때 위의 규칙은 사전확률만을 고려한 경우와 동일함을 알 수 있다.

예 7.5 하나의 판별변수 X가 범주 1에서는 (0, 4)에서 균일분포를 따르며, 범주 2에서는 (3, 7)에서 균일분포를 따른다고 하자. 각 범주에 들 사전확률은 0.5로 동일하다 하고, $C(1|2)=2$, $C(2|1)=1$이라 하자. 분류규칙을 유도하라.

풀이 이 경우 우도비는 다음과 같다.

$$\frac{f_1(x)}{f_2(x)} = \begin{cases} \infty & 0 < x \le 3 \\ 1 & 3 < x \le 4 \\ 0 & 4 < x \le 7 \end{cases}$$

식 (7.35)에 의하면 우도비가 2 이상일 때 범주 1로 분류하므로 $0 < x < 3$일 때 범주 1에 분류하며, 기타 경우는 범주 2로 분류한다. ■

다변량 변수벡터 $\boldsymbol{x}$가 식 (7.24)의 다변량 정규분포를 따를 때 분류규칙을 유도하여 보자. 우선 식 (7.35a)에 의하여 다음이 성립할 때 $\boldsymbol{x}$를 범주 1에 분류하게 된다.

$$-\frac{1}{2}(\boldsymbol{x}-\boldsymbol{\mu}_1)^T\boldsymbol{\Sigma}^{-1}(\boldsymbol{x}-\boldsymbol{\mu}_1)+\frac{1}{2}(\boldsymbol{x}-\boldsymbol{\mu}_2)^T\boldsymbol{\Sigma}^{-1}(\boldsymbol{x}-\boldsymbol{\mu}_2) \ge \ln\left[\frac{C(1|2)\pi_2}{C(2|1)\pi_1}\right]$$

그리고 식 (7.26)의 범주판별함수를 사용하면 식 (7.35)의 분류규칙은 다음과 같이 바뀔 것이다.

$$U_1 - U_2 \ge \ln\left[\frac{C(1|2)}{C(2|1)}\right] \text{이면, } \boldsymbol{x}\text{를 범주 1에 분류} \tag{7.36a}$$

또는

$$U_1 - \ln C(1|2) \ge U_2 - \ln C(2|1) \text{이면, } \boldsymbol{x}\text{를 범주 1에 분류} \tag{7.36b}$$

여기서 범주별 오분류비용이 서로 같다고 하면 위의 분류기준은 식 (7.27)과 동일함을 알 수 있다.

7.4 ▸ 이차판별분석

이차판별분석은 판별함수가 변수들에 대한 이차함수로 표현되는 경우인데, 각 범주에 대한 변수벡터 $\boldsymbol{x}$가 서로 다른 분산-공분산행렬을 갖는 다변량 정규분포를 따르를 때 의사결정론에 의한 분류규칙으로부터 유도된다. 이를 보기 위하여 우선 각 범주에 대한 확률밀도함수를 다음과 같다고 하자.

$$f_i(\boldsymbol{x}) = \frac{1}{(2\pi)^{p/2}|\boldsymbol{\Sigma}_i|^{1/2}} e^{-\frac{1}{2}(\boldsymbol{x}-\boldsymbol{\mu}_i)^T\boldsymbol{\Sigma}_i^{-1}(\boldsymbol{x}-\boldsymbol{\mu}_i)}, \quad i = 1,2 \tag{7.37}$$

식 (7.35)의 분류규칙에 적용하면, 다음이 성립할 때 $\boldsymbol{x}$를 범주 1에 분류하게 된다 (이를 확인하라).

$$-\frac{1}{2}\boldsymbol{x}^T(\Sigma_1^{-1}-\Sigma_2^{-1})\boldsymbol{x}+(\mu_1^T\Sigma_1^{-1}-\mu_2^T\Sigma_2^{-1})\boldsymbol{x}-\frac{1}{2}\ln\frac{|\Sigma_1|}{|\Sigma_2|}-\frac{1}{2}(\mu_1^T\Sigma_1^{-1}\mu_1-\mu_2^T\Sigma_2^{-1}\mu_2) \geq \ln\left[\frac{C(1|2)\pi_2}{C(2|1)\pi_1}\right] \tag{7.38}$$

각 범주에 대한 판별함수를 다음과 같이 정의하자.

$$U_i = -\frac{1}{2}(\boldsymbol{x}-\mu_i)^T\Sigma_i^{-1}(\boldsymbol{x}-\mu_i) - \frac{1}{2}\ln|\Sigma_i| + \ln\pi_i, \quad i = 1,2 \tag{7.39}$$

이때 식 (7.38)의 분류기준은 다음과 같이 표현된다.

$$U_1 - U_2 \geq \ln\left[\frac{C(1|2)}{C(2|1)}\right] \text{이면, 범주 1에 분류} \tag{7.40}$$

위의 범주판별함수는 $\boldsymbol{x}$에 대하여 이차함수임을 알 수 있다. 따라서 분산-공분산행렬이 범주별로 다른 경우는 이차판별분석(quadratic discriminant analysis; QDA)이라 한다. 특히, 오분류비용이 동일한 경우 분류기준은 다음과 같다.

$$U_1 \geq U_2 \text{이면, 범주 1에 분류} \tag{7.41}$$

여기서 정규분포 파라미터는 다음과 같이 추정된다.

$$\widehat{\Sigma}_1 = \boldsymbol{S}_1 \qquad \widehat{\Sigma}_2 = \boldsymbol{S}_2$$
$$\widehat{\mu}_1 = \overline{\boldsymbol{x}^{(1)}} \qquad \widehat{\mu}_2 = \overline{\boldsymbol{x}^{(2)}}$$

예 7.6 [예 7.1]에 대하여 분산-공분산을 두 범주에 따라 다르다고 가정하자. 범주별 사전확률은 서로 동일하며, 오분류비용 역시 동일하다고 하자. 이때 범주별 분산-공분산행렬은 다음과 같이 추정된다.

$$\widehat{\Sigma_1}=\begin{pmatrix}3.333 & 1\\ 1 & 0.6667\end{pmatrix},\ \widehat{\Sigma_1}^{-1}=\begin{pmatrix}0.5455 & -0.8182\\ -0.8182 & 2.7273\end{pmatrix},\ |\widehat{\Sigma_1}|=1.2222$$

$$\widehat{\Sigma_2}=\begin{pmatrix}4.3 & 2.95\\ 2.95 & 3.8\end{pmatrix},\ \widehat{\Sigma_2}^{-1}=\begin{pmatrix}0.4975 & -0.3863\\ -0.3863 & 0.5630\end{pmatrix},\ |\widehat{\Sigma_2}|=7.6375$$

식 (7.39)에 의한 범주판별함수는 다음과 같다(사전확률 포함 항 생략).

$$U_1=-0.2727X_1^2+0.8182X_1X_2-1.3636X_2^2-2.7273X_1+13.0909X_2-33.9185$$

$$U_2=-0.2488X_1^2+0.3863X_1X_2-0.2815X_2^2+1.198X_1+0.491X_2-6.2957$$

따라서 식 (7.41)의 분류규칙에 따라 범주를 추정하면 [표 7.5]에서 보듯이 9개의 객체가 모두 올바로 분류되고 있다.

[표 7.5] QDA에 의한 범주 추정

실제범주	관측번호	X1	X2	U_1	U_2	추정범주
1	1	5	7	-0.9156	-3.3617	1
1	5	3	6	-0.3713	-5.1755	1
1	6	2	5	-0.9174	-5.6144	1
1	7	6	6	-1.1885	-1.3457	1
2	2	4	3	-12.3722	-1.9094	2
2	3	7	8	-3.0959	-2.5561	2
2	4	8	6	-4.4603	-1.2805	2
2	8	9	6	-6.9143	-1.9943	2
2	9	5	4	-7.4625	-1.3397	2

7.5 ▸ 세 범주 이상의 분류

이상의 이론이 j개 범주가 있는 경우 아래와 같이 일반화된다. 우선, 필요한 기호를 다음과 같이 정의하자.

π_j = 범주 j에 속할 사전확률 $j=1,\cdots,J$

$C(k|j)$ = 실제범주 j에 속하는데 범주 k로 분류할 때 소요 비용 (단, $C(j|j)=0$)

$f_j(\boldsymbol{x})$ = 범주 j에 속하는 $\boldsymbol{x}$의 확률밀도함수

R_k = 범주 k로 분류되는 $\boldsymbol{x}$의 집합

$P(k|j)$ = 실제범주 j에 속하는데 범주 k로 분류할 확률

위의 확률 $P(k|j)$는 다음과 같이 표현된다.

$$P(k|j) = \int_{R_k} f_j(\boldsymbol{x})d\boldsymbol{x} \quad (k \neq j) \tag{7.42a}$$

$$P(j|j) = 1 - \sum_{k \neq j} P(k|j) \tag{7.42b}$$

이때 오분류에 따른 총기대비용은 다음과 같다.

$$\begin{aligned} TCM &= \sum_{j=1}^{J} E[\text{오분류비용}|\text{범주}j]\pi_j \\ &= \sum_{j=1}^{J} \pi_j \sum_{k \neq j} P(k|j)\,C(k|j) \end{aligned} \tag{7.43}$$

따라서 J 범주를 갖는 분류문제는 위의 TCM을 최소로 하는 서로 배타적인 분류 집합 $R_1, \dots, R_J$를 찾는 것이다. 결국 분류규칙은 다음과 같이 범주 k로 분류하면 비용이 다른 범주로 분류할 때보다 적을 때 범주 k로 분류하게 된다.

$$\sum_{j \neq k} \pi_j f_j(\boldsymbol{x})C(k|j) < \sum_{j \neq m} \pi_j f_j(\boldsymbol{x})C(m|j),\ (m \neq k)\text{일 때, } \boldsymbol{x}\text{를 범주 } k\text{로 분류} \tag{7.44}$$

특히, 오분류비용이 모두 동일한 경우에는 분류규칙이 다음과 같이 단순하게 됨을 알 수 있다.

$$\pi_k f_k(\boldsymbol{x}) > \pi_j f_j(\boldsymbol{x}) \ (j \neq k) \text{일 때, } \boldsymbol{x}\text{를 범주 } k\text{에 분류} \tag{7.45a}$$

또는

$$\ln \pi_k f_k(\boldsymbol{x}) = \max_j \ln \pi_j f_j(\boldsymbol{x}) \text{일 때, } \boldsymbol{x}\text{를 범주 } k\text{에 분류} \tag{7.45b}$$

범주 j에 속하는 $\boldsymbol{x}$가 평균벡터 $\boldsymbol{\mu}_j$, 분산-공분산행렬 $\boldsymbol{\Sigma}_j$를 갖는 다변량 정규분포를 따를 때 식 (7.45b)의 좌변은 아래와 같다.

$$\ln \pi_k f_k(\boldsymbol{x}) = \ln \pi_k - \frac{p}{2}\ln(2\pi) - \frac{1}{2}\ln|\boldsymbol{\Sigma}_k| - \frac{1}{2}(\boldsymbol{x}-\boldsymbol{\mu}_k)^T \boldsymbol{\Sigma}_k^{-1}(\boldsymbol{x}-\boldsymbol{\mu}_k) \tag{7.46}$$

이 경우 범주 k에 대한 판별함수를 다음과 같이 정의하면,

$$U_k = \ln \pi_k - \frac{1}{2}\ln|\boldsymbol{\Sigma}_k| - \frac{1}{2}(\boldsymbol{x}-\boldsymbol{\mu}_k)^T \boldsymbol{\Sigma}_k^{-1}(\boldsymbol{x}-\boldsymbol{\mu}_k) \tag{7.47}$$

이는 이차 판별함수(quadratic discriminant function)가 되고, 식 (7.45b)의 분류규칙은 다음과 같이 표현된다.

$$U_k = \max_j U_j \text{일 때, } \boldsymbol{x}\text{를 범주 } k\text{에 분류} \tag{7.48}$$

식 (7.47)의 판별함수와 식 (7.48)의 분류규칙은 두 범주 및 동일한 분산-공분산행렬인 경우를 포함하는 일반식이 됨을 알 수 있다. 즉, 두 범주 경우 식 (7.48)의 분류기준은 식 (7.41)과 동일하며, 분산-공분산행렬이 범주별로 동일한 경우에는 1차 판별함수가 관여됨을 볼 수 있다.

예 7.7 연습문제 6.6의 붓꽃 데이터에서 각 품종별 첫 30개 관측치(총 90개)를 학습표본으로 삼아 범주별 LDA 판별함수를 유도하여보자. 단 범주별 사전확률과 오분류비용은 서로 동일하다고 가정한다. 우선 합동 분산-공분산행렬은 다음과 같이 산출된다.

$$\hat{\Sigma}=\begin{pmatrix} 0.68303 & & & \\ 0.12902 & 0.11412 & & \\ 0.23586 & 0.05824 & 0.21282 & \\ 0.03928 & 0.03689 & 0.04693 & 0.04009 \end{pmatrix}$$

그리고 각 범주별 판별함수는 다음과 같다.

$$U_1 =-66.86+1.180X_1+38.375X_2+2.426X_3-33.152X_4$$

$$U_2 =-57.29+0.637X_1+15.684X_2+15.152X_3+0.963X_4$$

$$U_3 =-87.65-0.581X_1+10.416X_2+20.319X_3+17.251X_4$$

예를 들어 학습표본 중 각 품종별 첫 관측치는 아래 표와 같이 제대로 분류됨을 볼 수 있다.

관측	X1	X2	X3	X4	실제 범주	U_1	U_2	U_3	추정 범주
1	5.1	3.5	1.4	0.2	1	70.24	22.26	-22.26	1
2	7.0	3.2	4.7	1.4	2	29.19	69.92	61.26	2
3	6.3	3.3	6.0	2.5	3	-1.11	91.80	108.10	3

7.6 ▸ 참고사항

7.1절의 피셔 방법은 참고문헌 [2]에 기반한 것이다. 7.5절에서 다룬 3개 이상 범주에 대한 분류문제는 참고문헌 [1] p.225를 참조할 수 있다.

[1] Anderson, T. W. (1984). *An Introduction to Multivariate Statistical Analysis*, 2nd ed. Wiley, New York.

[2] Fisher, R.A. (1936). "The use of multiple measurements in taxonomic problems," *Annals of Eugenics*, 7, 179-188.

연습문제

7.1 두 변수 X_1, X_2를 갖는 252개 객체를 두 개 범주로 분류한 학습 데이터가 있다. 다음은 각 범주별 변수별 통계치를 요약한 것이다(각 범주를 나타내는 첨자는 생략).

범주 1: n=151, $\overline{X_1}=3.0$, $\overline{X_2}=2.0$, $s_1^2=4.0$, $s_2^2=1.5$, $r_{12}=0.65$

범주 2: n=101, $\overline{X_1}=7.0$, $\overline{X_2}=6.0$, $s_1^2=5.0$, $s_2^2=2.5$, $r_{12}=0.50$

LDA를 이용하여 분류기를 만들고자 한다.

(a) 공통의 분산-공분산행렬을 추정하라.
(b) 각 범주의 판별함수를 산출하라(각 범주에 대한 사전확률은 동일로 간주).
(c) 분류 경계식을 도출하라($X_2 = a + bX_1$의 형태).
(d) $(X_1, X_2) = (2,7)$인 새로운 객체의 범주를 추정하라.

7.2 두 변수벡터 $\boldsymbol{x} = (X_1, X_2)^T$의 분포가 다음과 같다고 하자.

$$f_1(\boldsymbol{x}) \sim N(\boldsymbol{\mu}_1, \boldsymbol{I})$$
$$f_2(\boldsymbol{x}) \sim N(\boldsymbol{\mu}_2, \boldsymbol{I})$$

여기서 $\boldsymbol{I}$ 는 2×2 단위행렬을 나타내며, 평균벡터 μ_1 and μ_2는 모른다고 하자. 사전확률은 $\pi_1 = \pi_2$이고, 오분류비용은 각각 1로 가정한다. 아래와 같은 범주 1과 2에 대한 각각의 학습표본 D_1과 D_2가 있다고 한다.

Training set D_1 for class 1

X1	-0.4	-1.7	0.1	0.3	-1.1
X2	1.2	1.2	0.0	0.3	0.2

Training set D_2 for class 2

X1	0.8	1.7	0.4	2.2	0.9
X2	1.1	2.1	1.0	4.3	0.2

(a) 최우추정치 $\hat{\mu}_1$과 $\hat{\mu}_2$을 구하라.

(b) $\hat{\mu}_1$과 $\hat{\mu}_2$을 사용하여 각 범주의 판별함수를 유도하고 분류규칙을 기술하라.

(c) 하나의 그래프에 학습표본, $\hat{\mu}_1$과 $\hat{\mu}_2$, 그리고 분류 경계선을 표시하라.

(d) 새로운 테스트 데이터 $(1.0, 1.0)^T$가 있다고 할 때, 이는 어떤 범주에 분류되겠는가?

7.3 홈시어터(home theater) 시스템을 생산하는 회사에서 판매를 촉진하기 위하여 가구의 월소득 및 월간 비디오대여건수 자료에 따라 시스템의 구매 가능성 여부를 판별하고자 한다. 이를 위해 본 시스템을 이미 보유하고 있는 10가구, 미보유 10가구에 대하여 월소득 및 비디오대여건수를 조사하였다.

보유 가구		미보유 가구	
월소득(백만 원)	월 비디오대여수	월소득(백만 원)	월 비디오대여수
3.2	8	2.9	3
4.7	2	5.8	2
6.3	3	6.3	1
3.2	7	3.5	5
4.6	4	4.3	2
5.8	5	3.8	2
9.5	4	7.4	1
2.4	6	8.1	2
8.0	2	3.9	4
4.9	3	5.2	3

(a) 피셔 판별함수를 구하고, 위의 학습표본에 대하여 범주를 추정하라.
(b) 선형판별분석을 이용하여 범주별 판별함수를 도출하고, 위의 학습표본에 대하여 범주를 추정하라(단, 범주별 사전확률은 동일하고 오분류비용은 고려하지 않음).
(c) 사후확률분포를 바탕으로 범주를 추정하라.
(d) 이차판별분석을 이용하여 범주별 판별함수를 도출하고, 위의 학습표본에 대하여 범주를 추정하라.

7.4 연습문제 6.6의 붓꽃 데이터에 대하여 다음을 분석하라.

(a) 각 품종별로 처음 30개의 객체들을 학습표본으로 선형판별분석을 수행한 후 학습표본에 대한 오분류율을 산출하라. 범주별 사전확률 및 오분류비용은 모두 동일하다고 가정한다.
(b) 물음 (a)에 답하되 이차판별분석을 사용하라.
(c) 선형판별함수 및 이차판별분석을 사용하여 학습표본이 아닌 나머지 데이터(각 품종별 20개, 총 60개 관측치)에 대한 범주를 각각 추정하고 오분류행렬을 작성하라.

7.5 연습문제 6.1의 '지방간' 데이터에 대하여 다음과 같은 분류분석을 수행하라.

(a) 범주별 사전확률 및 오분류비용은 모두 동일하다고 가정하여 LDA를 수행하라. 각 범주에 대한 판별함수를 유도하고 오분류행렬을 구하라.
(b) 범주별 사전확률은 동일하다고 하고 오분류비용을 고려하지 않는 경우 각 객체가 지방간일 사후확률을 산출하라. 또한 이를 바탕으로 분류하고 결과를 (a)와 비교하라.
(c) 범주별 사전확률 및 오분류비용은 모두 동일하다고 가정하여 QDA를 수행하고 오분류행렬을 구하라.
(d) $\pi_0 = \pi_1 = 0.5$, $C(1|0) = 1$, $C(0|1) = 2$일 때 LDA를 수행하고 오분류행렬을 구하라.

7.6 [예 7.1]의 데이터에 대하여 $C(1|2)=1$, $C(2|1)=2$일 때 각 객체를 분류하라.

7.7 연습문제 2.17의 '와인 아로마' 데이터에 대하여 다음 물음에 답하라.

(a) 아로마 평점(aroma)을 다음 기준에 의거 3개의 등급으로 바꾸라. 즉, 3 이상 5 미만은 범주 1, 5 이상 6 미만은 범주 2로, 6 이상은 범주 3으로 하라.

(b) 처음 25개의 관측치에 대하여 범주별 사전확률 및 오분류비용은 모두 동일하다고 가정하여 LDA를 수행하라. 각 범주에 대한 판별함수를 유도하고 오분류행렬을 구하라.

(c) 위의 결과를 바탕으로 나머지 관측치에 대한 범주를 예측하고 실제범주와 비교하라.

7.8 아래 데이터는 38종 와인의 특성과 지역(region)을 나타낸 것이다.

	Clarity	Aroma	Body	Flavor	Oakiness	Quality	Region
1	1.0	3.3	2.8	3.1	4.1	9.8	1
2	1.0	4.4	4.9	3.5	3.9	12.6	1
3	1.0	3.9	5.3	4.8	4.7	11.9	1
4	1.0	3.9	2.6	3.1	3.6	11.1	1
5	1.0	5.6	5.1	5.5	5.1	13.3	1
6	1.0	4.6	4.7	5.0	4.1	12.8	1
7	1.0	4.8	4.8	4.8	3.3	12.8	1
8	1.0	5.3	4.5	4.3	5.2	12.0	1
9	1.0	4.3	4.3	3.9	2.9	13.6	3
10	1.0	4.3	3.9	4.7	3.9	13.9	1
11	1.0	5.1	4.3	4.5	3.6	14.4	3
12	0.5	3.3	5.4	4.3	3.6	12.3	2
13	0.8	5.9	5.7	7.0	4.1	16.1	3
14	0.7	7.7	6.6	6.7	3.7	16.1	3
15	1.0	7.1	4.4	5.8	4.1	15.5	3
16	0.9	5.5	5.6	5.6	4.4	15.5	3
17	1.0	6.3	5.4	4.8	4.6	13.8	3
18	1.0	5.0	5.5	5.5	4.1	13.8	3
19	1.0	4.6	4.1	4.3	3.1	11.3	1
20	0.9	3.4	5.0	3.4	3.4	7.9	2

	Clarity	Aroma	Body	Flavor	Oakiness	Quality	Region
21	0.9	6.4	5.4	6.6	4.8	15.1	3
22	1.0	5.5	5.3	5.3	3.8	13.5	3
23	0.7	4.7	4.1	5.0	3.7	10.8	2
24	0.7	4.1	4.0	4.1	4.0	9.5	2
25	1.0	6.0	5.4	5.7	4.7	12.7	3
26	1.0	4.3	4.6	4.7	4.9	11.6	2
27	1.0	3.9	4.0	5.1	5.1	11.7	1
28	1.0	5.1	4.9	5.0	5.1	11.9	2
29	1.0	3.9	4.4	5.0	4.4	10.8	2
30	1.0	4.5	3.7	2.9	3.9	8.5	2
31	1.0	5.2	4.3	5.0	6.0	10.7	2
32	0.8	4.2	3.8	3.0	4.7	9.1	1
33	1.0	3.3	3.5	4.3	4.5	12.1	1
34	1.0	6.8	5.0	6.0	5.2	14.9	3
35	0.8	5.0	5.7	5.5	4.8	13.5	1
36	0.8	3.5	4.7	4.2	3.3	12.2	1
37	0.8	4.3	5.5	3.5	5.8	10.3	1
38	0.8	5.2	4.8	5.7	3.5	13.2	1

(a) 범주별 사전확률 및 오분류비용은 모두 동일하다고 가정하여 LDA를 수행하라. 각 범주에 대한 판별함수를 유도하고 오분류행렬을 구하라.

(b) 범주별 사전확률 및 오분류비용은 모두 동일하다고 가정하여 QDA를 수행하고 오분류행렬을 구하라.

7.9 식 (7.12) 또는 (7.13)을 비율을 최대화하는 피셔 판별계수가 식 (7.6)과 같이 유도됨을 보여라.

7.10 식 (7.17)의 마할라노비스 거리를 이용한 분류규칙이 식 (7.14)와 동일함을 보여라.

7.11 판별변수 X가 범주 1 및 범주 2에서 다음과 같은 확률밀도함수를 갖는다.

$$f_1(x) = (1 - |x-1|),\ 0 \le x \le 2$$
$$f_2(x) = (1 - |x-1.5|),\ 0.5 \le x \le 2.5$$

(a) 사전확률 및 오분류비용이 동일한 경우 분류규칙을 유도하라.

(b) 사전확률이 동일하고 $C(1|2) = 1$, $C(2|1) = 2$일 때 분류규칙을 유도하라.

(c) $\pi_1 = 0.2$, $\pi_2 = 0.8$이고, 오분류비용이 동일한 경우 분류규칙을 유도하라.

(d) $\pi_1 = 0.2$, $\pi_2 = 0.8$이고, $C(1|2) = 1$, $C(2|1) = 2$일 때 분류규칙을 유도하라.

7.12 식 (7.33)이 성립함을 확인하라.

7.13 식 (7.32)를 확장하여 범주가 3개 이상인 경우 각 범주에 대한 사후확률분포를 구하라.

(a) 분산-공분산행렬이 범주에 관계없이 동일할 때

(b) 분산-공분산행렬이 범주별로 다를 때

7.14 식 (7.38)이 성립함을 확인하라.

7.15 세 범주에 대하여 각 범주판별함수가 U_i로 주어질 때, 각 범주의 사후확률이 다음과 같음을 증명하라.

$$P(j|\boldsymbol{x}) = \frac{e^{U_j}}{e^{U_1} + e^{U_2} + e^{U_3}},\ \mathrm{j}=1,2,3.$$

2부 | 분류분석

8장

트리기반 기법

들어가며

분류를 위한 새로운 방법으로 트리(tree)에 기반을 둔 기법들이 있는데, 대표적인 것으로 CART (Classification and Regression Trees), C4.5, CHAID(CHi-square Automatic Interaction Detection) 등이 있다. 본 장에서는 CART에 대하여 주로 설명하고자 한다. 트리 대신 의사결정나무(decision tree)라는 용어를 종종 사용하기도 하는데, 이 용어는 의사결정론에서 주로 사용되므로 혼동을 피하기 위해 여기서는 트리라고 칭한다.

8.1 ▸ CART 개요

CART는 1984년 Breiman 등(참고문헌 [1])에 의하여 개발된 것인데, 각 (독립)변수를 이분화(binary split)하는 과정을 반복하여 트리 형태를 형성함으로써 분류(종속변수가 범주형일 때) 또는 회귀분석(종속변수가 연속형일 때)을 수행하는 것이다. 이때 독립변수들은 범주형 또는 연속형 모두에 적용될 수 있다. 본 장에서는 분류를 위한 목적만을 설명토록 한다.

예를 들어 트리 형태는 [그림 8.1]과 같다. 본 예는 학습표본에 있는 총 75개 객체 중 50개가 범주 1로, 25개가 범주 2로 분류되어 있다고 할 때 트리 형태로 분지된 결과를 보이고 있다. 여기서는 편의상 분지기준 변수는 생략되어 있다. 각 노드 안의 숫자를 '(x, y)'의 형태로 표시하였는데 x는 범주 1의 객체수, y는 범주 2의 객체수를 나타낸다. 분지가 필요한 노드는 네모로, 필요하지 않는 노드는 원으로 표시하였다.

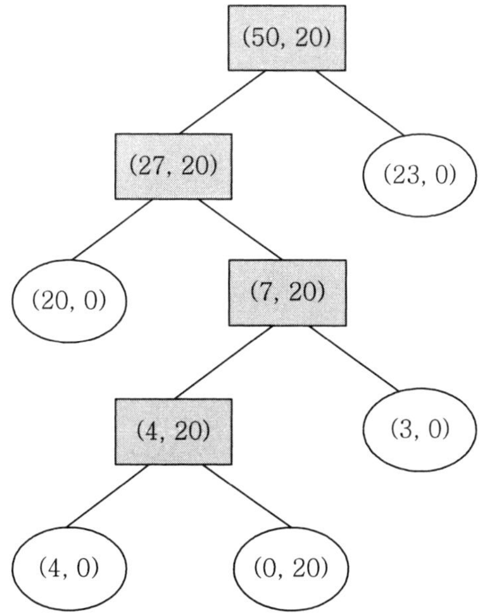

[그림 8.1] 트리 형태 예

[그림 8.1]의 트리에서 가장 위에 있는 초기 노드를 뿌리 노드(root node)라 한다. 어

떤 노드의 바로 상위 노드를 그 노드의 부모 노드(parent node)라 하며, 부모 노드의 바로 하위 노드를 그 노드의 자식 노드(child node)라 한다. 또한, 어떤 트리에서 더 이상 분지하지 않는 마지막 노드를 최종 노드(terminal node)라 한다. [그림 8.1]의 트리의 최종 노드는 5개이다.

CART는 다음 과정으로 진행된다.

1) 트리의 형성(growing the tree): 학습표본을 바탕으로 트리를 형성하는 과정으로 변수의 선정, 분지기준(splitting criterion) 등의 결정 이슈가 있다.
2) 가지치기(pruning): 트리가 너무 복잡하면 분류규칙 또한 복잡해지므로 형성된 트리 일부의 가지를 절단하여 단순한 트리를 만드는 과정이다.
3) 분류(classification): 최종적으로 완성된 트리를 바탕으로 분류규칙을 도출하고, 기존 또는 새로운 데이터에 대하여 분류를 시행하는 과정이다.

8.2 ▸ 트리의 형성

각 노드에서 두 개의 가지로 분지하기 위하여 다음과 같은 형태의 물음을 던진다.

"변수 X가 집합 A에 속하는가?"

특히, 연속형 변수에 대하여서는 통상적으로 다음과 같은 질문을 한다.

"변수 X가 상수 c보다 작은가?"

이 질문에 대한 대답이 '예'인 경우에는 왼쪽으로, '아니오'인 경우에는 오른쪽으로 분지한다. 학습표본에 대하여서는 각 객체가 해당 분지로 보내지게 된다. 여기서 변수 X 및 상수 c를 정하는 방법이 필요한데 이를 분지기준(splitting criterion)이라 한다.

분지기준에 대한 기본 철학은 부모 노드보다 자식 노드의 순도가 더 높도록(purer) 하는 것이다. 예를 들어, 어떤 부모 노드에 범주 1의 객체 40개, 범주 2의 객체 60개로 총 100개가 있다고 할 때, 왼쪽 자식 노드에 70개(범주 1이 28개, 범주 2가 42개), 오른쪽 자식 노드에 30개(범주 1이 12개, 범주 2가 18개)로 분지된다고 하면 순도에 있어 개선이 전혀 없다고 볼 수 있다. 왜냐하면, 부모 노드와 자식 노드 모두에서 범주 1과 범주 2의 객체 비율이 공히 4:6으로 동일하기 때문이다. 그러나 다른 분지기준에 의하여 왼쪽 자식 노드에 50개(범주 1이 40개, 범주 2가 10개), 오른쪽 자식 노드에 50개(범주 1이 0개, 범주 2가 50개)로 분지되었다면 이 경우에는 순도가 증가하였다고 하겠다.

따라서 분지기준을 설정하기 위해서 우선 순도(purity) 또는 불순도(impurity)에 대한 척도가 필요한데 통상적으로 불순도 함수를 사용한다. 이를 위해 다음과 같은 기호를 정의하자.

J: 범주수

N: 학습표본의 총 객체수

N_j:범주 j에 속한 객체수

$N(t)$: 노드 t에서의 객체수

$N_j(t)$: 노드 t에서 범주 j에 속한 객체수

$p(j,t)$: 임의의 객체가 범주 j와 노드 t에 속할 확률

$p(t)$: 임의의 객체가 노드 t에 속할 확률

$$p(t) = \sum_{j=1}^{J} p(j,t)$$

$p(j|t)$: 임의의 객체가 노드 t에 속할 때 범주 j에 속할 조건부 확률

$$p(j|t) = p(j,t)/p(t) \qquad \sum_{j=1}^{J} p(j|t) = 1$$

이때 위의 확률들은 학습표본에서 아래와 같이 추정된다.

$$p(j,t) = N_j(t)/N$$

$$p(t) = N(t)/N$$

$$p(j|t) = N_j(t)/N(t)$$

8.2.1 노드 및 트리의 불순도

정의 8.1 불순도 함수: impurity function

총 J개의 범주별 객체 비율$(p_1, ..., p_J)$에 대한 다음 성질을 만족하는 비음의 함수 ϕ를 불순도 함수라 한다.

1) $\phi(1,0,0,...,0) = \phi(0,1,0,...,0) = ... = \phi(0,0,0,...,1) = 0$
2) $\phi(1/J, 1/J, ..., 1/J)$가 최대값
3) ϕ는 $(p_1, ..., p_J)$에 대한 대칭함수(symmetric function)

예를 들어 ϕ가 다음과 같을 때 이는 위의 정의를 만족하므로 불순도 함수가 된다(이를 확인하라).

$$\phi(p_1, ..., p_J) = 1 - \max_j p_j$$

불순도 함수로는 지니 지수(Gini index)와 엔트로피 지수(Entropy index)가 널리 사용된다. CART에서는 지니 지수를 사용한다.

$$\text{지니 지수: } G(p_1, ..., p_J) = 1 - \sum_{j=1}^{J} p_j^2 = \sum_{j=1}^{J} p_j(1-p_j) \tag{8.1}$$

$$\text{엔트로피 지수: } E(p_1, ..., p_J) = -\sum_{j=1}^{J} p_j \log_2 p_j \tag{8.2}$$

즉, 위의 지니 지수 또는 엔트로피 지수는 그 값이 작을수록 순도가 높다고 하겠다. 참고로 지니 지수의 최대값은 (J−1)/J이다. 또한, 식 (8.1)에서 $p_j(1-p_j)$는 확률 p_j를 갖는 베르누이 변수의 분산을 나타냄을 알 수 있다. 따라서 지니 지수의 감소는 분산의 감소를 의미한다고 하겠다. 한편, 엔트로피 지수는 주어진 범주확률로부터 랜덤하게 관측되는 범주에 대한 정보량을 의미한다. 특정 범주확률이 1(순도 1)인 경우에는 엔트로피 지수(정보량)가 0이 됨을 알 수 있다.

두 개의 범주를 갖는 경우를 생각해 보자. 이때 지니 지수 및 엔트로피 지수는 각각 다음과 같다.

$$G(p_1) = 2p_1(1-p_1)$$
$$E(p_1) = -p_1\log_2 p_1 - (1-p_1)\log_2(1-p_1)$$

여기서 지니 지수의 최대값은 0.5인 반면 엔트로피 지수의 최대값은 1이므로 지니 지수에 2배를 하여 하나의 도표에 나타내면 [그림 8.2]와 같다. 즉, 지니 지수는 엔트로피 지수보다 항상 아래쪽에 있으므로 동일한 p_1에서 지니 지수가 불순도를 다소 낮게 평가한다고 하겠다.

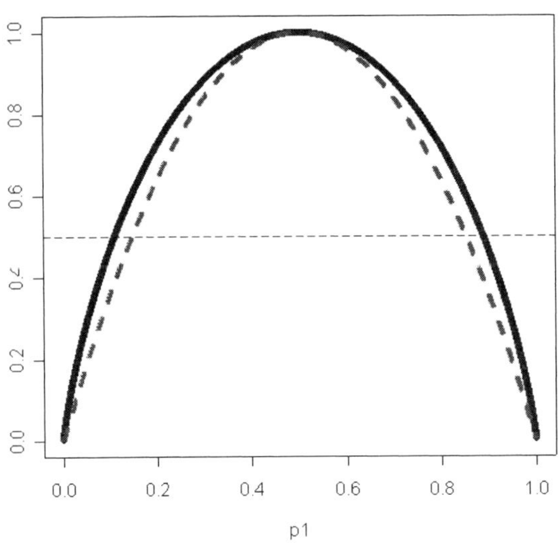

[그림 8.2] 엔트로피 지수와 지니 지수 비교(실선: 엔트로피, 점선: 지니)

노드 t에서의 불순도를 $i(t)$라 하면 다음과 같이 정의된다.

$$i(t) = \phi(p(1|t), \ldots, p(J|t)) \tag{8.3}$$

지니 지수를 사용할 때 불순도는 다음과 같이 산출된다.

$$i(t) = 1 - \sum_{j=1}^{J} p^2(j|t) \tag{8.4}$$

한편, 트리를 형성하는 과정 중 임의의 시점에서 최종 노드(terminal node)의 집합 $A(T)$가 구성될 때 트리 T에 대한 불순도는 아래와 같이 정의된다.

$$I(T)=\sum_{t\in A(T)} i(t)p(t) \tag{8.5}$$

여기서

$$I(t)=i(t)p(t) \tag{8.6}$$

라 하면 다음이 성립한다.

$$I(T)=\sum_{t\in A(T)} I(t) \tag{8.7}$$

예 8.1 아래 그림과 같은 트리 T가 있다. 지니 지수를 사용할 경우 노드 t_1의 불순도 및 전체 트리의 불순도를 각각 구하라.

풀이 노드 t_1의 불순도의 다음과 같다.

$$i(t_1)=1-(0.4)^2-(0.6)^2=0.48$$

트리 T의 불순도는 다음과 같다.

$$\begin{aligned} I(T) &= I(t_2)+I(t_3)=0.5i(t_2)+0 \\ &= 0.5(1-0.8^2-0.2^2)=0.16 \end{aligned}$$

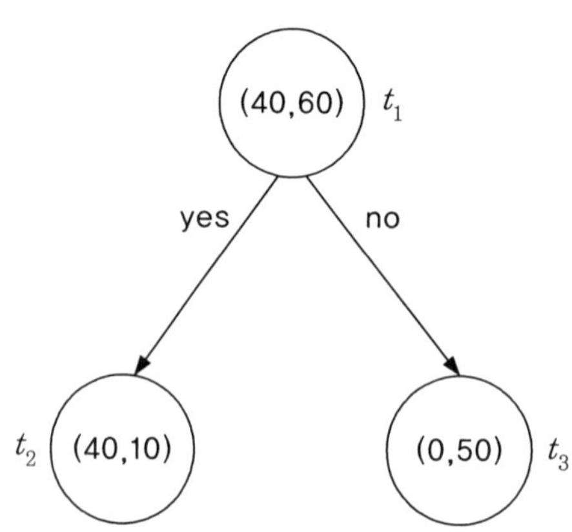

8.2.2 분지기준

[예 8.1]의 트리에서 노드 t_1이 노드 t_2와 노드 t_3로 갈라지는 것을 분지라 한다. 이때 분지기준이란 해당 변수 및 그 변수의 경계치를 정하는 것이다.

[그림 8.3]에서 보듯이 분지 s에 따른 왼쪽 자식 노드(t_L) 및 오른쪽 자식 노드(t_R)에의 분지 비율을 각각 $p_L, p_R(p_L + p_R = 1)$이라 할 때 불순도의 변화량(감소량)은 다음과 같이 나타낼 수 있다.

$$\Delta i(s,t) = i(t) - p_L i(t_L) - p_R i(t_R) \tag{8.8}$$

분지의 목적은 자식 노드의 불순도가 감소하도록 하는 것이기 때문에, 노드 t에서 위의 감소량이 최대가 되는 분지 s^*를 찾고자 한다.

$$\Delta i(s^*, t) = \max_s \Delta i(s,t) \tag{8.9}$$

즉, 최적 분지를 찾기 위해서는 모든 분지 후보에 대하여 불순도 감소량을 산출하고 이중 최대가 되는 분지를 선택하여야 한다.

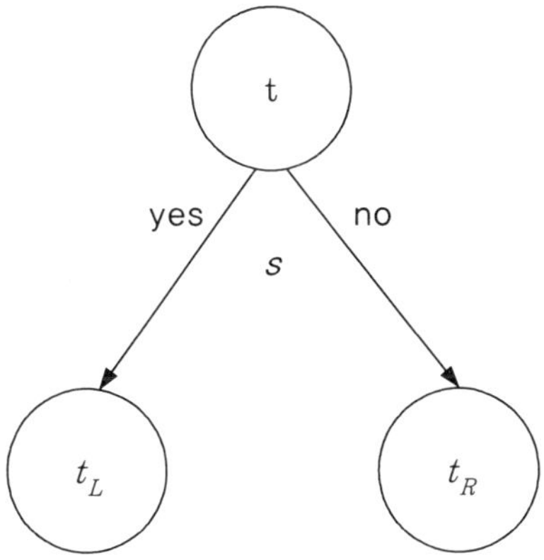

[그림 8.3] 분지 s에 의한 노드 t의 자식 노드

트리 T의 최종 노드 중 임의의 노드 t를 분지 s를 사용하여 자식 노드 t_L과 t_R로 분지할 때 새로운 트리 T'의 불순도는 다음과 같다.

$$I(T') = \sum_{x \in A(T) - \{t\}} I(x) + I(t_L) + I(t_R) \tag{8.10}$$

이때 불순도의 감소량은 다음과 같다.

$$\begin{aligned} \Delta I(s,t) &= I(T) - I(T') = I(t) - I(t_L) - I(t_R) \\ &= i(t)p(t) - i(t_L)p(t_L) - i(t_R)p(t_R) \end{aligned} \tag{8.11}$$

여기서

$$p_L = p(t_L)/p(t),\ p_R = p(t_R)/p(t)$$

이므로 식 (8.11)의 불순도 감소량은 아래와 같다.

$$\Delta I(s,t) = [i(t) - p_L i(t_L) - p_R i(t_R)]p(t) = \Delta i(s,t)p(t) \tag{8.12}$$

따라서 트리 T의 노드 t에서 분지 s를 선택하면 트리 T'가 형성된다고 할 때 최적의 분지 s^*는 다음과 같이 트리 불순도 감소량을 최대로 하는 분지 s가 된다.

$$s^* = \arg\max_s \Delta I(s,t) \tag{8.13}$$

또한 이는 식 (8.12)에 의하여 다음과 같음을 알 수 있다.

$$s^* = \arg\max_s \Delta i(s,t) \tag{8.14}$$

나아가 식 (8.8)에 의하여 최적 분지는 자식 노드 불순도의 가중합(또는 가중불순도), 즉 $p_L i(t_L) + p_R i(t_R)$이 최소가 되는 것임을 알 수 있다.

예 8.2 다음과 같은 10개의 객체에 대한 학습표본이 있다. 뿌리 노드에서 최적의 분지를 선택하고 트리를 만들어라.

[표 8.1] [예 8.2]의 **학습표본**

객체 번호	X1	X2	범주
1	1	4	1
2	2	6	1
3	2	5	1
4	2	4	2
5	2	3	2
6	3	6	1
7	4	6	1
8	4	5	2
9	4	4	2
10	5	4	2

풀이 뿌리 노드 t_1은 10개의 전체 객체로 이루어지고 범주 1이 5개, 범주 2가 5개이므로, (5, 5)로 표현되며 이때 지니 지수에 의한 불순도는 식 (8.4)에 의하여 다음과 같다.

$$i(t_1) = 1 - (0.5)^2 - (0.5)^2 = 0.5$$

노드 t_1에서 분지 후보를 쉽게 알아보기 위해 [표 8.1]의 학습표본을 이차원 평면에 나타내면 [그림 8.4]와 같다.

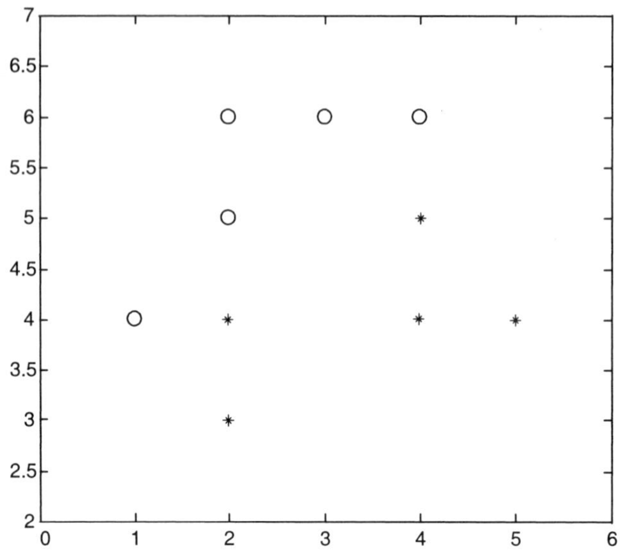

[그림 8.4] [예 8.2]의 학습표본(범주 1: ○; 범주 2: *)

노드 t_1에서의 분지 후보는 아래와 같이 변수 X1에 대하여 4가지, 변수 X2에 대하여 3가지로 총 7가지가 됨을 알 수 있다.

s1: X1 < 1.5	s5: X2 < 3.5
s2: X1 < 2.5	s6: X2 < 4.5
s3: X1 < 3.5	s7: X2 < 5.5
s4: X1 < 4.5	

위의 분지 후보 각각에 대하여 분지된 자식 노드의 가중불순도를 구한 후 최소가 되는 것이 최적의 분지로 선택된다. 이의 결과를 정리하면 다음 표와 같다.

후보분지	왼쪽 노드 객체수	p_L	$i(t_L)$	오른쪽 노드 객체수	p_R	$i(t_R)$	가중불순도 $p_L i(t_L)+p_R i(t_R)$
s1: X1<1.5	(1, 0)	1/10	0	(4, 5)	9/10	40/81	0.4444
s2: X1<2.5	(3, 2)	5/10	12/25	(2, 3)	5/10	12/25	0.48
s3: X1<3.5	(4, 2)	6/10	4/9	(1, 4)	4/10	8/25	0.3947
s4: X1<4.5	(5, 4)	9/10	40/81	(0, 1)	1/10	0	0.4444
s5: X2<3.5	(1, 0)	1/10	0	(5, 4)	9/10	40/81	0.4444
s6: X2<4.5	(1, 4)	5/10	8/25	(4, 1)	5/10	8/25	0.32
s7: X2<5.5	(2, 5)	7/10	20/49	(3, 0)	3/10	0	0.2857

이 중 s7의 기준으로 분지함이 불순도의 감소량이 최대가 됨을 확인할 수 있다. 이 기준으로 분지할 때 형성되는 자식 노드는 [그림 8.5]에서 보는 바와 같다.

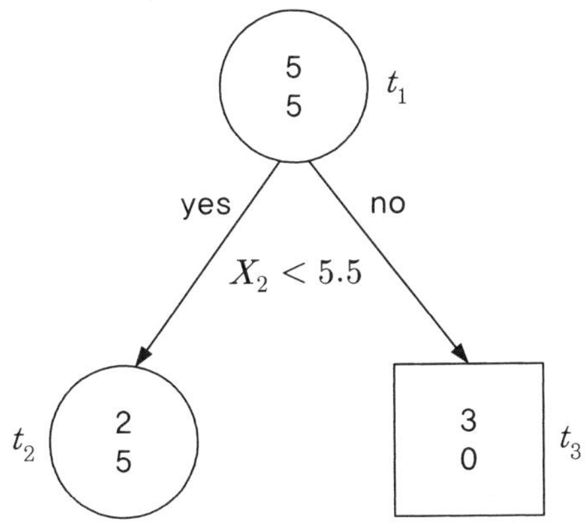

[그림 8.5] 뿌리 노드 분지에 의한 트리(트리 T)

분지기준 s7을 [그림 8.4]의 이차원평면에 선으로 나타내면 아래 그림과 같다.

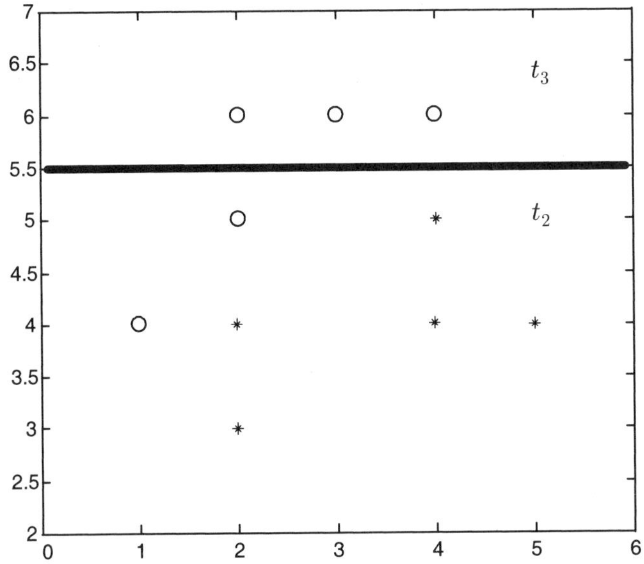

참고로 [그림 8.5]의 트리를 T라 할 때, 트리 T의 불순도는 아래와 같이 산출된다.

$$I(T) = I(t_2) + I(t_3) = 0.4081(0.7) + 0 = 0.2857$$ ■

지금까지 각 변수가 연속형임을 가정하여 설명하였지만 이분형 변수 또는 명목형 변수의 경우에도 유사하게 분지기준을 결정할 수 있다. 이분형 변수의 경우(1 또는 0의 값을 가질 때)에는 1의 값은 왼쪽으로 0의 값은 오른쪽으로 분지될 것이다. 3개 이상의 범주를 갖는 범주형 변수의 경우에는 분지 후보가 여러 가지 존재한다. 예를 들어, 변수 X가 A, B, C의 세 범주를 갖는다고 하면, 후보 분지는 다음과 같다.

s1: 왼쪽-{A}, 오른쪽-{B, C}
s2: 왼쪽-{A, B}, 오른쪽-{C}
s3: 왼쪽-{A, C}, 오른쪽-{B}

그러나 명목형 변수의 경우에도 불순도 산출은 연속형의 경우와 동일하므로 최적 분지 기준의 결정도 동일한 방식으로 적용할 수 있다.

8.2.3 최대 트리 형성

트리 형성과정에서 어떤 노드에 분류된 객체가 하나의 범주만을 가질 때는 더 이상 분지할 필요가 없으므로 자연적으로 최종 노드로 간주될 것이다. 또한 인위적인 분지 정지규칙에 의하여 최종 노드로 간주할 수 있다. 예를 들어, 양의 경계치 β에 대하여 노드 t가 다음을 만족할 때 이를 최종 노드로 규정한다.

$$\max_{s \in S} \Delta I(s,t) < \beta \tag{8.15}$$

그러나 CART에서는 위와 같은 정지규칙을 사용하지 않고 대신 각 최종 노드가 하나의 범주만을 가질 때까지 분지하여 최대 트리를 만든다. 이러한 최대 트리는 학습표본에만 적합한 과적합의 문제가 있을 수 있기 때문에 적절한 규칙에 의하여 가지치기를 하여 최종의 트리를 형성하는 방법을 사용하고 있다. 가지치기에 대해서는 다음 절에서 다룬다.

예 8.3 [예 8.2]의 학습표본을 바탕으로 최대 트리를 형성하라.

풀이 뿌리 노드에서 분지하여 만들어진 [그림 8.5]의 트리에서 노드 t_2를 대상으로 분지를 수행하여야 한다. 노드 t_2의 분지기준의 후보로는 s1('X1<1.5'), s2('X1<3'), s3('X1<4.5'), s4('X2<3.5'), s5('X2<4.5')가 있다. 최적 분지를 찾기 위해서는 이들 후보 각각에 대한 불순도 감소량을 산출하여 비교하여야 한다. 참고로 s3와 s4는 동일함을 쉽게 알 수 있다. 각 후보별 분지 후 자식 노드의 가중 불순도를 산출하면 아래와 같다. 따라서 가중 불순도가 최소가 되는 분지 s1이 최적이라 할 수 있다.

후보분지	왼쪽 노드			오른쪽 노드			가중불순도
	객체수	p_L	$i(t_L)$	객체수	p_R	$i(t_R)$	$p_L i(t_L)+p_R i(t_R)$
s1: X1<1.5	(1,0)	1/7	0	(1,5)	6/7	10/36	0.2381
s2: X1<3	(2,2)	4/7	2/4	(0,3)	3/7	0	0.2857
s3: X1<4.5	(2,4)	6/7	16/36	(0,1)	1/7	0	0.3810
s4: X2<4.5	(1,4)	5/7	8/25	(1,1)	2/7	1/2	0.3714

또한, 노드 t_2를 s1의 분지기준으로 이분할 때 하위 노드는 아래와 같으며, 형성된 트리 T'는 [그림 8.6]과 같다.

왼쪽 노드 : $t4(1,\ 0)$ $\quad p_L = 1/7 \quad p(t_4) = 1/10 \quad i(t_4) = 0$

오른쪽 노드 : $t5(1,\ 5)$ $\quad p_R = 6/7 \quad p(t_5) = 6/10 \quad i(t_5) = 0.2778$

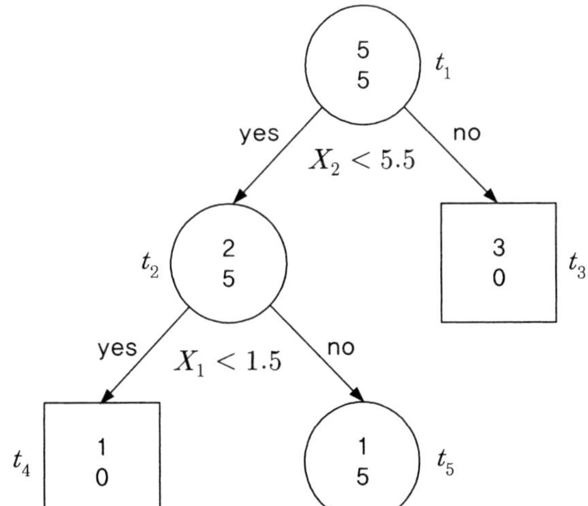

[그림 8.6] 트리 T'

여기서 다시 노드 t_5를 분지하면 최종적으로 [그림 8.7]과 같은 최대 트리가 생성된다. 또한, 이 분지 결과 및 최종 노드들을 [그림 8.4]의 이차원 평면에 직선으로 표시하면 [그림 8.8]과 같다.

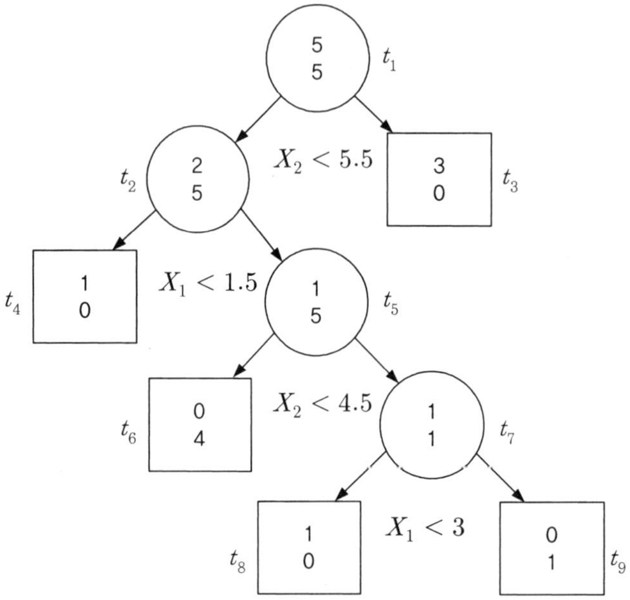

[그림 8.7] [예 8.2]의 분지 결과 및 최대 트리

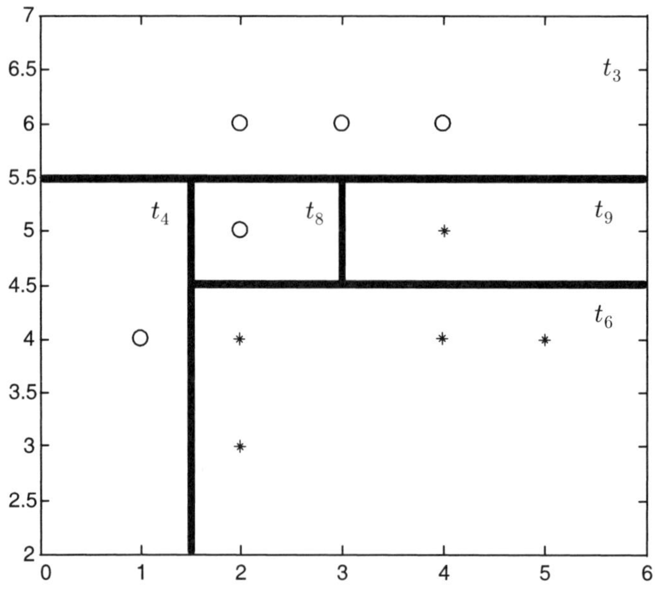

[그림 8.8] [예 8.2]의 분지 결과 및 최종 노드

8.3 ▸ 가지치기 및 최종 트리 선정

CART에서는 초기에 트리를 키우는 단계에서 정지규칙을 적용하지 않고 최종 노드가 하나의 범주만을 가질 때까지 계속하여 최대 트리를 형성하기 때문에 이 트리로부터 분류규칙을 도출하고 새로운 데이터에 대하여 적용할 때 과적합(overfitting)의 문제가 발생한다. 따라서 CART에서는 이런 문제를 줄이기 위해 최대 트리를 적절하게 가치치기를 함으로써 보다 예측력이 좋은 분류규칙을 도출코자 한다. 가지치기의 결과로 바로 최종 트리를 얻는 것은 아니며, 우선 최종 트리의 후보가 되는 여러 가지친 트리를 얻는다. 그 후 후보 트리들에 대하여 분류오류율을 분석하여 가장 적합한 최종 트리를 선정하게 된다. 가지치기의 기준은 통상 오분류비용(misclassification cost)과 트리의 복잡도(complexity)를 동시에 고려하여 산정한다.

8.3.1 트리의 오분류비용

우선 한 객체에 대한 오분류비용을 다음과 같이 정의한다.

$$C(i|j) = \text{범주 } j\text{에 속하는 객체를 범주 } i\text{로 분류할 때의 비용}$$

이때 $i=j$이면 상기 비용은 0이며, 그렇지 않으면 양의 값을 갖는다. 노드 t에 대하여 각 범주별 확률이 $p(j|t)$, $j=1,\cdots,J$로 주어질 때 이 노드를 범주 i로 분류하면 오분류비용의 기대치는 다음과 같다.

$$\text{노드 } t\text{를 범주 } i\text{로 분류할 때 기대비용} = \sum_{j=1}^{J} C(i|j)p(j|t)$$

노드에 대한 자연스러운 범주 할당 규칙은 위의 기대비용을 최소로 하는 것이기 때문에 노드 t에 대한 오분류비용의 기대치 $r(t)$는 다음과 같다.

$$r(t) = \min_i \sum_{j=1}^{J} C(i|j)p(j|t) \tag{8.16}$$

참고로 오분류비용 구조가 다음과 같을 때,

$$C(i|j) = \begin{cases} 1 & \text{if } i \neq j \\ 0 & \text{if } i = j \end{cases} \tag{8.17}$$

노드 t에 대한 오분류비용의 기대치 $r(t)$는 아래와 같다(연습문제 참조). 이는 노드 t의 오분류율과 동일하다.

$$r(t) = 1 - \max_j p(j|t) \tag{8.18}$$

한편, 트리 T에 대한 오분류비용은 다음과 같다.

$$R(T) = \sum_{t \in A(T)} r(t)p(t) = \sum_{t \in A(T)} R(t) \tag{8.19}$$

위에서 $R(t)$는 객체비율을 고려한 노드 t의 비용으로 다음과 같다.

$$R(t) = r(t)p(t) \tag{8.20}$$

예 8.4 [예 8.2]에 대하여 [그림 8.5]의 트리 T 및 [그림 8.6]의 T'를 각각 최종 트리라 할 때 이들에 대한 오분류비용을 각각 구하라. 단, 비용함수는 식 (8.17)을 사용한다.

풀이 우선, 트리 T에 대한 최종 노드는 t_2 및 t_3이므로 식 (8.18)에 의한 노드 오분류비용은 다음과 같다.

$$r(t_2) = 1 - 5/7 = 2/7 \qquad r(t_3) = 1 - 1 = 0$$

따라서 트리 T에 대한 오분류비용은 다음과 같이 산출된다.

$$R(T) = (2/7)(7/10) = 0.2$$

즉, 트리 T를 바탕으로 전체 10개 객체를 분류할 때 노드 t_2는 범주 2로 예측하므로 2개가 오분류되며 오분류율이 0.2이다.

한편, 트리 T'에 대한 최종 노드는 t_3, t_4, t_5인데, 노드 t_4, t_5의 오분류비용은 다음과 같다.

$$r(t_4) = 0 \qquad\qquad r(t_5) = 1 - 5/6 = 1/6$$

따라서 트리 T'에 대한 오분류비용은 다음과 같이 트리 T보다 작다.

$$R(T') = (1/6)(6/10) = 0.1$$

8.3.2 비용-복잡도 최소화에 의한 가지치기

트리가 성장함에 따라 불순도는 감소하므로 오분류비용은 작아지기 마련이다. 그러므로 오분류비용만으로는 가지치기의 시점을 정하기가 곤란할 수 있다. 이의 보완책으로 비용 이외에 트리의 복잡도를 동시에 고려하는 방안이 제시되고 있다. 트리의 복잡성은 그 트리의 최종 노드의 개수로 나타내는데, 트리가 성장함에 따라 복잡도는 증가할 것이다.

오분류비용과 복잡도를 결합한 비용-복잡도 척도(cost-complexity measure)를 트리 T에 대하여 다음과 같이 정의한다.

$$R_a(T) = R(T) + \alpha |T| \tag{8.21}$$

여기서 α는 비음의 실수로서 복잡도 계수(complexity parameter)라 하는데 최종 노드의 개당 복잡도 비용을 나타내며, $|T|$는 트리 T의 최종 노드 개수를 의미한다. 즉, 위의 비용-복잡도 척도는 오분류비용과 복잡도 비용의 선형결합이라 할 수 있겠다.

$\widetilde{T}_t$를 노드 t를 포함한 하부 트리(subtree) 또는 가지라 하면 이 하부 트리에 대한 비용-복잡도 척도는 다음과 같다.

$$R_\alpha(\widetilde{T}_t) = R(\widetilde{T}_t) + \alpha |\widetilde{T}_t| \tag{8.22}$$

그리고 노드 t를 최종 노드로 간주하면 다음이 성립한다.

$$R_\alpha(t) = R(t) + \alpha \tag{8.23}$$

따라서 노드 t에서 다음이 성립하면

$$R(t) + \alpha \leq R(\widetilde{T}_t) + \alpha|\widetilde{T}_t| \tag{8.24}$$

노드 t를 최종 노드로 선언하는 것이 비용이 적으므로 하부트리 $\widetilde{T}_t$를 가지치기하는 편이 좋을 것이다. 노드 t에 대하여 '알파'를 다음과 같이 정의하면

$$\alpha(t) = \frac{R(t) - R(\widetilde{T}_t)}{|\widetilde{T}_t| - 1} \tag{8.25}$$

이는 노드 t에서 가지치기할 때 감소하는 최종 노드 하나에 대한 비용의 증가량을 나타낸다. 따라서 이 알파값이 최소가 되는 노드 t를 선정하여 가지치기를 한다.

이러한 가지치기는 여기서 그치는 것이 아니고 가지치기 후의 축소된 트리에 대하여 다시 위의 과정을 적용하여 재차 가지치기를 반복한다. 이런 과정은 뿌리 노드만 남을 때까지 계속하여 여러 개의 가지친 트리(pruned tree)를 구성한다. 최종 트리는 이 가지친 트리 중 하나로 선정될 것이다. 최대 트리 T_1로부터 처음 형성되는 가지친 트리를 T_2, T_2으로부터 다시 형성되는 가지친 트리를 T_3 등으로 표현하고 이에 대응하는 알파값을 α_1, α_2 등으로 나타내기로 한다. 최대 트리에 대응하는 알파값은 0 ($\alpha_1 = 0$)으로 한다.

예 8.5 [그림 8.7]의 최대 트리의 노드 t_2, t_5, t_7에 대하여 식 (8.25)에 의한 알파값을 구해보자. 우선, 노드 t_2를 고려해 보자. [예 8.4]의 결과를 이용하면

$$R(t_2) = r(t_2)p(t_2) = 0.2$$

노드 t_2를 포함한 하부 트리 $\widetilde{T}_2$는 오분류가 없으므로

$$R(\widetilde{T}_2) = 0.$$

따라서

$$\alpha(t_2) = \frac{R(t_2) - R(\widetilde{T}_2)}{|\widetilde{T}_2| - 1} = \frac{0.2}{4-1} = 0.0667$$

위와 같이 각 노드에 대하여 구하면 다음과 같다.

노드 t	$R(t)$	$R(\widetilde{T}_t)$	$\lvert\widetilde{T}_t\rvert$	$\alpha(t)$
t_2	0.2	0	4	0.0667
t_5	0.1	0	3	0.05(최소)
t_7	0.1	0	2	0.1

$\alpha(t_5)$가 최소값을 가지므로 노드 t_5에서 가지치기를 하고 이를 최종 노드로 간수한다. 이때 형성되는 가지친 트리는 [그림 8.6]과 같은 트리가 될 것이다.

예 8.6 [그림 8.7]의 최대 트리에 가지치기를 적용하여 형성되는 모든 가지친 트리를 구하라.

풀이 우선 첫 가지치기로 발생하는 가지친 트리는 [예 8.5]에서와 같이 [그림 8.6]의 트리 T'이며, 이 트리에 다시 가지치기를 적용하면 아래 표를 얻는다.

노드 t	$R(t)$	$R(\widetilde{T}_t)$	$\lvert\widetilde{T}_t\rvert$	$\alpha(t)$
t_1	0.5	0.1	3	0.2
t_2	0.2	0.1	2	0.1(최소)

따라서 노드 t_2에서 가지치기를 하며 이에 따라 형성되는 가지친 트리는 [그림 8.3]과 같다. 이상을 정리하면 가지친 트리는 다음과 같다.

T_1: [그림 8.7]의 최대 트리 $\alpha_1 = 0$

T_2: [그림 8.6]의 트리 T' $\alpha_2 = 0.05$

T_3: [그림 8.5]의 트리 T $\alpha_3 = 0.1$

8.3.3 최적 트리의 선정

위의 가지치기 과정에서 얻는 가지친 트리들이 최종 트리의 후보가 되며 이중에서 가장 최적의 트리를 선정하게 된다. 여기서 최적이란 분류오류율이 가장 작음을 나타내며 따라서 이를 추정하는 방안으로 테스트 표본의 사용이 권장된다. 테스트 표본이란 트리를 형성한 학습표본과는 무관한 별도로 마련된 표본을 말한다.

후보가 되는 각 가지친 트리에 대한 테스트 표본에 의한 분류오류율이 산출되면 이 중 오류율이 최소가 되는 가지친 트리를 최적 트리로 선정할 수 있으나, 보다 단순한 트리를 선택하기 위해서 다음과 같은 '1-SE 규칙'의 사용이 추천되고 있다. 우선 가지친 트리 중 테스트 표본에 의한 오류율의 최소값을 선정하여 이를 R^{ts}라 하고 n_{test}를 테스트 표본수라 할 때, 오류율의 표준오차(standard error)는 다음과 같이 산출한다.

$$SE = \sqrt{\frac{R^{ts}(1 - R^{ts})}{n_{test}}}$$

이때 1-SE 규칙은 다음과 같다.

"오류율이 $R^{ts} + SE$보다 작은 가지친 트리 중 가장 단순한 것을 최적 트리로 선정한다."

위에서 단순한 트리란 최종 노드수가 적은 것을 의미하고 이는 분류규칙의 단순성의 추구에서 비롯된다 하겠다. 학습표본과 별도의 테스트 표본이 가용하지 않을 경우에는 주로 cross-validation을 사용한다.

예 8.7 [예 8.1]의 학습데이터 이외에 다음과 같은 6개의 테스트 데이터가 있다고 하자. [예 8.6]의 결과로 얻은 가지친 트리 T_2 와 T_3에 대하여 분류오류율 및 표준오차를 각각 산출하라. 그리고 1-SE 규칙에 의거하여 최적의 트리를 선정하라.

객체번호	X1	X2	범주
11	1	5	1
12	0	5	1
13	3	4	2
14	4	3	2
15	2	7	1
16	1	4	2

풀이 트리 T_2에 의하면 객체 16이 잘못 분류되므로 분류오류율은 1/6(=0.1667)이고, 트리 T_3에 의하면 객체 11, 12가 잘못 분류되므로 분류오류율은 2/6(=0.3333)이다. 따라서 각 트리의 분류오류율 및 분류오류 표준오차는 다음과 같다.

$$R^{ts}(T_2) = 0.1667 \qquad SE(T_2) = \sqrt{\frac{0.1667(0.8333)}{6}} = 0.152$$

$$R^{ts}(T_3) = 0.3333 \qquad SE(T_3) = \sqrt{\frac{0.3333(0.6667)}{6}} = 0.192$$

이 경우 T_3의 분류오류율이 $R^{ts}(T_2) + SE(T_2) = 0.3187$보다 크므로 최적 트리는 조금 더 복잡하나 오류율이 작은 T_2가 된다.

8.3.4 범주 배정

최적 트리 또는 임의의 트리의 최종 노드에 대하여 하나의 범주를 배정하는데, 이의 방법은 단순하게 범주별 객체수를 산출한 후 가장 많은 객체를 갖는 범주를 해당 노드에 배정하는 것이다. 최종적으로 선정된 트리에 대하여 분류규칙을 도출하게 되는데, 뿌리 노드에서 분지된 가지를 따라 최종 노드에 이르는 조합들이 조건이 되며 최종 노드에 배정된 범주가 결과가 된다.

8.4 ▸ 기타 트리 기법

트리기반 분류기법으로 CART 이외에 많은 것들이 개발되었는데 여기서는 C4.5와 CHAID에 대해서만 간략히 언급한다.

C4.5는 1993년 퀸란(J. Ross Quinlan)이 자신의 이전 알고리즘인 ID3(Iterative Dichotomizer 3)를 발전시켜 개발한 것이다. 이는 CART와 같이 나무구조를 최대한 성장시킨 다음 가지치기를 하여 최적의 나무구조를 형성한다. CART와의 큰 차이는 다원분지(multiple splits)를 허용하며, 엔트로피에 기초하여 노드의 불순도를 측정하여 분류함수를 구하는 것이다. 이는 후에 Rulequest사에 의하여 C5.0로 발전되었다. C5.0에서는 회귀분석은 제외하고 분류만을 목적으로 하고 있으며 계산 속도를 대폭 향상시켰다.

CHAID(CHi-square Automatic Interaction Detection)는 1980년 카스(G. V. Kass)에 의하여 개발된 것인데, 원래 AID 알고리즘을 수정한 것이다. 이는 나무구조를 형성할 때 다원분류(multiway splits)를 하되 가지치기를 하지 않고 미리 정한 정지규칙에 따라 최종 나무구조를 완성한다. 범주형 변수만을 허용하므로 연속형 변수에 대해서는 사전에 범주형으로 변환하여야 한다. 본 알고리즘은 카이제곱검정(Chi-square test)에 기초하여 분류함수를 정하는 것이다.

SAS사의 데이터마이닝 소프트웨어인 Enterprise Miner 또는 SPSS사의 Clementine에서는 CART, CHAID, 및 C4.5를 제공하고 있다. 무료 소프트웨어인 Weka에는 J48이라는 트리 알고리즘이 탑재되어 있다.

8.5 ▸ 참고사항

CART의 대부분 내용은 참고문헌 [1]을 참조하였다. CART는 California Statistical Software사의 등록상표명이며, Salford Systems사를 통하여 판매되고 있다. CHAID 및 C4.5에 대한 자세한 내용을 위해서는 참고문헌 [2], [4]를 각각 참조할 수 있다. CHAID의 이전 알고리즘인 AID에 대한 이론은 참고문헌 [3]에 기술되어 있다.

[1] Breiman, L., J. H. Friedman, R. A. Olshen, and C. J. Stone (1984). *Classification and Regression Trees*. Wadsworth, Inc., Monterey, Calif., U.S.A.

[2] Kass, G. V. (1980). An exploratory technique for investigating large quantities of categorical data, *Applied Statistics*, 29(2):119-127.

[3] Morgan, J. N., and J. A. Sonquist (1963). Problems in the analysis of survey data, and a proposal, *Journal of American Statistical Association* 58:415-434.

[4] Quinlan, J. R. (1993). *C4.5: Programs for Machine Learning*. Morgan Kaufmann Publishers.

연습문제

8.1 다음 두 데이터 A, B에 대하여 지니 함수 및 엔트로피 지수를 각각 산출하고 어떤 데이터의 불순도가 높은지 비교하라.

데이터 A: 20개의 객체 중 범주 1, 2, 3에 속하는 수가 각각 6, 6, 8

데이터 B: 20개의 객체 중 범주 1, 2, 3에 속하는 수가 각각 1, 5, 14

8.2 [예 8.3]에서 생략된 계산을 하여 최대 트리가 [그림 8.7]과 같음을 확인하라.

8.3 [그림 8.6]의 트리에 대한 불순도를 산출하라.

8.4 [예 8.4]에서 다음과 같은 비용함수를 사용할 경우 트리 T 및 T'에 대한 오분류 비용을 각각 구하라.

$$C(1|2)=3,\ C(2|1)=1,\ C(1|1)=C(2|2)=0$$

8.5 [예 8.2]에 대하여 식 (8.21)에서 $\alpha=0.07$이고 식 (8.17)의 비용함수를 사용할 때 최적의 가지친 트리가 [그림 8.6]과 같음을 확인하라.

8.6 [예 8.2]에 대하여 식 (8.21)에서 $\alpha=0.07$이고 문제 8.4의 비용함수를 사용할 때 최적의 가지친 트리를 도출하라.

8.7 다음과 같은 2-범주 분류를 위한 학습표본이 있다.

객체 #	1	2	3	4	5	6	7	8	9	10
X	1	2	3	4	6	7	8	9	10	11
class	0	0	0	0	1	1	1	1	1	0

CART를 이용하여 트리를 만들고자 한다.

(a) 단 한 번의 분지에 의한 트리(두 개의 최종 노드를 갖는)를 구성하라.(이를 DT1이라 하자.)
(b) 최대 트리를 구성하라.(이를 DT2라 하자.)
(c) DT1의 뿌리 노드에서 지니 지수를 구하라. 또한, 두 최종 노드에서의 지니 지수를 각각 구하라.
(d) DT1의 분류오류율을 구하라.

8.8 다음은 8개 제품의 시리얼에 대한 Taste rating 및 Health rating을 나타내며 이를 바탕으로 Overall rating(0 or 1)을 평가한 것이다. 본 데이터를 학습표본으로 하여 Overall rating을 기준으로 범주 0과 범주 1로 분류하고자 할 때 CART를 사용하여 최대 트리를 만들어라. 가지치기는 필요 없으며, 각 노드별로 범주를 분류하라.

Brand	Overall rating	Taste rating	Health rating
A	0	5	3
B	1	5	6
C	1	7	9
D	0	3	2
E	1	7	7
F	0	4	6
G	0	3	3
H	1	8	9

8.9 다음은 세 개의 지시변수에 대응하는 범주 Y에 대한 학습표본이다.

#	X1	X2	X3	Y
1	0	0	0	0
2	0	0	1	0
3	0	0	1	0
4	0	1	1	0
5	0	1	0	0
6	1	0	0	0
7	1	1	1	0
8	0	1	1	1
9	1	0	1	1
10	1	1	0	1
11	1	1	0	1
12	1	1	1	1

(a) 뿌리 노드에서의 지니 지수를 산출하라.

(b) 뿌리 노드에서 분지기준이 될 변수는 어떤 것인가? 이유를 간단히 설명하라.

(c) (b)의 분지기준에 대한 불순도 감소량을 구하라.

(d) 최종 노드가 4개가 될 때까지 트리를 형성하라.

(e) (d)에서 형성된 트리에 대한 오분류율을 구하라.

8.10 다음은 9명의 고객의 3개 속성과 고객 범주를 구분한 데이터이다.

	X1	X2	X3	고객 형태
1	yes	yes	1	1
2	yes	yes	6	1
3	yes	no	5	0
4	no	no	4	1
5	no	yes	7	0
6	no	yes	3	0
7	no	no	8	0
8	yes	no	7	1
9	no	yes	5	0

(a) 뿌리 노드에서 어떤 변수가 분지기준으로 선정되는가?

(b) (a)의 분지기준에 의한 불순도 감소량을 산출하라.

(c) 최대 트리를 만들라.

(d) 가지치기를 하여 최종 트리의 후보를 생성하라.

8.11 다음은 10가지 동물에 대한 학습표본이다. 범주를 나타내는 변수는 '포유류여부'이다.

동물	온혈/냉혈	태생여부	네 다리	겨울잠	포유류여부
A1	온혈	예	예	예	예
A2	온혈	예	예	아니오	예
A3	온혈	예	아니오	예	예
A4	온혈	예	아니오	아니오	예
A5	냉혈	아니오	예	예	이니오
A6	냉혈	아니오	예	아니오	아니오
A7	냉혈	아니오	아니오	예	아니오
A8	냉혈	아니오	아니오	아니오	아니오
A9	온혈	아니오	아니오	아니오	아니오
A10	냉혈	예	아니오	아니오	아니오

(a) 뿌리 노드에서 어떤 변수가 분지기준으로 선정되는가?

(b) 최대 트리를 만들라.

(c) 포유류로 분류하는 규칙을 기술하라.

8.12 아래 표는 가지치기한 여러 트리의 성능을 나타낸 것이다. 여기서 $|T_k|$는 최종 노드 수이며, R^{CV}는 V-fold cross validation의 오류율을 R^{ts}는 테스트 오류율을 나타낸다. R^{CV}의 표준오차(SE)는 k와 V값에 관계없이 0.02로 알려져 있다.

k	$\lvert T_k \rvert$	R^{CV} V=5	V=10	V=20	R^{ts}
1	23	0.33	0.30	0.29	0.29
2	21	0.32	0.28	0.28	0.28
3	14	0.33	0.29	0.30	0.29
4	11	0.34	0.29	0.31	0.28
5	9	0.33	0.31	0.30	0.29
6	7	0.33	0.35	0.34	0.30
7	5	0.36	0.35	0.34	0.33
8	3	0.39	0.39	0.36	0.36
9	2	0.51	0.52	0.47	0.44

(a) 1-SE 규칙을 이용하여 최적의 트리를 선정하고자 한다. V값 각각에 대한 최적의 트리를 선정하라.

(b) R^{ts}값이 $R^{CV}\pm$1-SE 내에 있으면 정확하다고 한다. 어떤 V값에서 가장 정확하다고 할 수 있는가?

(c) 종합할 때, 어떤 트리가 가장 최적이라고 할 수 있는가? 이유를 간단히 기술하라.

8.13 식 (8.1)의 지니 지수가 $p_j = 1/J, j = 1, \ldots, J$일 때 최대가 됨을 보여라. 이때 최대값이 $(J-1)/J$임을 보여라.

8.14 비용구조가 식 (8.17)과 같을 때, 오분류비용의 기대치가 식 (8.18)과 같음을 증명하라. 또한, 이 오분류율이 불순도함수임을 보여라.

9장

서포트 벡터 머신

들어가며

서포트 벡터 머신(support vector machine; 이하 SVM)은 기본적으로 두 범주를 갖는 객체들을 분류하는 방법이다. 물론 세 범주 이상의 경우로 확장이 가능하다. 이 방법은 1979년 Vapnik에 의하여 발표된 바 있으나 최근에 와서야 그 성능이 인정되어 각광을 받게 되었다. SVM의 개념을 설명하기 위하여 우선 9.1절에서 하나의 선형함수로 두 범주의 분리가 가능한 경우를 다루며, 9.2절에서는 오분류가 불가피한 경우를 다루고, 9.3절에서는 비선형 SVM을 설명한다.

9.1 ▶ 선형 SVM-분리 가능 경우

학습표본에 두 개의 범주(편의상 1 또는 -1의 값을 갖는다고 가정)로 분류된 N개의 객체가(각 객체는 p개의 변수로 구성) 있다고 하자. 그리고 하나의 선형함수로 두 범주가 완벽하게 분리되는(separable) 경우를 고려하여 보자. p차원 공간에서의 선형함수를 하이퍼플레인(hyperplane)이라 하는데, 이 경우는 적절한 하이퍼플레인을 찾으면 오분류를 피할 수 있다. 이때 두 범주를 구분하는 하이퍼플레인은 [그림 9.1]에서 보듯이 무수히 많을 수 있는데 어떤 것이 가장 적절한 것인지를 결정하고자 한다. 이러한 개념은 새로운 객체들을 분류하거나 추후에 다룰 오분류가 불가피한 경우를 다루기 위해서 유용하다.

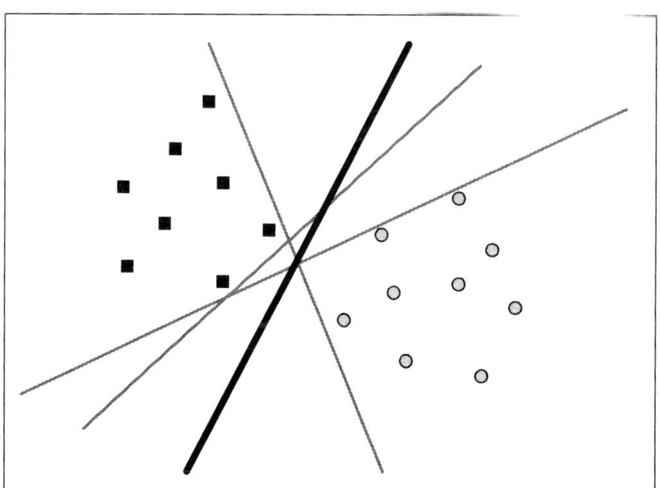

[그림 9.1] 두 범주를 구분하는 하이퍼플레인

다음과 같은 p차원 변수벡터 $\boldsymbol{x}$에 대한 하이퍼플레인 H를 고려하자.

$$H: \boldsymbol{w}^T\boldsymbol{x} + b = 0 \tag{9.1}$$

여기서 $\boldsymbol{w}$는 하이퍼플레인의 계수벡터이며 b는 상수이다. 이때 원점에서 이 하이퍼플레인과의 수직거리는 $|b|/\|\boldsymbol{w}\|$가 된다.

추가로 식 (9.1)과 평행인 다음의 두 하이퍼플레인을 고려하여 보자.

$$H_1 : \boldsymbol{w}^T\boldsymbol{x} + b = 1 \tag{9.2a}$$

$$H_2 : \boldsymbol{w}^T\boldsymbol{x} + b = -1 \tag{9.2b}$$

단, H_1과 H_2 사이에는 객체가 없어야 한다. 이때 식 (9.2a)의 하이퍼플레인은 범주 1의 객체 중 식 (9.1)의 분리 하이퍼플레인(separating hyperplane)에서 가장 가까운 객체를 지나며, 식 (9.2b)의 하이퍼플레인은 분리 하이퍼플레인에서 범주 -1의 가장 가까운 객체를 지나게 된다([그림 9.2] 참조). 따라서 H1과 H2 간의 거리(margin)는 $2/\|\boldsymbol{w}\|$이다.

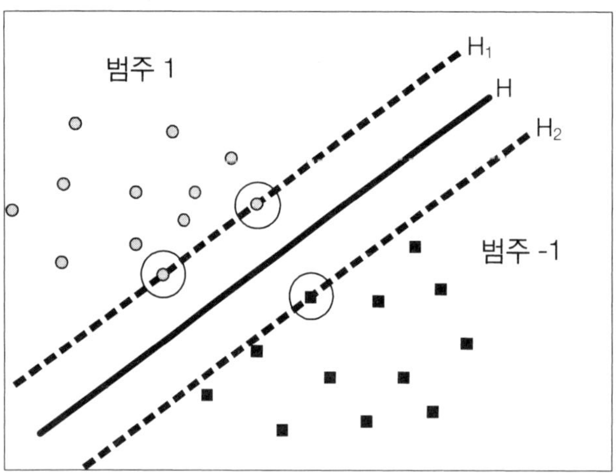

[그림 9.2] 분리 가능한 경우 하이퍼플레인

선형 SVM은 이 거리를 최대로 하는 분리 하이퍼플레인을 찾는 문제로 귀착된다. 학습표본이 N개의 객체로 이루어지며, i번째 객체를 p개의 변수로 이루어진 벡터 $\boldsymbol{x}_i$로 표기하며 이에 대응하는 기 분류된 범주를 y_i로 표기하자. 즉, y_i는 1 또는 -1을 갖는다. 이때 분리 하이퍼플레인을 찾는 문제는 다음과 같은 최적화 문제가 된다.

$$\text{Max} \quad \frac{2}{\boldsymbol{w}^T\boldsymbol{w}} \tag{9.3a}$$

Subject to

$$\boldsymbol{w}^T\boldsymbol{x}_i + b \geq 1 \text{ for } y_i = 1 \qquad (i = 1, \cdots, \text{N}) \tag{9.3b}$$

$$\boldsymbol{w}^T\boldsymbol{x}_i + b \leq -1 \text{ for } y_i = -1 \qquad (i = 1, \cdots, \text{N}) \tag{9.3c}$$

위에서 제약식 (9.3b)와 (9.3c)는 다음과 같이 하나의 식으로 표현된다.

$$y_i(\boldsymbol{w}^T\boldsymbol{x}_i+b) \geq 1$$

따라서 위의 최적화 문제는 다음과 같이 기술된다.

$$\text{Min} \quad \frac{\boldsymbol{w}^T\boldsymbol{w}}{2} \tag{9.4a}$$

Subject to

$$y_i(\boldsymbol{w}^T\boldsymbol{x}_i+b) \geq 1 \qquad (i=1,\cdots,N) \tag{9.4b}$$

제약조건 (9.4b)에 비음의 라그랑지 계수(Lagrange multiplier) α_i를 도입하여 라그랑지 함수를 유도하면 다음과 같은 최적화 문제가 된다(부록 참조). 이를 원문제(primal problem)라 하자.

$$\text{Min} \quad L_P = \frac{1}{2}\boldsymbol{w}^T\boldsymbol{w} - \sum_{i=1}^{N}\alpha_i[y_i(\boldsymbol{w}^T\boldsymbol{x}_i+b)-1] \tag{9.5}$$

$$\alpha_i \geq 0,\ i=1,\ldots,N$$

식 (9.5)의 원문제에 Karush-Kuhn-Tucker(KKT) 조건을 적용시키면 다음의 결과를 얻는다(부록 참조).

$$\frac{\partial L_P}{\partial \boldsymbol{w}} = \boldsymbol{w} - \sum_{i=1}^{N}\alpha_i y_i \boldsymbol{x}_i = 0 \tag{9.6a}$$

$$\frac{\partial L_P}{\partial b} = -\sum_{i=1}^{N}\alpha_i y_i = 0 \tag{9.6b}$$

$$\alpha_i[y_i(\boldsymbol{w}^T\boldsymbol{x}_i+b)-1] = 0,\ i=1,\ldots,N \tag{9.6c}$$

$$y_i(\boldsymbol{w}^T\boldsymbol{x}_i+b)-1 \geq 0,\ i=1,\ldots,N \tag{9.6d}$$

$$\alpha_i \geq 0,\ i=1,\ldots,N \tag{9.6e}$$

식 (9.5)에서 보듯이 원문제의 목적함수는 convex이고 제약식 역시 convex이므로 식 (9.6)의 KKT 조건은 원문제 해에 대한 필요충분조건을 제공한다. 식 (9.6a)로부터 다음 관계를 얻는다.

$$\boldsymbol{w} = \sum_{i=1}^{N} \alpha_i y_i \boldsymbol{x}_i \tag{9.7}$$

따라서 α_i가 결정되면 분리 하이퍼플레인의 계수 $\boldsymbol{w}$를 산출할 수 있다. α_i값을 구하기 위해서는 아래에서 설명하는 울프쌍대문제를 고려한다. 그리고 $\alpha_i > 0$인 임의의 객체 i에 식 (9.6c)를 적용하면 다음과 같이 b를 구할 수 있다.

$$b = \frac{1 - y_i \boldsymbol{w}^T \boldsymbol{x}_i}{y_i}, \quad \alpha_i > 0 \tag{9.8}$$

식 (9.8)에 의하면 객체별로 다른 b값이 도출될 수 있는데, 이 경우는 평균값을 취하여 최종적으로 b값을 정하는 것이 수치적으로 안정적이라 알려져 있다. 위와 같이 분리 하이퍼플레인을 도출하는 것을 SVM을 학습시킨다고 말한다.

α_i값을 얻기 위한 식 (9.5)의 원문제에 대한 울프쌍대문제(Wolfe dual problem)는 다음과 같다(부록 참조).

$$\text{Max} \quad L_P = \frac{1}{2}\boldsymbol{w}^T\boldsymbol{w} - \sum_{i=1}^{N} \alpha_i [y_i(\boldsymbol{w}^T\boldsymbol{x}_i + b) - 1] \tag{9.9a}$$

Subject to

$$\boldsymbol{w} = \sum_{i=1}^{N} \alpha_i y_i \boldsymbol{x}_i \tag{9.9b}$$

$$\sum_{i=1}^{N} \alpha_i y_i = 0 \tag{9.9c}$$

$$\alpha_i \geq 0, \ i = 1, \ldots, N \tag{9.9d}$$

식 (9.9b)를 식 (9.9a)의 목적식에 대입하면 위의 쌍대문제는 다음과 같다.

$$\text{Max} \quad L_p = \sum_{i=1}^{N} \alpha_i - \frac{1}{2} \sum_{i=1}^{N} \sum_{j=1}^{N} \alpha_i \alpha_j y_i y_j \boldsymbol{x}_i^T \boldsymbol{x}_j \tag{9.10a}$$

Subject to

$$\sum_{i=1}^{N} \alpha_i y_i = 0 \tag{9.10b}$$

$$\alpha_i \geq 0, \ i = 1, \ldots, N \tag{9.10c}$$

위의 문제는 목적함수가 α_i에 대해 이차이고 제약조건이 선형이므로 이차계획(quadratic programming) 문제이며, 이를 위한 많은 소프트웨어를 사용할 수 있다. 결국 식 (9.10)의 문제로부터 α_i를 결정한 후 식 (9.7)과 (9.8)을 이용하여 하이퍼플레인의 계수들을 결정할 수 있다.

최적해에서 $\alpha_i > 0$인 객체를 서포트 벡터(support vector)라 하는데, 이는 식 (9.6c)으로부터 하이퍼플레인 H1 또는 H2상에 놓이게 됨을 알 수 있다. 그리고 H1 및 H2 상에 놓이지 않는 객체에서는 $\alpha_i = 0$이 된다. 따라서 서포트 벡터를 찾을 수 있다면 이들만을 대상으로 식 (9.10)의 문제를 풀어 분리 하이퍼플레인을 도출할 수 있으나 이는 어렵다. 이상을 요약하면 분리 하이퍼플레인은 다음의 과정으로 도출된다.

1) 식 (9.10)의 이차계획문제의 해로 α_i값들을 산출한다.
2) 식 (9.7)로부터 계수벡터 $\boldsymbol{w}$를 구한다.
3) 식 (9.8)로부터 상수 b를 구한다.

SVM을 학습시킨 후 새로운 객체 $\boldsymbol{x}$에 대한 분류규칙은 다음과 같다.

$$y = \boldsymbol{w}^T \boldsymbol{x} + b > 0 \text{이면, 범주 1로 분류} \tag{9.11a}$$

$$y = \boldsymbol{w}^T \boldsymbol{x} + b \leq 0 \text{이면, 범주 -1로 분류} \tag{9.11b}$$

예 9.1 분류를 위한 학습표본이 아래 [표 9.1]과 같이 9개의 객체로 구성되어 있다. 각 객체는 두 변수 X1과 X2로 이루어진다.

[표 9.1] 9개의 객체로 구성된 학습표본

객체	1	2	3	4	5	6	7	8	9
X1	5	4	7	8	3	2	6	9	5
X2	7	3	8	6	6	5	6	6	4
범주	1	-1	1	1	-1	-1	1	1	-1

여기서 한 예로 객체 1에 대하여 $\boldsymbol{x}_1 = (5,7)^T$이며, $y_1 = 1$이다. 위 데이터에 대하여 식 (9.10)의 이차계획법의 최적해는 다음과 같다.

$$\alpha_1 = 0.0875,\ \alpha_5 = 0.1549,\ \alpha_7 = 0.3569,\ \alpha_9 = 0.2896$$
$$\alpha_2 = \alpha_3 = \alpha_4 = \alpha_6 = \alpha_8 = 0$$

이때 식 (9.10a)의 목적함수값은 0.4444이다. 따라서 식 (9.7) 및 (9.8)을 이용하여 계수를 산출하면 다음과 같다.

$$w = \begin{pmatrix} 0.6667 \\ 0.6667 \end{pmatrix},\ \mathrm{b} = -7$$

즉, 분리 하이퍼플레인은 다음과 같다.

$$\frac{2}{3}X_1 + \frac{2}{3}X_2 = 7$$

위의 하이퍼플레인을 학습표본과 함께 도표에 나타내면 [그림 9.3]과 같다.

참고로 7.2절에서 다룬 선형판별분석(LDA)에 의한 각 범주에 대한 판별함수는 아래와 같으므로

$$\text{범주 -1: } U_{-1} = 3.657X_1 + 6.07X_2 - 20.061$$
$$\text{범주 1: } U_1 = 6.457X_1 + 9.57X_2 - 54.186$$

분류 경계식은 다음과 같으며,

$$\text{LDA 분류경계식: } 2.8X_1 + 3.5X_2 = 34.125$$

SVM에 의한 분리 하이퍼플레인과는 차이가 있음을 알 수 있다.

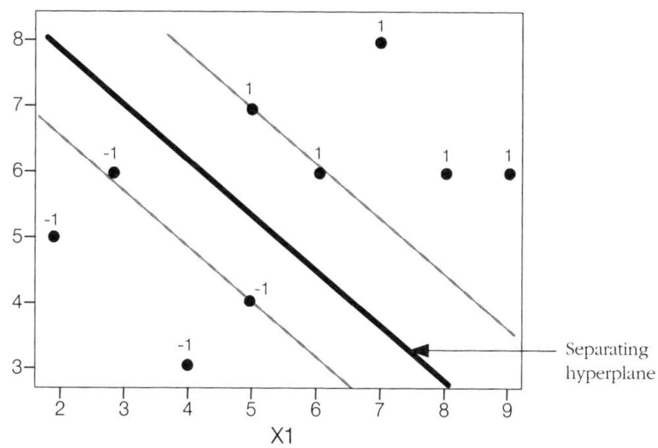

[그림 9.3] [예 9.1]에 대한 분리 하이퍼플레인

9.2 ▶ 선형 SVM-분리 불가능 경우

학습표본이 선형 하이퍼플레인에 의해 두 개의 범주로 분리되지 않는 경우 식 (9.4) 또는 식 (9.10)의 이차계획문제는 가능해(feasible solution)가 존재하지 않는다. 이때에는 오분류를 허용하는 것이 불가피한데, 이를 위한 최적화 문제는 식 (9.4)에 여유변수(slack variable) ξ_i가 추가되어 다음과 같다.

$$\text{Min} \quad \frac{\boldsymbol{w}^T\boldsymbol{w}}{2} + C\sum_{i=1}^{N}\xi_i \tag{9.12a}$$

Subject to

$$y_i(\boldsymbol{w}^T\boldsymbol{x}_i + b) \geq 1 - \xi_i, \; i = 1, \ldots, N \tag{9.12b}$$

$$\xi_i \geq 0 \; \forall i \tag{9.12c}$$

즉, 두 개의 평행한 하이퍼플레인의 마진 밖에 다른 범주의 객체가 놓이는 것을 허용하되 다른 범주 영역에 속하는 경우 하이퍼플레인에서 떨어진 거리(이를 여유변수 ξ_i로 표현)에 비례하여 페널티를 주는 것이며 C값이 페널티 단가에 해당한다. C값은 입력하여야 하는 상수이다. 예로서 [그림 9.4]에서 객체 $\boldsymbol{x}_i$는 범주 1에 속하나 범주 (-1)의 영역에 위치하며, 객체 $\boldsymbol{x}_j$는 범주가 (-1)로 분류되나 범주 1인 영역에 위치하여 페널티가 부가된다. 9.1절의 분리 가능한 경우를 최대 마진(maximal margin)이라 부르는 반면, 본 절의 경우를 소프트 마진(soft margin)이라 하기도 한다. 또한 식 (9.12a)의 목적식에서 ξ_i 대신 ξ_i^2을 사용하기도 하는데 전자의 경우를 1-norm, 후자를 2-norm이라 한다.

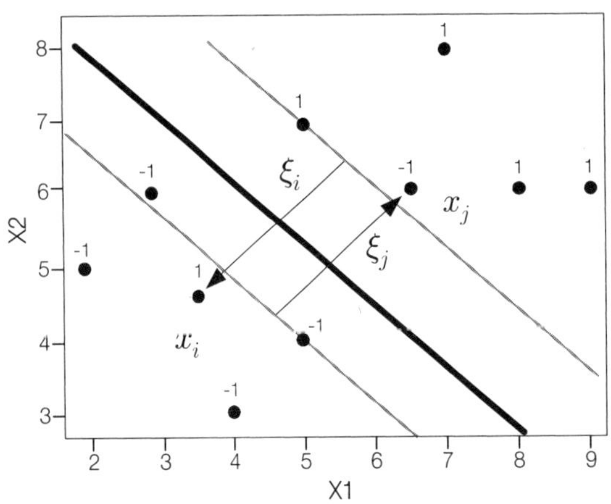

[그림 9.4] 분리 불가능한 경우의 여유변수

식 (9.12)의 문제에 대한 울프쌍대문제는 라그랑지 변수를 도입할 때 아래와 같다.

$$\text{Max} \quad L_P = \sum_{i=1}^{N} \alpha_i - \frac{1}{2} \sum_{i=1}^{N} \sum_{j=1}^{N} \alpha_i \alpha_j y_i y_j \boldsymbol{x}_i^T \boldsymbol{x}_j \tag{9.13a}$$

Subject to

$$\sum_{i=1}^{N} \alpha_i y_i = 0 \tag{9.13b}$$

$$0 \le \alpha_i \le C, \; i = 1, \ldots, N \tag{9.13c}$$

위의 문제는 식 (9.10)의 분리 가능한 경우와 비교할 때 식 (9.13c)에서 보듯이 α_i의 상한값이 C라는 차이가 있을 뿐이다. 위의 문제에 대한 최적해에서 각 객체는 다음과 같이 위치하게 된다.

$\alpha_i = C$일 때, $\boldsymbol{x}_i$는 마진에 위치

$0 < \alpha_i < C$일 때, $\boldsymbol{x}_i$는 H1 또는 H2에 위치

$\alpha_i = 0$일 때, $\boldsymbol{x}_i$는 그 밖에 위치

여기서도 $\alpha_i > 0$인 객체를 서포트 벡터라 한다. 하이퍼플레인의 계수 w는 분리가능한 경우와 동일하게 식 (9.7)에 의하여 구하거나 서포트 벡터만을 고려하여 다음과 같이 산출할 수 있다.

$$\boldsymbol{w} = \sum_{i=1}^{N_s} \alpha_i y_i \boldsymbol{x}_i \tag{9.14}$$

여기서 N_s는 서포트 벡터의 개수를 나타낸다. 한편, 상수 b를 구하기 위해서는 식 (9.12)의 원문제에 KKT 조건을 적용시킨 제약식을 검토할 필요하다. 이에 따르면 $0 < \alpha_i < C$일 때 $\xi_i = 0$이 되므로 이 조건을 만족시키는 임의의 객체에 대하여 b를 식 (9.8)에 의하여 구할 수 있다. 물론 여기서도 계산상의 안정성을 위해 이 조건을 만족시키는 모든 객체에 대하여 b값을 구한 후 이들의 평균치를 사용한다.

참고로 식 (9.12b)로부터 ξ_i는 아래와 같이 산출될 수 있음을 알 수 있다.

$$\xi_i = \max\left\{0, 1 - y_i(\boldsymbol{w}^T \boldsymbol{x}_i + b)\right\}$$

이때 $\xi_i > 1$인 객체 x_i는 오분류된다. α_i 와 ξ_i의 값에 따라 각 객체는 [표 9.2]에 기술한 위치에 놓이게 된다.

[표 9.2] 라그랑지 변수와 여유변수 값에 따른 객체의 위치

	$\alpha_i = 0$	$0 < \alpha_i < C$	$\alpha_i = C$
$\xi_i = 0$	기타 (옳게 분류)	H1/H2 (옳게 분류)	-
$0 < \xi_i \leq 1$	-		마진 (옳게 분류)
$\xi_i > 1$	기타 (잘못 분류)	H1/H2 (잘못 분류)	마진 (잘못 분류)

C값에 따라 하이퍼플레인이 다르므로 분류기준 또한 변하기 마련이나 크게 민감하지는 않는 것으로 알려져 있다. 적절한 C값을 찾기 위해서는 cross-validation을 활용할 수 있다. SVM의 학습 후 새로운 객체에 대한 분류기준은 식 (9.11)과 동일하다.

예 9.2 [예 9.1]에 10번째 객체가 포함된 [표 9.3]의 학습표본을 고려하자.

[표 9.3] 10개 객체로 구성된 학습표본

객체	1	2	3	4	5	6	7	8	9	10
X1	5	4	7	8	3	2	6	9	5	7
X2	7	3	8	6	6	5	6	6	4	6
범주	1	-1	1	1	-1	-1	1	1	-1	-1

위 데이터에 대하여 C=1일 때 식 (9.13)의 이차계획법의 최적해는 다음과 같다.

$$\alpha_1 = 0.8,\ \alpha_3 = 0.8,\ \alpha_7 = 1,\ \alpha_{10} = 1,\ \alpha_2 = \alpha_3 = \alpha_4 = \alpha_6 = \alpha_8 = \alpha_9 = 0$$

이때 식 (9.13a)의 목적함수값은 3.1이다. 따라서 식 (9.14)와 위에서 언급한 방법을 이용하여 계수를 산출하면 식 (9.1)의 분리 하이퍼플레인은 다음과 같다.

$$0.6\,X_1 + 0.8\,X_2 = 7.6$$

위의 하이퍼플레인을 학습표본과 함께 도표에 나타내면 [그림 9.5]와 같다. 이 그림을 [그림 9.3]과 비교할 때 오분류된 10번째 객체의 영향(비용이 수반된)으로 분리 하이퍼플레인의 기울기가 변동됨을 알 수 있다. C의 값이 클수록 분리 하이퍼플레인은 10번째 객체 방향으로 이동할 것으로 예상된다. 실제로 C값의 변화에 따라 하이퍼플레인을 유도하면 [표 9.4]와 같다. C=1인 경우 객체 7과 10에 대하여 여유변수값을 산출하면 $\xi_7 = 0.2,\ \xi_{10} = 2.4$인데 이로부터 객체 10이 오분류됨을 알 수 있다.

[표 9.4] [예 9.2]에서 C값에 따른 하이퍼플레인의 계수

	w_1	w_2	b	서포트 벡터*	오분류 객체
C=1	0.6	0.8	-7.6	1, 5,(7)	10
C=5	0.4	1.2	-9.4	1,4,5,(7,10)	10
C=100	0.4	1.2	-9.4	1,4,5,(7,10)	10

* 괄호 내 숫자는 마진 내의 객체 번호임.

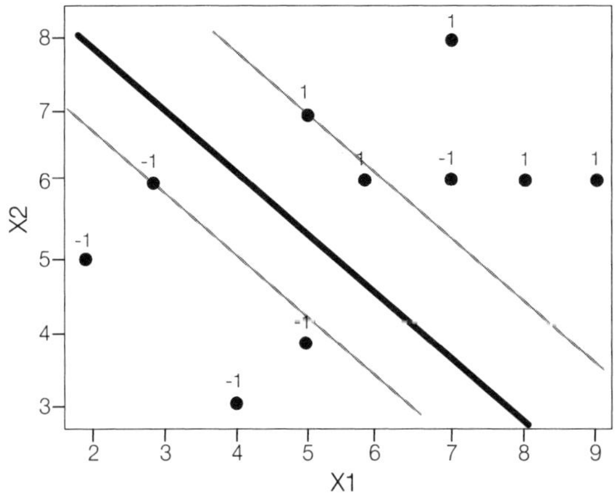

[그림 9.5] [예 9.2]의 분리 하이퍼플레인(C=1)

9.3 ▸ 비선형 SVM

선형 SVM으로 두 범주를 효과적으로 분리하기는 어려운 경우가 있다. [그림 9.6]에서 보는 바와 같이 분리 하이퍼플레인으로 비선형함수를 고려할 수 있다면 보다 잘 분류할 수 있을 것이다. 식 (9.1)을 보다 일반화한 다음과 같은 하이퍼플레인을 고려하자.

$$f(x) = \Phi(x)^T w + b \tag{9.15}$$

여기서 벡터함수 $\Phi(\cdot)$는 x에 대한 새로운 특징을 추출하는 변환함수라 할 수 있는데,

통상 p차원의 $\boldsymbol{x}$보다 높은 m차원 벡터를 고려한다. 이를 $\boldsymbol{x}$의 기저함수(basis function)라 부른다. 이 기저함수를 고려함으로써 저차원의 $\boldsymbol{x}$-공간에서 분리하기 어려운 문제를 고차원의 $\boldsymbol{\Phi}$-공간에서는 보다 용이하게 분리할 수 있을 것이라는 가능성을 갖는다. 곧 알 수 있지만, 함수 $\boldsymbol{\Phi}$를 사전에 선택할 필요가 없다는 점이 비선형 SVM의 사용을 가능케 한다.

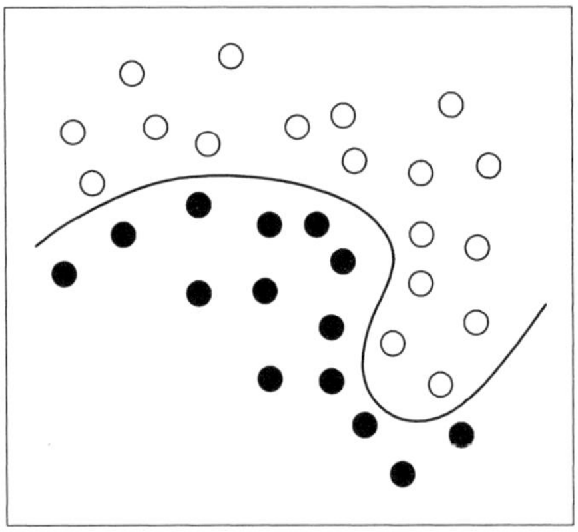

[그림 9.6] 비선형 분리 함수의 예

이때 식 (9.13)에 대응되는 울프쌍대문제는 아래와 같이 변한다.

$$\text{Max} \quad L_D = \sum_{i=1}^{N} \alpha_i - \frac{1}{2}\sum_{i=1}^{N}\sum_{j=1}^{N} \alpha_i \alpha_j y_i y_j \boldsymbol{\Phi}(\boldsymbol{x}_i)^T \boldsymbol{\Phi}(\boldsymbol{x}_j) \tag{9.16a}$$

Subject to

$$\sum_{i=1}^{N} \alpha_i y_i = 0 \tag{9.16b}$$

$$0 \le \alpha_i \le C, \ i = 1, \ldots, N \tag{9.16c}$$

식 (9.16a)에서 보듯이 필요한 정보는 $\boldsymbol{\Phi}$ 자체가 아닌 $\boldsymbol{\Phi}$들의 내적(inner product)으로 이를 커널함수(kernel function)라 한다. 즉, 커널함수는 다음과 같다.

$$K(\boldsymbol{x}_i, \boldsymbol{x}_j) = \boldsymbol{\Phi}(\boldsymbol{x}_i)^T \boldsymbol{\Phi}(\boldsymbol{x}_j) \tag{9.17}$$

두 객체 $\boldsymbol{x}_i$ 및 $\boldsymbol{x}_j$의 커널은 일종의 유사성 척도(similarity measure)로 해석될 수 있다. 위

의 커널함수로 아래와 같이 가우시안 커널(Gaussian radial basis function kernel), r차 다항 커널(r-th order polynomial kernel), 시그모이드 커널(Sigmoidal kernel) 등의 형태가 널리 사용된다.

$$\text{가우시안 커널: } K(\boldsymbol{x}_i, \boldsymbol{x}_j) = \exp\left(\frac{-\|\boldsymbol{x}_i - \boldsymbol{x}_j\|^2}{2\sigma^2}\right) \tag{9.18}$$

$$\text{r차 다항 커널: } K(\boldsymbol{x}_i, \boldsymbol{x}_j) = (\boldsymbol{x}_i^T \boldsymbol{x}_j + 1)^r \tag{9.19}$$

$$\text{시그모이드 커널: } K(\boldsymbol{x}_i, \boldsymbol{x}_j) = \tanh(\kappa \boldsymbol{x}_i^T \boldsymbol{x}_j - \delta) \tag{9.20}$$

각 형태의 함수는 지정하여야 할 모수들을 각각 포함하고 있다.

예 9.3 다음과 같은 세 개의 객체가 있다. 가우시안 커널($\sigma = 1$), 이차 커널 및 시그모이드 커널($\kappa = 1$, $\delta = 0$)에 대한 커널 행렬을 구하라.

$$\boldsymbol{x}_1 = \begin{pmatrix} 1 \\ 2 \end{pmatrix},\ \boldsymbol{x}_2 = \begin{pmatrix} 2 \\ 2 \end{pmatrix},\ \boldsymbol{x}_3 = \begin{pmatrix} 2 \\ -1 \end{pmatrix}$$

풀이 위의 각 커널에 의한 행렬 K_G, K_Q, K_S는 각각 아래와 같다.

$$K_G = \begin{pmatrix} 1 & 0.6065 & 0.0067 \\ & 1 & 0.0111 \\ & & 1 \end{pmatrix},\ K_Q = \begin{pmatrix} 36 & 49 & 1 \\ & 81 & 9 \\ & & 36 \end{pmatrix},\ K_S = \begin{pmatrix} 0.9999 & 1 & 0 \\ & 1 & 0.9640 \\ & & 0.9999 \end{pmatrix}$$

참고로 $\boldsymbol{x}$들의 내적으로 구성되는 행렬은 다음과 같다.($\boldsymbol{x}_i^T \boldsymbol{x}_j$도 하나의 커널이라 할 수 있으며 선형커널이라 한다.)

$$K_L = \begin{pmatrix} 5 & 6 & 0 \\ & 8 & 2 \\ & & 5 \end{pmatrix}$$

위에서 $\boldsymbol{x}_1$과 $\boldsymbol{x}_3$은 직교하는 벡터로 각 커널에서도 해당 값이 작음을 볼 수 있다.

예 9.4 **(2차 다항 커널)** 객체 $\boldsymbol{x}$가 두 개의 변수 X_1, X_2로 이루어 질 때 식 (9.19)에 의한 이차 커널은 다음과 같다. 즉, $\boldsymbol{x}_i = (X_{1i}, X_{2i})^T$라 할 때

$$\begin{aligned} K(\boldsymbol{x}_i, \boldsymbol{x}_j) &= (\boldsymbol{x}_i^T \boldsymbol{x}_j + 1)^2 \\ &= (1 + X_{1i}X_{1j} + X_{2i}X_{2j})^2 \\ &= 1 + X_{1i}^2 X_{1j}^2 + X_{2i}^2 X_{2j}^2 + 2X_{1i}X_{1j} + 2X_{2i}X_{2j} + 2X_{1i}X_{1j}X_{2i}X_{2j} \end{aligned} \tag{9.21}$$

여기서

$$\boldsymbol{\Phi}(\boldsymbol{x}_i) = (1, X_{1i}^2, X_{2i}^2, \sqrt{2}\,X_{1i}, \sqrt{2}\,X_{2i}, \sqrt{2}\,X_{1i}X_{2i})^T \tag{9.22}$$

라 하면

$$K(\boldsymbol{x}_i, \boldsymbol{x}_j) = \boldsymbol{\Phi}(\boldsymbol{x}_i)^T \boldsymbol{\Phi}(\boldsymbol{x}_j)$$

가 성립하므로 $\boldsymbol{\Phi}(\boldsymbol{x})$는 $\boldsymbol{x}$의 기저함수가 됨을 알 수 있다. ■

식 (9.16)의 문제는 역시 이차계획법이며 최적해가 구해지면 식 (9.15)의 계수 w는 다음과 같다(연습문제 9.7 참조).

$$w = \sum_{i=1}^{N} \alpha_i y_i \boldsymbol{\Phi}(\boldsymbol{x}_i) \tag{9.23}$$

즉, $\boldsymbol{\Phi}$를 모르면 계수벡터를 구할 수 없으나, 이를 식 (9.15)에 대입하면 비선형 분리 하이퍼플레인은 다음과 같다.

$$f(\boldsymbol{x}) = \sum_{i=1}^{N} \alpha_i y_i K(\boldsymbol{x}, \boldsymbol{x}_i) + b \tag{9.24}$$

따라서 분리 하이퍼플레인을 도출하는 데 실제로 기저함수의 정보는 필요하지 않는다. 여기서 b는 하이퍼플레인상에 있는 서포트 벡터 $\boldsymbol{x}_j (0 < \alpha_j < C$ 인 객체)에 대하여

$$f(\boldsymbol{x}_j) = y_j$$

이 성립하여야 함을 이용하여 구할 수 있다. 즉,

$$b = y_j - \sum_{i=1}^{N} \alpha_i y_i K(\boldsymbol{x}_j, \boldsymbol{x}_i), \ 0 < \alpha_j < C \tag{9.25}$$

이때 새로운 객체 $\boldsymbol{x}$에 대한 분류규칙은 다음과 같다.

$$f(\boldsymbol{x}) > 0 \text{이면 } \boldsymbol{x}\text{를 범주 1에 분류} \tag{9.26a}$$

$$f(\boldsymbol{x}) \leq 0 \text{이면 } \boldsymbol{x}\text{를 범주 -1에 분류} \tag{9.26b}$$

예 9.5 (**p차원 객체에 대한 이차 커널**) 객체 $\boldsymbol{x}$가 p개의 변수 $\boldsymbol{x} = (X_1, \ldots, X_p)^T$로 이루어 질 때 식 (9.19)에 의한 이차 커널은 다음과 같다. 즉, $\boldsymbol{x}_i = (X_{1i}, \ldots, X_{pi})^T$라 할 때

$$\begin{aligned} K(\boldsymbol{x}, \boldsymbol{x}_i) &= (\boldsymbol{x}^T \boldsymbol{x}_i + 1)^2 \\ &= (1 + X_1 X_{1i} + X_2 X_{2i} + \ldots + X_p X_{pi})^2 \\ &= 1 + X_1^2 X_{1i}^2 + \ldots + X_p^2 X_{pi}^2 + 2X_1 X_{1i} + \ldots + 2X_p X_{pi} + 2\sum_{k>j} X_j X_{ji} X_k X_{ki} \end{aligned}$$

따라서 관련 기저함수는 다음과 같이 $\binom{p}{2} + 2p + 1$ 차원 벡터가 되며

$$\boldsymbol{\Phi}(\boldsymbol{x}_i) = (1, X_{1i}^2, \ldots, X_{pi}^2, \sqrt{2}X_{1i}, \ldots, \sqrt{2}X_{pi}, \sqrt{2}X_{1i}X_{2i}, \ldots, \sqrt{2}X_{p-1}X_{pi})^T \tag{9.27}$$

이때 하이퍼플레인 함수는 식 (9.24)로부터 다음과 같다.

$$\begin{aligned} f(\boldsymbol{x}) &= \sum_{i=1}^{N} \alpha_i y_i K(\boldsymbol{x}, \boldsymbol{x}_i) + b \\ &= b + 2X_1 \sum_{i=1}^{N} \alpha_i y_i X_{1i} + \ldots + 2X_p \sum_{i=1}^{N} \alpha_i y_i X_{pi} + X_1^2 \sum_{i=1}^{N} \alpha_i y_i X_{1i}^2 + \ldots + X_p^2 \sum_{i=1}^{N} \alpha_i y_i X_{pi}^2 \\ &+ 2\sum_{k>j} X_j X_k \sum_{i=1}^{N} \alpha_i y_i X_{ji} X_{ki} \end{aligned} \tag{9.28}$$

■

참고로 식 (9.16)의 문제는

$$k_{ij} = K(\boldsymbol{x}_i, \boldsymbol{x}_j) \tag{9.29}$$

라 둘 때 다음과 같이 다시 표현된다.

$$\text{Max} \quad L_D = \sum_{i=1}^{N} \alpha_i - \frac{1}{2} \sum_{i=1}^{N} \sum_{j=1}^{N} \alpha_i \alpha_j y_i y_j k_{ij} \tag{9.30a}$$

Subject to

$$\sum_{i=1}^{N} \alpha_i y_i = 0 \tag{9.30b}$$

$$0 \le \alpha_i \le C, \; i = 1, \ldots, N \tag{9.30c}$$

위의 문제를 행렬-벡터로 표현하기 위해 관련 벡터 및 행렬을 다음과 같이 정의하자.

$$\boldsymbol{\alpha} = (\alpha_1, \ldots, \alpha_N)^T$$
$$e = (1, \ldots, 1)^T$$
$$\boldsymbol{Y} = diag(y_{1, \ldots,} y_N)$$
$$\boldsymbol{K} = (k_{ij})$$

이때 식 (9.30)의 문제는 다음과 같이 표현된다.

$$\text{Max} \quad L_D = \boldsymbol{\alpha}^T e - \frac{1}{2} \boldsymbol{\alpha}^T \boldsymbol{YKY\alpha} \tag{9.31a}$$

Subject to

$$\boldsymbol{\alpha}^T \boldsymbol{y} = 0 \tag{9.31b}$$

$$0 \le \boldsymbol{\alpha} \le Ce \tag{9.31c}$$

예 9.6 (XOR **문제**) [표 9.5] 및 [그림 9.7]에서와 같이 X1−X2 평면상에 4개의 점으로 구성된 학습표본을 고려하자(네모가 범주 1, 동그라미는 범주 -1을 표시). 이 문제는 전기공학의 Exclusive OR Gate와 관련된 것으로 '1'을 'On', '-1'을 'Off'로 볼 때, 두 스위치 중 하나가 On이면 회로 상태가 On이나 두 스위치 모두 On 또는 Off이면 회로 상태가 Off임을 의미한다.

[표 9.5] XOR 학습표본

객체	X1	X2	범주
1	-1	-1	-1
2	-1	1	1
3	1	-1	1
4	1	1	-1

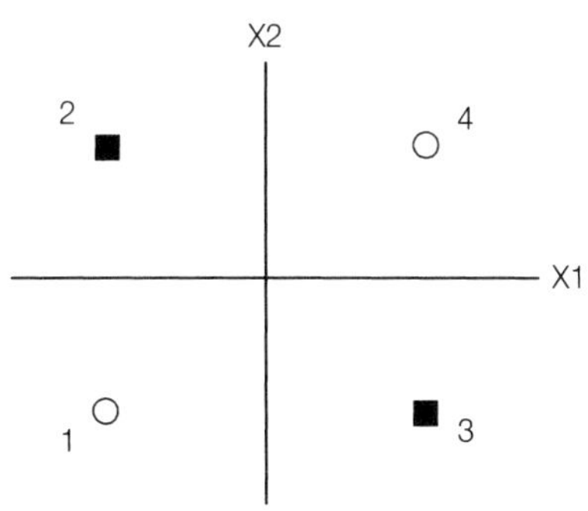

[그림 9.7] XOR 학습표본 예

식 (9.19)에 의한 2차 다항 커널을 사용할 때 식 (9.29)의 계수는 다음 행렬과 같다.

$$\boldsymbol{K} = (k_{ij}) = \begin{bmatrix} 9\,1\,1\,1 \\ 1\,9\,1\,1 \\ 1\,1\,9\,1 \\ 1\,1\,1\,9 \end{bmatrix}$$

따라서 식 (9.30a)의 목적함수는 다음과 같다.

$$L_D = \alpha_1 + \alpha_2 + \alpha_3 + \alpha_4 - \frac{1}{2}(9\alpha_1^2 - 2\alpha_1\alpha_2 - 2\alpha_1\alpha_3 + 2\alpha_1\alpha_4 + 9\alpha_2^2 + 2\alpha_2\alpha_3$$
$$- 2\alpha_2\alpha_4 + 9\alpha_3^2 - 2\alpha_3\alpha_4 + 9\alpha_4^2)$$

이때 C를 충분히 크다고 하면 식 (9.30b), (9.30c)의 제약식을 항상 만족하므로 위의 목적함수를 최대로 하는 값들을 구하기 위하여 α_i (i=1,2,3,4)로 각각 편미분하여 0으로 두면 다음의 연립방정식을 얻는다.

$$\begin{aligned} 9\alpha_1 - \alpha_2 - \alpha_3 + \alpha_4 &= 1 \\ -\alpha_1 + 9\alpha_2 + \alpha_3 - \alpha_4 &= 1 \\ -\alpha_1 + \alpha_2 + 9\alpha_3 - \alpha_4 &= 1 \\ \alpha_1 - \alpha_2 - \alpha_3 + 9\alpha_4 &= 1 \end{aligned}$$

따라서 최적해는 다음과 같다.

$$\alpha_1 = \alpha_2 = \alpha_3 = \alpha_4 = 1/8$$

즉 4개의 객체 모두가 서포트 벡터가 된다. 그러므로 식 (9.28)에 의하여 비선형 하이퍼플레인은 다음과 같다.

$$\begin{aligned} f(\boldsymbol{x}) =& -\frac{1}{8}(1 + X_1^2 + X_2^2 - 2X_1 - 2X_2 + 2X_1X_2) \\ & + \frac{1}{8}(1 + X_1^2 + X_2^2 - 2X_1 + 2X_2 - 2X_1X_2) \\ & + \frac{1}{8}(1 + X_1^2 + X_2^2 + 2X_1 - 2X_2 - 2X_1X_2) \\ & - \frac{1}{8}(1 + X_1^2 + X_2^2 + 2X_1 + 2X_2 + 2X_1X_2) + b \\ =& - X_1X_2 + b \end{aligned}$$

서포트 벡터 $\boldsymbol{x}_2$에서 $f(\boldsymbol{x}_2) = 1$이 되어야 하므로 $b=0$이다. 즉, 최종적인 하이퍼플레인은 다음과 같다.

$$f(\boldsymbol{x}) = - X_1X_2$$

따라서 식 (9.26)의 규칙을 적용하면 4개의 객체가 모두 올바로 분류됨을 알 수 있다.

예 9.7 두 변수 X1, X2에 대하여 아래의 [표 9.6]과 같이 9개의 객체와 사전에 분류된 범주가 있다고 하자.

[표 9.6] [예 9.6]의 학습표본

관측번호	X1	X2	범주
1	5	7	1
2	4	3	-1
3	7	8	-1
4	8	6	-1
5	3	6	1
6	2	5	1
7	6	6	1
8	9	6	-1
9	5	4	-1

식 (9.19)의 이자 커널을 사용할 때 분리 하이퍼플레인의 함수식은 다음과 같이 쓸 수 있다.

$$f(\boldsymbol{x}) = b + \beta_1 X_1 + \beta_2 X_2 + \beta_{11} X_1^2 + \beta_{22} X_2^2 + \beta_{12} X_1 X_2 = 0$$

C값의 변화에 따른 위의 함수식의 계수들은 산출한 결과는 다음과 같다. 즉, C=1인 경우에는 객체 7을 제외한 모든 객체가 제대로 분류되고 있으며, C값이 5 이상이면 모든 객체가 올바로 분류됨을 볼 수 있다.

[표 9.7] 이차 커널에 의한 분리 하이퍼플레인의 계수

C	b	β_1	β_2	β_{11}	β_{22}	β_{12}	오분류 객체
1	2.9524	-0.3900	-1.1914	0.1670	0.0718	-0.0531	7
5	4.7758	-0.1298	-3.3869	0.9455	0.8232	-1.3444	없음
100	6.0836	-0.1623	-4.2347	1.2448	1.0919	-1.8062	없음

9.4 ▶ 참고사항

SVM에 대한 보다 상세한 내용을 위해서는 참고문헌 [1], [2], [3] 등을 참조할 수 있다. Vapnik에 의한 초기 SVM에 대한 소개는 러시아로 작성된 참고문헌 [4], [5]를 통하여 이루어졌다.

[1] Burges, C. J. C. (1998). "A tutorial on support vector machines for pattern recognition," *Data Mining and Knowledge Discovery*, 2, 121-167.

[2] Vapnik, V. (1995). *The Nature of Statistical Learning Theory*. Springer-Verlag, NewYork.

[3] Vapnik, V. (1998). *Statistical Learning Theory*. Wiley, New York.

[4] Vapnik, V. and Chervonenkis, A. (1974). *Theory of Pattern Recognition* (in Russian). Nauka, Moscow.

[5] Vapnik, V. (1979). *Estimation of Dependences Based on Empirical Data* (in Russian). Nauka, Moscow.(English translation:1982, Springer Verlag, NewYork)

부록 – 비선형계획 문제

다음과 같은 n개의 변수벡터 $\boldsymbol{x}=(x_1,\ldots,x_n)^T$에 대한 비선형 문제를 고려하자.

$$\begin{aligned}&\min \quad f(\boldsymbol{x})\\&\text{subject to}\\&\qquad g_j(\boldsymbol{x}) \le 0,\ j=1,\ldots,m\end{aligned}$$

이때 라그랑지안 함수를 도입하면 다음과 같은 문제가 된다.

$$\begin{aligned}&\min \quad L_P = f(\boldsymbol{x}) + \sum_{j=1}^{m}\lambda_j g_j(\boldsymbol{x})\\&\text{subject to}\\&\qquad \lambda_j \ge 0,\ j=1,\ldots,m\end{aligned}$$

이에 대한 Karush-Kuhn-Tucker(KKT) 조건은 다음과 같다.

Gradient condition: $\dfrac{\partial L_P}{\partial x_i} = 0,\ i=1,\ldots,n$

Orthogonality condition: $\lambda_j g_j(\boldsymbol{x}) = 0,\ j=1,\ldots,m$

Feasibility condition: $g_j(\boldsymbol{x}) \le 0,\ j=1,\ldots,m$

Nonnegativity: $\lambda_j \ge 0,\ j=1,\ldots,m$

위의 라그랑지안 원문제에 대한 울프쌍대문제는 다음과 같다.

$$\begin{aligned}&\max \quad L_D = f(\boldsymbol{x}) + \sum_{j=1}^{m}\lambda_j g_j(\boldsymbol{x})\\&\text{subject to}\\&\qquad \nabla f(\boldsymbol{x}) + \sum_{j=1}^{m}\lambda_j \nabla g_j(\boldsymbol{x}) = 0\\&\qquad \lambda_j \ge 0,\ j=1,\ldots,m\end{aligned}$$

위에서 ∇f, ∇g_j는 각각 f, g_j에 대한 gradient 벡터를 의미한다.

연습문제

9.1 다음의 10개 객체에 대한 학습표본에 대하여 선형 SVM을 사용하여 분류하라. 단, C는 1을 사용하라(아래 데이터는 [표 9.3]과 유사하나 객체 4와 10의 범주가 다름).

객체	1	2	3	4	5	6	7	8	9	10
X1	5	4	7	8	3	2	6	9	5	7
X2	7	3	8	6	6	5	6	6	4	6
범주	1	-1	1	-1	-1	-1	1	1	-1	1

9.2 (문제 9.1)의 첫 5개 객체 데이터에 대하여 다음을 구하라.

(a) 식 (9.18)의 가우시안 커널에 대한 행렬을 구하라. 단, $\sigma^2 = 1$을 사용하라.

(b) 식 (9.19)의 이차 커널(r=2)에 대한 행렬을 구하라.

9.3 (문제 9.1)의 학습표본에 대하여 비선형 SVM을 사용하여 분류하라. 단, 이차 커널을 사용하라. 학습표본을 2차 평면에 표시하고 분리 하이퍼플레인을 함께 도시하라.

9.4 식 (9.2)의 두 하이퍼플레인 H1과 H2 간의 거리(margin)가 $2/\|w\|$임을 확인하라.

9.5 식 (9.12)의 문제에 대한 라그랑지안 함수를 기술하고 KKT 조건을 유도하라.

9.6 선형 SVM의 분리 불가능 경우에서 2-norm을 가정하는 경우 원문제를 기술하라. 이 원문제의 여유변수에 대한 비음조건은 필요 없음을 설명하라. 또한 이 원문제에 대한 울프쌍대문제를 유도하라.

9.7 비선형 SVM에서 식 (9.23)이 성립함을 보여라.

9.8 N개 객체로 구성된 학습표본에 대하여 가우시안 커널을 이용한 비선형 SVM 문제로부터 라그랑지 계수를 얻었다고 할 때, 분리 하이퍼플레인을 수식으로 표현하라.

2부 | 분류분석

10장

분류규칙의 성능 평가

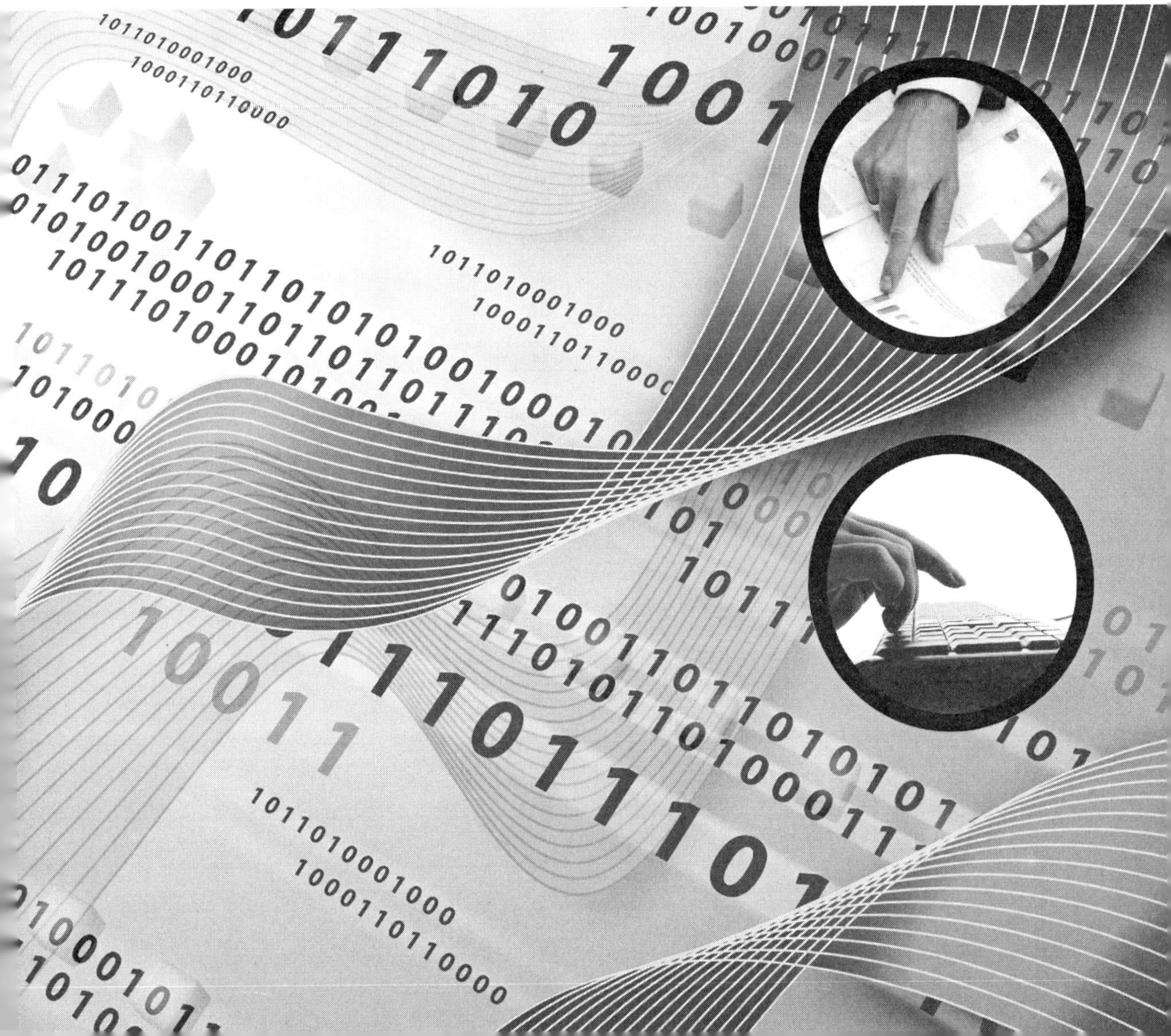

들어가며

도출된 분류규칙에 대한 평가는 범주를 아는 학습표본이 있으므로 비교적 용이하게 이루어진다. 분류정확도 또는 분류오류율이 기본이 되나 특히 범주가 2개인 경우에는 다양한 성능평가척도가 개발되어 사용되고 있다. 10.1절에서는 일반적인 경우를 설명하나 10.2절 이후에서는 주로 두 범주 경우를 다룬다.

10.1 ▸ 분류오류율

범주를 아는 다음과 같은 데이터를 학습표본(learning sample)이라 한다.

$$L = \{(x_{1,}j_1), (x_2, j_2), \ldots, (x_n, j_n)\}$$

위에서 j_i는 i번째 객체가 속하는 범주를 나타내며 1,..,J 중 하나의 값을 갖는다.

분류규칙 d(x)의 성능은 주로 분류오류율(misclassification rate)을 사용하는데 분류규칙이 추정한 범주와 실제범주가 일치하지 않는 비율을 나타낸다. 즉, 학습표본 전체를 이용하여 분류규칙을 만들 때 분류오류율은 다음과 같이 표현된다.

$$R(d) = \frac{1}{n}\sum_{i=1}^{n} I(d(x_i) \neq j_i) \tag{10.1}$$

여기서 I(·)는 다음과 같이 정의된다.

$$I(d(x_i) \neq j_i) = \begin{cases} 1 & d(x_i) \neq j_i \text{일 때} \\ 0 & d(x_i) = j_i \text{일 때} \end{cases} \tag{10.2}$$

그러나 데이터 전체로 분류규칙을 만들고 다시 이 데이터를 사용하여 분류오류율을 산출하는 것은 문제점을 갖고 있다. 즉, 분류규칙을 본 데이터에만 잘 적용되도록 하여 분류오류율을 작게 할 수 있기 때문이다. 좋은 분류규칙이란 새로운 데이터에 대하여 작은 오류율을 가져야 하나 이와 같이 해당 데이터에만 과적용되는(overfitting) 분류규칙은 새로운 데이터에도 효율적일 수 있다는 보장이 없다.

이런 문제로 통상 관측수가 상당수 있는 데이터에 대하여서는 전체 데이터를 두 부분으로 나누어 분류규칙을 만드는 데 한 부분을 사용하고 분류오류율을 산출하는 성능 평가를 위해서는 다른 부분을 사용하는 방안을 사용하고 있다. 이때 첫 부분을 훈련표본(training sample), 다른 부분을 테스트 표본(test sample)이라 한다. 테스트 표본을 L2라 표기하고 이의 표본수를 n_2라 하면 테스트 표본 사용 시의 분류오류율은 다음과 같이 산출된다.

$$R^{ts}(d) = \frac{1}{n_2} \sum_{(x_i, j_i) \in L_2} I(d(x_i) \neq j_i) \tag{10.3}$$

테스트 표본으로 분리하기에 충분하지 않는 데이터의 경우에는 cross validation 기법을 사용한다. V-fold cross validation이란 전체 표본을 V 등분한 후 1/V 부분을 테스트 표본으로 활용하자는 것이다. 이때 나머지 부분으로 분류규칙을 만든다. 테스트 표본이 V가지가 생성되므로 각 경우에 대하여 분류오류율을 산출한 후 전체에 대한 평균치를 최종 사용하게 된다. 예를 들어, 3-fold cross validation이란 전체 표본을 3 등분한 후, 두 번째 및 세 번째 부분으로 분류규칙을 만든 후 첫 부분을 테스트 표본으로 간주하여 오류율을 산출하고, 첫 번째 및 세 번째 부분으로 분류규칙을 만든 후 두 번째 부분으로 오류율을 산출하며, 다시 첫 번째 및 두 번째 부분으로 분류규칙을 만든 후 세 번째 부분으로 오류율을 산출하여 결국 이 세 오류율의 평균을 최종 분류오류율로 삼는 방법이다.

따라서 V-fold cross validation에서 분류오류율은 다음과 같이 산출된다.

$$R^{cv}(d) = \frac{1}{V} \sum_{v=1}^{V} R^{ts}(d^{(v)}) \tag{10.4}$$

위에서 $d^{(v)}$란 전체 표본에서 v-번째 부분을 제외한 나머지 데이터로부터 얻은 분류규칙을 말한다. 전체 관측수 n이 작은 경우에는 n-fold cross validation을 종종 사용하는데 이를 leave-one-out validation이라고도 한다.

10.2 ▸ 정확도, 민감도 및 특이도

의학 분야에서 어떤 질병에 대한 진단 방법을 평가할 때 오류율 이외에 정확도, 민감도 및 특이도를 분석하는 경우가 종종 있다. 실제범주가 질병이 있는 경우(1 또는 +로 표기)와 질병이 없는 경우(0 또는 -로 표기)의 두 가지로 분류된다고 하고, 진단 방법이 양성(1 또는 +로 표기) 또는 음성(0 또는 -로 표기)으로 판정할 때 [표 10.1]과 같이 4가지 경우가 발생한다. 이와 같은 표를 정오분류표(confusion matrix)라 한다.

[표 10.1] 두 범주의 정오분류표

		실제범주	
		1 (+)	0 (−)
추정범주	1 (+)	a	b
	0 (−)	c	d

[표 10.1]에서 문자들은 다음과 같이 정의된다.

a = true positive 관측수
b = false positive 관측수
c = false negative 관측수
d = true negative 관측수

여기서 "positive" 또는 "negative"는 "양성" 또는 "음성"으로 추정됨을 나타내고, "true" 또는 "false"는 추정의 사실 또는 거짓을 나타낸다. 이때 오류율은 다음과 같이 산출된다.

$$\text{오류율} = \frac{b+c}{a+b+c+d} \tag{10.5}$$

정확도(accuracy)는 오류율의 반대 개념으로 실제범주를 제대로 추정한 전체 비율을 나타내며 아래와 같이 산출된다.

$$\text{정확도} = \frac{a+d}{a+b+c+d} = 1 - \text{오류율} \tag{10.6}$$

한편, 민감도(sensitivity)는 실제 질병이 있는 경우를 양성으로 판정하는 비율을 나타내는 것으로 다음과 같이 산출된다.

$$\text{민감도} = \frac{a}{a+c} \tag{10.7}$$

그리고 특이도(specificity)란 실제 질병이 없는 경우를 음성으로 판정하는 비율을 나타내는 것으로 다음과 같다.

$$\text{특이도} = \frac{d}{b+d} \tag{10.8}$$

또한, 다음과 같은 지표를 사용하기도 한다.

$$true\ \ positive\ \ rate = \frac{a}{a+c} = \text{민감도}$$

$$false\ \ negative\ \ rate = \frac{c}{a+c}$$

$$true\ \ negative\ \ rate = \frac{d}{b+d} = \text{특이도}$$

$$false\ \ positive\ \ rate = \frac{b}{b+d}$$

정확도를 민감도 및 특이도로 표현하면 다음과 같다.

$$\text{정확도} = (\text{실제 양성비율})\text{민감도} + (1 - \text{실제 양성비율})\text{특이도} \tag{10.9}$$

민감도 및 특이도를 별도로 산출하여 분석하는 이유 중 하나는 동일한 정확도를 갖는다 하더라도 민감도와 특이도는 다를 수 있기 때문이다. 경우에 따라서는 높은 민감도를 원하거나 높은 특이도를 원할 수 있다.

예 10.1 100개의 객체를 갖는 학습표본에 대하여 분류분석을 한 결과 아래와 같은 정오분류표를 얻었다.

		실제범주	
		1 (+)	0 (−)
추정범주	1 (+)	15	10
	0 (−)	5	70

이때 오류율 및 정확도는 다음과 같다.

$$오류율=(10+5)/100=0.15$$
$$정확도=1-0.15=0.85$$

한편, 민감도 및 특이도는 다음과 같이 계산된다.

$$민감도=15/(15+5)=0.75$$
$$특이도=70/(10+70)=0.875$$

10.3 ▸ ROC 곡선

일반적으로 민감도와 특이도를 동시에 증가시키는 것은 불가능하다. 다시 말하면 민감도를 높이면 특이도가 감소하고 또한 반대가 성립하게 된다. 민감도와 특이도를 동시에 그래프로 나타낸 것 중 ROC(receiver operating characteristic) 곡선이 널리 사용되는데, 이는 분류기의 경계치를 조정하여 가면서 (1−특이도)(또는 false positive rate)를 x축에 민감도를 y축에 도식화한 것이다.

한 예로 [그림 10.1]은 여러 분류 방법의 결과를 ROC 곡선으로 나타낸 것이다. ROC 곡선은 북서쪽에 위치할수록 해당 분류기법이 우수함을 의미한다. 즉, ROC 곡선하의 면적이 1에 가까울수록 분류 성능이 우수함을 말한다고 하겠다. 반면에 45도 직선에 가까울수록 성능이 좋지 않다고 하겠다.

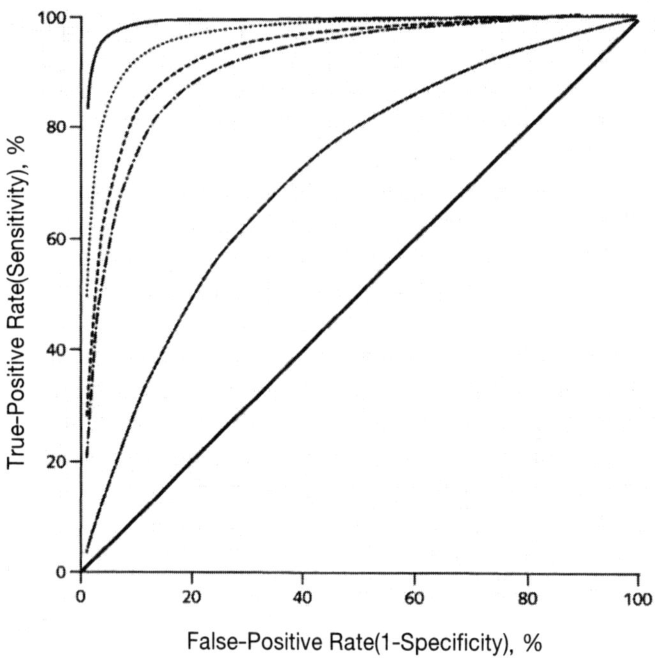

[그림 10.1] ROC 곡선의 예(분류기법의 비교)

예 10.2 다음은 10개의 객체로 이루어진 학습표본이다. 각 객체는 변수 X로 표현되며 두 개의 범주로 나뉘어 있다.

	1	2	3	4	5	6	7	8	9	10
X	24	35	37	42	49	54	56	68	72	73
범주	0	0	1	0	1	1	0	1	1	1

분류기준이 만약 $X<40$이면 범주 0, $X \geq 40$이면 범주 1로 추정할 때, 정오분류표는 다음과 같다.

		실제범주	
		1 (+)	0 (−)
추정범주	1 (+)	5	2
	0 (−)	1	2

따라서 민감도와 특이도는 각각 다음과 같다.

$$민감도=5/6=0.8333$$
$$특이도=2/4=0.5$$

한편, 분류기준이 만약 X<50이면 범주 0, X≥50이면 범주 1로 추정할 때, 정오분류표는 다음과 같다.

		실제범주	
		1 (+)	0 (−)
추정범주	1 (+)	4	1
	0 (−)	2	3

이때 민감도와 특이도는 각각 다음과 같이 산출된다.

$$민감도=4/6=0.6667$$
$$특이도=3/4=0.75$$

예 10.3 [예 7.4]의 결과 중 범주 1에 대한 사후확률을 다시 정리하면 다음과 같다.

실제범주	관측번호	X1	X2	$P(범주1\|x)$
1	1	5	7	0.921
1	5	3	6	0.981
1	6	2	5	0.980
1	7	6	6	0.356
2	2	4	3	0.100
2	3	7	8	0.728
2	4	8	6	0.026
2	8	9	6	0.006
2	9	5	4	0.103

이를 바탕으로 ROC 곡선을 그리기 위하여 우선 범주 1로의 판정을 위하여 사후 확률에 대한 경계치를 변화시키면서 민감도 및 특이도를 산출하면 아래 표와 같다.

[표 10.2] [예 10.3]의 경계치별 민감도 및 특이도

경계치	a	b	c	d	sensitivity	specificity	1-specificity
0.006 이상	4	5	0	0	1	0	1
0.026 이상	4	4	0	1	1	0.2	0.8
0.1 이상	4	3	0	2	1	0.4	0.6
0.103 이상	4	2	0	3	1	0.6	0.4
0.356 이상	4	1	0	4	1	0.8	0.2
0.728 이상	3	1	1	4	0.75	0.8	0.2
0.921 이상	3	0	1	5	0.75	1	0
0.98 이상	2	0	2	5	0.5	1	0
0.981 이상	1	0	3	5	0.25	1	0
1 이상	0	0	4	5	0	1	0

그리고 위의 표를 바탕으로 ROC 곡선을 작성하면 [그림 10.2]와 같다.

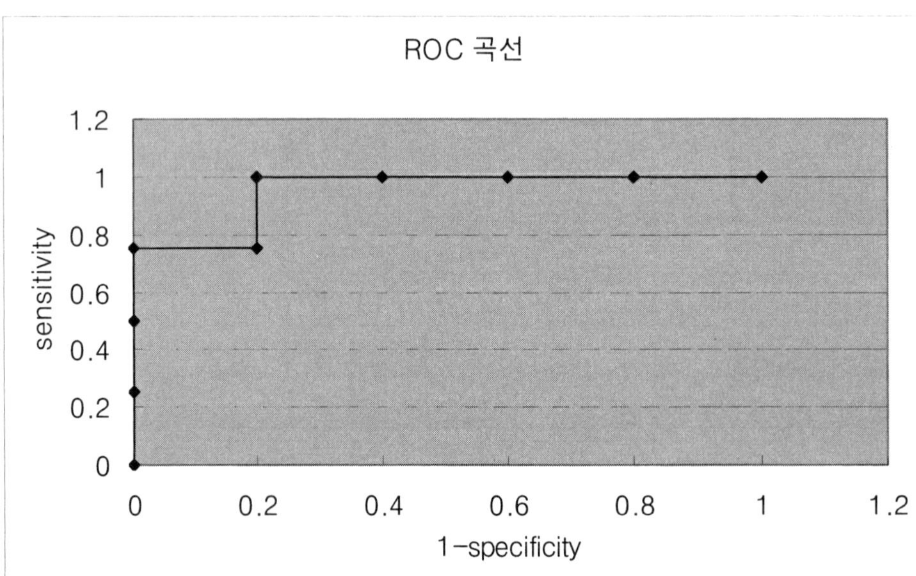

[그림 10.2] [예 10.3]에 대한 ROC 곡선

10.4 ▸ 이익도표

이익도표는 marketing을 위하여 수익을 창출하는 목표고객(target)을 추출할 목적으로 사용되는데, 단순히 분류를 위한 여러 모형을 비교하기 위한 목적으로도 종종 사용되고 있다. 목표 마케팅의 목적에서는 특정 범주의 고객을 목표고객으로 할 때 이러한 목표고객의 비율이 상대적으로 높은 서브그룹을 찾고자 하는 것이다. 이를 위해 우선 전체 데이터를 특정 범주의 사후확률의 순서로 정렬한 후 N개(주로 N=10을 사용)의 집단으로 구분하고 각 집단별로 다음과 같은 통계량을 산출한다.

$$\%captured\ response = \frac{\text{해당 집단 중 특정 범주빈도}}{\text{전체 중 특정 범주빈도}} \times 100 \qquad (10.10)$$

$$cumulative\,\%captured\ response = \frac{\text{해당 집단까지의 특정 범주 누적빈도}}{\text{전체 중 특정 범주빈도}} \times 100$$

(10.11)

$$\%response = \frac{\text{해당 집단 중 특정 범주빈도}}{\text{해당 집단의 전체빈도}} \times 100 \qquad (10.12)$$

$$lift = \frac{\text{해당 집단 중 특정 범주빈도}}{\text{한 집단평균 특정 범주빈도}} \qquad (10.13)$$

위에서 % captured response는 특정 범주의 분포를 집단별로 보고자 함으로 이 값이 높다는 것은 해당 집단에 특정 범주가 상대적으로 많이 밀집함을 의미한다. 한편, % response는 한 집단에 있는 여러 범주 중 특정 범주의 상대 도수를 의미하는 것으로 이 값이 높다는 것은 해당 집단에서는 다른 범주에 비해 특정 범주의 비율이 상대적으로 높음을 나타낸다. 그리고 리프트는 한 집단에 속하는 특정 범주수의 평균에 비하여 해당 집단에 특정 범주수가 몇 배 위치하고 있는가를 의미하는 것으로 이 값이 1이라는 것은 해당 집단에 평균과 동일한 빈도가 있음을 나타내며 1보다 큰 값을 가질수록 해당 집단에 특정 범주수가 평균보다 큰 비중을 차지함을 나타낸다.

위와 같은 통계량 각각에 대하여 도식화한 것을 총칭하여 이익도표라 하며, 각각을 %captured response (이익)도표, %response (이익)도표, lift (이익)도표 등으로 부르기도 한다. 각 도표에서 x축에는 집단에 대한 누적비율을 y축에 각 통계량을 나타낸다.

예 10.4 전체 데이터 수(객체수)가 1000인 어떤 데이터의 실제범주별 빈도는 다음과 같다.

	범주 1	범주 2	범주 3	계
객체수(빈도)	437	348	215	1000

한편, 어떤 분류모형을 사용하여 각 객체의 범주 1(특정 범주)에 대한 사후확률을 산출한 후 이의 크기로(내림차순으로) 전체 객체를 정렬한 후 100개의 객체를 한 집단으로 구분하였더니 각 집단에 속하는 범주 1의 빈도는 다음과 같았다.

집단	1	2	3	4	5	6	7	8	9	10	계
빈도	92	78	64	57	43	35	29	22	7	10	437

이를 바탕으로 식 (10.10)~(10.13)의 통계량을 산출하면 [표 10.3]과 같다.

[표 10.3] 이익도표를 위한 통계량(예 10.4)

집단	범주 1의 빈도	%captured response	cum. %captured response	%response	lift
1	92	21.1	21.1	92	2.105
2	78	17.8	38.9	78	1.785
3	64	14.6	53.5	64	1.465
4	57	13.0	66.6	57	1.304
5	43	9.8	76.4	43	0.984
6	35	8.0	84.4	35	0.801
7	29	6.6	91.1	29	0.664
8	22	5.0	96.1	22	0.503
9	7	1.6	97.7	7	0.160
10	10	2.3	100.0	10	0.229

예를 들어 집단 2에 대하여 통계량은 다음과 같이 계산된다.

$$\%\text{captured response} = 100(78/437) = 17.8\ (\%)$$
$$\text{cum. }\%\text{capture response} = 100(92+78)/437 = 38.9\ (\%)$$
$$\%\text{response} = 100(78/100) = 78\ (\%)$$
$$\text{lift} = 78/43.7 = 1.785$$

[표 10.3]을 바탕으로 4가지의 이익도표를 작성하면 [그림 10.3]~[그림 10.6]과 같다.

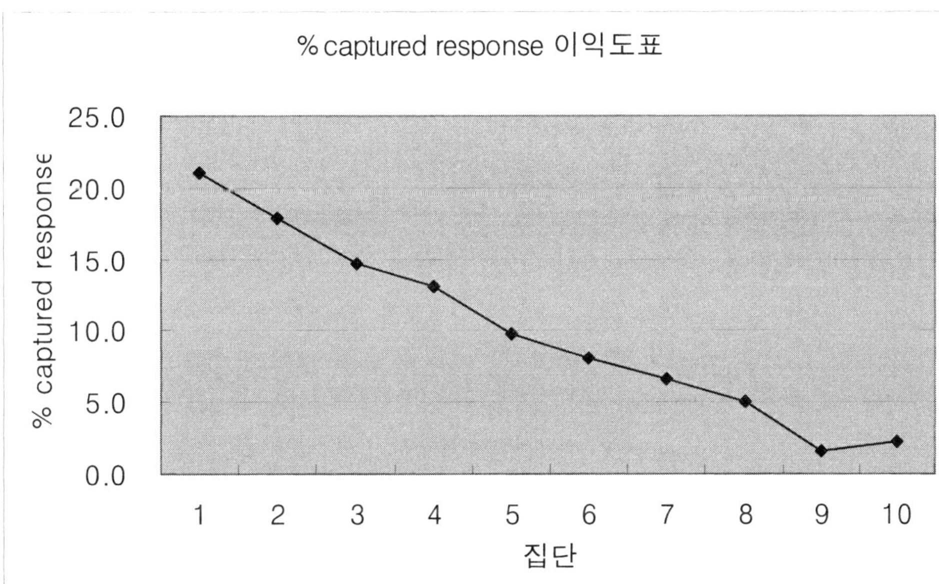

[그림 10.3] %captured response 도표(예 10.4)

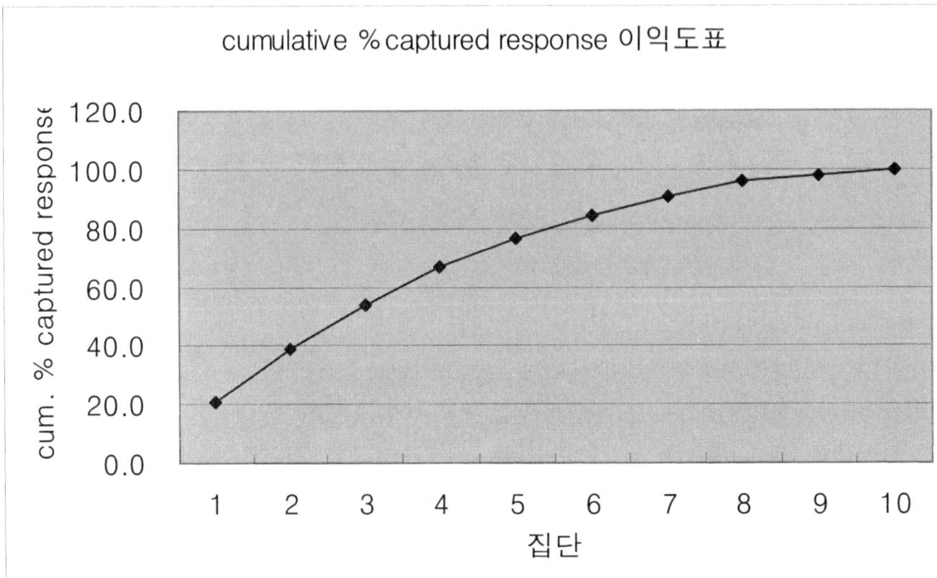

[그림 10.4] cumulative &captured response 도표(예 10.4)

[그림 10.3]에서 곡선이 45도 직선에 비하여 북서쪽에 위치할수록 상위 집단을 특정 범주로 분류하는 비율이 높으므로 해당 분류기법의 성능이 우수하다고 할 수 있다.

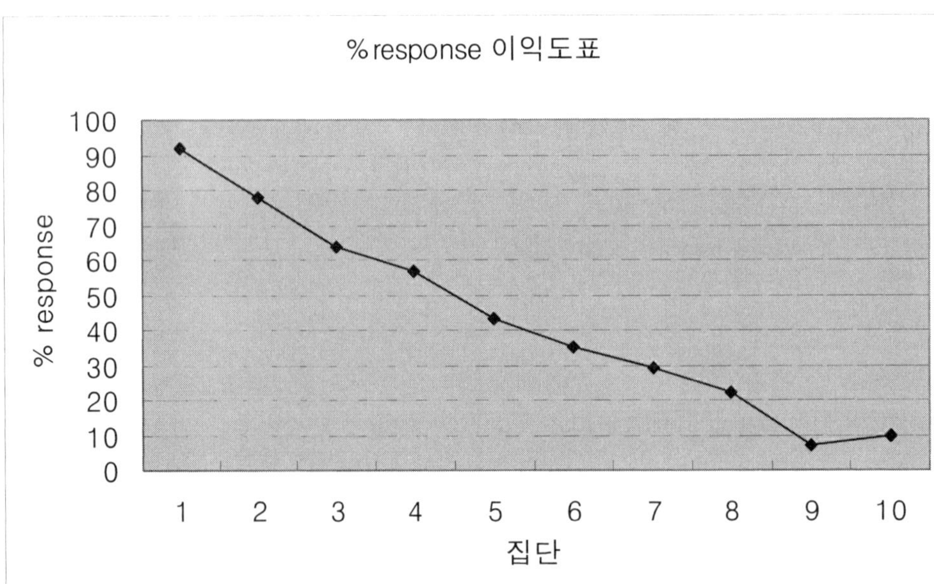

[그림 10.5] %response 도표(예 10.4)

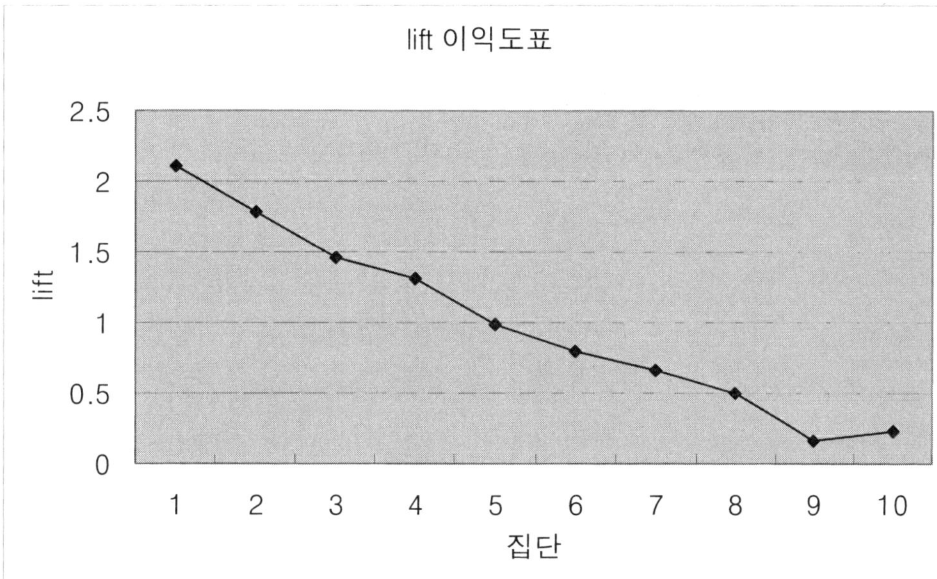

[그림 10.6] lift 도표(예 10.4)

10.5 ▸ 참고사항

Zweig MH Campbell G. Receiver-operating characteristic (ROC) plots: A fundamental evaluation tool in clinical medicine. Clin Chem. 1993; 39: 561-577.

연습문제

10.1 [예 10.2]의 데이터에 대하여 $X<c$일 때 범주 0으로 분류하는 기준을 사용한다고 할 때 c값의 변화에 따른 민감도 및 특이도를 산출하라. 또한 이를 바탕으로 ROC 곡선을 작성하라.

10.2 전체 데이터 수(객체수)가 500인 어떤 데이터의 실제범주별 빈도는 다음과 같다.

	범주 1	범주 2	계
객체수(빈도)	281	219	500

분류모형 A와 B를 사용하여 각 객체의 범주 1(특정 범주)에 대한 사후확률을 산출한 후 이의 크기로(내림차순으로) 전체 객체를 정렬한 후 50개의 객체를 한 집단으로 구분하였더니 각 집단에 속하는 범주 1의 빈도는 다음과 같다.

집단	1	2	3	4	5	6	7	8	9	10	계
모형 A	48	46	41	36	30	25	19	12	14	10	281
모형 B	49	48	45	41	34	30	12	7	10	5	281

이를 바탕으로 식 (10.10)-(10.13)의 통계량을 산출하고 각각에 대한 이익도표를 작성하라. 또한 두 분류모형의 성능을 비교하라.

11장

군집분석 개요

들어가며

하나의 객체(object)가 여러 속성(attribute)을 갖는다 하고 이러한 객체가 다수 있다고 하자. 군집분석이란 유사한 속성들을 갖는 객체들을 묶어 전체의 객체들을 몇 개의 그룹 또는 군집(cluster)으로 나누는 것을 말한다. 예를 들어, 회사에서 관리하는 고객들에 대하여 구매 행태를 반영하는 속성들에 대한 데이터가 수집된다고 할 때 유사한 구매 행태를 보이는 고객들을 서로 그룹핑하는 것을 군집분석이라 할 수 있겠다. 따라서 이 예의 경우 군집분석의 목적 중 하나는 서로 다른 그룹의 고객들에게 서로 다른 마케팅 전략을 수립하는 것이 될 것이다.

11.1 ▸ 군집분석 기법

군집분석을 수리적으로 표현하여 보자. 전체 n개의 객체가 있다고 하고 i번째 객체(또는 객체 i)를 O_i로 나타내면 전체 객체 집합 S는 다음과 같다.

$$S = \{O_1, O_2, \ldots, O_n\}$$

군집분석이란 집합 S를 서로 배타적인 K개의 부분집합 $C_1, C_2, \ldots, C_K$로 나누는 것이다. 따라서 다음이 성립한다.

$$1) \ C_i \cap C_j = \varnothing, \quad 1 \leq i \neq j \leq K$$

$$2) \ \bigcup_{i=1}^{K} C_i = S$$

이때 C_j를 j번째 군집(또는 군집 j)이라 한다. 각 객체는 한 군집에만 속하여야 하며, 한 군집에는 적어도 하나의 객체를 포함하여야 한다. 군집들을 다음과 같이 모아놓은 것을 군집결과(clustering result) 또는 군집해(clustering solution)라 한다.

$$C = \{C_1, C_{2,\ldots,} C_K\}$$

군집방법(clustering method)은 무수히 많으나 크게 계층적 방법(hierarchical method)과 비계층적 방법(non-hierarchical method)으로 구분된다. 12장에서 계층적 군집방법을 다루며, 13장에서 비계층적 군집방법을 소개한다.

계층적 방법은 사전에 군집수 K를 정하지 않고 단계적으로 서로 다른 군집결과를 제공하는 것인데, 이는 다시 집괴법(agglomerative method)과 분리법(divisive method)으로 나뉜다. 집괴법이란 각 객체를 하나의 군집으로 간주함을 시작으로 유사한 객체들을 묶어 군집으로 만들고 다시 유사한 군집들을 묶어 새로운 군집을 만들어 나가는 과정을 전체의 객체가 하나의 군집이 되기까지 반복한 후, 어떤 규칙에 의하여 최종적인 군집결과를 제공하는 방법이다. 분리법은 집괴법의 역순이라 할 수 있는데, 즉 전체의 객체를 하나의 군집으로 간주함을 시작으로 유사성이 떨어지는 객체들을 분리시켜 다른 군집으로 만들어 나가는 과정을 각 객체가 하나의 군집이 될 때까지 반복한 후, 어떤 규칙에 의하여 최종적인 군집결과를 제공하는 것이다. 주로 집괴법이 널리 사용되고 있다.

비계층적 방법은 사전에 군집수 K를 정한 후 각 객체를 K개 중의 하나 군집에 배정하는 것이다. 이때 각 군집의 대표값 또는 대표객체를 고려한다. 배정은 대체로 한 번에 이루어지는 것은 아니고 배정 후 새로운 군집 대표값을 산출하고 각 객체에 대한 새로운 배정을 하는 과정을 군집결과가 수렴할 때까지 반복적으로 시행한다.

군집방법의 기본 아이디어는 한 군집 내의 객체들 간의 유사성은 가능한 크게, 서로 다른 군집 간의 유사성은 가능한 작도록 군집들을 형성하는 것이다. 이를 위해서는 객체 간의 유사성 및 군집 간의 유사성의 정의가 필요하다. 11.2절에서는 객체 간의 유사성 척도에 대하여 다루며, 군집 간의 유사성 척도는 12장에서 기술하고자 한다.

11.2 ▸ 객체 간의 유사성 척도

11.2.1 거리 관련 척도

객체 간의 유사성의 정도를 정량적으로 나타내기 위해서 척도가 필요하다. 가장 보편적으로 많이 사용되는 것이 거리(distance)인데 거리와 같이 클수록 유사성이 적어지는 척도는 보다 엄밀하게 비유사성 척도(dissimilarity measure)라 한다.

각 객체가 p개의 속성 또는 변수(variable)를 갖는다 하고 j번째 변수 X_j의 객체 i에 대한 관측치를 X_{ji} $(j=1,\ldots,p; i=1,\ldots,n)$라 하면 객체 i의 p차원 공간에서의 좌표는 다음과 같은 열벡터로 표현된다.

$$\boldsymbol{x}_i = (X_{1i}, X_{2i}, \ldots, X_{pi})^T \qquad i = 1, \ldots, n$$

이때 객체 i와 객체 j의 유클리드 거리(Euclidean distance)는 다음과 같이 정의된다.

$$d(\boldsymbol{x}_i, \boldsymbol{x}_j) = \sqrt{\sum_{a=1}^{p}(X_{ai} - X_{aj})^2} = \sqrt{(\boldsymbol{x}_i - \boldsymbol{x}_j)^T(\boldsymbol{x}_i - \boldsymbol{x}_j)} \tag{11.1}$$

이를 일반화시킨 것을 민코프스키 거리(Minkowski distance)라 하는데 이는 다음과 같이 정의된다.

$$d(\boldsymbol{x}_i, \boldsymbol{x}_j) = \left(\sum_{a=1}^{p}|X_{ai} - X_{aj}|^m\right)^{1/m} \tag{11.2}$$

여기서 $m=2$일 때 유클리드 거리를 나타내며, $m=1$일 때는 맨하탄 거리(Manhattan or rectilinear distance)를 나타낸다. 그러나 군집분석에서는 통상 유클리드 거리가 가장 많이 사용되며, 별도의 언급이 없는 한 '거리'라고 하면 유클리드 거리를 지칭한다.

위의 거리의 정의에서 보듯이 변수들 간의 단위 등이 다른 경우 큰 값을 갖는 변수가 거리의 값을 주도할 수 있다. 이러한 불합리를 해소하기 위하여 종종 표준화된 거리(standardized distance)를 사용하는데, 표준 유클리드 거리(standardized Euclidean distance)는 다음과 같다.

$$d(\boldsymbol{x}_i, \boldsymbol{x}_j) = \sqrt{\sum_{a=1}^{p}\left(\frac{X_{ai} - X_{aj}}{s_a}\right)^2} \tag{11.3}$$

위에서 s_a는 변수 X_a의 전체 객체 간의 표준편차를 의미하며 다음과 같이 산출된다.

$$s_a = \sqrt{\frac{\sum_{i=1}^{n}(X_{ai} - \overline{X}_a)^2}{(n-1)}} \qquad \overline{X}_a = \frac{1}{n}\sum_{i=1}^{n}X_{ai}$$

참고로, 표준화된 거리는 각 변수를 평균 0, 표준편차가 1이 되도록 표준화한 후 산출된 거리와 동일함을 알 수 있다(연습문제 11.3 참조). 한편, 다음과 같은 대각행렬(diagonal matrix)의 분산행렬을 고려할 때

$$\boldsymbol{S}_d = \begin{bmatrix} s_1^2 & 0 & \cdots & 0 \\ 0 & s_2^2 & & 0 \\ 0 & & \ddots & 0 \\ 0 & & & s_p^2 \end{bmatrix} \tag{11.4}$$

식 (11.3)의 표준화된 거리는 다음과 같이 표현된다.

$$d(\boldsymbol{x}_i, \boldsymbol{x}_j) = \sqrt{(\boldsymbol{x}_i - \boldsymbol{x}_j)^T \boldsymbol{S}_d^{-1} (\boldsymbol{x}_i - \boldsymbol{x}_j)} \tag{11.5}$$

변수 간의 상관관계가 있는 경우 이를 고려하는 거리척도로 마할라노비스 거리(Mahalanobis distance)가 있다. 이는 식 (11.5)의 표준화된 거리를 일반화한 것으로 식 (11.4)의 분산행렬 대신 다음의 분산-공분산행렬(variance-covariance matrix)을 사용하는 것이다. 즉, 객체 i와 객체 j 간의 마할라노비스 거리는 다음과 같다.

$$d(\boldsymbol{x}_i, \boldsymbol{x}_j) = \sqrt{(\boldsymbol{x}_i - \boldsymbol{x}_j)^T \boldsymbol{S}^{-1} (\boldsymbol{x}_i - \boldsymbol{x}_j)} \tag{11.6}$$

여기서

$$\boldsymbol{S} = \begin{bmatrix} s_1^2 & s_{12} & \cdots & s_{1p} \\ s_{21} & s_2^2 & & s_{2p} \\ \vdots & & \ddots & \\ s_{p1} & & & s_p^2 \end{bmatrix} \qquad s_{ab} = \frac{\sum_i (X_{ai} - \overline{X_a})(X_{bi} - \overline{X_b})}{n-1} \tag{11.7}$$

객체가 두 변수 (X_1과 X_2)로 구성되고 두 변수의 상관계수를 r이라 하면, 객체 i와 객체 j간의 마할라노비스 거리는 다음과 같이 표현된다(연습문제 11.4 참조).

$$d(\boldsymbol{x}_i, \boldsymbol{x}_j) = \left[\frac{1}{1-r^2} \left\{ \frac{(X_{1i} - X_{1j})^2}{s_1^2} + \frac{(X_{2i} - X_{2j})^2}{s_2^2} - \frac{2r(X_{1i} - X_{1j})(X_{2i} - X_{2j})}{s_1 s_2} \right\} \right]^{1/2} \tag{11.8}$$

식 (11.6)의 마할라노비스 거리는 유클리드 거리 및 표준 유클리드 거리를 포함하는 보다 일반적인 척도라 할 수 있다. 즉, 식 (11.6)에서 각 변수의 분산이 1, 두 변수 간 공분산이 0이 될 때 유클리드 거리가 되며, 각 변수의 분산은 다르나 두 변수 간 공분산이 0이 될 때 표준 유클리드 거리가 된다.

그리고 객체들 간의 모든 쌍에 대한 거리를 다음과 같이 $(n \times n)$ 행렬 D로 나타낼 수 있다.

$$D = \begin{bmatrix} 0 & d(\boldsymbol{x}_1, \boldsymbol{x}_2) & \cdots & d(\boldsymbol{x}_1, \boldsymbol{x}_n) \\ d(\boldsymbol{x}_2, \boldsymbol{x}_1) & 0 & \cdots & d(\boldsymbol{x}_2, \boldsymbol{x}_n) \\ \vdots & \vdots & \ddots & \vdots \\ d(\boldsymbol{x}_n, \boldsymbol{x}_1) & d(\boldsymbol{x}_n, \boldsymbol{x}_2) & \cdots & 0 \end{bmatrix} \tag{11.9}$$

위에서 보듯이 D의 대각 원소는 0이 되며 다음이 성립하므로 대칭행렬(symmetric matrix)이 된다.

$$d(\boldsymbol{x}_i, \boldsymbol{x}_j) = d(\boldsymbol{x}_j, \boldsymbol{x}_i)$$

예 11.1 다음은 가정에서 PC를 사용하는 10명에 대한 나이, PC 경험연수, 주당 사용시간을 나타낸 것이다.

[표 11.1] PC 사용 데이터

	나이(X_1)	PC 경험연수(X_2)	주당 사용시간(X_3)
O1	20	6	14
O2	28	8	13
O3	42	14	6
O4	35	12	7
O5	30	15	7
O6	30	7	15
O7	45	13	6
O8	46	4	2
O9	51	3	3
O10	41	3	2

O2~O4 간의 거리 및 O2~O5 간의 거리를 비교하라.

풀이 우선 O2~O4 간의 거리는 다음과 같다.

$$d(\boldsymbol{x}_2, \boldsymbol{x}_4) = \sqrt{(28-35)^2 + (8-12)^2 + (13-7)^2} = 10.05$$

그리고 O2~O5 간의 거리는 다음과 같이 계산된다.

$$d(\boldsymbol{x}_2, \boldsymbol{x}_5) = \sqrt{(28-30)^2 + (8-15)^2 + (13-7)^2} = 9.43$$

따라서 객체 O2를 기준으로 할 때 O4가 O5보다 멀리 떨어져 있다고 할 수 있겠다.

한편, 위의 객체들 간의 거리를 표준화된 거리로 비교하기 위하여 우선 각 변수의 평균과 표준편차를 산출하면 아래와 같다.

$$\overline{X_1} = 36.8, \quad s_1 = 9.7388$$
$$\overline{X_2} = 8.5, \quad s_2 = 4.6488$$
$$\overline{X_3} = 7.5, \quad s_3 = 4.8819$$

O2~O4 간의 표준화된 거리는 다음과 같다.

$$d(\boldsymbol{x}_2, \boldsymbol{x}_4) = \sqrt{\left(\frac{28-35}{9.7388}\right)^2 + \left(\frac{8-12}{4.6488}\right)^2 + \left(\frac{13-7}{4.8819}\right)^2} = 1.66$$

그리고 O2~O5 간의 표준화된 거리는

$$d(\boldsymbol{x}_2, \boldsymbol{x}_5) = \sqrt{\left(\frac{28-30}{9.7388}\right)^2 + \left(\frac{8-15}{4.6488}\right)^2 + \left(\frac{13-7}{4.8819}\right)^2} = 1.95$$

즉, 표준화된 거리로는 위와는 달리 O5가 O4보다 O2에서 멀리 떨어짐을 알 수 있다. 다시 말하면, O2~O4보다 O2~O5의 유사성이 떨어진다고 할 수 있겠다. ■

유클리드 거리, 표준화 유클리드 거리 및 마할라노비스 거리를 기하학적으로 살펴보기 위하여 원점에서 한 객체와의 거리를 고려하여 보자. 우선 원점과 객체 좌표 $\boldsymbol{x}_i$의 식 (11.1)에 의한 유클리드 거리는 다음과 같다.

$$d(0, \boldsymbol{x}_i) = \sqrt{\boldsymbol{x}_i^T \boldsymbol{x}_i} = \sqrt{X_{1i}^2 + X_{2i}^2 + \ldots + X_{pi}^2}$$

위의 거리가 상수 c와 같다고 할 때 객체의 각 변수들은 다음 방정식을 만족하게 된다.

$$X_{1i}^2 + X_{2i}^2 + ... + X_{pi}^2 = c^2 \tag{11.10}$$

즉, 객체 i의 좌표는 반지름 c인 회전타원체(spheroid)상에 놓이게 되며, 각 변수가 동일하게 원점으로부터의 거리에 기여함을 볼 수 있다.

반면, 원점과 객체 좌표 $\boldsymbol{x}_i$의 식 (11.3)에 의한 표준 유클리드 거리는 다음과 같다.

$$d(\mathbf{0}, \boldsymbol{x}_i) = \sqrt{\left(\frac{X_{1i}}{s_1}\right)^2 + \left(\frac{X_{2i}}{s_2}\right)^2 + ... + \left(\frac{X_{pi}}{s_p}\right)^2}$$

따라서 위의 거리가 상수 c와 같다고 할 때 객체의 각 변수들은 다음과 같은 타원체(ellipsoid)의 방정식을 만족하게 된다.

$$\left(\frac{X_{1i}}{s_1}\right)^2 + \left(\frac{X_{2i}}{s_2}\right)^2 + ... + \left(\frac{X_{pi}}{s_p}\right)^2 = c^2 \tag{11.11}$$

전술한 바와 같이 거리는 비유사성 척도이므로 다음을 유사성 척도(similarity measure)로 사용하기도 한다. 유사성 척도는 당연히 유사성이 클수록 큰 값을 갖는다.

$$sim(\boldsymbol{x}_i, \boldsymbol{x}_j) = 1 - \frac{d(\boldsymbol{x}_i, \boldsymbol{x}_j)}{d_{\max}} \qquad d_{\max} = \max\{d(\boldsymbol{x}_i, \boldsymbol{x}_j)\} \tag{11.12}$$

위의 유사성 척도는 두 객체 간의 거리가 가장 큰 경우 0이며, 거리가 작은 값일수록 1에 가까운 값을 갖게 된다.

예 11.2 이차원의 어느 한 객체의 좌표가 $x = (3, 4)^T$로 주어질 때 아래 척도에 의하여 원점에서의 거리를 산출하라.

(a) 유클리드 거리를 산출하라.

(b) $s_1 = 1, s_2 = 2$일 때 표준 유클리드 거리를 산출하라.

(c) $s_1 = 1, s_2 = 0.5$일 때 표준 유클리드 거리를 산출하라.

(d) $s_1 = 1, s_2 = 2$이며, r=0.8일 때 마할라노비스 거리를 구하라.

(e) $s_1 = 1, s_2 = 2$이며, r=-0.8일 때 마할라노비스 거리를 구하라.

풀이

(a) $d(0,\boldsymbol{x}) = \sqrt{3^2+4^2} = 5$

(b) $d(0,\boldsymbol{x}) = \sqrt{3^2+(4/2)^2} = 3.606$

(c) $d(0,\boldsymbol{x}) = \sqrt{3^2+(4/0.5)^2} = 8.544$

(d) $d(0,\boldsymbol{x}) = \sqrt{(1/0.36)\{3^2+(4/2)^2-2(0.8)(3)(4/2)\}} = 3.073$

(e) $d(0,\boldsymbol{x}) = \sqrt{(1/0.36)\{3^2+(4/2)^2+2(0.8)(3)(4/2)\}} = 7.923$

(a)의 유클리드 거리를 기준으로 할 때, (d)의 경우가 가장 짧게 평가되며 (c)의 경우가 가장 길게 평가됨을 볼 수 있다.

11.2.2 상관계수 관련 척도

또 다른 유사성 척도로 다음과 같은 객체 간의 상관계수를 사용할 수 있다. 즉, 객체 i와 객체 j 간의 유사성 척도인 표본상관계수는 아래와 같이 정의된다.

$$sim(\boldsymbol{x}_i,\boldsymbol{x}_j) = r_{ij} = \frac{\sum_{a=1}^{p}(X_{ai}-m_i)(X_{aj}-m_j)}{\sqrt{\sum_{a=1}^{p}(X_{ai}-m_i)^2}\sqrt{\sum_{a=1}^{p}(X_{aj}-m_j)^2}} \tag{11.13}$$

여기서 m_i는 객체 i의 평균값으로 다음과 같다.

$$m_i = \frac{1}{p}\sum_{a=1}^{p}X_{ai}$$

식 (11.13)의 상관계수는 -1에서 1 사이의 값을 가지며, 이 값이 클수록 두 객체의 유사성이 크다고 하겠다. 여기서도 데이터를 변수별로 표준화한 후 상관계수를 산출함을 추천한다.

예 11.3 [예 11.1]에 대하여 객체 O1, O6, O8을 변수별로 그래프에 나타내면 아래와 같다. 여기서 O1～O6의 상관계수는 0.9674이며, O1～O8의 상관계수는 0.7984이다. 한편, 표준화된 데이터에 적용하면, O1～O6의 상관계수는 0.9718, O1～O8의 상관계수는 -0.8349이다. 즉, O1～O6의 유사성이 O1～O8의 유사성보다 큼을 알 수 있다. 또한, 표준화한 후 상관계수를 산출할 때 유사성의 차이가 더 명확함을 알 수 있다.

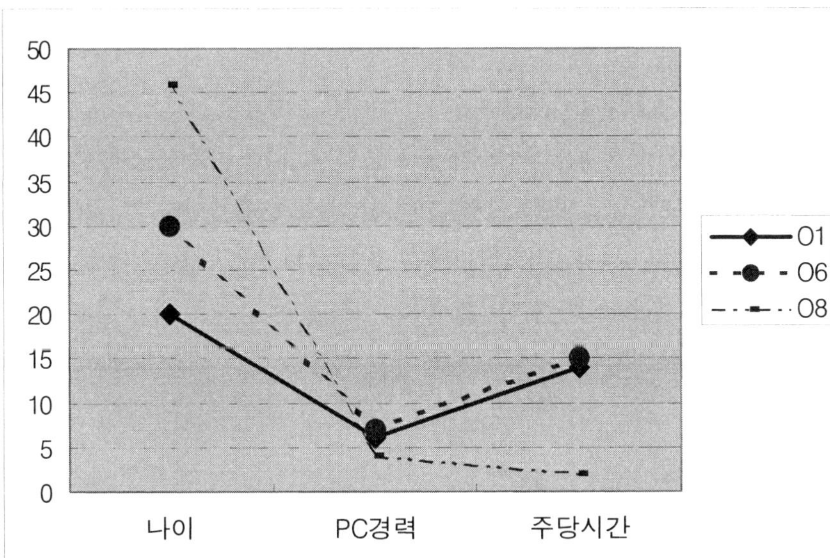

[그림 11.1] [예 11.1]의 일부 객체 데이터 비교

■

한편, 상관계수로부터 거리 개념의 비유사성 척도를 원하면 다음의 척도를 사용할 수 있다.

$$d(\boldsymbol{x}_i, \boldsymbol{x}_j) = 1 - r_{ij} \tag{11.14}$$

위의 척도는 0에서 2의 값을 가지며, 0에 가까울수록 유사성이 커지며(비유사성이 작아지며), 2에 가까울수록 유사성이 작아진다(비유사성이 커진다).

11.3 ▸ 범주형 객체의 유사성 척도

객체의 변수(속성)들 중 일부 또는 전체가 범주형인 경우에는 유사성 척도를 다소 다르게 정의할 필요가 있다. 범주형 변수는 다시 이분형(binary), 서열형(ordinal), 명목형(nominal)으로 구분된다. 이분형은 서열형 또는 명목형에 속할 수도 있으나 통상적으로 별도로 구분하고 있다.

11.3.1 이분형 변수의 경우

이분형 변수란 변수가 취하는 값이 두 개인 것을 의미하며, 통상 0과 1을 부여한다. 이 경우 사용되는 유사성 척도는 다양하나 단순매칭(simple matching)과 자카드(Jaccard) 척도가 주로 사용된다.

객체 $\boldsymbol{x}_i$와 객체 $\boldsymbol{x}_j$에 대하여 k번째 변수가 이분형일 때, 단순매칭 방법은 다음과 같이 두 변수의 값이 동일한 경우 1을, 다른 경우 0으로 평가하는 것이다.

$$sim(X_{ki}, X_{kj}) = \begin{cases} 1 & \text{if} \quad X_{ki} = X_{kj} \\ 0 & \text{if} \quad X_{ki} \neq X_{kj} \end{cases} \tag{11.15}$$

따라서 이 변수가 이미 0과 1로 치환되었다면 단순매칭에 의한 유사성은 아래와 같다.

$$sim(X_{ki}, X_{kj}) = 1 - |X_{ki} - X_{kj}| \tag{11.16}$$

한편, 자카드 척도에서는 변수값을 특정 속성이 나타나는(presence) 경우에 1, 나타나지 않는(absence) 경우 0으로 표현할 때, 두 객체에서 모두 나타나는 경우에만 유사한 것으로 평가한다. 결국, 이 척도에서는 두 객체에서 특정 속성이 0인 경우에는 전반적 유사성 척도 산출에 포함되지 않고 무시된다. 즉, 유사성은 다음과 같다고 할 수 있다.

$$sim(X_{ki}, X_{kj}) = \begin{cases} 1 & \text{if} \quad X_{ki} = X_{kj} = 1 \\ ignored & \text{if} \quad X_{ki} = X_{kj} = 0 \\ 0 & \text{if} \quad X_{ki} \neq X_{kj} \end{cases} \tag{11.17}$$

객체의 p개의 모든 변수가 이분형일 때 두 객체의 변수들을 비교하여 다음을 산출할 수 있다.

a=객체 $\boldsymbol{x}_i$와 $\boldsymbol{x}_j$에서 모두 1인 변수수
b=객체 $\boldsymbol{x}_i$에서는 1이나 객체 $\boldsymbol{x}_j$에서는 0인 변수수
c=$\boldsymbol{x}_i$에서는 0이나 객체 $\boldsymbol{x}_j$에서는 1인 변수수
d=객체 $\boldsymbol{x}_i$와 $\boldsymbol{x}_j$에서 모두 0인 변수수

그리고 다음과 같은 분할표(contingency table)를 작성할 수 있다.

[표 11.2] 이분형 두 객체에 대한 분할표

	$\boldsymbol{x}_j$에서 1	$\boldsymbol{x}_j$에서 0	
$\boldsymbol{x}_i$에서 1	a	b	a+b
$\boldsymbol{x}_i$에서 0	c	d	c+d
	a+c	b+d	a+b+c+d=p

이때 단순매칭에 의한 유사성은 다음과 같다.

$$sim(\boldsymbol{x}_i, \boldsymbol{x}_j) = \frac{1}{p}\sum_{k=1}^{p} sim(X_{ki}, X_{kj}) = \frac{a+d}{a+b+c+d} \tag{11.18}$$

이는 제곱 유클리드 거리에 의해 산출된 유사성과 동일하다고 할 수 있다. 그러나 자카드 유사성은 다음과 같이 산출된다.

$$sim(\boldsymbol{x}_i, \boldsymbol{x}_j) = \frac{a}{a+b+c} \tag{11.19}$$

예 11.4 다음은 3명에 대한 건강 관련 문진에 대한 답을 나타낸 자료이다.

	운동여부	음주여부	흡연여부	가족력여부	고혈압여부
1	예	예	예	아니오	예
2	예	아니오	예	아니오	아니오
3	아니오	예	아니오	예	아니오

객체 1과 2의 단순매칭에 의한 유사성은 다음과 같다.

$$sim(1,2) = \frac{3}{5} = 0.6$$

한편, 자카드 유사성은 아래와 같다.

$$sim(1,2) = \frac{2}{4} = 0.5$$

11.3.2 서열형 변수의 경우

객체의 k번째 변수가 서열형이고 1, 2, ⋯, M_k 중 한 값을 갖는다고 할 때 유사성 또는 비유사성 척도를 산출하는 방법도 다양하게 있으나 주로 다음과 같은 방법을 사용한다. 거리척도를 산출할 때 우선 아래와 같은 직접적 방법이 있다.

$$d(X_{ki}, X_{kj}) = \frac{|X_{ki} - X_{kj}|}{M_k - 1} \tag{11.20}$$

위에서 분모는 해당 변수가 취할 수 있는 범위(range)를 나타내며, 따라서 위의 값은 0에서 1 사이 값을 갖는다. 이 방법을 사용할 경우 객체의 모든 변수가 서열형이면 두 객체의 거리는 다음과 같다.

$$d(\boldsymbol{x}_i, \boldsymbol{x}_j) = \sum_{k=1}^{p} d(X_{ki}, X_{kj}) = \sum_{k=1}^{p} \frac{|X_{ki} - X_{kj}|}{M_k - 1} \tag{11.21}$$

또 다른 방법은 우선 각 변수를 0에서 1 사이 값으로 변환한 후 연속형 변수의 경우와 같이 거리척도를 산출하는 것이다. 이 경우에는 객체 i의 k번째 변수를 다음과 같이 변환한 후

$$X_{ki}^{'} = \frac{X_{ki} - 1}{M_k - 1}$$

11.2.1절에서 설명한 여러 척도에 따라 두 객체의 비유사성 또는 유사성을 산출한다. 예로서 유클리드 거리를 사용한다면 두 객체의 거리는 다음과 같다.

$$d(\boldsymbol{x}_i, \boldsymbol{x}_j) = \sqrt{\sum_{k=1}^{p} (X_{ki}^{'} - X_{kj}^{'})^2} = \sqrt{\sum_{k=1}^{p} \left(\frac{X_{ki} - X_{kj}}{M_k - 1} \right)^2} \tag{11.22}$$

위에서는 거리척도에 대하여 언급하였으나 유사성 척도를 원하면 다음과 같이 산출할 수 있다.

$$sim(X_{ki}, X_{kj}) = 1 - d(X_{ki}, X_{kj})$$

11.3.3 명목형 변수의 경우

두 객체에 대한 k번째 변수가 명목형인 경우 유사성은 이분형 변수의 경우와 같이 두 변수가 일치하면 1, 그렇지 않으면 0으로 평가한다. 즉,

$$sim(X_{ki}, X_{kj}) = \begin{cases} 1 & \text{if} \quad X_{ki} = X_{kj} \\ 0 & \text{if} \quad X_{ki} \neq X_{kj} \end{cases} \tag{11.23}$$

p개의 모든 변수가 명목형인 경우 두 객체에 대하여 m개의 변수가 서로 일치하면 유사성은 다음과 같다.

$$sim(\boldsymbol{x}_i, \boldsymbol{x}_j) = \frac{m}{p} \tag{11.24}$$

11.3.4 혼합형의 경우

두 객체의 유사성 또는 비유사성을 산출하는 데 각 변수의 형태가 연속형, 이분형, 서열형, 명목형 등으로 다른 경우에는 각 변수의 형태에 따라 위에서 언급한 바와 같이 각기 다른 방법으로 유사성 또는 비유사성을 평가한 후 최종적으로 합 또는 평균으로 도출하게 된다. 따라서 편의상 각 변수에 대하여 0에서 1 사이의 값을 갖는 척도를 사용하고 있다. 위에서 언급한 이분형, 서열형, 명목형인 경우에는 이미 0에서 1 사이의 유사성 척도가 제시되었다.

연속형의 경우 0에서 1 사이의 값을 갖는 거리(비유사성)의 척도로는 아래와 같이 각 변수의 범위를 활용하는 방법을 사용한다.

$$d(X_{ki}, X_{kj}) = \frac{|X_{ki} - X_{kj}|}{R_k} \tag{11.25}$$

여기서 R_k는 k번째 변수의 범위(=최대값−최소값)를 의미한다. 유사성 척도를 원할 경우에는 다음과 같이 산출할 수 있다.

$$sim(X_{ik}, X_{jk}) = 1 - d(X_{ik}, X_{jk}) \tag{11.26}$$

결국, 여러 형태의 변수가 혼합되어 있는 경우 각 변수에 대한 유사성 척도가 산출되어 있을 때 두 객체의 유사성은 다음과 같이 계산한다.

$$sim(\boldsymbol{x}_i, \boldsymbol{x}_j) = \frac{1}{p}\sum_{k=1}^{p} sim(X_{ki}, X_{kj}) \tag{11.27}$$

또는 각 변수의 거리가 산출된 경우 두 객체의 거리는 다음과 같다.

$$d(\boldsymbol{x}_i, \boldsymbol{x}_j) = \frac{1}{p}\sum_{k=1}^{p} d(X_{ki}, X_{kj}) \tag{11.28}$$

예 11.5 다음과 같이 각 객체는 5개의 변수로 이루어지는 데이터를 고려하자. 편의상 처음 3명에 대한 데이터를 나타내고 있다.

[표 11.3] 혼합형 객체 데이터 예

	성별 (X1)	나이 (X2)	직업 (X3)	월통신요금 (X4)	통신서비스 만족도(X5)
1	남	46	공무원	35,000	2
2	여	28	은행원	51,000	3
3	여	32	주부	46,000	4

위에서 '통신서비스 만족도'는 5점 스케일(1: 매우만족, 2:만족, 3:보통, 4: 불만족, 5: 매우불만족)의 설문조사 결과로서 서열형으로 간주한다고 하자. 나머지 변수 중 성별은 이분형, 나이와 월통신요금은 연속형, 그리고 직업은 명목형으로 간주할 수 있다.

객체 1과 3의 유사성, 그리고 객체 2와 3의 유사성을 각각 산출하여 보자. 여기서 전체 데이터에 대한 나이의 범위는 45, 월통신요금의 범위는 150,000원이라 하자. 우선, 객체 1과 3의 거리는 식 (11.28)에 의거 다음의 합으로 산출된다.

$$d(\boldsymbol{x}_1, \boldsymbol{x}_3) = \frac{1}{5}\left\{1 + \frac{46-32}{45} + 1 + \frac{46000-35000}{150000} + \frac{4-2}{5-1}\right\} = \frac{1}{5}\{1 + 0.311 + 1 + 0.073 + 0.5\} = 0.5768$$

한편, 객체 2와 3의 거리는 다음과 같다.

$$d(\boldsymbol{x}_2, \boldsymbol{x}_3) = \frac{1}{5}\left\{0 + \frac{32-28}{45} + 1 + \frac{51000-46000}{150000} + \frac{4-3}{5-1}\right\} = \frac{1}{5}\{0 + 0.667 + 1 + 0.033 + 0.25\} = 0.39$$

11.4 ▸ 참고사항

11.2절의 상당부분은 참고문헌 [1]에서 발췌하였다.

[1] Bratchell, N. (1989). "Cluster analysis," *Chemometrics and Intelligent Laboratory Systems*, 6, 105-125.

연습문제

11.1 다음은 10가지 식품에 대한 포함된 성분을 나타낸 것이다.

	calory	water	protein	fat	sugar
O1	351	15.5	6.2	0.8	76.6
O2	471	4	19.5	24	46.2
O3	249	40	4.5	0.4	54.5
O4	366	11.5	11.5	1.4	74.5
O5	270	35	8	1.5	54.3
O6	414	4.5	7.2	8.2	79.1
O7	325	22.7	6.7	3.7	66.2
O8	116	72	2.6	0.3	24.8
O9	377	6	9	1	80.2
O10	167	60.2	24.2	4.2	6.6

(a) 유클리드 거리의 관점에서 가장 가까운 두 객체는 무엇이며, 가장 먼 두 객체는 무엇인가?

(b) 표준 유클리드 거리를 사용할 때 질문 (a)에 대해 답하라.

(c) 위 데이터에 대한 분산-공분산행렬을 구하라.

(d) 마할라노비스 거리를 바탕으로 한 거리행렬을 산출하라.

11.2 다음은 20명에 대한 건강검진 관련 데이터이다.

ID	나이	성별	음주	흡연	콜레스테롤	TG
1	30대	여	안 마심	금연	192	79
2	40대	남	가끔	금연	186	89
3	70대	남	안 마심	흡연	143	93
4	50대	남	가끔	금연	212	37
5	40대	남	자주	흡연	123	216
6	60대	여	안 마심	금연	223	159
7	30대	여	안 마심	금연	193	60
8	40대	여	안 마심	금연	162	102
9	40대	남	가끔	금연	180	231
10	40대	여	가끔	금연	181	79
11	20대	남	자주	흡연	176	78
12	40대	남	자주	흡연	209	60
13	50대	남	가끔	금연	177	141
14	40대	남	안 마심	금연	238	91
15	40대	남	가끔	금연	155	166
16	50대	여	자주	흡연	203	164
17	40대	여	안 마심	흡연	241	139
18	40대	여	안 마심	금연	227	143
19	40대	여	가끔	금연	121	192
20	40대	여	가끔	금연	230	88

(a) 각 변수를 어떤 성격으로 볼 수 있는가? 이분형, 서열형, 명목형, 연속형 중 택일하라.

(b) 첫 5명에 대한 유사성 척도를 산출하고 행렬로 나타내라.

11.3 객체의 각 변수를 평균이 0, 표준편차가 1이 되도록 표준화 한 후 객체 간의 유클리드 거리를 산출하는 것과 식 (11.3)과 같이 직접 객체 간의 표준화된 유클리드 거리를 구하는 것과 동일함을 설명하라.

11.4 이차원의 객체에 대하여 식 (11.8)이 성립함을 보여라.

12장

계층적 군집방법

들어가며

11장에서 언급한 바와 같이 계층적 군집방법(hierarchical clustering)에는 집괴법과 분리법이 있으나 주로 집괴법이 사용된다. 집괴법으로는 12.1~12.3절에서 설명하는 연결법을 의미한다. 12.4절에서 분리법의 대표적인 기법인 다이아나(DIANA)를 소개한다.

12.1 ▸ 군집 간 거리척도 및 연결법

계층적 군집방법에서는 유사한 객체들을 군집으로 묶고 다시 유사한 군집을 새로운 군집으로 묶는 등 단계적 절차를 사용한다. 객체 간의 유사성 척도는 11장에서 설명하였으나 계층적 군집방법에는 추가로 군집 간의 유사성 척도가 필요하다. 본 절에서는 다양한 군집방법에 따른 군집 간 유사성 척도에 대하여 설명하고자 한다. 실제로 본 절에서는 거리와 관련된 비유사성 척도 위주로 기술하고 있다. 필요한 기호는 다음과 같이 정의한다.

C_i: i번째 군집(군집 i)

$|C_i|$: 군집 i의 객체수

$d(u,v)=d(\boldsymbol{x}_u,\boldsymbol{x}_v)$: 객체 u와 객체 v의 거리(또는 비유사성 척도)

$D(C_i,C_j)$: 군집 C_i와 군집 C_j의 거리(또는 비유사성 척도)

군집과 군집 간의 거리척도를 평가하는 방법에 따라 다양한 연결법(linkage method)이 존재한다. 아래에 대표적인 연결법과 군집 간 거리척도를 소개한다.

(1) 단일연결법(single linkage method)

단일연결법에서는 군집 i와 군집 j의 비유사성 척도로 두 군집의 모든 객체 쌍의 거리 중 가장 가까운 거리를 사용한다. 즉,

$$D(C_i,C_j)=\min_{u\in C_i,v\in C_j} d(u,v) \tag{12.1}$$

단일연결법에서는 객체 쌍의 가장 짧은 거리가 작을수록 두 군집이 더 유사하다고 평가한다. 이를 최단거리법(nearest neighbor method)이라고도 한다.

(2) 완전연결법(complete linkage method)

완전연결법에서는 군집 i와 군집 j의 비유사성 척도로 두 군집의 모든 객체 쌍의 거리

중 가장 먼 거리를 사용한다. 즉,

$$D(C_i, C_j) = \max_{u \in C_i, v \in C_j} d(u,v) \tag{12.2}$$

완전연결법에서는 객체 쌍의 가장 먼 거리가 작을수록 두 군집이 더 유사하다고 평가한다. 이는 Sorensen (1948)에서 비롯된 것으로 최장거리법(farthest neighbor method)이라고도 한다.

(3) 평균연결법(average linkage method)

평균연결법은 Sokal and Michener (1958)에 의하여 비롯된 것으로, 군집 i와 군집 j의 비유사성 척도로 두 군집의 모든 객체 쌍의 평균 거리를 사용한다. 즉,

$$D(C_i, C_j) = \frac{1}{|C_i||C_j|} \sum_{u \in C_i, v \in C_j} d(u,v) \tag{12.3}$$

(4) 중심연결법(centroid linkage method)

군집을 이루는 객체들의 무게중심에 해당되는 좌표를 그 군집의 중심좌표(centroid)라 하는데, 군집 i의 중심좌표는 다음과 같이 정의된다.

$$\mathbf{c}_i = \left(\overline{X_1}^{(i)}, \overline{X_2}^{(i)}, \ldots, \overline{X_p}^{(i)}\right) \qquad \overline{X_a}^{(i)} = \frac{1}{|C_i|} \sum_{j \in C_i} X_{aj} \quad a = 1, \ldots, p$$

중심연결법 역시 Sokal and Michener (1958)에 의하여 비롯된 것으로, 군집 i와 군집 j의 비유사성 척도로 다음과 같이 두 군집의 중심 간 거리를 사용한다.

$$D(C_i, C_j) = d(\mathbf{c}_i, \mathbf{c}_j) \tag{12.4}$$

12.2 ▸ 연결법의 군집 알고리즘

위의 네 가지 군집방법은 군집 간 유사성 척도 평가 방법이 다를 뿐 군집화를 위한 알고리즘은 동일하게 아래와 같이 진행된다. 객체 간의 거리는 주로 유클리드 거리로 산출한다.

연결법 군집 알고리즘

[단계 0] 1) 연결법을 선정한다.
2) 각 객체를 하나의 군집으로 간주한다.
3) $k \leftarrow n$

[단계 1] 1) 현재의 군집결과에 있는 모든 군집 간의 쌍에 대하여 $D(C_i, C_j), 1 \le i \ne j \le k$ 를 산출하며, 이 중 최소가 되는 군집 i와 군집 j를 묶어 하나의 군집으로 만든 후 군집결과를 수정한다.
2) $k \leftarrow k-1$

[단계 2] k=1이면 Stop, 그렇지 않으면 단계 1을 반복한다.

위의 연결법 중 단일연결법, 완전연결법 및 평균연결법은 실제 객체 속성에 대한 데이터가 없이 객체 간의 거리행렬만 주어지면 군집 간 유사성 척도를 산출 가능하기 때문에 이들 방법의 적용이 가능함을 알 수 있다(연습문제 12.3 참조).

이상과 같이 연결법에 의한 계층적 군집방법은 각 객체를 하나의 군집으로 시작하여 군집들을 묶어가는 과정을 반복하여 결국 모든 객체가 하나의 군집이 되도록 하는 것이다. 따라서 적절한 군집수를 결정하는 문제가 중요하게 되는데 통상적으로 단계별 군집결과를 시각화한 트리 형태의 덴드로그램(dendrogram)을 그린 후 정성적으로 판단한다. 덴드로그램의 예는 다음 예제에서 볼 수 있다. 또한, 부수적으로 군집수를 결정할 때 몇 가지 통계량을 사용하는데 이는 12.5절에서 다룬다.

예 12.1 10명의 사람(객체)에 대한 PC 사용경력과 주당 PC 사용시간은 [표 12.1]과 같다. 각 객체가 두 변수로 이루어져 있으므로 [그림 12.1]과 같이 2차원 도표로 나타내면 군집 형태를 쉽게 알 수 있다. 여기서는 평균연결법에 의하여 군집화 과정을 살펴보기로 하자.

[표 12.1] [예 12.1]의 객체 데이터

	O1	O2	O3	O4	O5	O6	O7	O8	O9	O10
PC 경력(년)	6	8	14	11	15	7	13	5	3	3
사용시간(시간)	14	13	6	8	7	15	6	4	3	2

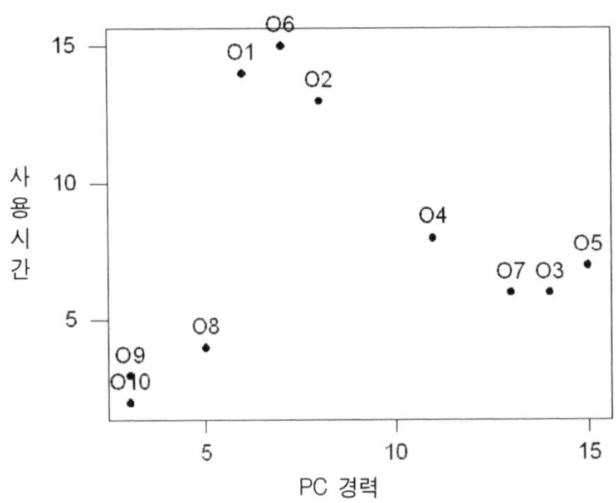

[그림 12.1] [예 12.1]의 객체 데이터

Iteration 0

각 객체(Oj, j=1,2,...,10)를 하나의 군집으로 간주한다.

군집결과: C1={1}, C2={2}, C3={3}, C4={4}, C5={5}, C6={6}, C7={7}, C8={8}, C9={9}, C10={10}

k(군집의 수)=10

Iteration 1

현재의 군집결과에 있는 모든 군집 간의 쌍에 대하여 군집 간 유사성 척도인 $D(C_i, C_j)$를 산출해 보면 다음 표와 같다(객체 간의 거리행렬과 동일). 이 중 거리가 최소인 두 군집 C9와 C10을 묶어 하나의 군집으로 만든 후 군집결과를 수정한다. 이를 새로운 군집 C9라 하자.(C3와 C7의 거리도 1이므로 그것을 먼저 묶어도 상관없다.)

	C1	C2	C3	C4	C5	C6	C7	C8	C9
C2	2.24								
C3	11.31	9.22							
C4	7.81	5.83	3.61						
C5	11.40	9.22	1.41	4.12					
C6	1.41	2.24	11.40	8.06	11.31				
C7	10.63	8.60	1.00	2.83	2.24	10.82			
C8	10.05	9.49	9.22	7.21	10.44	11.18	8.25		
C9	11.40	11.18	11.40	9.43	12.65	12.65	10.44	2.24	
C10	12.37	12.08	11.70	10.00	13.00	13.60	10.77	2.83	1.00

k=9: C1={1}, C2={2}, C3={3}, C4={4}, C5={5}, C6={6}, C7={7}, C8={8}, C9={9, 10}

Iteration 2

새로운 군집들에 대한 $D(C_i, C_j)$를 산출해 보면 다음 표와 같다. 실제로 $D(C_i, C_9)$, $i=1,...,8$만 새로 계산하면 된다. 한 예로 $D(C_8, C_9)$는 아래와 같다.

$$D(C_8, C_9) = \frac{1}{2}(2.24 + 2.83) = 2.53$$

	C1	C2	C3	C4	C5	C6	C7	C8
C2	2.24							
C3	11.31	9.22						
C4	7.81	5.83	3.61					
C5	11.40	9.22	1.41	4.12				
C6	1.41	2.24	11.40	8.06	11.31			
C7	10.63	8.60	1.00	2.83	2.24	10.82		
C8	10.05	9.49	9.22	7.21	10.44	11.18	8.25	
C9	11.89	11.63	11.55	9.72	12.82	13.13	10.61	2.53

군집 사이의 거리가 최소인 두 군집, C3과 C7이 묶여져서 새로운 군집 C3이 된다.

k=8: C1={1}, C2={2}, C3={3, 7}, C4={4}, C5={5}, C6={6}, C7={8}, C8={9, 10}

Iteration 3

새로운 군집들에 대한 $D(C_i, C_j)$를 산출해 보면 다음 표와 같다. 그러므로 군집사이의 거리가 최소인 두 군집, C1과 C6이 묶여져서 새로운 군집 C1이 된다.

k=7: C1={1, 6}, C2={2}, C3={3, 7}, C4={4}, C5={5}, C6={8}, C7={9, 10}

	C1	C2	C3	C4	C5	C6	C7
C2	2.24						
C3	11.31	9.22					
C4	7.81	5.83	3.22				
C5	11.40	9.22	1.83	4.12			
C6	1.41	2.24	11.11	8.06	11.31		
C7	10.05	9.49	8.73	7.21	10.44	10.82	
C8	11.89	11.63	11.08	9.72	12.82	13.13	2.53

이상과 같이 진행할 때 각 iteration별 군집결과는 다음과 같다.

Iteration 4

k=6: C1={1, 6}, C2={2}, C3={3, 5, 7}, C4={4}, C5={8}, C6={9, 10}

Iteration 5

k=5: C1={1, 2, 6}, C2={3, 5, 7}, C3={4}, C4={8}, C5={9, 10}

Iteration 6

k=4: C1={1, 2, 6}, C2={3, 5, 7}, C3={4}, C4={8, 9, 10}

Iteration 7

k=3: C1={1, 2, 6}, C2={3, 4, 5, 7}, C3={8, 9, 10}

Iteration 8

k=2: C1={1, 2, 3, 4, 5, 6, 7}, C2={8, 9, 10}

Iteration 9

k=1: C1={1, 2, 3, 4, 5, 6, 7, 8, 9, 10}

위와 같은 군집화 과정은 [그림 12.2]의 덴드로그램을 보면 잘 알 수 있다. 여기서 세로선의 높이는 묶이는 군집 간의 거리를 나타낸다. 본 그림을 보면 3개의 군집이 형성될 때까지에서는 거리가 비교적 짧은 반면 2개의 군집으로 묶는 과정에서는 군집 간 거리가 현격히 증가함을 볼 수 있다. 따라서 iteration 7에서 얻어진 3개의 군집이 적절한 군집해라 판단할 수 있겠다.

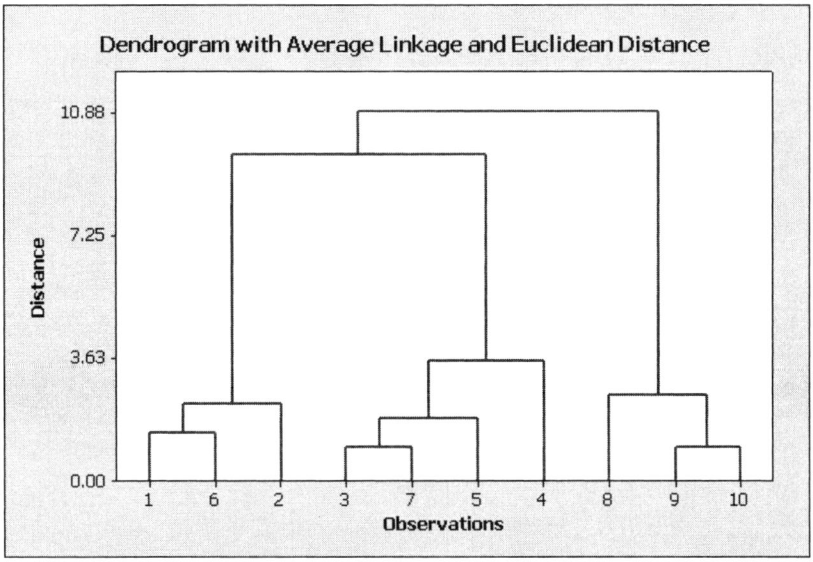

[그림 12.2] [예 12.1]에 대한 덴드로그램

12.3 ▸ 워드 방법

워드 방법(Ward's method) 역시 각 객체를 하나의 군집으로 간주함을 시작으로 군집들을 묶어 단계적으로 그 수를 하나가 될 때까지 줄여나가는 것인데 군집의 제곱합을 활용한다. 군집결과가 $\mathrm{C}=\{C_1, C_{2,\dots,} C_k\}$일 때, 군집 C_i 내의 제곱합(within sum of squares)은 다음과 같이 산출된다.

$$SS(C_i)=\sum_{u\in C_i}(\boldsymbol{x}_u-\boldsymbol{c}_i)^T(\boldsymbol{x}_u-\boldsymbol{c}_i) \tag{12.5}$$

이때 전체 군집 내 제곱합을 SSW라 할 때 이는 다음과 같다.

$$SSW = \sum_{i=1}^{k} SS(C_i) \tag{12.6}$$

다음으로, 현 군집의 각 쌍을 묶는다고 할 때의 새로운 SSW를 산출한 후 이 값이 가장 작게 되는 군집 쌍을 묶는다.

Ward 방법에서도 각 객체 간의 거리 정보만을 사용할 수 있다. 이는 다음과 같이 각 군집의 제곱합이 제곱유클리드 거리로 표현되기 때문이다. 군집 C_i에 대한 제곱합은 다음과 같이 표현된다.

$$SS(C_i) = \frac{1}{2|C_i|} \sum_{u,v \in C_i} d^2(\boldsymbol{x}_u, \boldsymbol{x}_v) \tag{12.7}$$

위에서 거리합을 산출할 때 군집 객체의 모든 쌍을 두 번씩 고려하여야 한다. 한 번씩 고려하여 합을 구하는 경우 $2|C_i|$가 아닌 $|C_i|$로 나누어야 한다. 한편, 두 군집 C_i와 C_j를 통합하는 경우 새로운 제곱합과 개별 제곱합과의 관계는 다음과 같다.

$$(|C_i| + |C_j|)SS(C_i \cup C_j) = |C_i|SS(C_i) + |C_j|SS(C_j) + \sum_{u \in C_i, v \in C_j} d^2(\boldsymbol{x}_u, \boldsymbol{x}_v) \tag{12.8}$$

위에서 한 객체를 포함하는 군집의 제곱합은 0이다.

따라서 워드 알고리즘도 연결법의 일종이라 볼 수 있으며, 다음과 같이 진행된다.

워드 군집 알고리즘

[단계 0] 1) 각 객체를 하나의 군집으로 간주한다.

2) $k \leftarrow n$

[단계 1] 1) 현재의 군집결과에 있는 모든 군집 간의 쌍에 대하여 묶을 경우 전체제곱합(SSW)을 산출하고, 이 중 최소가 되는 군집 i와 군집 j를 묶어 하나의 군집으

로 만든 후 군집결과를 수정한다.

2) $k \leftarrow k-1$

[단계 2] k=1이면 Stop, 그렇지 않으면 단계 1을 반복한다.

예 12.2 다음은 8명에 대한 운전경력과 교통위반 횟수를 나타낸 것이다.

[표 12.2] **운전경력에 따른 사고횟수(예 12.2)**

	O1	O2	O3	O4	O5	O6	O7	O8
운전경력 (X1)	4	20	3	19	17	8	19	18
위반횟수 (X2)	15	13	13	4	17	11	12	6

각 객체의 제곱유클리드 거리를 구하면 아래와 같다.

	O1	O2	O3	O4	O5	O6	O7	O8
O1	0	260	5	346	173	32	234	277
O2		0	289	82	25	148	2	53
O3			0	337	212	29	257	274
O4				0	173	170	64	5
O5					0	117	29	122
O6						0	122	125
O7							0	37

워드 방법에 의한 군집화 과정을 iteration별로 나타내면 다음과 같다.

Iteration 0

각 객체가 하나의 군집을 형성하므로 초기의 군집결과는 다음과 같다.

k=8: C1={1}, C2={2}, C3={3}, C4={4}, C5={5}, C6={6}, C7={7}, C8={8}

Iteration 1

두 개의 군집씩을 통합할 때 산출되는 전체제곱합(SSW)은 다음과 같다.

	C1	C2	C3	C4	C5	C6	C7
C2	130.0	·					
C3	2.5	144.5	·				
C4	173.0	41.0	168.5	·			
C5	86.5	12.5	106	86.5	·		
C6	16.0	74.0	14.5	85	58.5	·	
C7	117.0	1.0	128.5	32	14.5	61	·
C8	138.5	26.5	137	2.5	61	62.5	18.5

한 예로 C1과 C2를 묶을 경우 SSW는 식 (12.8)에 의해 아래와 같다.

$$SSW = SS(C_1 \cup C_2) = \frac{1}{2}d^2(1,2) = 130.0$$

따라서 C2와 C7가 하나의 군집으로 될 때 SSW가 최소이므로, 이를 새로운 C2라 하면 새로운 군집결과는 다음과 같다.

$$k=7:\ C1=\{1\}, C2=\{2,7\}, C3=\{3\}, C4=\{4\}, C5=\{5\}, C6=\{6\}, C7=\{8\}$$

Iteration 2

현재의 군집해에서 다시 두 군집씩 통합할 때 SSW는 아래와 같다.

	C1	C2	C3	C4	C5	C6
C2	165.33	·				
C3	3.50	182.66	·			
C4	174.00	49.33	169.50	·		
C5	87.50	18.67	107.00	87.50	·	
C6	17.00	90.67	15.50	86.00	59.50	·
C7	139.50	30.67	138.00	3.50	62.00	63.50

한 예로 C2와 C3을 묶는 경우 SSW는 다음과 같다.

$$SSW = SS(C_2 \cup C_3) = \frac{1}{3}\{2SS(C_2) + d^2(2,3) + d^2(7,3)\} = 182.66$$

C4와 C7이 하나의 군집으로 될 경우(새로운 C4) SSW가 최소이므로 새로운 군집결과는 아래와 같다.

k=6: C1={1}, C2={2,7}, C3={3}, C4={4,8}, C5={5}, C6={6}

Iteration 3

동일한 방법으로 SSW는 다음과 같다.

	C1	C2	C3	C4	C5
C2	167.83	.			
C3	6.00	185.16	.		
C4	210.33	60.75	206.33	.	
C5	90.00	21.17	109.50	101.00	.
C6	19.50	93.17	18.00	101.00	62.00

C1와 C3이 하나의 군집(새로운 C1)이 될 때 SSW가 최소이므로 군집결과는 다음과 같다.

k=5: C1={1,3}, C2={2,7}, C3={4,8}, C4={5}, C5={6}

이상과 같이 진행할 때 iteration별 군집결과는 아래와 같다.

Iteration 4

k=4: C1={1,3}, C2={2,5,7}, C3={4,8}, C4={6}

Iteration 5

k=3: C1={1,3,6}, C2={2,5,7}, C3={4,8}

Iteration 6

k=2: C1={1,3,6}, C2={2,4,5,7,8}

Iteration 7

k=1: C1={1,2,3,4,5,6,7,8}

이상의 결과를 덴드로그램으로 나타내면 [그림 12.3]과 같다.

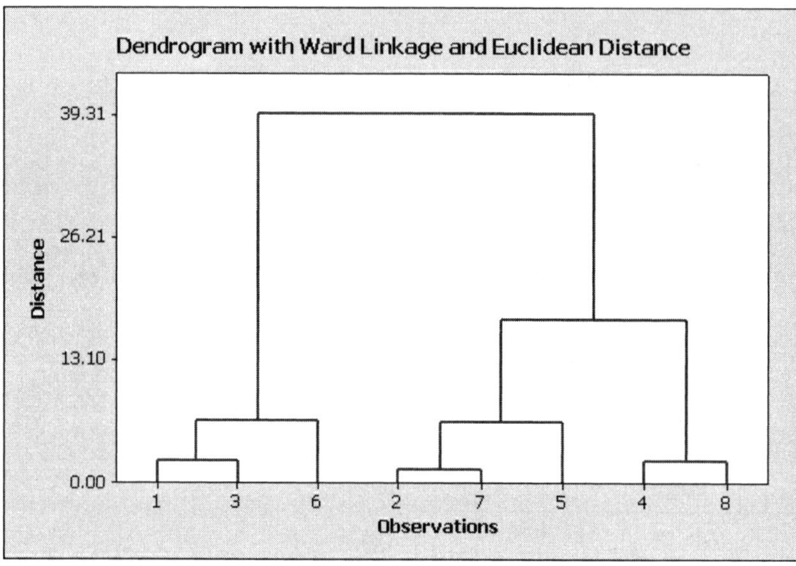

[그림 12.3] [예 12.2]에 대한 덴드로그램

■

참고로 Lance-Williams 공식을 소개한다(참고문헌 [3]). 군집 A, B, C가 있으며 군집 간 거리 D(A,B), D(A,C), D(B,C)를 안다고 하자. A와 B가 통합되어 새로운 군집 $A \cup B$가 된다고 할 때 군집 $A \cup B$와 C와의 거리는 다음과 같이 산출된다.

$$D(A \cup B, C) = \alpha_A D(A, C) + \alpha_B D(B, C) + \beta D(A, B) + \gamma |D(A, C) - D(B, C)| \quad (12.9)$$

식 (12.9)의 계수들은 연결법에 따라 [표 12.3]과 같다. 여기서 n_A 등은 해당 군집의 객체수를 의미한다.

[표 12.3] 연결법에 따른 Lance-Williams 공식에서의 계수

	α_A	α_B	β	γ
단일연결법	1/2	1/2	0	-1/2
완전연결법	1/2	1/2	0	1/2
평균연결법	$\frac{n_A}{n_A+n_B}$	$\frac{n_B}{n_A+n_B}$	0	0
중심연결법	$\frac{n_A}{n_A+n_B}$	$\frac{n_B}{n_A+n_B}$	$-\frac{n_A n_B}{(n_A+n_B)^2}$	0
워드 방법	$\frac{n_A+n_C}{n_A+n_B+n_C}$	$\frac{n_B+n_C}{n_A+n_B+n_C}$	$-\frac{n_C}{n_A+n_B+n_C}$	0

12.4 ▸ 분리적 방법-다이아나

다이아나(DIANA)는 분리적 방법의 하나로 Kaufman & Rousseeuw (1990)(참고문헌 [2])에 의하여 제안된 것이다. 이는 전체의 객체를 하나의 군집으로 시작하여 매번 이분화하는 등 모든 군집이 단독 객체로 구성될 때까지 진행하는 방법이다. 이때 비유사성 척도로는 평균거리를 사용한다. 가장 처음 이분화가 이루어질 때 우선 타 객체와의 평균거리가 가장 큰 객체가 분파되어 새로운 군집을 형성한다. 그리고 다른 각 객체에 대하여 군집에 남아있을 때 평균거리와 새로운 군집으로 분리될 때 평균거리를 산출하여 현 군집에 잔류 또는 새로운 군집으로의 합류를 결정한다.

여기서 객체 i와 군집 C 간의 평균거리는 다음과 같이 산출된다.

$$\bar{d}(i,C)=\begin{cases}\frac{1}{|C|-1}\sum_{j\in C}d(i,j) & i\in C\\ \frac{1}{|C|}\sum_{j\in C}d(i,j) & i\notin C\end{cases} \tag{12.10}$$

본 방법의 알고리즘은 다음과 같다.

다이아나 알고리즘

[단계 0] n개의 객체를 하나의 군집으로 간주한다(k=1).

[단계 1] 객체 간 거리가 가장 큰 두 객체를 포함한 군집을 이분화 대상으로 선정한다.
(이를 A라 하고, $B \leftarrow \varnothing$ 로 둔다.)

[단계 2] 다음 과정을 통하여 군집 A를 이분화한다.

2-1. A 내에서 평균거리 $\bar{d}(i,A)$가 가장 큰 객체 i를 찾는다.

2-2. $A \leftarrow A - \{i\}$

$B \leftarrow B \cup \{i\}$

2-3. 군집 B에 합류할 객체를 다음과 같이 찾는다. 즉,
$e(i) = \bar{d}(i,A) - \bar{d}(i,B) > 0$이면, 가장 큰 값을 갖는 i를 선정하고 단계 2-2로, $e(i) \le 0$이면 이분화를 마치며 단계 3으로.

[단계 3] $k \leftarrow k+1$로 두고, $k < n$이면 다시 단계 1로, $k = n$이면 Stop.

예 12.3 두 변수 X1, X2로 이루어진 7개의 객체 데이터가 다음과 같다.

[표 12.4] [예 12.3]의 객체 데이터

	O1	O2	O3	O4	O5	O6	O7
X1	30	45	25	40	50	20	42
X2	15	22	12	24	25	10	9

DIANA 방법에 의하면 군집화 과정은 다음과 같다.

Iteration 0

모든 객체를 하나의 군집으로 묶으면 다음과 같다.

k=1: C1={1, 2, 3, 4, 5, 6, 7}

Iteration 1

[단계 1]

첫 iteration이므로 당연히 A={1,2,3,4,5,6,7}이며, B={}로 둔다.

[단계 2]

군집 A와 각 객체 간의 평균거리를 구해보면 다음과 같다.

	1	2	3	4	5	6	7
d(i, A)	13.799	15.200	16.371	14.607	19.642	20.712	16.511

군집 A와 평균거리가 가장 먼 객체 6을 A에서 빼내어 B에 넣도록 한다. 즉,

A={1, 2, 3, 4, 5, 7} B={6}

A에 있는 객체에 대해 군집 A와 B에 대해서 거리와 차이를 구한 결과가 다음과 같다.

	1	2	3	4	5	7
d(i,A)	14.323	12.694	18.568	12.646	16.862	15.408
d(i,B)	11.180	27.731	5.385	24.413	33.541	22.023
e(i)	3.143	-15.037	13.183	-11.767	-16.679	-6.615

e(i)가 가장 큰 객체 3을 A에서 빼내어 B에 넣도록 한다. 즉,

A={1, 2, 4, 5, 7} B={3, 6}

다시 군집 A의 각 객체들의 d(i,A), d(i,B), e(i)를 구해보면 다음과 같다.

	1	2	4	5	7
d(i,A)	16.446	10.278	11.005	14.033	14.945
d(i,B)	8.506	25.046	21.811	30.860	19.643
e(i)	7.940	-14.768	-10.806	-16.827	-4.698

e(i)가 가장 큰 객체 1을 A에서 빼내어 B에 넣도록 한다. 그 결과는 다음과 같다.

A={2, 4, 5, 7}　　B={1, 3, 6}

군집 A의 모든 객체들의 d(i,A), d(i,B), e(i)를 구해보면 다음과 같다.

	2	4	5	7
d(i,A)	8.186	10.189	11.257	15.454
d(i,B)	22.215	19.025	28.027	17.567
e(i)	-14.029	-8.836	-16.770	-2.113

결과를 보면 군집 A의 모든 객체에 대하여 e(i)<0이므로 이분화를 마친다. 이분화 결과는 다음과 같다.

k=2: C1={1, 3, 6}, C2={2, 4, 5, 7}

Iteration 2

[단계 1]

군집 C1과 C2 각각에 대하여 객체 간의 거리 d(i, j)를 구해보면 다음과 같다.

C1

d(i,j)	1	3
3	5.831	0
6	11.180	5.385

C2

d(i,j)	2	4	5
4	5.385	0	
5	5.831	10.050	0
7	13.342	15.133	17.889

객체 간의 거리가 가장 먼 객체 5와 7을 포함하는 군집 C2를 이분화 대상으로 삼는

다. 즉, A={2,4,5,7}, B={}.

[단계 2]

군집 A와 각 객체 간의 평균거리를 구해보면 다음과 같다.

	2	4	5	7
d(i,A)	8.186	10.189	11.256	15.454

군집 A와 평균거리가 가장 먼 객체 7을 A에서 빼내어 B에 넣도록 한다. 즉,

A={2, 4, 5}　　B={7}

군집 A의 각 객체에 대해서 d(i,A), d(i,B), e(i)를 구해보면 다음과 같다.

	2	4	5
d(i,A)	5.608	7.718	7.941
d(i,B)	13.342	15.133	17.889
e(i)	-7.734	-7.415	-9.948

군집 A의 모든 객체에 대해 e(i)<0이므로 이분화를 마친다. 현 군집결과는 다음과 같다.

k=3: C1={1, 3, 6}, C2={2, 4, 5}, C3={7}

Iteration 3

[단계 1]

이제 군집 C1, C2 각각에 대해서 객체들 간의 거리를 구해보면 다음과 같다.

C1

	1	3
3	5.831	0
6	11.180	5.385

C2

d(i,j)	2	4
4	5.385	0
5	5.831	10.050

객체 간의 거리가 가장 먼 객체 1과 6을 포함하는 군집 C1을 이분화 대상으로 삼는다. 즉, A={1,3,6}, B={}.

[단계 2]

군집 A와 각 객체 간의 평균거리를 구해보면 다음과 같다.

	1	3	6
d(i,A)	8.506	5.608	8.283

군집 A와 평균거리가 가장 먼 객체 1을 A에서 빼내어 B에 넣도록 한다. 즉,

A={3, 6}　　B={1}

군집 A의 각 객체들에 대해 d(i,A), d(i,B), e(i)를 구해보면 다음과 같다.

	3	6
d(i,A)	5.385	5.385
d(i,B)	5.831	11.180
e(i)	-0.446	-5.795

A의 모든 객체에 대해 e(i)<0이므로 이분화를 마친다. 지금까지 군집결과는 다음과 같다.

k=4: C1={1}, C2={2, 4, 5}, C3={3, 6}, C4={7}

Iteration 4

이상과 같이 진행하면 군집결과는 다음과 같다.

k=5: C1={1}, C2={2, 4}, C3={3, 6}, C4={5}, C5={7}

Iteration 5

객체를 2개씩 가진 군집 C2와 C3을 이분화하면 최종적으로 아래와 같다.
k=7: C1={1}, C2={2}, C3={3}, C4={4}, C5={5}, C6={6}, C7={7}

이상의 과정을 그림으로 나타내면 [그림 12.4]와 같다.

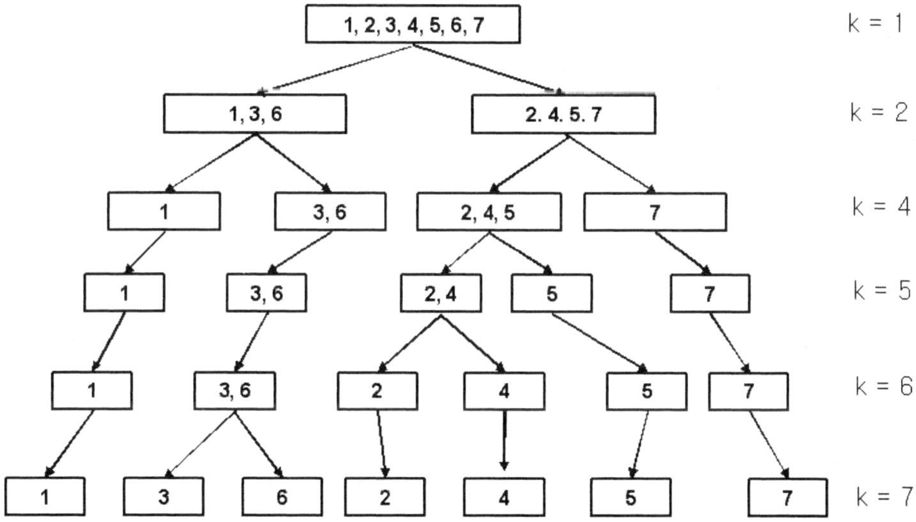

[그림 12.4] 다이아나 방법에 의한 군집분해 결과

12.5 ▸ 군집수의 결정

최적의 군집수를 결정하는 객관적인 방법은 존재하지 않는다. 계층적 군집방법에서는 덴드로그램을 참조하여 군집 간의 거리가 급격히 증가하는 계층에서 수평선으로 절단하여 그 이하의 그룹들을 하나의 군집으로 형성하는 방안을 널리 사용하고 있다. 또한, 부수적으로 군집수를 결정하는 데 사용되는 몇 가지 통계량을 소개한다. 계층적 군집방법으로 군집수를 축소하는 과정에서 매번 이와 같은 통계량을 산출하여 전후의 추이를 보면서 정지할 시점을 결정할 수 있다.

(1) 새 군집의 RMS 표준편차(root-mean-square standard deviation of the new cluster; RMSSTD)

이는 두 개의 군집을 하나로 묶은 새로운 군집에 대한 합동 표준편차를 의미한다. 군집 C_i와 C_j를 하나의 군집으로 형성할 때 RMSSTD는 아래와 같이 산출된다.

$$RMSSTD(C_i, C_j) = \sqrt{\frac{SS(C_i \cup C_j)}{p(|C_i| + |C_j| - 1)}} \tag{12.11}$$

군집의 목적이 균질성을 추구하므로 RMSSTD가 작은 값일수록 새로운 군집의 균질성이 높다고 하겠다. 군집화가 진행될 때 후반의 새로운 군집에 대한 RMSSTD가 이전보다 커지기 마련이다. 그러나 급격한 증가가 있다면 이 시점에서 군집화를 마치는 것이 타당할 수 있다.

(2) Semipartial R-squared(SPR)

두 개의 군집을 합하여 하나의 군집으로 만들 때 새로운 군집의 제곱합은 증가하기 마련이다. 이때 군집의 통합 전후의 제곱합 차이를 동질성 손실(loss of homogeneity)이라 한다. 이 동질성 손실이 작을수록 통합 후의 군집의 동질성이 크다고 하겠다. SPR은 다음과 같이 동질성 손실을 전체제곱합으로 나눈 비율로 정의한다.

$$SPR(C_i, C_j) = \frac{SS(C_i \cup C_j) - (SS(C_i) + SS(C_j))}{SST} \tag{12.12}$$

(3) 군집 간 거리

통합될 두 군집 간의 거리로서 통합될 군집의 동질성을 판단할 수 있겠다. 거리가 가까울수록 동질하다고 할 것이다. 이는 12.1절의 연결 방법에 따라 다르게 산출될 수 있다. 즉, C_i와 C_j를 통합할 때 군집 간 거리는 $D(C_i, C_j)$이다.

(4) R-squared(R^2)

군집결과 C에 대하여 객체 간의 총변동인 전체제곱합(SST)은 다음과 같이 군집 내 제곱합(SSW)과 군집 간 제곱합(SSB)으로 분해된다.

$$SST = SSB + SSW \tag{12.13}$$

여기서

$$SST = \sum_{i=1}^{n}\sum_{j=1}^{p}(X_{ji} - \overline{X_j})^2$$

$$SSW = \sum_{i=1}^{k} SS(C_i), \quad SSB = SST - SSW$$

이때 R-square는 다음과 같이 정의한다.

$$R^2 = \frac{SSB}{SST} = 1 - \frac{SSW}{SST} \tag{12.14}$$

따라서 R^2는 객체들의 총 변동 중 군집 간 변동이 설명하는 비율이라 할 수 있다. R^2가 큼은 군집 간의 이질성이 높음, 즉 군집 내의 동질성이 높음을 나타낸다. 군집화 과정에서 SSW가 커지므로 R^2는 계속 감소하기 마련이다. 그러나 급격한 감소가 있다면 그 시점에서 군집을 중지할 수 있을 것이다.

예 12.4 [예 12.2]에 대하여 워드 방법의 단계별로 위의 통계량을 산출하고 적절한 군집수를 결정하고자 한다. 우선 단계별로 위의 통계량을 산출하면 다음과 같다.

[표 12.5] 군집 과정에 따른 여러 통계량

	통합 대상 군집	통합 후 군집	RMSSTD	SPR	R^2
0	-	C1={1},C2={2},C3={3},C4={4},C5={5},C6={6}, C7={7},C8={8}	-	-	1.00
1	C2,C7	C1={1},C2={2,7},C3={3},C4={4},C5={5},C6={6},C7={8}	0.71	.002	.998
2	C4,C7	C1={1}, C2={2,7}, C3={3}, C4={4,8}, C5={5}, C6={6}	1.12	.005	.993
3	C1,C3	C1={1,3}, C2={2,7}, C3={4,8}, C4={5}, C5={6}	1.12	.005	.988
4	C2,C4	C1={1,3}, C2={2,5,7}, C3={4,8}, C4={6}	2.16	.035	.953
5	C1,C4	C1={1,3,6}, C2={2,5,7}, C3={4,8}	2.35	.039	.914
6	C2,C3	C1={1,3,6}, C2={2,4,5,7,8}	3.85	.195	.719
7	C1,C2	C1={1,2,3,4,5,6,7,8}	5.98	.719	.000

Iteration별로 RMS 표준편차, R2, SPR의 값을 [그림 12.5]에 그래프로 나타내었다.

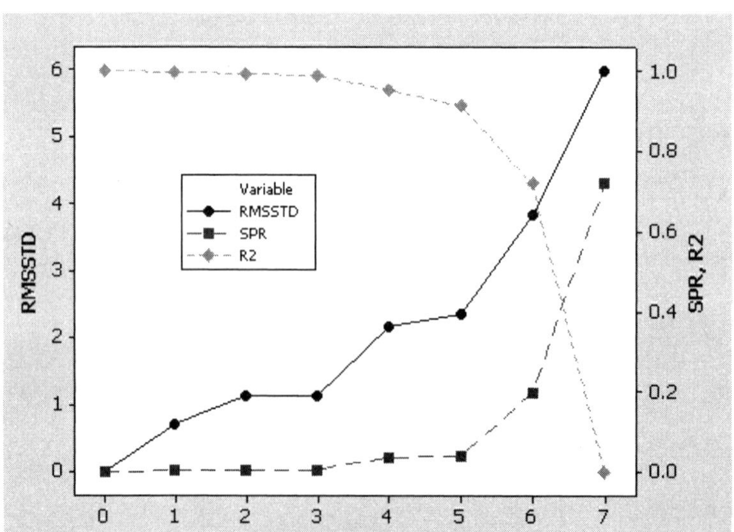

[그림 12.5] 군집 과정에 따른 통계량 추이

[그림 12.5]에서 보듯이 Iteration 6부터 3가지 통계량 모두 급격하게 변화하는 것을 알 수 있다. 따라서 군집수는 Iteration 5까지 3개가 가장 적당하다고 하겠다. 이 3개의 군집은 [그림 12.3]에서 잘 볼 수 있다.

12.6 ▸ 참고사항

계층적 군집방법의 역사는 상당히 오래되었으며 분류학(taxonomy)에서 주로 비롯되었다. 참고문헌 [2]에는 다이아나를 비롯한 다양한 군집방법이 소개되고 있다.

[1] Fisher, R. A. (1936). "The Use of Multiple Measurements in Taxonomic Problems," *Annals of Eugenics*, 7, 179-188.

[2] Kaufman, L. and Rousseeuw, P. J. (1990). *Finding Groups in Data: An Introduction to Cluster Analysis.* Wiley, New York.

[3] Lance, G. N. and Williams, W. T. (1967). "A General Theory of Classificatory Sorting Strategies. 1: Hierarchical Systems," *The Computer Journal*, 9, 373-380.

[4] Sokal, R. R. and Michener, C. D. (1958). "A Statistical Method for Evaluating Systematic Relationships," *University of Kansas Science Bulletin*, 38, 1409-1438.

[5] Sorensen, T. (1948). "A Method of Establishing Groups of Equal Amplitude in Plant Sociology Based on Similarity of Species Content and Its Application to Analyses of the Vegetation on Danish Commons," *Biologiske Skrifter*, 5, 1-34.

연습문제

12.1 다음은 12개 cereal 제품에 대한 5가지 영양변수, 즉 단백질(Protein, gm), 탄수화물(Carbohydrates, gm), 지방(fat, gm), 열량(Calories per oz), 비타민 A(Vitamin A, % daily allowance)의 자료들을 포함한다. 이 자료에 대하여 단일연결법, 중심연결법, 워드 방법에 의한 결과를 덴드로그램으로 나타내고 적절한 군집수를 결정하라. 단, 객체 간의 거리는 표준화된 유클리드 거리를 사용하라.

Cereal	단백질	탄수화물	지방	열량	비타민 A
Life	6	19	1	110	0
Grape Nuts	3	23	0	100	25
Super Sugar Crisp	2	26	0	110	25
Special K	6	21	0	110	25
Rice Krispies	2	25	0	110	25
Raisin Bran	3	28	1	120	25
Product 19	2	24	0	110	100
Wheaties	3	23	1	110	25
Total	3	23	1	110	100
Puffed Rice	1	13	0	50	0
Sugar Corn Pops	1	26	0	110	25
Sugar Smacks	2	25	0	110	25

12.2 다음은 13개 시중은행에 대한 편리, 신속, 친절, 능률, 쾌적, 자동화 등의 점수를 나타낸다. 이 자료에 대하여 완전연결법, 평균연결법, 워드 방법에 의해 덴드로그램을 그려 군집분석하고 결과를 비교하라. 단, 객체 간의 거리는 유클리드 거리를 사용하라.

은행명	편리	신속	친절	능률	쾌적성	자동화
Bank 1	70.5	59.4	63.7	54.3	66.9	62.6
Bank 2	64.8	70.3	68.6	55.2	68.0	64.1
Bank 3	67.1	79.6	78.5	62.4	79.8	62.4
Bank 4	61.1	65.0	65.6	54.4	64.5	63.9
Bank 5	63.4	66.5	67.9	56.0	59.7	62.0
Bank 6	72.3	69.1	74.2	60.0	70.1	68.2
Bank 7	64.2	72.0	71.4	56.9	72.8	57.8
Bank 8	68.4	67.5	67.3	51.3	71.3	65.8
Bank 9	66.1	66.5	67.3	50.7	63.4	63.3
Bank 10	63.5	65.7	64.3	53.9	61.7	62.7
Bank 11	69.0	74.3	80.5	63.6	75.7	55.9
Bank 12	63.2	65.5	68.3	49.8	64.6	59.1
Bank 13	64.1	64.8	67.8	59.7	65.7	61.8

12.3 각 객체의 속성 데이터 대신 객체 간 비유사성 척도(거리) 행렬만 주어진 경우 단일연결법, 완전연결법에 의한 계층적 군집이 가능한 이유를 설명하라.

12.4 다음은 5개 객체 간의 거리를 나타낸 것이다. 단일연결법, 완전연결법 및 평균연결법에 의한 덴드로그램을 작성하고 비교하라.

	O1	O2	O3	O4	O5
O1	0	2	14	10	5
O2		0	17	16	1
O3			0	3	15
O4				0	18
O5					0

12.5 다음과 같은 두 변수(X, Y)로 표현되는 8개의 객체가 있다.

객체 #	1	2	3	4	5	6	7	8
X	1	2	1	4	5	8	9	10
Y	1	1	2	5	6	7	9	12

연결법에 의거 군집을 수행하며 객체 간의 거리는 Manhattan(Rectilinear)을 사용한다. 계층적 군집 과정의 현재 단계에서 군집결과는 다음과 같다 : (1, 2, 3); (4, 5); (6, 7, 8)

(a) single linkage를 사용하는 경우 군집 간의 거리를 구하라. 다음 단계의 군집결과는 어떻게 되는가?

(b) complete linkage를 사용하는 경우 군집 간의 거리를 구하라. 다음 단계의 군집결과는 어떻게 되는가?

12.6 다음은 10개 객체 간의 비유사성 척도를 나타낸 것이다. 단일연결법, 완전연결법, 평균연결법에 의하여 각각 군집분석을 수행하라. 또한, 각 단계별로 RMSSTD, SPR, R2를 구하고 이를 바탕으로 적절한 군집수를 결정하라.

	O1	O2	O3	O4	O5	O6	O7	O8	O9	O10
O1	0									
O2	587	0								
O3	1212	920	0							
O4	701	940	879	0						
O5	1936	1745	831	1374	0					
O6	604	1188	1726	968	2339	0				
O7	748	713	1631	1420	2451	1092	0			
O8	2139	1858	949	1645	347	2594	2571	0		
O9	2182	1737	1021	1891	959	2734	2408	678	0	
O10	543	597	1494	1220	2300	923	205	2442	2329	0

12.7 다음은 식품에 따른 100g 중에 포함된 주요 성분을 나타낸다.

객체 번호	식품명	칼로리	수분	단백질	지방	당분
O1	쌀	351	15.5	6.2	0.8	76.6
O2	라면	471	4.0	19.5	24.0	46.2
O3	떡	249	40.0	4.5	0.4	54.5
O4	스파게티	366	11.5	11.5	1.4	74.5
O5	식빵	270	35.0	8.0	1.5	54.3
O6	비스켓	414	4.5	7.2	8.2	79.1
O7	카스텔라	325	22.7	6.7	3.7	66.2
O8	면류	116	72.0	2.6	0.3	24.8
O9	콘프레이크	377	6.0	9.0	1.0	80.2
O10	쇠고기	167	60.2	24.2	4.2	6.6
O11	돼지고기	354	52.5	14.1	32.5	0.1
O12	닭고기	135	72.8	21.0	5.0	0.0
O13	햄	280	56.7	18.6	22.2	0.0
O14	베이컨	648	22.6	5.5	69.2	0.0
O15	감자	77	79.5	1.9	0.1	17.3
O16	양파	40	89.1	1.2	0.2	8.3
O17	토마토	33	90.5	1.3	0.3	6.9
O18	당근	51	85.3	1.3	0.2	10.9
O19	피망	28	91.9	1.3	0.4	4.0
O20	버터	721	15.5	0.6	81.6	0.2
O21	마가린	719	15.5	0.6	81.1	0.2
O22	치즈	400	35.3	27.9	31.5	0.9
O23	초콜렛	512	7.0	6.8	30.8	59.3

단순연결법, 완전연결법, 평균연결법, 중심연결법, 워드법에 의하여 적절한 군집수를 결정하고 군집결과를 비교하라.

12.8 각 객체가 5개의 변수 (X1, …, X5)로 이루어졌으며 모든 변수가 이분형(0 또는 1)이다. 다음과 같은 6개의 객체에 대한 군집분석을 하고자 한다.

	X1	X2	X3	X4	X5
O1	1	1	0	1	1
O2	0	1	1	0	0
O3	1	0	0	1	1
O4	0	0	1	0	0
O5	0	0	0	1	1
O6	1	0	1	0	1

(a) 두 객체 간 유사성 척도로 Jaccard measure를 사용하고자 한다(9.3절 참조). 예를 들어 O1과 O3 간의 Jaccard measure값은 5개 쌍 중 (0, 0)이 있는 1개를 제외한 4변수 중 (1,1)이 3쌍 있으므로 3/4이다. 각 객체 간 Jaccard measure를 산출하라.

(b) 위의 데이터에 단순 연결법의 알고리즘을 적용하되 4개의 군집이 되기까지 결과를 전개하라.

12.9 연습문제 11.2에 있는 데이터에 대하여 군집분석을 수행하라. 단, 11.3.4절의 혼합형에 대한 거리척도를 사용하고 완전연결법을 사용하라.

12.10 식 (12.7)을 증명하라.

12.11 식 (12.8)이 성립함을 증명하라.

3부 | 군집분석

13장

비계층적 군집방법

13.1 K-means 알고리즘
13.2 K-medoids 군집방법
13.3 퍼지 K-means 알고리즘
13.4 모형기반 군집방법
13.5 참고사항

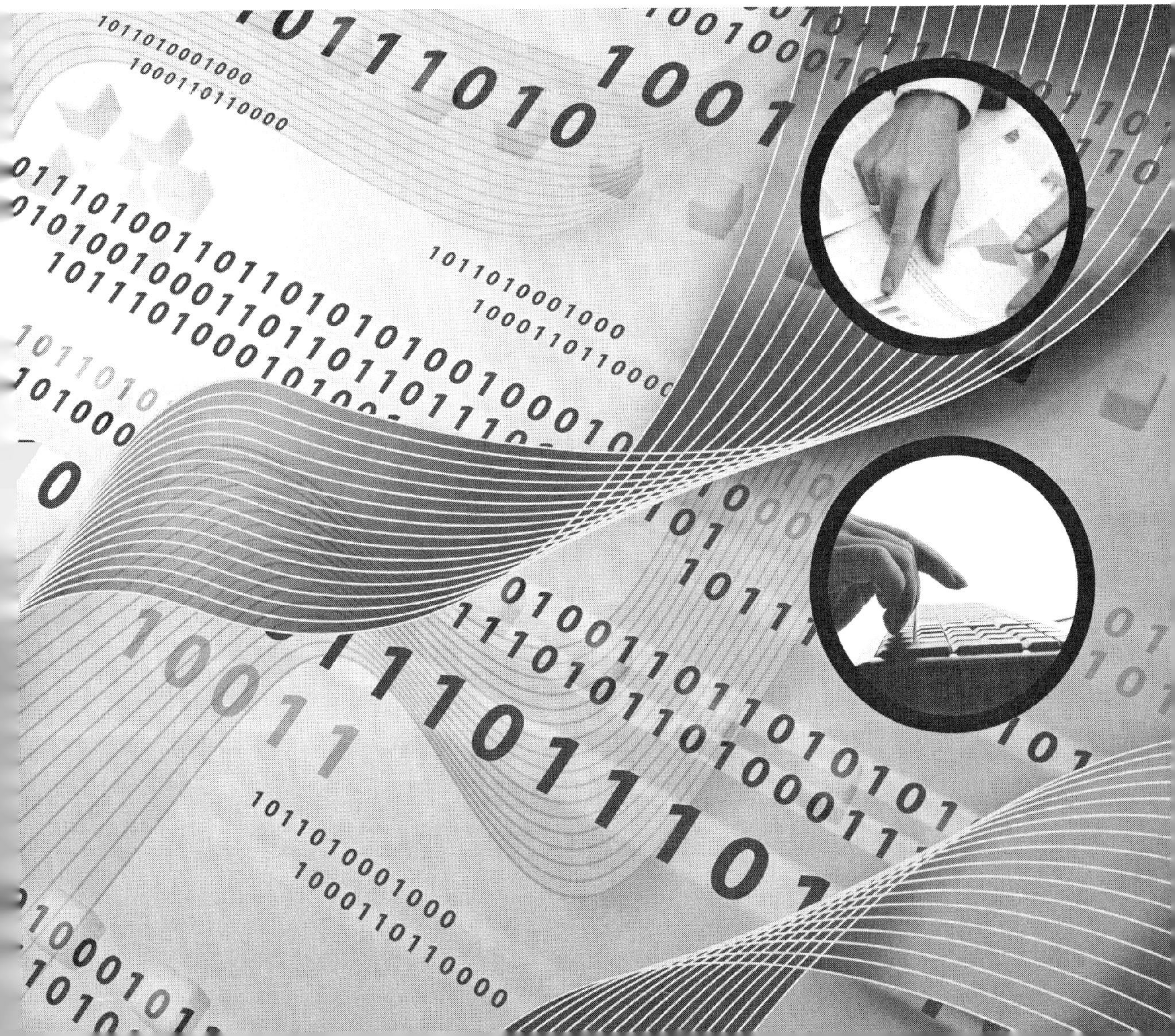

들어가며

비계층적 군집방법(Nonhierarchical clustering)은 분할방법(Partitioning method)이라고도 하는데, 군집의 수 K를 사전에 지정하고 대상 객체들을 적절한 군집에 배정하는 방법이다. 즉, 이 방법은 n개의 객체를 K개의 군집에 할당하는 최적화 문제로 간주할 수 있다. 본 장에서는 분할방법의 대표적인 K-means 알고리즘, K-medoids 군집방법, 퍼지 K-means 알고리즘, 그리고 모형기반 군집방법에 대하여 주로 알아본다.

13.1 ▸ K-means 알고리즘

K-means 알고리즘은 비계층적 군집방법 중 가장 널리 사용되는 것으로 K개 군집의 중심좌표를 고려하여 각 객체를 가까운 군집에 배정하는 반복적 알고리즘이다. 구체적 절차는 다음과 같다.

[단계 0] (초기 객체 선정) 어떤 규칙에 의하여 K개의 객체의 좌표를 초기 군집의 중심좌표(centroid)로 선정한다.

[단계 1] (객체의 군집 배정) 각 객체에 대하여 K개의 군집 중심좌표(centroid)와의 거리(주로 유클리드 거리 사용)를 산출한 후 가장 가까운 군집에 그 객체를 배정한다.

[단계 2] (군집 중심좌표의 산출) 새로운 군집에 대한 중심좌표를 산출한다.

[단계 3] (수렴 조건 점검) 새로 산출된 중심좌표값과 이전 좌표값을 비교하여 수렴 조건 내에 들면 마치며, 그렇지 않으면 단계 1을 반복한다.

위에서 초기 K개의 객체를 선정하는 방법으로 다음과 같은 규칙이 사용된다.

무작위 방법: 대상 객체 중 무작위로 K개를 선정한다.
외각 객체 선정: 전체 객체의 중심좌표에서 가장 멀리 위치하는 K개의 객체를 선정한다.

위에서 군집의 중심좌표란 해당 군집에 속한 객체들의 속성들의 평균치로 이루어진 값을 의미한다. 즉, j번째 군집의 중심좌표 c_j는 다음과 같다.

$$c_j = (\overline{X_1}^{(j)}, \overline{X_2}^{(j)}, \ldots, \overline{X_p}^{(j)})^T, \ j = 1, \cdots, K$$

이상과 같이 K-means 알고리즘에서는 객체들의 군집이 결정되면 중심좌표가 산출되며 중심좌표가 정해지면 이와 관련된 새로운 군집이 형성된다. 결국, n개의 객체를 K개의 군집으로 나눌 때 각 객체를 어떤 군집에 배정하는 것이 전체 거리를 최소로 하는가 하는 최적화 문제를 고려할 수 있다.

다음과 같은 변수를 정의하면,

$$a_{ij} = \begin{cases} 1 & \text{객체 } i\text{가 군집 } j\text{에 배정될 때} \\ 0 & \text{그 밖의 경우} \end{cases} \tag{13.1}$$

K-means 알고리즘은 다음과 같은 최적화 문제로 정식화될 수 있다.

$$\text{Min } Z = \sum_{i=1}^{n} \sum_{j=1}^{K} d(\boldsymbol{x}_i, \boldsymbol{c}_j) a_{ij} \tag{13.2a}$$

Subject to

$$\boldsymbol{c}_j = \frac{\sum_{i=1}^{n} \boldsymbol{x}_i a_{ij}}{\sum_{i=1}^{n} a_{ij}}, \qquad j = 1, \ldots, K \tag{13.2b}$$

$$\sum_{j=1}^{K} a_{ij} = 1, \quad i = 1, \ldots, n \tag{13.2c}$$

$$\sum_{i=1}^{n} a_{ij} \geq 1, \quad j = 1, \ldots, K \tag{13.2d}$$

$$a_{ij} = 1 \text{ or } 0, \quad i = 1, \ldots, n;\ j = 1, \ldots, K \tag{13.2e}$$

식 (13.2a)의 목적함수는 객체와 해당 군집의 중심좌표와의 거리합을 나타낸 것이며, 식 (13.2b)는 중심좌표를 나타낸 식이며, 식 (13.2c)는 각 객체가 K개 군집 중 하나에 속하여야 함을 의미하고, 식 (13.2d)는 한 군집에 하나 이상의 객체를 포함하여야 함을 의미한다.

본 최적화 문제에서 결정변수는 $\{a_{ij}\}$ 이나, 중심좌표 $\boldsymbol{c}_j$가 결정변수로 표현되므로 어려운 문제가 되고 있다. K-means 알고리즘은 위의 최적화 문제를 푸는 하나의 발견적 해법(heuristic method)이라 할 수 있겠다. 군집별 중심좌표가 정해지면 단계 1에서는 식 (13.2a)를 최소로 하는 새로운 a_{ij}를 정하고 단계 2에서는 식 (13.2b)를 사용하여 새로운 중심좌표를 구하는 것이다. K-means 알고리즘은 계산 효율이 대체로 양호

하나 이상치(outliers)가 존재할 때 군집결과가 좋지 않을 수 있는 것으로 알려져 있다.

예 13.1 10명에 대한 PC의 사용경력(X1)과 주당 사용시간(X2)이 다음과 같다.

	O1	O2	O3	O4	O5	O6	O7	O8	O9	O10
사용경력(X1)	6	8	14	11	15	7	13	5	3	3
사용시간(X2)	14	13	6	8	7	15	6	4	3	2

군집수가 K=3이라 가정하여 K-means 알고리즘을 단계적으로 적용하면 아래와 같다.

[단계 0] 무작위 방법을 이용하여, 3개의 객체 O4, O5, O6이 초기 군집 중심좌표로 선정되었다고 하자. 즉,

초기 군집 중심좌표

	X1	X2
c1	11.00	8.00
c2	15.00	7.00
c3	7.00	15.00

Iteration 1

[단계 1] 각 객체에 대하여 3개의 군집 중심좌표와의 거리를 산출해 보면 아래와 같다.

	c1	c2	c3
O1	7.81	11.40	1.41
O2	5.83	9.22	2.24
O3	3.61	1.41	11.40
O4	0.00	4.12	8.06
O5	4.12	0.00	11.31
O6	8.06	11.31	0.00
O7	2.83	2.24	10.82
O8	7.21	10.44	11.18
O9	9.43	12.65	12.65
O10	10.00	13.00	13.60

이때 각 객체들에 대해 거리가 가장 가까운 군집에 그 객체를 배정한다. 따라서 초기 군집결과는 C1={4, 8, 9, 10}, C2={3, 5, 7}, C3 ={1, 2, 6}이 된다.

[단계 2] 새로운 군집에 대한 군집 중심좌표를 산출해 보면 다음과 같다.

	X1	X2
c1	5.50	4.25
c2	14.00	6.33
c3	7.00	14.00

[단계 3] 새로운 군집중심좌표가 이전과 다르므로 다음 iteration을 진행한다.

Iteration 2

[단계 1] 새로운 군집중심좌표와 각 각체 간의 거리는 아래와 같다.

	c1	c2	c3
O1	9.76	11.08	1.00
O2	9.10	8.97	1.41
O3	8.68	0.33	10.63
O4	6.66	3.43	7.21
O5	9.89	1.20	10.63
O6	10.85	11.14	1.00
O7	7.70	1.05	10.00
O8	0.56	9.30	10.20
O9	2.80	11.49	11.70
O10	3.36	11.82	12.65

이때 각 객체들을 거리가 가장 가까운 군집에 그 객체를 배정해 보면 C1={8, 9, 10}, C2={3, 4, 5, 7}, C3={1, 2, 6}과 같다.

[단계 2] 위에서 구한 군집결과를 바탕으로 하여서, 새로운 군집 중심좌표를 산출해 보면 아래와 같다.

	X1	X2
c1	3.67	3.00
c2	13.25	6.75
c3	7.00	14.00

[단계 3] 중심좌표가 이전과 다르므로 다음 iteration을 진행한다.

Iteration 3

[단계 1] 새로운 군집 중심좌표와 객체들 간의 거리는 아래와 같다.

	c1	c2	c3
O1	11.24	10.25	1.00
O2	10.90	8.16	1.41
O3	10.76	1.06	10.63
O4	8.88	2.57	7.21
O5	12.02	1.77	10.63
O6	12.45	10.35	1.00
O7	9.80	0.79	10.00
O8	1.67	8.70	10.20
O9	0.67	10.91	11.70
O10	1.20	11.30	12.65

이때 각 객체들을 거리가 가장 가까운 군집에 그 객체를 배정해 보면 C1={8, 9, 10}, C2={3, 4, 5, 7}, C3={1, 2, 6}이 나오는데 이는 이전에 구한 군집결과와 변화가 없으므로 본 해가 최종 군집해가 된다.

13.2 ▶ K-medoids 군집방법

K-means 알고리즘에서는 각 군집의 중심좌표(centroid)를 고려하고 있는 반면, K-medoids 군집방법에서는 각 군집의 대표객체를 고려하려는 기법이다. 군집의 중심좌표는 데이터에 이상치가 있는 경우 그 군집을 대표할 수 없다는 단점을 보완키 위하여 대표객체를 사용한다. 군집의 대표객체(medoid)란 그 군집에 속하는 객체 중 다른 객체들과의 평균(또는 전체) 거리가 최소가 되는 객체를 말한다. 군집 C의 대표객체 좌표를 $\boldsymbol{x}_m$라 하면 다음이 성립한다.

$$\sum_{j \in C} d(\boldsymbol{x}_m, \boldsymbol{x}_j) = \min_{k \in C} \left\{ \sum_{j \in C} d(\boldsymbol{x}_k, \boldsymbol{x}_j) \right\} \tag{13.3}$$

K-medoids 군집방법은 객체들을 주어진 수의 군집으로 구분하는데, 객체와 속하는 군집의 대표객체와의 거리의 총합을 최소로 하는 방법이다.

예 13.2 다음과 같은 5개의 객체로 구성된 하나의 군집에 대한 대표객체를 구하라.

	O1	O2	O3	O4	O5
X1	3	5	11	13	14
X2	3	4	8	6	6

풀이 5개 객체에 대한 거리행렬(유크리드 거리 사용)은 다음과 같다.

	O1	O2	O3	O4	O5	합
O1	0	2.2361	9.434	10.4403	11.4018	33.51
O2	2.2361	0	7.2111	8.2462	9.2195	26.91
O3	9.434	7.2111	0	2.8284	3.6056	23.08
O4	10.4403	8.2462	2.8284	0	1	22.51
O5	11.4018	9.2195	3.6056	1	0	25.23

만약 첫 번째 객체가 대표객체라면 총거리는 위 행렬의 첫 행의 합이 된다. 따라서 대표객체를 구하기 위하여 각 행의 합을 구한 후 가장 작은 값을 갖는 행을 택하면 될 것이다. 즉, 대표객체는 O4이다. ■

K-medoids 군집방법은 다음과 같이 두 가지 지시변수를 정의할 때,

$$a_{ij} = \begin{cases} 1 & \text{객체 } j\text{를 객체 } i\text{가 대표객체인 군집에 배정할 때} \\ 0 & \text{그 밖의 경우} \end{cases}$$

$$b_i = \begin{cases} 1 & i\text{번 객체가 대표객체일 때} \\ 0 & \text{다른 경우} \end{cases} \tag{13.4}$$

아래와 같은 최적화 문제로 정식화될 수 있다.

$$Min\ Z = \sum_{i=1}^{n}\sum_{j=1}^{n} d(\boldsymbol{x}_i, \boldsymbol{x}_j) a_{ij} \tag{13.5a}$$

subject to

$$\sum_{i=1}^{n} a_{ij} = 1, \quad j = 1, \ldots, n \tag{13.5b}$$

$$a_{ij} \le b_i, \qquad i, j = 1, \ldots, n \tag{13.5c}$$

$$\sum_{i=1}^{n} b_i = K \tag{13.5d}$$

$$a_{ij} = 1 \text{ or } 0, \qquad i = 1, \ldots, n;\ j = 1, \ldots, n \tag{13.5e}$$

$$b_i = 1 \text{ or } 0, \qquad i = 1, \ldots, n \tag{13.5f}$$

식 (13.5b)는 각 객체가 하나의 군집에 포함되어야 함을 나타내며, 식 (13.5c)는 i번째 객체가 대표객체로 선정되면 a_{ij}가 0또는 1의 값을 가지나 대표객체로 선정되지 않으면 0의 값을 갖는다는 의미이다. 객체 $i_1, i_2, \ldots, i_K$를 K개의 대표객체라 하면 임의의 객체 v는 다음이 성립할 때 대표객체 i_j에 해당하는 군집에 배정(즉, $a_{i_j, v} = 1$)된다.

$$i_j = \arg\min_i d(x_i, x_v)$$

그러나 위의 최적화 문제에서 a_{ij}와 b_i가 서로 종속적이므로 최적해를 구하기는 어렵다.

이에 따라 발견적 해법을 사용한다. K-medoids 군집방법의 알고리즘으로 잘 알려진 것에는 다음과 같은 것이 있다.

1) PAM(Partitioning Around Medoids)
2) CLARA(Clustering LARge Applications)
3) CLARANS(Clustering Large Applications based on RANdomized Search)
4) K-means-like 알고리즘

13.2.1 PAM 알고리즘

PAM 알고리즘은 1990년 Kaufman and Rousseeuw(참고문헌 [2])에 의하여 발표된 것으로, 초기 대표객체를 설정하는 방법인 BUILD와 더 나은 군집해를 찾아나가는 과정인 SWAP의 두 부분으로 구성되어 있다.

〈BUILD〉

BUILD는 다음 절차들을 거쳐서 K개의 초기 대표객체를 구하는 과정이다.

[Step 0] 우선 각 객체별로 다른 객체 간의 거리를 구한 후, 그 합이 가장 작은 객체 하나를 대표객체로 선정한다. 선정된 대표객체집합을 M이라 하자.

[Step 1] 대표객체로 선정되지 않은 객체 j에 대하여, 이전에 대표객체로 선정된 객체들 중 객체 j에 가장 가까운 거리 D_j를 구한다. 즉,

$$D_j = \min_{k \in M} d(j,k), \quad j \notin M$$

그리고 대표객체로 선정되지 않은 두 객체 i, j에 대하여 다음을 산출한다.

$$C_{ji} = \max(D_j - d(j,i), 0) \quad i,j \notin M$$

이는 객체 i가 추가로 대표객체가 된다고 할 때, 객체 j의 입장에서 거리 감소량이다.

[Step 2] 다음과 같이 거리감소량이 가장 큰 객체 m을 대표객체에 포함시키고,

$$m = \arg\max_{i \not\in M} \sum_{j \not\in M} C_{ji}$$

대표객체집합을 수정한다($M \leftarrow M \cup \{m\}$).

[Step 3] K개의 대표객체가 선정되었으면 Stop. 그렇지 않은 경우에는 Step 1로 되돌아간다.

〈SWAP〉

SWAP은 대표객체로 선정되어 있는 객체 i와 선정되지 않은 객체 h를 교환할 때 목적함수의 변화량을 산출해 더 나은 목적함수값을 찾아가는 과정이다.

[Step 1] 객체 i와 객체 h를 교환할 때 목적함수의 변화량을 산출하기 위하여 우선, 대표객체로 선정되지 않은 임의의 객체 j(단, $j \neq h$)에서의 변화량을 다음과 같이 산출한다.

$$C_{jih} = (i\text{와 } h\text{를 교환 후 객체 } j\text{와 대표객체와의 거리}) - (\text{교환 전 객체 } j\text{와 대표객체와의 거리}) \ (j \not\in M, i \in M, h \not\in M)$$

위의 변화량은 다음의 4가지 경우에 따라 다르게 산출된다.

a. 객체 j로부터 i와 h까지의 거리가 대표객체 중 어느 하나와의 거리보다 더 먼 경우 (교환 전 j의 대표객체는 i가 아니며, 교환 후에도 변환 없음) 다음과 같다.

$$C_{jih} = 0$$

b. 객체 j로부터 i까지의 거리가 j로부터 다른 어떠한 대표객체들과의 거리보다 짧은 경우 2가지로 더 세분된다.(이 경우 j의 교환 전 대표객체는 i이므로 $d(j,i) = D_j$)

b1. 객체 j로부터 h까지의 거리가 j에서 두 번째로 가까운 대표객체까지의 거리보다 더 짧은 경우(j의 새로운 대표객체는 h)

$$C_{jih} = d(j,h) - d(j,i)$$

b2. 객체 j로부터 h까지의 거리가 j에서 두 번째로 가까운 대표객체까지의 거리(E_j)보다 더 먼 경우(두 번째로 가까운 대표객체가 j의 새로운 대표객체가 됨)

$$C_{jih} = E_j - d(j,i) \quad (\geq 0)$$

c. 객체 j로부터 i까지의 거리가 j로부터 적어도 어느 하나의 대표객체까지의 거리보다는 길고, 객체 j에서 h까지의 거리가 j로부터 다른 어떤 대표객체들과의 거리보다 짧은 경우(j의 새로운 대표객체는 h; $D_j \neq d(j,i)$)

$$C_{jih} = d(j,h) - D_j \quad (< 0)$$

[Step 2] 대표객체 i를 h로 교환하는 경우 총 변화량은 다음과 같다.

$$T_{ih} = \sum_j C_{jih}$$

이때 $\min_{i,h} T_{ih}$에 대응하는 객체 i^*와 h^*를 찾아 $T_{i^*h^*} < 0$이면 교환한 후에 다시 Step 1로 돌아가고, $T_{i^*h^*} \geq 0$이면 교환하지 않고 stop.

예 13.3 아래와 같은 6명에 대한 PC 사용경력과 사용시간의 데이터를 이용하여 2개의 군집으로 묶어보라. 단, K-medoids의 PAM 알고리즘을 사용하라.

	O1	O2	O3	O4	O5	O6
사용경력	3	5	11	13	14	15
사용시간	3	4	8	6	6	7

풀이 BUILD와 SWAP의 iteration별 결과는 아래와 같다.

〈BUILD〉

Iteration 1

[Step 0] 객체별로 다른 객체들 간의 거리합을 구해보면 아래와 같다.

	O1	O2	O3	O4	O5	O6	거리의 합
O1	0.00	2.24	9.43	10.44	11.40	12.65	46.16
O2	2.24	0.00	7.21	8.25	9.22	10.44	37.35
O3	9.43	7.21	0.00	2.83	3.61	4.12	27.20
O4	10.44	8.25	2.83	0.00	1.00	2.24	24.75
O5	11.40	9.22	3.61	1.00	0.00	1.41	26.64
O6	12.65	10.44	4.12	2.24	1.41	0.00	30.86

그러므로 각 객체들과의 거리의 합이 가장 작은 O4를 초기 대표객체 중 하나로 선정한다. 즉, M={4}.

[Step 1] 대표객체로 선정되지 않은 객체 (1, 2, 3, 5, 6) 각각이 추가 대표객체 후보라 할 때 거리감소량을 구하면 다음 표와 같다.

i (후보)	j	D_j	$d(i,j)$	$D_j - d(j,i)$	C_{ji}
1	1	10.44	0.00	10.44	10.44
1	2	8.25	2.24	6.01	6.01
1	3	2.83	9.43	-6.61	0.00
1	5	1.00	11.40	-10.40	0.00
1	6	2.24	12.65	-10.41	0.00
	합				16.45
2	1	10.44	2.24	8.20	8.20
2	2	8.25	0.00	8.25	8.25
2	3	2.83	7.21	-4.38	0.00
2	5	1.00	9.22	-8.22	0.00
2	6	2.24	10.44	-8.20	0.00
	합				16.45
3	1	10.44	9.43	1.01	1.01
3	2	8.25	7.21	1.04	1.04
3	3	2.83	0.00	2.83	2.83

i (후보)	j	D_j	$d(i,j)$	$D_j - d(j,i)$	C_{ji}
3	5	1.00	3.61	-2.61	0.00
3	6	2.24	4.12	-1.89	0.00
	합				4.87
5	1	10.44	11.40	-0.96	0.00
5	2	8.25	9.22	-0.97	0.00
5	3	2.83	3.61	-0.78	0.00
5	5	1.00	0.00	1.00	1.00
5	6	2.24	1.41	0.82	0.82
	합				1.82
6	1	10.44	12.65	-2.21	0.00
6	2	8.25	10.44	-2.19	0.00
6	3	2.83	4.12	-1.29	0.00
6	5	1.00	1.41	-0.41	0.00
6	6	2.24	0.00	2.24	2.24
	합				2.24

[Step 2] $\sum_j C_{ji}$의 값들 중 최대값을 갖는 객체 i를 대표객체로 선정한다. 여기에서는 $i=1$, 2일 때 모두 $\sum_j C_{ji}=16.45$로 최대값을 가지므로, 편의상 O1을 대표객체로 선정한다. 이때 새로운 대표객체집합은 M={1,4}이다.

[Step 3] K(=2)개의 대표객체(1과 4)가 선정되었으므로, BUILD를 stop한다.

〈SWAP〉

Iteration 1

[Step 1] 객체 i와 객체 h를 교환할 때 목적함수의 변화량을 산출하기 위하여 우선, 선정되지 않은 임의의 객체 j의 관점에서의 변화량 C_{jih}를 각각의 경우에 대해 구해보면 다음 표와 같다.

i (대표객체)	h (교환 후보)	j	$d(j,i)$	$d(j,h)$	D_j	E_j	Case	C_{jih}
1	2	3	9.43	7.21	2.83	9.43	a	0.00
		5	11.40	9.22	1.00	11.40	a	0.00
		6	12.65	10.44	2.24	12.65	a	0.00
							$T_{ih}=$	0.00
	3	2	2.24	7.21	2.24	8.25	b1	4.98
		5	11.40	3.61	1.00	11.40	a	0.00
		6	12.65	4.12	2.24	12.65	a	0.00
							$T_{ih}=$	4.98
	5	2	2.24	9.22	2.24	8.25	b2	6.01
		3	9.43	3.61	2.83	9.43	a	0.00
		6	12.65	1.41	2.24	12.65	c	-0.82
							$T_{ih}=$	5.19
	6	2	2.24	10.44	2.24	8.25	b2	6.01
		3	9.43	4.12	2.83	9.43	a	0.00
		5	11.40	1.41	1.00	11.40	a	0.00
							$T_{ih}=$	6.01
4	2	3	2.83	7.21	2.83	9.43	b1	4.38
		5	1.00	9.22	1.00	11.40	b1	8.22
		6	2.24	10.44	2.24	12.65	b1	8.20
							$T_{ih}=$	20.81
	3	2	8.25	7.21	2.24	8.25	a	0.00
		5	1.00	3.61	1.00	11.40	b1	2.61
		6	2.24	4.12	2.24	12.65	b2	10.41
							$T_{ih}=$	13.02
	5	2	8.25	9.22	2.24	8.25	a	0.00
		3	2.83	3.61	2.83	9.43	b1	0.78
		6	2.24	1.41	2.24	12.65	c	-0.82
							$T_{ih}=$	-0.04
	6	2	8.25	10.44	2.24	8.25	a	0.00
		3	2.83	4.12	2.83	9.43	b1	1.29
		5	1.00	1.41	1.00	11.40	b1	0.41
							$T_{ih}=$	1.71

[Step 2] $T_{ih} = \sum_{j} C_{jih}$의 값 중 T_{45}=-0.04로 최소값을 갖는다. 따라서 $T_{45} < 0$이므로, 객체 4 대신 객체 5가 새로운 대표객체로 swap이 실행되고, 다시 Step 1로 넘어간다.

$$M = \{1, 5\}$$

Iteration 2

[Step 1] 객체 i와 객체 j를 교환할 때 목적함수의 변화량을 산출하기 위하여 우선, 선정되지 않은 임의의 객체 j의 관점에서의 변화량 C_{jih}를 각각의 경우에 대해 구해보면 다음 표와 같다.

i (대표객체)	h (교환 후보)	j	$d(j,i)$	$d(j,h)$	D_j	E_j	Case	C_{jih}
1	2	3	9.43	7.21	3.61	9.43	a	0.00
		4	10.44	8.25	1.00	10.44	a	0.00
		6	12.65	10.44	1.41	12.65	a	0.00
							T_{ih} =	0.00
	3	2	2.24	7.21	2.24	9.22	b1	4.98
		4	10.44	2.83	1.00	10.44	a	0.00
		6	12.65	4.12	1.41	12.65	a	0.00
							T_{ih} =	4.98
	4	2	2.24	8.25	2.24	9.22	b1	6.01
		3	9.43	2.83	3.61	9.43	c	-0.78
		6	12.65	2.24	1.41	12.65	a	0.00
							T_{ih} =	5.23
	6	2	2.24	10.44	2.24	9.22	b2	6.98
		3	9.43	4.12	3.61	9.43	a	0.00
		4	10.44	2.24	1.00	10.44	a	0.00
							T_{ih} =	6.98
5	2	3	3.61	7.21	3.61	9.43	b1	3.61
		4	1.00	8.25	1.00	10.44	b1	7.25
		6	1.41	10.44	1.41	12.65	b1	9.03
							T_{ih} =	19.88

i (대표객체)	h (교환 후보)	j	$d(j,i)$	$d(j,h)$	D_j	E_j	Case	C_{jih}
	3	2	9.22	7.21	2.24	9.22	a	0.00
		4	1.00	2.83	1.00	10.44	b1	1.83
		6	1.41	4.12	1.41	12.65	b1	2.71
							$T_{ih} =$	4.54
	4	2	9.22	8.25	2.24	9.22	a	0.00
		3	3.61	2.83	3.61	9.43	c	-0.78
		6	1.41	2.24	1.41	12.65	b1	0.82
							$T_{ih} =$	0.04
	6	2	9.22	10.44	2.24	9.22	a	0.00
		3	3.61	4.12	3.61	9.43	b1	0.52
		4	1.00	2.24	1.00	10.44	b1	1.24
							$T_{ih} =$	1.75

[Step 2] 총 변화량 $T_{ih} = \sum_j C_{jih}$의 값 $T_{12} = 0.00$으로 최소값을 갖는다. 따라서 $T_{12} \geq 0$이므로, swap이 실행되지 않고, 알고리즘이 종료된다.

최종 M={1, 5}이 결정되었으므로 최종 군집해는 대표객체에 가까운 객체들을 그 군집에 할당하면 된다. 따라서 C1={1, 2}, C2={3, 4, 5, 6}이 된다.

13.2.2 CLARA 알고리즘

PAM 알고리즘은 SWAP 부분에서 모든 가능한 경우를 고려하기 때문에 전체 객체 수가 많은 경우 계산 시간이 매우 길다는 단점이 있다. 이를 보완하기 위해 CLARA는 적절한 수의 객체를 샘플링한 후 이들에 대해 PAM 알고리즘을 적용하여 중심객체를 선정하는 방법이다. 이러한 샘플링을 여러 번 한 후 이 중 가장 좋은 결과를 택하는 것인데, 반복수는 5번으로 충분한 것으로 분석되고 있다. 그리고 한 번 반복(iteration)에서 객체의 표본수는 40+2K가 적절한 것으로 발표되었다. CLARA 역시 1990년 Kaufman and Rousseeuw(참고문헌 [2])에 의하여 제안된 것이다.

한 번 반복에서 다음과 같은 과정이 진행된다.

[Step 1] 전체의 객체들로부터 일부 객체를 표본으로 추출한 후 PAM 알고리즘을 적용하여 K개의 중심객체를 구한다.

[Step 2] 전체의 객체들을 대상으로 각 객체를 K개의 군집에 할당한다.

[Step 3] 현 군집결과에 대한 목적함수값을 산출한다. 이 값이 이전의 목적함수값보다 작으면 현재의 중심객체들을 택하고, 그렇지 않으면 이전 것을 유지한다.

참고로, 두 번째 객체 샘플링부터는 현재 선정된 K개의 중심객체를 표본에 포함시키고 나머지 40+K개만 추출하는 것을 추천하고 있다.

13.2.3 CLARANS 알고리즘

이는 1994년 Ng and Han(참고문헌 [4])에 의하여 제안된 것인데, 초기의 대표객체집합에 대한 인근집합을 찾은 후 이 중에서 새로운 대표객체를 탐색하는 방법이다.

k개의 객체를 포함하는 두 개의 대표객체집합

$$M_1 = \{O_{i_1}, O_{i_2}, \ldots, O_{i_k}\}$$
$$M_2 = \{O_{j_1}, O_{j_2}, \ldots, O_{j_k}\}$$

가 있을 때, 두 집합의 원소 중 오직 한 객체만 다를 때 서로 인근집합(neighbor)이라 한다. 즉, 다음이 성립할 때 M_1과 M_2는 서로 인근에 있다고 한다.

$$|M_1 \cap M_2| = k - 1$$

예를 들어, 10개의 객체 $O_1, O_2, \ldots, O_{10}$이 있을 때, $M_1 = \{O_1, O_2, O_3\}$이라 하면, 이의 인근집합은 $\{O_1, O_2, O_4\}$, $\{O_1, O_2, O_5\}$ 등 총 3(10−3)=21개가 있다.

CLARANS 알고리즘은 초기에 선정된 대표객체집합에서 출발하여 임의의 인근집합을 고려하여 목적함수값을 개선하면 대표객체 후보 집합을 교체하며, 그렇지 않으면 다른 임의의 인근집합을 고려하는 등의 과정을 반복하는 것이다. 집합 M_1과 M_2가 서로 인근집합이고 차이가 보이는 객체가 $O_i \in M_1$, $O_h \in M_2$라 할 때, 두 객체를 교환한 후 목적함수의 차이는 바로 T_{ih}가 된다. 이 알고리즘은 두 개의 관련 파라미터가 있는데 하나는 고려하는 초기집합의 수(*numlocal*)이며 다른 하나는 고려하는 인근집합의 수(*maxneighbor*)인데, Ng and Han (1994)에 따르면, $numlocal = 2$, $maxneighbor = 0.0125*K(n-K)$가 적절한 것으로 보고되고 있다.

[Step 1] (**초기화**) $i \leftarrow 1$, $mincost \leftarrow \infty$

[Step 2] 임의의 대표객체집합을 선정하여 M이라 한다. 또한 M의 인근집합을 구한다.

[Step 3] $j \leftarrow 1$

[Step 4]

1) M의 임의의 인근집합에 대하여 목적함수 변화량(및 목적함수값)을 산출한다.
2) 변화량이 음수이면, 인근집합을 M으로 두고 Step 3으로 간다.
3) 변화량이 양수이면, Step 5로 간다.

[Step 5]

1) $j \leftarrow j+1$
2) $j \le maxneighbor$이면 Step 4 반복
3) $j > maxneighbor$일 때, 현 목적함수값이 $mincost$보다 작으면 $mincost \leftarrow$ 현목적함수값으로 대체한다.

[Step 6]

1) $i \leftarrow i+1$
2) $i \le numlocal$이면 Step 2 반복
3) $i > numlocal$이면 Stop. 현재의 M이 최종 해이다.

13.2.4 K-means-like 알고리즘

본 알고리즘은 PAM 알고리즘의 단점을 보완하고자 Park and Jun (2009)에 의해 제안된 것으로 대표객체를 반복적으로 수정하는데 K-means 알고리즘의 작동 원리를 모방한 K-medoids 군집방법이다. 따라서 간단하며 계산 시간이 빠른 것이 장점이라 하겠다. 이 알고리즘은 다음과 같이 3단계로 구성된다.

[단계 1] (초기 대표객체 선정)

K개의 초기 대표객체를 선정하며, 각 객체를 가장 가까운 대표객체에 배정하여 초기 군집해를 얻는다.(초기 대표객체를 선정하기 위하여 여러 기법을 사용할 수 있으나 아래에 기술하는 방법을 추천한다.)

[단계 2] (대표객체의 수정)

현재의 군집에 배정된 객체들의 대표객체를 구하여 새로운 대표객체로 삼는다.

[단계 3] (객체의 배정)

3-1 각 객체를 가장 가까운 대표객체에 배정하여 군집해를 얻는다.

3-2 대표객체들(또는 군집해)이 이전과 동일하면 Stop하고, 그렇지 않으면 단계 2를 반복한다.

초기 대표객체의 선정 방법으로 무작위 선정 등을 사용할 수 있으나, 다음과 같은 방법의 사용이 추천된다.

(초기 대표객체 선정 단계)

1-1 객체들 간의 거리($d(i,j),\ i,j=1,...,n$)를 구한다.

1-2 객체 j에 대하여 다음을 산출한다.

$$v_j = \sum_{i=1}^{n} \frac{d(i,j)}{\sum_{k=1}^{n} d(i,k)},\ \ j=1,...,n$$

1-3 v_j값들을 오름차순으로 정렬하여 가장 작은 K개의 값을 초기 대표객체로 선정한다.

예 13.4 K-means-like 알고리즘을 이용하여 [예 13.3]의 6개 객체를 2개의 군집으로 나눠보자.

풀이 거리행렬은 [예 13.3]의 풀이에 있는 바와 같다. 위의 알고리즘을 적용하면 다음과 같다.

[단계 1] 초기 대표객체 선정을 위해 v_1은 아래와 같이 산출된다.

$$v_1 = \frac{2.24}{37.35} + \frac{9.43}{27.20} + \frac{10.44}{24.75} + \frac{11.40}{26.64} + \frac{12.65}{30.86} = 1.666$$

위와 같이 진행하면 다른 v_j값들은 다음과 같다.

$$v_2 = 1.331,\ v_3 = 0.781,\ v_4 = 0.661, v_5 = 0.713,\ v_6 = 0.849$$

따라서 객체 O4와 O5가 초기 대표객체로 선정되며 초기 군집해는 다음과 같다.

C1={1, 2, 3, 4}, C2={5, 6}

iteration 1

[단계 2] C1의 새로운 대표객체는 O2이며, C2의 대표객체는 O5로 변동 없다.

[단계 3] 새로운 군집해는 다음과 같다.

C1={1, 2}, C2={3, 4, 5, 6}

iteration 2

[단계 2] C1의 대표객체는 O2, C2의 대표객체는 O5이다. 이는 이전과 동일하므로 여기서 Stop한다. 최종 군집해는 C1={1, 2}, C2={3, 4, 5, 6}이다.

13.3 ▸ 퍼지 K-means 알고리즘

이 방법은 K-means 알고리즘과 유사하나 하나의 객체가 여러 군집에 속할 가능성을 허용하는 확률 또는 이를 확장한 퍼지(fuzzy) 개념을 도입한 것이다. P_{ij}를 객체 i가 군집 j에 속할 확률이라 할 때 다음과 같은 $\{P_{ij}\}$를 구하는 최적화 문제로 정식화된다.

$$\text{Min } Z = \sum_{i=1}^{n}\sum_{j=1}^{K} P_{ij}^{m} d(\boldsymbol{x}_i, \boldsymbol{c}_j) \tag{13.6a}$$

Subject to

$$\sum_{j=1}^{K} P_{ij} = 1, \quad i = 1,\ldots,n \tag{13.6b}$$

$$\sum_{i=1}^{n} P_{ij} > 0, \quad j = 1,\ldots,K \tag{13.6c}$$

$$P_{ij} \in [0,1], \quad i = 1,\ldots,n; \ j = 1,\ldots,K \tag{13.6d}$$

위에서 m은 퍼지상수(fuzziness index)로 불리는 1보다 큰 상수로서 퍼지 정도를 나타낸다. m이 1에 가까울수록 확정적(crisp) 군집 알고리즘인 K-means에 가깝게 되며, 반대로 큰 값을 가질수록 각 객체가 비슷한 확률로 군집에 배정되게 된다. 통상 m =2가 사용되고 있다. 한편, c_j는 군집 j의 중심좌표를 나타내는데 아래와 같이 K-means의 경우와 약간 달리 P_{ij}^{m}을 가중치로 사용하여 산출된다.

$$\boldsymbol{c}_j = \frac{\sum_{i=1}^{n} P_{ij}^{m} \boldsymbol{x}_i}{\sum_{i=1}^{n} P_{ij}^{m}} \tag{13.7}$$

라그랑지 방법(Lagrange method)을 이용하여 제약식 (13.6b)를 목적식에 포함시키면 다음과 같다.

$$J_m = \sum_{i=1}^{n}\sum_{j=1}^{K} P_{ij}^{m} d(\boldsymbol{x}_i, \boldsymbol{c}_j) - \sum_{i=1}^{n} \lambda_i \left(\sum_{j=1}^{K} P_{ij} - 1 \right) \tag{13.8}$$

필요조건을 유도하기 위하여 위의 식을 P_{ij}에 대하여 편미분하여 0으로 둔다. 즉,

$$\frac{\partial J_m}{\partial P_{ij}} = mP_{ij}^{m-1}d(\boldsymbol{x}_i, \boldsymbol{c}_j) - \lambda_i = 0$$

따라서

$$P_{ij} = \left[\frac{\lambda_i}{md(\boldsymbol{x}_i, \boldsymbol{c}_j)}\right]^{1/(m-1)}$$

제약조건을 이용하면,

$$\sum_{j=1}^{K} P_{ij} = \sum_{j=1}^{K}\left[\frac{\lambda_i}{md(\boldsymbol{x}_i, \boldsymbol{c}_j)}\right]^{1/(m-1)} = 1$$

이므로 λ_i는 다음과 같다.

$$\lambda_i = \left(\frac{1}{\sum_{a=1}^{K}\left[\frac{1}{md(\boldsymbol{x}_i, \boldsymbol{c}_a)}\right]^{1/(m-1)}}\right)^{m-1} \tag{13.9}$$

결국,

$$P_{ij} = \frac{1}{\sum_{a=1}^{k}\left(\frac{d(\boldsymbol{x}_i, \boldsymbol{c}_j)}{d(\boldsymbol{x}_i, \boldsymbol{c}_a)}\right)^{1/(m-1)}} = \frac{\left[d(\boldsymbol{x}_i, \boldsymbol{c}_j)\right]^{-1/(m-1)}}{\sum_{a=1}^{k}\left[d(\boldsymbol{x}_i, \boldsymbol{c}_a)\right]^{-1/(m-1)}} \tag{13.10}$$

따라서 Fuzzy K-means(또는 Fuzzy c-means) 알고리즘은 다음과 같이 진행된다.

[Step 0] K, m, 수렴 조건을 정한다.
초기 K개의 군집을 임의로 정한다.

$$P_{ij} = \begin{cases} 1 & \text{객체 } i\text{가 군집 } j\text{에 속하면} \\ 0 & \text{아니면} \end{cases}$$

[Step 1] 각 군집의 중심좌표를 식 (13.7)에 의거 산출한다.
[Step 2] 객체 i가 군집 j에 속할 확률 P_{ij}을 식 (13.10)에 의거 산출한다.

[Step 3] 객체 i를 P_{ij}가 가장 큰 군집 j에 배정하여 군집결과를 얻는다. 이전의 군집결과와 비교하여 동일하면 Stop, 그렇지 않으면 Step 1로.

예 13.5 다음과 같은 10명의 PC 사용 데이터가 주어졌다.

	O1	O2	O3	O4	O5	O6	O7	O8	O9	O10
사용경력(X)	6	8	14	11	15	7	13	5	3	3
사용시간(Y)	14	13	6	8	7	15	6	4	3	2

퍼지 K-means 방법을 이용하여 3개의 군집으로 나눠보자.

Iteration 1

[Step 0] K=3(cluster의 수), m=2라 하자. 수렴 조건은 새로 구한 군집결과가 이전의 군집결과와 동일하면 Stop하는 것으로 한다.

초기 K개의 군집을 임의로 C1={4, 8, 9, 10}, C2= {3, 5, 7}, C3={1, 2, 6}으로 정하고 P_{ij}를 객체 i가 군집 j에 속하면 1, 그렇지 않으면 0 으로 할당하였다.

	P_{i1}	P_{i2}	P_{i3}	합
O1	0.00	0.00	1.00	1.00
O2	0.00	0.00	1.00	1.00
O3	0.00	1.00	0.00	1.00
O4	1.00	0.00	0.00	1.00
O5	0.00	1.00	0.00	1.00
O6	0.00	0.00	1.00	1.00
O7	0.00	1.00	0.00	1.00
O8	1.00	0.00	0.00	1.00
O9	1.00	0.00	0.00	1.00
O10	1.00	0.00	0.00	1.00

[Step 1] 각 군집의 군집 중심좌표를 산출하는데, 이를 위해서 위에서 구한 P_{ij}를 이용해 P_{ij}의 제곱을 구하고, 그것과 X, Y 좌표들과의 곱을 구해보면 아래 표와 같다.

	C1			C2			C3		
	P_{i1}^2	$P_{i1}^2 * X_i$	$P_{i1}^2 * Y_i$	P_{i2}^2	$P_{i2}^2 * X_i$	$P_{i2}^2 * Y_i$	P_{i3}^2	$P_{i3}^2 * X_i$	$P_{i3}^2 * Y_i$
O1	0.00	0.00	0.00	0.00	0.00	0.00	1.00	6.00	14.00
O2	0.00	0.00	0.00	0.00	0.00	0.00	1.00	8.00	13.00
O3	0.00	0.00	0.00	1.00	14.00	6.00	0.00	0.00	0.00
O4	1.00	11.00	8.00	0.00	0.00	0.00	0.00	0.00	0.00
O5	0.00	0.00	0.00	1.00	15.00	7.00	0.00	0.00	0.00
O6	0.00	0.00	0.00	0.00	0.00	0.00	1.00	7.00	15.00
O7	0.00	0.00	0.00	1.00	13.00	6.00	0.00	0.00	0.00
O8	1.00	5.00	4.00	0.00	0.00	0.00	0.00	0.00	0.00
O9	1.00	3.00	3.00	0.00	0.00	0.00	0.00	0.00	0.00
O10	1.00	3.00	2.00	0.00	0.00	0.00	0.00	0.00	0.00
합	4.00	22.00	17.00	3.00	42.00	19.00	3.00	21.00	42.00

이를 이용하여 새로운 군집 중심좌표를 산출해 보면 다음과 같다.

	X	Y
c1	5.50	4.25
c2	14.00	6.33
c3	7.00	14.00

[Step 2] 각 객체와 군집 중심좌표 사이의 거리를 제곱한 값과 그 역수를 구해보면 다음과 같다.

	(c1과의 거리)	역수	(c2와의 거리)	역수	(c3와의 거리)	역수	역수들의 합
O1	95.31	0.01	122.78	0.01	1.00	1.00	1.02
O2	82.81	0.01	80.44	0.01	2.00	0.50	0.52
O3	75.31	0.01	0.11	9.00	113.00	0.01	9.02
O4	44.31	0.02	11.78	0.08	52.00	0.02	0.13
O5	97.81	0.01	1.44	0.69	113.00	0.01	0.71
O6	117.81	0.01	124.11	0.01	1.00	1.00	1.02
O7	59.31	0.02	1.11	0.90	100.00	0.01	0.93
O8	0.31	3.20	86.44	0.01	104.00	0.01	3.22
O9	7.81	0.13	132.11	0.01	137.00	0.01	0.14
O10	11.31	0.09	139.78	0.01	160.00	0.01	0.10

그리고 이 값을 이용해 P_{ij}를 구해보면 아래 표와 같다.

	P_{i1}	P_{i2}	P_{i3}	합
O1	0.01	0.01	0.98	1.00
O2	0.02	0.02	0.95	1.00
O3	0.00	1.00	0.00	1.00
O4	0.18	0.67	0.15	1.00
O5	0.01	0.97	0.01	1.00
O6	0.01	0.01	0.98	1.00
O7	0.02	0.97	0.01	1.00
O8	0.99	0.00	0.00	1.00
O9	0.90	0.05	0.05	1.00
O10	0.87	0.07	0.06	1.00

[Step 3] 이제 이 값들을 이용해 객체 i를 P_{ij}가 가장 큰 군집 j에 배정하여 군집결과를 얻으면, 새로운 군집결과는 C1={8, 9, 10}, C2={3, 4, 5, 7}, C3={1, 2, 6}이 된다. 그런데 이 군집결과는 이전에 구한 군집결과와 다르기 때문에, 단계 1을 반복한다.

Iteration 2

[Step 1] 새로운 군집 중심좌표를 산출해 보면 다음과 같다.

	X	Y
c1	3.87	3.16
c2	13.57	6.55
c3	7.00	13.95

[Step 2] 새로운 P_{ij}값을 구해보면 아래 표와 같다.

	P_{i1}	P_{i2}	P_{i3}	합
O1	0.01	0.01	0.98	1.00
O2	0.02	0.02	0.96	1.00
O3	0.00	0.99	0.00	1.00
O4	0.09	0.78	0.13	1.00
O5	0.02	0.97	0.02	1.00
O6	0.01	0.01	0.98	1.00
O7	0.01	0.99	0.01	1.00
O8	0.96	0.02	0.02	1.00
O9	0.99	0.01	0.01	1.00
O10	0.97	0.02	0.01	1.00

[Step 3] 이제 이 값들을 이용해 객체 i를 P_{ij}가 가장 큰 군집 j에 배정하여 군집결과를 얻으면, 새로운 군집결과는 C1={8, 9, 10}, C2={3, 4, 5, 7}, C3={1, 2, 6}이 된다. 그런데 이 군집결과는 이전에 구한 군집결과와 변화가 없으므로, Iteration 2의 해가 최종 군집해가 된다.

13.4 ▸ 모형기반 군집방법

모형기반 군집방법(model-based clustering)에서는 각 객체가 혼합분포(mixture)를 따른다고 가정하여 객체의 군집배정변수를 통계적으로 추정하는 것이다. 필요한 기호를 다음과 같이 정의하자.

$f_k(\boldsymbol{x}|\theta_k)$ =군집 k에 속하는 객체 $\boldsymbol{x}$의 확률밀도함수(θ_k는 관련 파라미터)

τ_k =임의의 객체가 군집 k에 속할 확률

$(\tau_k \geq 0; \sum_{k=1}^{K} \tau_k = 1)$

이때 임의의 객체 $\boldsymbol{x}$는 다음과 같은 혼합 확률밀도함수를 갖는다.

$$f(\boldsymbol{x}|\theta) = \sum_{k=1}^{K} \tau_k f_k(\boldsymbol{x}|\theta_k) \tag{13.11}$$

그리고 혼합 우도함수(mixture likelihood)는 다음과 같다.

$$L(\theta_1, \ldots, \theta_K; \tau_1, \ldots, \tau_K \mid \boldsymbol{x}_1, \ldots, \boldsymbol{x}_n) = \prod_{i=1}^{n} \sum_{k=1}^{K} \tau_k f_k(\boldsymbol{x}_i|\theta_k) \tag{13.12}$$

$f_k(\boldsymbol{x}|\theta_k)$의 형태로는 주로 다변량 정규분포를 따름을 가정한다. 즉,

$$f_k(\boldsymbol{x}_i|\boldsymbol{\mu}_k, \Sigma_k) = \frac{1}{(2\pi)^{p/2}|\Sigma_k|^{1/2}} e^{-\frac{1}{2}(\boldsymbol{x}_i - \boldsymbol{\mu}_k)^T \Sigma^{-1}(\boldsymbol{x}_i - \boldsymbol{\mu}_k)} \tag{13.13}$$

위의 혼합 우도함수를 최대로 하는 파라미터 추정치를 얻을 수 있으나, 이로부터 군집해를 도출하기는 불가능하다. 따라서 다음과 같은 변수를 추가로 고려한다.

$$z_{ik} = \begin{cases} 1 & \text{객체 } \boldsymbol{x}_i \text{가 군집 } k\text{에 속할 때} \\ 0 & \text{그 밖의 경우} \end{cases} \tag{13.14}$$

물론, $\boldsymbol{z}_i = (z_{i1}, \ldots, z_{iK})$를 관측할 수 있으면 군집문제가 바로 해결되나 이는 관측할 수 없는 값이다. 대신 다음을 추정할 수 있다면 군집문제를 해결할 수 있을 것이다.

$$P\{z_{ik} = 1\} = E[z_{ik}]$$

$\boldsymbol{z}_i = (z_{i1}, \ldots, z_{iK})$가 주어질 때 $\boldsymbol{x}_i$의 확률밀도함수는 다음과 같다.

$$f(\boldsymbol{x}_i | \boldsymbol{z}_i, \theta) = \prod_{k=1}^{K} [f_k(\boldsymbol{x}_i | \theta_k)]^{z_{ik}} \tag{13.15}$$

그리고 $\boldsymbol{z}_i$는 다음과 같이 K항의 다항분포를 갖는다.

$$f(\boldsymbol{z}_i | \boldsymbol{\tau}) = \frac{1}{z_{i1}! \cdots z_{iK}!} \tau_1^{z_{i1}} \cdots \tau_K^{z_{iK}} = \prod_{k=1}^{K} \tau_k^{z_{ik}} \tag{13.16}$$

따라서 $(\boldsymbol{x}_i, \boldsymbol{z}_i)$의 결합 확률밀도함수는 다음과 같다.

$$f(\boldsymbol{x}_i, \boldsymbol{z}_i | \theta, \boldsymbol{\tau}) = f(\boldsymbol{x}_i | \boldsymbol{z}_i, \theta) f(\boldsymbol{z}_i | \boldsymbol{\tau}) = \prod_{k=1}^{K} [\tau_k f_k(\boldsymbol{x}_i | \theta)]^{z_{ik}} \tag{13.17}$$

전술한 바와 같이 $\boldsymbol{z}_i$는 결측치로 간주되며, 이에 대한 (완전데이터)로그 우도함수는 다음과 같다.

$$l(\theta, \boldsymbol{\tau}, \boldsymbol{z}_1, \ldots, \boldsymbol{z}_n | \boldsymbol{x}_1, \ldots, \boldsymbol{x}_n) = \sum_{i=1}^{n} \sum_{k=1}^{K} z_{ik} \log[\tau_k f_k(\boldsymbol{x}_i | \theta_k)] \tag{13.18}$$

위와 같이 결측치가 포함된 불완전 데이터(incomplete data)와 관련된 우도함수의 최대화를 위해서는 EM 알고리즘이 널리 사용되고 있다. EM 알고리즘은 E-step과 M-step을 반복적으로 수행하는데, E-step에서는 관측 데이터 $\boldsymbol{x}_i$와 파라미터 추정치가 주어질 때 다음과 같은 조건부 기대치로 z_{ik}를 추정하며,

$$\hat{z}_{ik} = \hat{E}[z_{ik} | \boldsymbol{x}_i, \theta] \tag{13.19}$$

M-step에서는 식 (13.18)의 우도함수에서 z_{ik} 대신 위의 추정치를 대입한 후 최대가 되는 파라미터를 추정한다. 위의 조건부 기대치를 구하기 위하여 우선 z_{ik}의 조건부 확률분포는 다음과 같다.

$$P\{z_{ik}=1|\boldsymbol{x}_i\}=\frac{f(\boldsymbol{x}_i|z_{ik}=1)P\{z_{ik}=1\}}{\sum_{k=1}^{K}f(\boldsymbol{x}_i|z_{ik}=1)P\{z_{ik}=1\}}=\frac{\tau_k f_k(\boldsymbol{x}_i|\theta_k)}{\sum_{k=1}^{K}\tau_k f_k(\boldsymbol{x}_i|\theta_k)}$$

이상을 종합한 EM 알고리즘은 다음과 같다.

[Step 0] $\hat{z}_{ik}$를 초기화한다.

[Step 1] (M-step) $\hat{z}_{ik}$를 바탕으로 파라미터를 다음과 같이 추정한다.

$$n_k \leftarrow \sum_{i=1}^{n}\hat{z}_{ik}$$

$$\hat{\tau}_k \leftarrow n_k/n$$

$$\hat{\boldsymbol{\mu}}_k \leftarrow \sum_{i=1}^{n}\hat{z}_{ik}\boldsymbol{x}_i/n_k$$

$\hat{\boldsymbol{\Sigma}}_k$: 다양한 방법으로 추정되는데 아래에서 설명

[Step 2] (E-step) M-step에서의 파라미터 추정치를 바탕으로 $\hat{z}_{ik}$ 산출

$$\hat{z}_{ik} \leftarrow \frac{\hat{\tau}_k f_k(\boldsymbol{x}_i|\hat{\boldsymbol{\mu}}_k,\hat{\boldsymbol{\Sigma}}_k)}{\sum_{k=1}^{K}\hat{\tau}_k f_k(\boldsymbol{x}_i|\hat{\boldsymbol{\mu}}_k,\hat{\boldsymbol{\Sigma}}_k)}$$

[Step 3] 수렴 조건을 만족하면 Stop. 그렇지 않으면 Step 1을 반복.

위의 Step 1의 분산-공분산행렬은 다양한 방법으로 추정할 수 있다. 우선 3장의 분광분해의 결과로서 분산-공분산행렬이 아래와 같이 고유치행렬 및 고유벡터행렬의 곱으로 분해됨을 알 수 있다.

$$\boldsymbol{\Sigma}_k = \boldsymbol{P}_k \boldsymbol{\Lambda}_k \boldsymbol{P}_k^T = \lambda_k \boldsymbol{P}_k \boldsymbol{D}_k \boldsymbol{P}_k^T \tag{13.20}$$

여기서 마지막 항은 고유치행렬 $\boldsymbol{\Lambda}_k$를 표준화된 고유치행렬 $\boldsymbol{D}_k(\det(\boldsymbol{D}_k)=1)$로 표현한 것이다. Celeux and Govaert (1995)는 특히 다음의 3가지 방안을 추천하고 있다.

1) Case 1(각 변수가 동일한 분산을 갖고 변수 간 상관성이 없다고 가정):
   $\boldsymbol{\Sigma}_k = \lambda_k \boldsymbol{I}$

2) Case 2(각 변수가 다른 분산을 갖고 변수 간 상관성은 없다고 가정):
   $\boldsymbol{\Sigma}_k = \lambda_k \boldsymbol{B}$ ($\boldsymbol{B}$는 대각행렬)

3) Case 3(각 변수가 다른 분산을 갖고 변수 간 상관성이 있다고 가정):
   $\boldsymbol{\Sigma}_k = \lambda_k \boldsymbol{C}$ ($\boldsymbol{C}$는 정방행렬)

이의 추정하는 방법을 설명하기 위해 우선 군집 k의 산포행렬과 군집 내 산포행렬(within-cluster scattering matrix)을 각각 다음과 같이 정의하자.

$$\boldsymbol{W}_k = \sum_{i=1}^{n} z_{ik} (\boldsymbol{x}_i - \hat{\boldsymbol{\mu}}_k)(\boldsymbol{x}_i - \hat{\boldsymbol{\mu}}_k)^T \tag{13.21}$$

$$\boldsymbol{W} = \sum_{k=1}^{K} \boldsymbol{W}_k \tag{13.22}$$

이때 위의 각 case별 추정 방안은 아래와 같다.

1) Case 1: $\boldsymbol{\Sigma}_k = \lambda_k \boldsymbol{I}$

군집 k에서 변수의 공통적인 분산(또는 고유치)은 다음과 같이 추정된다.

$$\lambda_k = \frac{tr(\boldsymbol{W}_k)}{p n_k}$$

2) Case 2: $\boldsymbol{\Sigma}_k = \lambda_k \boldsymbol{B}$

여기서 군집별로 고유치는 다르나, 공통의 대각행렬 $\boldsymbol{B}$가 있다고 가정한 것이다. 우선 $\boldsymbol{B}$는 아래와 같이 산출한다.

$$\boldsymbol{B} = \frac{diag(\sum_{k=1}^{K} \boldsymbol{W}_k/\lambda_k)}{\left|diag(\sum_{k=1}^{K} \boldsymbol{W}_k/\lambda_k)\right|^{1/p}}$$

이때 고유치 λ_k의 초기치가 필요하며, 새로운 λ_k는 다음과 같이 산출한다.

$$\lambda_k = \frac{tr(\boldsymbol{W}_k \boldsymbol{B}^{-1})}{pn_k}$$

3) Case 3: $\Sigma_k = \lambda_k \boldsymbol{C}$

이는 Case 2와 유사하나 $\boldsymbol{C}$는 일반적인 정방행렬이므로 다음과 같이 산출한다.

$$\boldsymbol{C} = \frac{\sum_{k=1}^{K} \boldsymbol{W}_k/\lambda_k}{\left|\sum_{k=1}^{K} \boldsymbol{W}_k/\lambda_k\right|^{1/p}}$$

그리고 새로운 고유치 λ_k는 다음과 같이 산출한다.

$$\lambda_k = \frac{tr(\boldsymbol{W}_k \boldsymbol{C}^{-1})}{pn_k}$$

예 13.6 다음과 같이 7개의 객체를 두 개의 군집에 배정하고자 한다. 모형기반 방법을 사용하여 군집화하라. 단, 두 변수의 분산은 동일하며 공분산은 0이라 가정한다.

객체	X1	X2
O1	4	12
O2	6	13
O3	6	15
O4	10	4
O5	11	3
O6	12	2
O7	12	5

초기화

$$\lambda_1 = \lambda_2 = 1$$

z_{1k}를 0에서 1 사이로부터 랜덤하게 추출하여 다음을 얻는다. 그리고 $z_{2k} = 1 - z_{1k}$로 산출한다.

객체	z_{i1}	z_{i2}
O1	0.4936	0.5064
O2	0.7077	0.2923
O3	0.4084	0.5916
O4	0.5443	0.4557
O5	0.4326	0.5674
O6	0.8399	0.1601
O7	0.7873	0.2127

Iteration 1

M-step 및 E-step의 결과는 다음과 같다.

$$n_1 = 4.21, n_2 = 2.79, \tau_1 = 0.60, \tau_2 = 0.40$$

$$\hat{\mu}_1 = (9.11, 7.20)^T, \hat{\mu}_2 = (8.11, 8.49)^T$$

$$\boldsymbol{W}_1 = \begin{pmatrix} 39.25 & -57.39 \\ -57.39 & 99.75 \end{pmatrix}, \quad \boldsymbol{W}_2 = \begin{pmatrix} 24.50 & -38.01 \\ -38.01 & 72.88 \end{pmatrix}$$

$$\lambda_1 = 16.49, \lambda_2 = 17.47$$

$$\hat{\Sigma}_1 = \begin{pmatrix} 16.49 & 0 \\ 0 & 16.49 \end{pmatrix}, \hat{\Sigma}_2 = \begin{pmatrix} 17.47 & 0 \\ 0 & 17.47 \end{pmatrix}$$

객체	z_{i1}	z_{i2}
O1	0.4543	0.5457
O2	0.4668	0.5332
O3	0.4190	0.5810
O4	0.6935	0.3065
O5	0.7171	0.2829
O6	0.7383	0.2617
O7	0.7013	0.2987

Iteration 2

M-step 및 E-step의 결과는 다음과 같다.

$$n_1 = 4.19, n_2 = 2.81, \tau_1 = 0.60, \tau_2 = 0.40$$

$$\widehat{\mu_1} = (9.36, 6.61)^T,\ \widehat{\mu_2} = (7.75, 9.36)^T$$

$$\boldsymbol{W}_1 = \begin{pmatrix} 35.30 & -52.33 \\ -52.33 & 93.33 \end{pmatrix},\ \boldsymbol{W}_2 = \begin{pmatrix} 25.75 & -37.80 \\ -37.80 & 69.45 \end{pmatrix}$$

$$\lambda_1 = 15.35, \lambda_2 = 16.94$$

$$\widehat{\Sigma_1} = \begin{pmatrix} 15.35 & 0 \\ 0 & 15.35 \end{pmatrix}, \widehat{\Sigma_2} = \begin{pmatrix} 16.94 & 0 \\ 0 & 16.94 \end{pmatrix}$$

객체	z_{i1}	z_{i2}
O1	0.3181	0.6819
O2	0.3282	0.6718
O3	0.2440	0.7560
O4	0.7789	0.2211
O5	0.8161	0.1839
O6	0.8467	0.1533
O7	0.7825	0.2175

이와 같이 진행하면 Iteration 5의 결과는 다음과 같다.

Iteration 5

$$n_1 = 4.00, n_2 = 3.00, \tau_1 = 0.57, \tau_2 = 0.43$$

$$\widehat{\mu_1} = (11.25, 3.50)^T, \widehat{\mu_2} = (5.33, 13.33)^T$$

$$\boldsymbol{W}_1 = \begin{pmatrix} 2.75 & -0.50 \\ -0.50 & 5.00 \end{pmatrix},\ \boldsymbol{W}_2 = \begin{pmatrix} 2.68 & 2.65 \\ 2.65 & 4.70 \end{pmatrix}$$

$$\lambda_1 = 0.97, \lambda_2 = 1.23$$

$$\widehat{\Sigma_1} = \begin{pmatrix} 0.97 & 0 \\ 0 & 0.97 \end{pmatrix}, \widehat{\Sigma_2} = \begin{pmatrix} 1.23 & 0 \\ 0 & 1.23 \end{pmatrix}$$

객체	z_{i1}	z_{i2}
O1	0.0000	1.0000
O2	0.0000	1.0000
O3	0.0000	1.0000
O4	1.0000	0.0000
O5	1.0000	0.0000
O6	1.0000	0.0000
O7	1.0000	0.0000

따라서 군집해는 다음과 같다.

$$C_1 = \{1,2,3\},\ \ C_2 = \{4,5,6,7\}$$

13.5 ▸ 참고사항

K-means 알고리즘은 참고문헌 [3]에서 처음 발표되었다. K-medoids 문제를 식 (13.5)와 같이 정식화한 것은 참고문헌 [6]에서 처음 발표되었으며 참고문헌 [2]에서도 볼 수 있다. 13.4절의 모형기반 군집방법에서 분산-공분산행렬의 다양한 추정방법은 참고문헌 [1]에서 찾을 수 있다.

[1] Celeux, G. and G. Govaert (1995). "Gaussian parsimonious clustering models," *Pattern Recognition*, 28(5), 781-793.

[2] Kaufman, L. and P. J. Rousseeuw (1990). *Finding Groups in Data: An Introduction to Cluster Analysis*. Wiley, New York.

[3] MacQueen, J. (1967). "Some methods for classification and analysis of multivariate observations," *Proceedings of the 5th Berkeley Symposium on Mathematical Statistics and Probability*, 281-297, University of California Press.

[4] Ng, R. T. and J. Han (1994). "Efficient and effective clustering methods for spatial data mining," *Proceedings of the 20th VLDB Conference*, Santiago, Chile, September 1994, 144-155.

[5] Park, H.-S. and C.-H. Jun (2009). "A simple and fast algorithm for K-medoids clustering," *Expert Systems With Applications*, 36(2), 3336-3341.

[6] Vinod, H. (1969). "Integer programming and the theory of grouping," *Journal of the American Statistical Association*, 64, 506-517.

연습문제

13.1 다음과 같은 하나의 변수를 갖는 7개의 객체가 있다. 이를 두 개의 군집으로 나누고자 한다.

	01	02	03	04	05	06	07
X	2	2.5	5.5	6	9	11	12

(a) K-means 방법을 사용한 군집해를 구하라.

(b) K-medoids 방법이 K-means-like 알고리즘에 의한 군집헤를 도출하고, 두 대표객체를 구하라.

13.2 연습문제 12.2의 은행 데이터를 이용하여 13개 은행을 3개의 군집으로 그룹핑하고자 한다. K-means 방법과 퍼지 K-means 방법을 사용한 결과를 각각 제시하고 비교하라.

13.3 [예 13.5]의 데이터를 바탕으로 PAM 알고리즘을 적용하여 3개의 군집을 형성하라.

13.4 [예 13.5]의 데이터를 바탕으로 K-medoids 군집방법으로 3개의 군집을 만들되, K-means-like 알고리즘을 사용하라.

13.5 [예 13.3]의 데이터를 바탕으로 모형기반 군집방법을 이용하여 2개의 군집을 형성하라. 단, 군집별 분산-공분산행렬은 Case 1로 추정하라.

13.6 [예 13.5]의 데이터를 모형기반 군집방법으로 군집화하라. 3개의 군집을 형성하고 군집별 분산-공분산행렬은 Case 2로 추정하라.

13.7 연습문제 12.7의 데이터에 대하여 군집분석을 수행하라. K-means 방법 및 퍼지 K-means 방법, K-means-like K-medoids 방법을 각각 적용하되, K=3으로 하라.

13.8 하나의 변수로 이루어진 n개의 관측치 $x_1,\ldots,x_n$이 있다(즉, 수직선상에 n개의 점이 있다고 하자). 이를 두 개의 군집(예를 들어 신호와 잡음)으로 나누고자 한다. K-means를 사용한다고 할 때 다음 물음에 답하라.

(a) 초기중심좌표의 선택과 관계없이 최종 결과가 수식선상의 어떤 값을 경계로(클 때와 작을 때) 두 군집으로 나뉘어지는가? 간단히 설명하라.

(b) 최종결과에 대한 목적함수식을 표현하라.(필요한 기호는 정의하여도 되나, 지시변수는 사용하면 안 됨.)

(c) 각 군집의 중심좌표에서 가장 가까운 관측치가 그 군집의 대표객체가 된다고 할 수 있는가? 간단히 설명하라.

3부 | 군집분석

14장

군집해의 평가 및 해석

14.1 군집해의 평가
14.2 군집해의 해석
14.3 참고사항

들어가며

군집분석 수행 시에는 분류분석과 달리 각 객체가 속하는 군집에 대하여 알려진 학습표본이 없기 때문에 어떤 군집해의 성능을 평가하기가 곤란하다. 각 객체가 이차원 또는 삼차원의 변수로 이루어진 경우에는 각 객체를 좌표축에 나타내어 도식화함으로써 어느 정도 군집해의 타당성을 정성적으로 평가가 가능할 것이나 이보다 높은 차원의 경우에는 도식화는 불가능하다. 따라서 응용 분야에 따라 전문가의 견해가 군집해의 평가에 필요할 수도 있다.

14.1 ▸ 군집해의 평가

군집해의 정량적인 평가척도에 대한 연구는 지속적으로 이루어지고 있으며, 크게 외부평가지수(external index)와 내부평가지수(internal index)로 구분되고 있다.

14.1.1 외부평가지수

만약 어떤 군집문제에 대한 잘 알려진 군집해가 있다고 하자. 여기에 새로운 군집해가 제안된다고 할 때 제안된 해를 기존의 알려진 해와 비교하고자 한다. 이와 같은 비교를 위하여 어떤 척도가 적절할 것인가? 예를 들어, {1, 2, ⋯, 7}의 7개 객체에 대하여 군집해로 {(1,2), (3,4,5), (6,7)}이 알려져 있다고 하자. 새로 제안된 해가 {(1,2,6), (3,5), (4,7)}이라 할 때 제안된 해를 기존의 군집해와 어떻게 비교 평가할 것인가에 관심을 갖게 된다. 이러한 비교는 군집분석을 위한 알고리즘의 평가에 종종 사용된다. 특히, 인위적으로 군집을 구성하고 각 군집에 해당되는 객체를 생성하는 시뮬레이션에서는 군집에 대한 '해답'이 있으므로 여러 알고리즘에 의한 군집해를 서로 비교할 수 있다.

이상과 같이 알려진 외부 군집해와 비교하는 평가척도를 외부평가지수라 하며, 이의 대표적인 척도로 1971년 Rand가 제안한 랜드지수(Rand index)가 흔히 사용된다(참고문헌 [7]). 랜드지수는 비교 대상인 두 군집해에 일치되는 객체 쌍의 비율로 산출된다. n개의 객체에 대하여 알려진 기준 군집해를 다음과 같다고 하자.

$$\mathrm{U}=\{U_1, U_2, \ldots, U_r\}$$

즉, 기준 군집해 U는 r개의 군집으로 구성되며 i번째 군집을 U_i로 나타낸다. 유사하게 비교 대상의 군집해를 다음과 같이 s개의 군집으로 구성된 V로 나타내자.

$$\mathrm{V}=\{V_1, V_2, \ldots, V_s\}$$

랜드지수를 산출하기 위해 우선 다음과 같은 네 가지 값을 정의한다.

a=U의 군집별 객체 쌍에 대하여 V의 어떤 군집에 같이 존재하는 객체 쌍의 수
b=U의 군집별 객체 쌍에 대하여 V의 어느 군집에도 같이 존재하지 않는 객체 쌍의 수
c=V의 군집별 객체 쌍에 대하여 U의 어느 군집에도 같이 존재하지 않는 객체 쌍의 수
d=U와 V의 어느 군집에도 같이 존재하지 않는 객체 쌍의 수

이때 랜드지수는 다음과 같이 정의된다.

$$RI = \frac{a+d}{a+b+c+d} \tag{14.1}$$

여기서 a+b+c+d는 객체 쌍의 전체 수를 의미하므로 다음과 같다.

$$a+b+c+d = \binom{n}{2} \tag{14.2}$$

식 (14.1)의 랜드지수는 0에서 1 사이의 값을 갖게 되며, 0에 가까울수록 두 군집해가 일치하지 않음을 1에 가까울수록 두 군집해가 일치함을 나타낸다. 식 (14.1)을 보면, b=c=0일 때 RI=1이 되며, a=d=0일 때 RI=0이 된다.

예 14.1 7개의 객체에 대한 알려진 기준 군집해가 다음과 같다.

$$\mathrm{U}=\{(1,2),(3,4,5),(6,7)\}$$

아래의 군집해를 기준 군집해와 비교하고자 한다.

$$\mathrm{V}=\{(1,2,6),(3,5),(4,7)\}$$

여기서 $U_1=(1,2), U_2=(3,4,5), U_3=(6,7)$이며, $V_1=(1,2,6), V_2=(3,5), V_3=(4,7)$라 둘 수 있다. U_1의 객체 쌍 (1,2)는 V_1에 속하고, U_2의 객체 쌍 (3,5)만이 V_2에 속하

므로 a=2임을 알 수 있다. 그리고 U_2의 객체 쌍 (3,4) 및 (4,5)와 U_3의 (6,7)은 V의 어느 군집에도 속하지 않으므로 b=3이라 할 수 있다. 또한, V_1의 (1,6)과 (2,6), V_3의 (4,7)은 U의 어느 군집에도 속하지 않으므로 c=3이다. 그리고 식 (14.2)에 의하여 d=21−(2+3+3)=13이다. 따라서 이 경우 랜드지수는 다음과 같다.

$$RI = \frac{2+13}{21} = \frac{15}{21} = 0.714$$ ■

일반적으로 a, b, c, d를 산출하기 위하여 아래와 같은 분할표(contingency table)를 작성하는 것이 편리하다. n_{ij}를 U의 군집 U_i에 속한 객체 중 V의 군집 V_j에 속하는 객체수라 정의하면, 분할표는 [표 14.1]과 같다.

[표 14.1] 두 군집해 비교를 위한 분할표

	V_1	V_2	…	V_s	합
U_1	n_{11}	n_{12}		n_{1s}	$n_{1.}$
U_2	n_{21}	n_{22}		n_{2s}	$n_{2.}$
…					
U_r	n_{r1}	n_{r2}		n_{rs}	$n_{r.}$
합	$n_{.1}$	$n_{.2}$		$n_{.s}$	n

[표 14.1]에서 $n_{i.}$는 i번째 행의 합, $n_{.j}$는 j번째 열의 합을 나타낸다. 이때 a, b, c, d는 다음과 같이 산출된다.

$$a = \sum_{i,j} \binom{n_{ij}}{2} \tag{14.3a}$$

$$b = \sum_{i} \binom{n_{i.}}{2} - \sum_{i,j} \binom{n_{ij}}{2} \tag{14.3b}$$

$$c = \sum_{j} \binom{n_{.j}}{2} - \sum_{i,j} \binom{n_{ij}}{2} \tag{14.3c}$$

$$d = \binom{n}{2} - (a+b+c) \tag{14.3d}$$

예 14.2 [예 14.1]에 대한 분할표를 작성하면 다음과 같다.

	V_1	V_2	V_3	합
U_1	2	0	0	2
U_2	0	2	1	3
U_3	1	0	1	2
합	3	2	2	7

따라서 식 (14.3)을 이용하여 a, b, c, d를 얻은 후 랜드지수를 구하면 [예 14.1]에서와 동일함을 알 수 있다. ■

식 (14.1)의 랜드지수는 0에서 1 사이의 값을 가지므로 기대치가 0보다 큼을 알 수 있다. 1985년 Hubert와 Arabie(참고문헌 [4])는 랜드지수를 수정하여 최대값은 1을 갖되 기대치는 0이 되도록 하여 보다 넓은 범위의 값을 갖는 지수를 제안하였는데, 이를 수정랜드지수(adjusted Rand index)라 하며 다음과 같이 산출된다.

$$RI_{adj} = \frac{\sum_{i,j}\binom{n_{ij}}{2} - \left[\sum_i \binom{n_{i.}}{2}\sum_j \binom{n_{.j}}{2}\right] / \binom{n}{2}}{\frac{1}{2}\left[\sum_i \binom{n_{i.}}{2} + \sum_j \binom{n_{.j}}{2}\right] - \left[\sum_i \binom{n_{i.}}{2}\sum_j \binom{n_{.j}}{2}\right] / \binom{n}{2}} \tag{14.4}$$

식 (14.3)의 관계를 이용하여 식 (14.4)를 다시 표현하면 다음과 같다.

$$\begin{aligned} RI_{adj} &= \frac{a - \dfrac{(a+b)(a+c)}{a+b+c+d}}{\dfrac{1}{2}(a+b+a+c) - \dfrac{(a+b)(a+c)}{a+b+c+d}} \\ &= \frac{2(ad-bc)}{(a+b)(b+d)+(a+c)(c+d)} \end{aligned} \tag{14.5}$$

식 (14.5)를 보면 $b=c=0$일 때 RI와 같이 RI_{adj}도 최대값인 1을 갖고, $ad=bc$일 때 $RI_{adj}=0$이 되며, $ad<bc$일 때 $RI_{adj}<0$가 됨을 알 수 있다. 랜덤한 군집해의

경우 수정랜드지수는 0에 가까운 값을 갖는다. 수정랜드지수가 음수라면 비교 군집해가 랜덤한 해보다 유사하지 않음을 의미한다고 하겠다.

예 14.3 [예 14.1]에 대하여 수정랜드지수를 구해보면, a=2, b=3, c=3, d=13이므로 식 (14.5)에 의하여 다음과 같다.

$$RI_{adj} = 34/160 = 0.2125$$

예 14.4 다음의 두 군집해에 대하여 랜드지수와 수정랜드지수를 구하고 비교하라.

$$U = \{(1,2,3,4),\ (5,6,7),\ (8,9,10)\}$$
$$V = \{(1,2,5,8),\ (3,6,9),\ (4,7,10)\}$$

풀이 우선 분할표를 작성하면 다음과 같다.

	V_1	V_2	V_3	합
U_1	2	1	1	4
U_2	1	1	1	3
U_3	1	1	1	3
합	4	3	3	10

그리고 a, b, c, d를 구하면 아래와 같다.

$$a=1,\ b=11,\ c=11,\ d=22$$

따라서 랜드지수 및 수정랜드지수는 각각 다음과 같이 산출된다.

$$RI = 23/45 = 0.511 \qquad RI_{adj} = -1/4 = -0.25$$

14.1.2 내부평가지수

군집해에 대한 내부평가지수는 외부 정보의 도움 없이 입력 데이터만으로 군집해를 평가하는 척도로서 주로 밀집성(compactness), 연결성(connectedness), 분리성(spatial separation) 등 세 가지 관점에서 평가한다. 밀집성이란 한 군집 내 객체들의 균질성을 나타내며, 연결성은 인접한 객체를 그룹핑하는 능력이라 할 수 있으며, 분리성은 다른 군집 간의 이질성을 나타낸다고 하겠다. 아래에 몇 가지의 내부평가지수를 소개하고자 한다. K개의 군집으로 이루어진 군집해 C가 다음과 같다고 하자.

$$\mathrm{C} = \{ C_1, \ldots, C_K \}$$

Dunn (1973)(참고문헌 [3])은 아래와 같은 지수를 제안하였다.

$$DI = \frac{\min_{\boldsymbol{x} \in C_i, \boldsymbol{y} \in C_j (1 \le i \ne j \le K)} d(\boldsymbol{x}, \boldsymbol{y})}{\max_{\boldsymbol{x}_1, \boldsymbol{x}_2 \in C_i (1 \le i \le K)} d(\boldsymbol{x}_1, \boldsymbol{x}_2)} \tag{14.6}$$

여기서 분자는 군집 간의 분리성(클수록 분리성이 큼)을, 분모는 군집의 밀집성(작을수록 밀집성이 높음)을 반영하는 것이라 볼 수 있다. 따라서 분리성과 밀집성이 높을 때 Dunn 지수는 큰 값을 갖게 되며 해당 군집해가 상대적으로 좋게 평가된다.

Calinski와 Harabasz (1974)(참고문헌 [2])는 다음과 같은 CH지수를 제안하였다.

$$CH = \frac{\dfrac{1}{K-1} \displaystyle\sum_{k=1}^{K} n_k d(\boldsymbol{c}_k, \boldsymbol{c})}{\dfrac{1}{n-K} \displaystyle\sum_{k=1}^{K} \sum_{\boldsymbol{x} \in C_k} d(\boldsymbol{x}, \boldsymbol{c}_k)} \tag{14.7}$$

위에서 c_k는 군집 k의 중심좌표(centroid)이며, n_k는 군집 k의 객체수이고 c는 전체 객체들의 중심좌표를 나타낸다. CH지수 역시 분자는 분리성을 분모는 밀집성을 평가하고 있으며 클수록 좋은 군집해임을 시사한다.

Brock 등 (2008)(참고문헌 [1])은 연결성을 반영한 아래와 같은 지수(BI)를 제시하고 있다. $z(i,j)$를 객체 $\boldsymbol{x}_i$의 j번째 최근 객체(nearest neighbor)라 하고, 다음과 같은 변수를 정의하자.

$$v(i,j) = \begin{cases} 0 & \text{객체 } \boldsymbol{x}_i\text{와 } \boldsymbol{z}(i,j)\text{가 동일군집에 있을 때} \\ 1/j & \text{그 밖의 경우} \end{cases} \tag{14.8}$$

그리고 객체별 최근 객체는 L개까지 고려한다고 하자. 이때 BI지수는 다음과 같다.

$$BI = \sum_{i=1}^{n} \sum_{j=1}^{L} v(i,j) \tag{14.9}$$

위의 $v(i,j)$는 객체 $\boldsymbol{x}_i$와 인근 객체가 동일 군집에 있지 않을 때 부여하는 벌점이므로, BI지수는 군집해에 대한 총벌점으로 간주할 수 있고, 따라서 작은 값일수록 좋은 군집해로 평가될 수 있다.

Kaufman and Rousseeuw (1990)(참고문헌 [5])는 PAM 알고리즘을 설명하면서 실루엣(silhouettes)이라는 내부평가지수를 제안하였다. 우선 다음과 같은 기호를 정의하자.

$a(i)$: 객체 i와 동일 군집에 속한 다른 객체들과의 평균 거리
$d(i,C)$: 객체 i와 다른 군집 C에 속한 모든 객체들과의 평균 거리
$b(i) = \min_C d(i,C)$

이때 객체 i에 대한 실루엣을 아래와 같이 정의하고

$$s(i) = \frac{b(i) - a(i)}{\max(a(i), b(i))} \tag{14.10}$$

군집해에 대한 평가지표로서 평균실루엣(average silhouette width; ASW)을 다음과 같이 정의하여 사용하는 것을 제안한다.

$$ASW = \frac{1}{n} \sum_{i=1}^{n} s(i) \tag{14.11}$$

위에서 $s(i)$은 -1과 1 사이의 값을 갖는데(이를 확인하라), 이 값이 1에 가까우면 다른 군집과의 거리보다 동일 군집 내 객체 간 거리가 가까움을 나타내므로 객체 i가 잘 그룹핑된 것을 의미하며, 반대로 (-1)에 가까우면 잘못된 것을 뜻한다고 하겠다.

예 14.5 다음은 승용차 운전자 8명에 대한 운전경력(X1)에 따른 교통위반횟수(X2)를 조사한 표이다.

	O1	O2	O3	O4	O5	O6	O7	O8
운전경력(X1)	4	20	3	19	17	8	19	18
위반횟수(X2)	15	13	13	4	17	11	12	6

군집알고리듬 A와 B를 사용하여 각각 다음과 같은 군집해 1, 군집해 2를 얻었다고 하자.

군집해 1: C1={1,3,6}, C2={2,5,7}, C3={4,8}
군집해 2: C1={1,3,6}, C2=(2,4,5,7,8}

위에서 설명한 내부평가지수를 산출하여 두 군집해를 비교하라. 단, 모든 거리는 유클리드 거리를 사용하고, BI지수 산출 시에 최근 객체수로는 L=1을 사용하라.

풀이 두 군집해에 대하여 4가지 내부평가지수를 계산하면 아래 표와 같다.

	DI	CH	BI	ASW
군집해 1	1.075	8.654	0	0.651
군집해 2	0.822	10.354	0	0.586

위의 결과를 볼 때, DI, ASW 관점에서는 군집해 1이 군집해 2보다 좋다고 평가되며 CH지수의 관점에서는 군집해 2를 선호하고 있다. 참고로 군집해 1에 대한 객체별 실루엣은 아래와 같다.

	O1	O2	O3	O4	O5	O6	O7	O8
s(i)	0.734	0.607	0.760	0.778	0.571	0.513	0.517	0.725

14.2 ▶ 군집해의 해석

군집분석의 주목적을 달성하기 위하여서는 군집해를 얻은 후 이에 대한 해석이 가능하여야 할 것이다. 즉, 각 군집의 특성을 파악할 수 있어야 실제 문제에 적용할 수 있을 것이다. 이를 위해서는 특정 응용 분야의 전문가 지식을 요하는 경우가 많다. 그러나 첫 출발은 각 군집의 중심좌표, 즉 군집 별 변수별 평균치를 산출하는 것이다. 대부분의 경우 변수별 평균치로 군집들을 비교함으로써 군집의 특성을 파악할 수 있다. 다변량을 처리할 수 있는 그래프 역시 도움이 되며, 특히 다변량인 경우 요인분석(factor analysis)을 활용하기도 한다. 최종적으로 각 군집에 대한 특성이 파악되면 명명(naming)하는 것이 추천된다.

예 14.6 [예 14.5]의 데이터에 대하여 어떤 군집 알고리즘을 사용하여 다음과 같은 군집해를 얻었다고 하자.

$$C1=\{1,3,6\},\ C2=\{2,5,7\},\ C3=\{4,8\}$$

군집별로 중심좌표를 산출하면 다음 표와 같다.

	C1	C2	C3	전체
운전경력(X1)	5	18.67	18.5	13.5
위반횟수(X2)	13	14	5	11.38

위의 표를 볼 때 군집 C1은 경력이 적고 위반횟수가 많은 그룹이며, 군집 C2는 경력은 많으나 위반횟수가 많은 그룹이며, 군집 C3은 경력이 많고 위반횟수는 적은 그룹을 나타낸다고 하겠다. 따라서 C1은 “경력부족 운전자” 그룹, C2는 “부주의 운전자” 그룹, C3은 “신중 운전자” 그룹이라 명명할 수 있겠다.

예 14.7 연습문제 12.7의 데이터에 대하여 완전연결법(유클리드 거리 사용)으로 군집 분석을 수행한 결과 다음의 3개 군집을 얻었다고 하자.

$$C_1 = \{1,\ 3,\ 4,\ 5,\ 6,\ 7,\ 9,\ 11,\ 13,\ 22\},\ C_2 = \{8,\ 10,\ 12,\ 15,\ 16,\ 17,\ 18,\ 19\},$$
$$C_3 = \{2,\ 14,\ 20,\ 21,\ 23\}$$

위의 결과를 해석하기 위하여 우선 각 군집의 변수별 중심좌표를 구해보면 아래와 같다.

군집	칼로리	수분	단백질	지방	당분
C_1	338.6	28.0	11.4	10.3	48.6
C_2	614.2	12.9	6.6	57.3	21.2
C_3	80.9	80.2	6.9	1.3	9.9
전체	308.9	42.9	8.8	17.4	29.2

따라서 C_1은 당분과 단백질이 높은 식품군, C_2는 지방은 높으나 수분이 낮은 식품군, 그리고 C_3은 지방과 당분이 낮은(칼로리가 낮은) 식품군이라 해석할 수 있겠다.

14.3 ▸ 참고사항

랜드지수에 대한 자세한 사항은 참고문헌 [7]에서, 수정랜드지수에 대한 내용은 참고문헌 [4]에서 찾을 수 있다. 참고문헌 [6]은 계층적 군집방법에 대한 여러 평가지수를 비교하는 연구에서 위의 수정랜드지수를 추천하고 있다.

[1] Brock, G., Pihur, V., Datta, S., and Datta, S. (2008). "clValid, an R package for cluster validation," *Journal of Statistical Software*, 25,1-22.

[2] Calinski, T. and J. Harabasz (1974). "A dendrite method for cluster analysis," *Communications in Statistics - Simulation and Computation*, 3, 1-27.

[3] Dunn, J. (1973). "A fuzzy relative of the ISODATA process and its use in detecting compact well-separated clusters," *Cybernetics and Systems*, 3, 32-57.

[4] Hubert, L. and P. Arabie (1985). "Comparing partitions," *Journal of Classification*, 2, 193-218.

[5] Kaufman, L. and P. J. Rousseeuw (1990). *Finding Groups in Data: An Introduction to Cluster Analysis*. Wiley, New York.

[6] Milligan, G. W. and M. C. Cooper (1986). "A study of the comparability of external criteria for hierarchical cluster analysis," *Multivariate Behavioral Research*, 21, 441-458.

[7] Rand, W. M. (1971). "Objective criteria for the evaluation of clustering methods," *Journal of the American Statistical Association*, 66, 846-850.

연습문제

14.1 다음과 같은 기준 군집해 U에 대하여 새로운 군집해 V를 평가하기 위한 랜드지수 및 수정랜드지수를 산출하라.

$$U = \{(1,2,3,4),(5,6),(7,8,9)\}$$
$$V = \{(1,2,5),(3,4,6),(7,8,9)\}$$

14.2 다음과 같은 기준 군집해 U에 대하여 새로운 군집해 V를 평가하기 위한 랜드지수 및 수정랜드지수를 산출하라.

$$U = \{(1,2,3,4),(5,6),(7,8,9)\}$$
$$V = \{(1,2,3),(4,5,6,7,8,9)\}$$

14.3 연습문제 6.6에 있는 붓꽃 데이터에서 세 가지 품종을 구분하지 않고 150개의 객체들을 대상으로 K-means 방법(K=3 사용)을 사용하여 군집해를 구한 후 다음에 답하라.

(a) 군집해에 대한 4가지 내부평가지수를 산출하라.

(b) 군집해와 실제 품종을 비교하여 랜드지수 및 수정랜드지수를 구하라.

14.4 연습문제 12.7의 식품 성분 데이터에 대하여 각 변수를 표준화한 후 K-means (K=3) 방법을 적용하여 아래와 같은 결과를 얻었다.

C1={O1, O2, O3, O4, O5, O6, O7, O9, O23}

C2={O11, O13, O14, O20, O21, O22}

$$C3 = \{O8,\ O10,\ O12,\ O15,\ O16,\ O17,\ O18,\ O19\}$$

각 군집별 중심좌표를 얻은 후 해석하라.

14.5 연습문제 12.7의 데이터에 대하여 연습문제 14.4에서 제시한 군집해와 퍼지 K-means 방법(퍼지상수=2 사용)에 의한 군집해를 비교하고자 한다. 내부평가지수를 이용하여 비교하고 결과를 설명하라.

14.6 다음은 17개의 유리조각에 대한 성분을 측정한 데이터이다(RI는 굴절률임).

RI	Na	Mg	Al	SI
1.51735	13.02	3.54	1.69	72.73
1.51569	13.24	3.49	1.47	73.25
1.51660	12.99	3.18	1.23	72.97
1.51709	13.00	3.47	1.79	72.72
1.51839	12.85	3.67	1.24	72.57
1.51593	13.25	3.45	1.43	73.17
1.51769	13.65	3.66	1.11	72.77
1.51869	13.19	3.37	1.18	72.72
1.51625	13.36	3.58	1.49	72.72
1.51768	12.56	3.52	1.43	73.15
1.51743	13.30	3.60	1.14	73.09
1.51779	13.64	3.65	0.65	73.00
1.52101	13.64	4.49	1.10	71.78
1.51796	13.50	3.36	1.63	71.94
1.51610	13.33	3.53	1.34	72.67
1.52099	13.69	3.59	1.12	71.96
1.51754	13.48	3.74	1.17	72.99

(a) 12장의 계층적 군집방법(연결법) 중 두 가지를 선택하여 각각 군집화하되 3개의 군집을 형성하라.

(b) 위의 두 군집해에 대하여 각각 내부평가지수들을 산출하고 결과를 비교하라.

(c) (b)의 결과 중 좋은 군집해를 선택하고 이를 해석하라.

14.7 두 군집해 U와 V에 대하여, U가 기준 군집해인 경우와 V가 기준 군집해인 경우에 랜드지수는 동일하게 산출되는가? 수정랜드지수는 어떠한가?

14.8 식 (14.10)의 실루엣 값이 -1에서 1 사이의 값을 가짐을 보여라.

15장

연관규칙

들어가며

연관규칙(association rule)이란 간단히 말하면 항목들 간의 조건-결과 식으로 표현되는 유용한 패턴을 말한다. 연관규칙의 탐사는 기업의 활동, 특히 마케팅에서 가장 널리 사용되고 있다. 예를 들면, 미국의 슈퍼마켓에서 목요일 기저귀를 사는 고객은 맥주도 동시에 구매한다는 연관성을 알아냈다고 한다. 이때 조건은 '목요일, 기저귀'이며, 결과는 '맥주'라 할 수 있다. 이와 같은 연관규칙의 탐사가 가능하게 된 것은 컴퓨터 기술의 발전을 들 수 있겠다. 한 고객이 슈퍼마켓의 계산대에서 계산할 때 쇼핑카트에 담긴 물품들이 바코드 스캐닝을 통하여 컴퓨터에 데이터베이스 형태로 입력되고 이로부터 고객들의 구매 행태를 분석할 수 있게 되었다. 또한 물품 정보뿐만 아니라 구매 시기, 지불 방법 등이 동시에 입력될 것이다. 물론 이러한 규칙은 물리, 수학 등에서 도출되는 규칙과는 달리 100% 정확한 것은 아니므로 어느 정도 정확한지 등의 성능척도도 중요시 되고 있다.

위에서 언급한 데이터의 형태는 소위 시장바구니 또는 바스켓(market basket) 데이터라 한다. 이때 한 고객, 즉 한 바스켓의 정보를 하나의 트랜잭션(transaction)이라 한다. 바스켓 형태의 데이터에서는 주로 트랜잭션 내의 연관성을 살펴보고자 하는 것으로, 수많은 트랜잭션을 분석하여 빈번히 나타나는 규칙을 찾아내는 것이다. 이렇게 찾아낸 규칙은 마케팅에 활용된다. 예를 들어 위의 기저귀-맥주의 규칙을 활용하여 기저귀와 맥주를 가까운 곳에 진열함으로써 매출 신장을 기할 수 있다. 이와 같이 바스켓 데이터로부터 연관규칙을 탐사하는 것을 시장바구니분석(market basket analysis)이라 한다.

연관규칙의 탐사는 한 고객의 시간에 따른 구매 정보를 활용하여 이루어지기도 한다. 예를 들면, 가전제품 대리점에서 고객별, 시간별 구매 제품의 데이터를 활용하여 '제품 A를 사는 고객은 추후에 제품 B도 구매한다'는 연관규칙을 이끌어 낼 수 있을 것이다. 이와 같은 패턴을 얻어 제품 A를 구매하였으나 제품 B를 구매하지 않은 고객에게 판촉 활동을 할 수 있다. 이런 시간에 따른 고객 데이터를 시퀀스(sequence) 데이터라 한다.

당연한 사실이지만 탐사에서 도출된 연관규칙은 분명하고 유용한 것이어야 한다. 유용하다(useful)는 것은 새롭고도 실행 가능하며 설명할 수 있는 것을 말한다고 하겠다. 이에 비해 사소한(trivial) 규칙이란 이미 잘 알려진 사실을 말한다. 예를 들면, '페인트를 사면 페인트 붓을 산다'는 규칙 같은 것이다. 또한, 이전의 판촉 활동의 결과로 도출된 규칙은 유용하다고 할 수 없을 것이다. 어느 행사 기간에 제품 A와 제품 B를 동시에 판매촉진 활동을 하였다면 '제품 A를 사면 제품 B를 산다'는 규칙이 당연하게 도출될 가능성이 높기 때문이다. 도출된 규칙이 새로운 사실이나 설명할 수 없는 것이라면 이것 또한 유용하다고 볼 수 없다. 설명할 수 없는 규칙은 데이터의 오류일 가능성도 있으며 마케팅에 활용할 수 없기 때문이다.

15.1 ▶ 연관규칙의 정의 및 성능척도

데이터베이스가 총 n개의 트랜잭션 데이터로 구성되며 전체 m개의 항목을 포함한다 하자. 즉, 전체 항목집합 I를 다음과 같이 정의하자.

$$I = \{i_1, \ldots, i_m\}$$

이때 특정한 트랜잭션은 I의 부분집합이 된다.

연관규칙 R은 조건부와 결과부로 구성되며 항목집합인 X와 Y에 대하여 'X가 일어나면 Y도 일어난다'는 의미로 다음과 같이 표현할 수 있다.

$$R : X \Rightarrow Y \tag{15.1}$$

여기서 $X, Y \subseteq I$이고, $X \cap Y = \varnothing$이어야 한다. 따라서 연관규칙을 탐사함은 적절한 항목집합 X와 Y를 선택하는 문제로 볼 수 있으며 규칙이 얼마나 의미있는가를 평가하기 위해 몇 가지 척도를 고려하고 있다. 우선, 지지도는 다음과 같이 정의된다.

정의 15.1 지지도: support

항목집합 및 규칙에 대한 지지도는 각각 아래와 같이 정의된다.

(a) 항목집합 X에 대한 지지도는 다음과 같다.
supp(X)=집합 X의 항목을 동시에 포함하는 트랜잭션수의 전체 수(n)에 대한 비율

(b) 규칙 R: X⇒Y에 대한 지지도는 다음과 같다.
supp(R)=supp(X∪Y)

즉, 규칙 R에 대한 지지도는 집합 X 와 집합 Y에 있는 항목을 동시에 포함하는 트랜잭션수의 비율을 나타낸다.

정리 15.1 집합 A가 집합 B의 부분집합일 경우(즉, $A \subseteq B$), 다음이 성립한다.

$$\text{supp(A)} \geq \text{supp(B)}$$

[정리 15.1]에 의하여 supp(X)≥supp(R), supp(Y)≥supp(R)이 성립한다.

예 15.1 다음과 같은 5개의 트랜잭션을 고려해 보자.

트랜잭션	항목
1	b, c, g
2	a, b, d, e, f
3	a, b, c, g
4	b, c, e, f
5	b, c, e, f, g

이때 전체 항목집합 I는 다음과 같다.

$$I=\{a,\ b,\ c,\ d,\ e,\ f,\ g\}.$$

다음과 같은 규칙을 고려해 보자.

R: "항목 b와 항목 c가 일어나면, 항목 g도 일어난다."

이때 규칙 R에 해당하는 항목집합 X와 Y는 다음과 같다.

$$X=\{b,\ c\}, \qquad Y=\{g\}.$$

이 경우 X 및 규칙 R에 대한 지지도는 각각 아래와 같이 산출된다.

$$\text{supp(X)}=\text{supp}(\{b,\ c\})=4/5=0.8$$
$$\text{supp(R)}=\text{supp}(\{b,\ c,\ g\})=3/5=0.6$$

■

연관규칙 R의 가치를 평가할 때 통상 다음과 같이 정의되는 신뢰도를 사용한다.

정의 15.2 신뢰도: confidence

규칙 R: $X \Rightarrow Y$에 대한 신뢰도는 다음과 같다.

$$\text{conf}(R) = \text{supp}(X \cup Y)/\text{supp}(X)$$

이 신뢰도는 조건부 확률의 개념으로 집합 X(조건)가 발생한다고 주어질 때 집합 Y(결과)도 동시에 발생할 확률을 의미한다. 즉, 트랜잭션에 X의 항목들을 포함하는 경우 Y의 항목들도 동시에 포함할 확률을 나타내며, 신뢰도가 큰 규칙일수록 의미가 크다고 하겠다.

또한, 신뢰도 이외에 연관규칙의 개선도를 함께 사용하는데, 이는 결과가 단독으로 발생할 가능성에 비추어 조건과 연계하여 결과가 발생할 가능성의 빈도 비율로 정의된다.

정의 15.3 개선도: lift; improvement

규칙 R: $X \Rightarrow Y$에 대한 개선도는 다음과 같다.

$$\text{lift}(R) = \frac{\text{conf}(R)}{\text{supp}(Y)} = \frac{\text{supp}(X \cup Y)}{\text{supp}(X)\text{supp}(Y)}$$

개선도가 1이 됨은 $\text{supp}(X \cup Y)=\text{supp}(X)\text{supp}(Y)$가 성립하므로 항목집합 X 와 Y의 발생이 독립임을 의미한다고 하겠다. 그리고 개선도가 1 전후의 값에 따라 다음과 같은 해석을 할 수 있다.

$\text{lift}(R)>1$인 경우, X와 Y의 발생이 양의 상관관계

$\text{lift}(R)<1$인 경우, X와 Y의 발생이 음의 상관관계

따라서 개선도가 1보다 큰 규칙이야말로 우연한(랜덤한) 관계가 아닌 필연적 관계를 나타낸다고 하겠다.

예 15.2 (예 15.1의 계속) 다음 규칙에 대한 신뢰도와 개선도를 산출하여 보자.

R: "항목 b와 항목 c가 일어나면, 항목 g도 일어난다."

우선, 신뢰도는 다음과 같다.

$$\text{conf}(R) = \text{supp}(X \cup Y)/\text{supp}(X) = 0.6/0.8 = 0.75.$$

그리고 개선도는 다음과 같다.

$$\text{lift}(R) = \text{conf}(R)/\text{supp}(Y) = 0.75/0.6 = 1.25$$

즉, 항목 g가 단독으로 발생하는 것보다 항목 b, c가 발생할 때 g가 동시에 발생하는 상대적 빈도가 25% 높다고 하겠다.

15.2 ▸ 연관규칙의 탐사

연관규칙의 탐사는 결국 신뢰도 또는 개선도가 높은 규칙 R을 트랜잭션 데이터로부터 도출하는 과정이다. 따라서 규칙이 $R: X \Rightarrow Y$의 형태일 때 적절한 항목집합 X와 Y를 찾는 것이라 할 수 있겠다. 그러나 모든 항목의 조합을 고려하여 성능이 좋은 규칙을 찾는 일은 쉬운 것이 아니므로 이를 위한 효율적인 알고리즘이 요구된다. 예로써 [예 15.1]의 7개 항목으로 구성된 5건의 트랜잭션 데이터에 대하여 집합 X의 후보가 되는 경우수를 볼 때, 1개 항목으로 구성되는 경우가 7가지, 2개의 항목으로 구성되는 경우가 21가지, 3개의 항목으로 구성되는 경우가 35가지 등이 될 것이다.

연관규칙의 탐사를 위한 알고리즘으로 가장 널리 사용되는 것이 Agrawal and Srikant (1994)(참고문헌 [1])의 Apriori 알고리즘이다. 이 알고리즘은 다음의 두 과정으로 구성된다. 각 과정에 대한 구체적 내용은 15.2.1 및 15.2.2절에서 각각 설명하고자 한다.

[과정 1] 미리 결정된 최소 지지도 s_{min} 이상의 지지도를 갖는 모든 빈발항목집합들(large itemsets)을 찾는다.

[과정 2] 특정 빈발항목집합 L에 대한 부분집합 A를 고려한다. 미리 결정된 최소 신뢰도 c_{min}에 대하여 supp(L)/supp(A)≥c_{min}이면, R: A⇒(L−A) 형태의 규칙을 출력한다. 즉, 이 규칙의 지지도는 supp(R)=supp(L)이며, 신뢰도는 conf(R)=supp(L)/supp(A)가 된다.

15.2.1 빈발항목집합 생성

빈발항목집합을 도출하기 위하여 우선 하나의 항목으로 이루어지는 후보집합군(C1)을 형성하고 최소 지지도 이상을 갖는 집합군(L1)을 생성한다. 다음으로 L1로부터 두 개의 항목으로 이루어지는 후보집합군(C2)을 만들고 최소 지지도 이상을 갖는 집합군(L2)을 생성하며, 다시 L2로부터 세 항목으로 이루어지는 후보집합군(C3)과 빈발항목집합군 L3을 만드는 등 이러한 과정을 더 이상 새로운 집합이 생성되지 않을 때까지 반복한다.

L_k로부터 C_{k+1}를 생성할 때 접합(join) 연산자(*)를 사용한다. L1로부터 C2를 만드는 경우에는 L1의 한 항목에 대한 모든 조합이 C2가 될 것이다. 즉, C2는 $\binom{|L_1|}{2}$개의 2-항목집합으로 이루어진다. 그러나 L2에서 두 집합의 조합은 최대 4개의 항목을 포함할 수 있으므로 C3을 형성할 때 L2의 집합 중 하나의 항목이 동일한 것들만 대상으로 하여야 한다. 마찬가지로 L3으로부터 C4를 형성할 때는 L3의 집합 중 두 개의 항목이 동일할 때 가능하게 된다. 예로써, L2=[{a,b}, {a,c}, {b,d}]라 할 때 {a,b,c}와 {a,b,d}가 3-항목집합의 후보가 될 것이다. 즉, L2*L2=[{a,b,c}, {a,b,d}]. 그러나 C3을 구성할 때 {a,b,c}는 제외된다. 왜냐하면, {a,b,c}의 지지도는 {b,c}의 지지도 이하인데 {b,c}가 L2에 포함되지 않았다는 것은 이의 지지도가 최소 지지도 미만이라는 것을 나타내기 때문이다. 이러한 과정은 Apriori 알고리즘 중 'apriori-gen' 함수에 의하여 수행된다. 알고리즘을 소개하기 전에 우선 예를 살펴보자.

예 15.3 (예 15.1의 계속) [예 15.1]의 트랜잭션 데이터를 바탕으로 빈발항목집합을 만들어 보자. 최소 지지도는 $s_{min}=0.4$로 가정한다.

우선, C1은 다음과 같다.

$$C1=[\{a\}, \{b\}, \{c\}, \{d\}, \{e\}, \{f\}, \{g\}]$$

최소 지지도가 0.4(5개의 트랜잭션 중 2개 이상 포함)이므로, 1-항목으로 이루어지는 빈발항목집합군은 다음과 같다.

$$L1=[\{a\}, \{b\}, \{c\}, \{e\}, \{f\}, \{g\}]$$

2-항목 빈발항목집합의 후보는 다음과 같으므로

$$C2=[\{a,b\}, \{a,c\}, \{a,e\}, \{a,f\}, \{a,g\}, \{b,c\}, \{b,e\}, \{b,f\}, \{b,g\}, \{c,e\}, \{c,f\}, \{c,g\}, \{e,f\}, \{e,g\}, \{f,g\}]$$

다시 최소 지지도 0.4를 적용하면 L2는 다음과 같다.

$$L2=[\{a,b\}, \{b,c\}, \{b,e\}, \{b,f\}, \{b,g\}, \{c,e\}, \{c,f\}, \{c,g\}, \{e,f\}]$$

C3을 구성하기 위하여 L2의 집합에 접합 연산자를 적용하면 다음과 같다.

$$C3=[\{b,c,e\}, \{b,c,f\}, \{b,c,g\}, \{b,e,f\}, \{c,e,f\}]$$

이때 {a,b,c}는 {a,c}가 L2에 포함되지 않았으므로 C3에 포함될 수 없음을 볼 수 있다.

C3의 모든 집합은 최소 지지도 이상이므로 L3은 아래와 같다.

$$L3=[\{b,c,e\}, \{b,c,f\}, \{b,c,g\}, \{b,e,f\}, \{c,e,f\}]$$

이와 같은 방법을 적용하면, C4는 다음과 같다.

$$C4=[\{b,c,e,f\}]=L4$$

결국, 최소 지지도 0.4를 갖는 4-항목 빈발항목집합은 {b,c,e,f}이며, 3-항목 빈발항목집합은 {b,c,e} 등 5개, 2-항목 빈발항목집합은 {a,b} 등 9개가 도출된다. ▩

Apriori 알고리즘을 단계별로 정리하면 다음과 같다.

(Apriori 알고리즘)

[단계 0] 최소 지지도 s_{min}를 정한다.

$$k=1$$
$$C_1 = [\{i_1\},\{i_2\},...,\{i_m\}]$$
$$L_1 = \{c \in C_1 | supp(c) \geq s_{\min}\}$$

[단계 1] k=k+1

L_{k-1}로부터 k-항복 빈발집합 후보 C_k를 형성한다. (apriori-gen 함수)

[단계 1-1] (join) L_{k-1}의 집합들을 접합하여 k-항목집합군을 형성한다.

$$C = L_{k-1} * L_{k-1}$$

[단계 1-2] (prune) C의 (k-1)-항목 부분집합이 L_{k-1}에 속하지 않을 때 이를 모두 제거한 후 C_k를 형성한다. $C_k = \Phi$이면 Stop.

[단계 2] C_k의 집합 중 지지도가 최소 지지도 이상인 것을 모아 L_k를 생성한다.

$$L_k = \{c \in C_k | supp(c) \geq s_{\min}\}$$

단계 1 반복.

15.2.2 규칙의 탐사

앞에서 언급한 바와 같이 규칙의 탐사를 위하여 우선 도출된 빈발항목집합 L 각각에 대한 부분집합 A를 고려한다. 여기서 L은 위의 L2, L3 등을 포함한다. 그리고 미리 결정된 최소 신뢰도 c_{min}에 대하여 supp(L)/supp(A)$\geq c_{min}$이면, R: A$\Rightarrow$(L−A) 형태의 규칙을 출력한다. 즉, 이 규칙의 신뢰도 conf(R)=supp(L)/supp(A)가 c_{min} 이상 되도록 하는 것이다.

결과부에 하나의 항목만을 포함시키는 규칙을 도출하는 것이 현실적 적용성 때문에 널리 사용되나, 참고문헌 [1]의 알고리즘에는 모든 가능한 규칙을 보다 효율적으로 탐사하는 방법이 소개되고 있다.

예 15.4 [예 15.1]의 트랜젝션 데이터에 대하여 [예 15.3]에서 구해진 3-항목 빈발항목집합군 중 다음 집합을 고려해 보자.

$$L=\{b,c,g\}$$

이때 결과부에 1-항목을 포함하는 규칙과 이에 대응되는 신뢰도는 다음과 같다.

R1: $\{b,c\}\Rightarrow\{g\}$ conf(R1)=0.6/0.8=0.75

R2: $\{b,g\}\Rightarrow\{c\}$ conf(R2)=0.6/0.6=1

R3: $\{c,g\}\Rightarrow\{b\}$ conf(R3)=0.6/0.6=1

따라서 최소 신뢰도를 0.7이라 하면 R1, R2, R3 모두 최소 신뢰도 이상이 된다.

한편, 결과부에 2-항목을 포함하는 규칙의 후보와 이에 대응되는 신뢰도는 다음과 같다.

R4: $\{b\}\Rightarrow\{c,g\}$ conf(R4)=0.6/1.0=0.6

R5: $\{c\}\Rightarrow\{b,g\}$ conf(R5)=0.6/0.8=0.75

R6: $\{g\}\Rightarrow\{b,c\}$ conf(R6)=0.6/0.6=1

이 경우 최소 신뢰도 이상을 갖는 규칙은 R5, R6이다. ■

위의 예에서 규칙 R1과 R4를 비교해 보면, R4의 조건부는 1개 항목만 남아 이 지지도가 R1의 조건부의 지지도보다 증가하고 결국 R4의 신뢰도가 R1에 비해 감소함을 볼 수 있다. 이와 관련된 보다 일반적인 결과는 다음과 같다.

정리 15.2 빈발항목집합 L에 대한 다음의 두 규칙에 대하여

$$\text{R1: } L-A \Rightarrow A$$
$$\text{R2: } L-B \Rightarrow B$$

$A \subseteq B$(또는 $(L-A) \supseteq (L-B)$)일 때 다음이 성립한다.

$$\text{conf(R1)} \geq \text{conf(R2)}.$$

[정리 15.2]에서 규칙 R1이 최소 신뢰도보다 작으면 규칙 R2의 신뢰도 역시 최소 신뢰도보다 작음을 알 수 있다. 이를 이용하면 결과부에 1개 항목을 포함하는 규칙을 도출한 후 이로부터 결과부에 2개 항목을 포함하는 규칙을 생성할 때 보다 효율적인 탐사를 수행할 수 있다.

예 15.5 빈발항목집합 L={a,b,c,d,e}에 대하여 최소 신뢰도를 만족하는 결과부에 1개 항목을 포함하는 규칙이 다음과 같이 주어졌다고 하자.

$$\text{R1: } \{a,c,d,e\} \Rightarrow \{b\}$$
$$\text{R2: } \{a,b,c,e\} \Rightarrow \{d\}$$

즉, 결과부가 {a} 또는 {c} 또는 {e}인 규칙은 최소 신뢰도를 만족하지 않는다는 것이다. 이때 R1로부터 결과부에 2개 항목을 포함하는 규칙의 후보를 탐사하면 다음과 같다.

$$\text{R3: } \{a,c,d\} \Rightarrow \{b,e\}$$
$$\text{R4: } \{a,c,e\} \Rightarrow \{b,d\}$$
$$\text{R5: } \{a,d,e\} \Rightarrow \{b,c\}$$
$$\text{R6: } \{c,d,e\} \Rightarrow \{a,b\}$$

위에서 $\{e\} \subset \{b,e\}$이므로 규칙 R3는 최소 신뢰도를 만족하지 않음을 알 수 있다. 마찬가지 이유로 R5, R6 역시 최소 신뢰도를 만족하지 않으며 R4만 최소 신뢰도를 만족하는 규칙이다. 유사하게 R2로부터 결과부에 2개 항목을 포함하는 규칙의 후보를 탐사할 때 오직 가능한 것은 $\{a,c,e\} \Rightarrow \{b,d\}$이다.

15.3 ▸ 순차적 패턴의 탐사

15.3.1 시퀀스

순차적 패턴이란 고객들의 시간에 따른 구매 행태를 말하며, 이의 탐사를 위해서는 고객별, 시간별 트랜잭션 데이터가 필요하다. 예를 들어, 많은 고객들이 비디오 대여점에서 'Star Wars'를 빌린 후에는 'Return of the Jedi'를 빌린다는 패턴 등이다. 다른 예로 가전제품 대리점에서 '냉장고를 구입한 후 김치냉장고를 구매한다'는 식이다.

항목집합을 순서적으로 나열된 리스트를 시퀀스(sequence)라 하는데, 통상 시간적 순서가 사용되고 있다. A_j $(j=1,2,\cdots,n)$를 j번째의 항목집합이라 할 때 시퀀스는 다음과 같이 표기한다.

$$s = < A_1, A_2, ..., A_n >$$

정의 15.4 시퀀스 길이: sequence length

시퀀스에 포함된 항목집합의 수를 시퀀스의 길이라 하며, 길이가 k인 시퀀스를 k-시퀀스라 한다. 따라서 각 항목집합은 1-시퀀스라 할 수 있다.

정의 15.5 부분 시퀀스: subsequence

두 시퀀스 $s_1 = < A_1, A_2, ..., A_n >$과 $s_2 = < B_1, B_2, ..., B_m >$에 대하여

$$A_1 \subseteq B_{i_1}, A_2 \subseteq B_{i_2}, ..., A_n \subseteq B_{i_n}$$

이 성립하는 $i_1 < i_2 < ... < i_n$이 존재할 때 s_1은 s_2에 포함된다고 한다. 이때 s_1을 s_2의 부분 시퀀스라 한다.

예 15.6 두 시퀀스가 다음과 같다고 하자.

$$s_1 = <\{a\}, \{b,c\}, \{e\}>, \ s_2 = <\{f\}, \{a,g\}, \{h\}, \{b,c,d\}, \{e,j\}>$$

이때 s_1은 s_2의 부분 시퀀스임을 알 수 있다. 그러나 <{a}, {b}, {c}, {e}>는 s_2의 부분 시퀀스가 아니다.

정의 15.6 최대 시퀀스: maximal sequence

시퀀스 s가 어떤 다른 시퀀스에 포함되지 않을 경우 최대 시퀀스라 한다.

위에서 언급한 바와 같이 순차적 패턴 탐사를 위해서는 트랜잭션에 대한 고객이 확인되어야 하며, 트랜잭션 데이터가 고객별로 발생 시간순으로 정리되어야 한다. 이때 고객별로 하나의 시퀀스가 형성되는데, 이를 고객 시퀀스(customer sequence)라 한다.

정의 15.7 시퀀스 지지도

시퀀스 s에 대한 지지도를 다음과 같이 정의한다.

$$\text{supp}(s) = \text{시퀀스 } s\text{를 포함하는 고객의 비율}$$

그리고 정해진 최소 지지도 이상을 갖는 시퀀스를 빈발 시퀀스(large sequence)라 한다. 따라서 순차적 패턴 탐사 문제는 빈발 시퀀스 중 최대 시퀀스(maximal sequence)들을 찾는 것이라 할 수 있다.

예 15.7 고객별 시퀀스가 다음과 같다고 하자.

고객 #	고객 시퀀스
1	<{a}, {b}>
2	<{c,d}, {a}, {e,f,g}>
3	<{a,h,g}>
4	<{a}, {e,g}, {b}>
5	<{b}>

최소 지지도를 0.4(2 고객)이라 하면 최소 지지도 이상이 되는 최대 시퀀스는 다음과 같다.

$$s1 = <\{a\}, \{b\}>, \quad s2 = <\{a\}, \{e,g\}>$$

s1은 고객 #1과 #4에 의하여, s2는 고객 #2와 #4에 의해 지지되고 있다. 시퀀스 <{a}, {e}>도 최소 지지도를 만족하나 이는 s2에 포함되므로 최대가 아니다.

15.3.2 순차적 패턴 탐사 알고리즘

본 절에서는 Agrawal and Srikant (1995)(참고문헌 [2])가 제안한 알고리즘을 소개한다. 이 알고리즘은 다음의 단계들로 구성된다.

1) 정렬 단계: 트랜잭션 데이터베이스를 고객 시퀀스 데이터로 전환한다.
2) 빈발항목집합 단계: 고객 시퀀스의 항목집합 또는 이의 부분집합 중 최소 지지도(고객비율 사용) 이상인 것들을 빈발항목집합으로 도출한다. 편의상 각 빈발항목집합에 일련번호를 부여한다.
3) 변환 단계: 고객 시퀀스를 빈발항목집합을 사용한 시퀀스로 변환한다.
4) 시퀀스 단계: 빈발 시퀀스를 도출한다(15.3.3절 참조).
5) 최대화 단계: 빈발 시퀀스로부터 최대 시퀀스를 탐색한다.

위의 단계 중 시퀀스 단계가 알고리즘의 주요 부분이므로 이는 다음 절에서 자세히 다루며, 우선 본 절에서는 다른 단계에 대한 설명을 하고자 한다. 정렬 단계는 생략하며, 빈발항목집합 단계 및 변환 단계는 비교적 단순하므로 예로써 설명하고자 한다.

예 15.8 정렬 단계를 거쳐 [예 15.7]과 같은 고객 시퀀스가 정리되었다고 하자. 최소 지지도를 0.4(5 중 2 고객)라 하면 최소 지지도 이상이 되는 항목집합은 다음과 같다.

빈발항목집합	지지도	일련번호
{a}	4	1
{b}	3	2
{e}	2	3
{e, g}	2	4
{g}	3	5

위에서 고객 #2의 시퀀스 항목집합 중 {e,f,g} 자체는 지지도가 낮아 빈발항목집합에 포함되지 못하나 이의 부분집합인 {e}, {g}, {e,g}는 빈발항목집합에 포함됨을 볼 수 있다.

또한 변환 단계를 적용하면 위의 고객 시퀀스는 아래 표와 같이 전환된다.

고객 #	고객 시퀀스	변환 시퀀스
1	<{a}, {b}>	<{1}, {2}>
2	<{c,d}, {a}, {e,f,g}>	<{1}, {3, 4, 5}>
3	<{a,h,g}>	<{1, 5}>
4	<{a}, {e,g}, {b}>	<{1}, {3, 4, 5}, {2}>
5	<{b}>	<{2}>

예를 들어 고객 #2의 경우 {c,d}는 빈발항목집합에 포함되지 않으므로 변환 시퀀스에서는 제외되었으며, {e,f,g}는 이에 대한 부분집합 {e}, {e,g}, {g}가 빈발항목집합에 포함되므로 대응되는 일련번호로서 {3,4,5}가 변환 시퀀스에 포함된다.

15.3.3 시퀀스 단계

본 단계에서는 모든 빈발 시퀀스를 탐색하는 것으로 참고문헌 [2]에서는 최대가 아닐 수 있는 빈발 시퀀스를 탐색하는 알고리즘인 'AprioriAll'과 최대 빈발 시퀀스를 탐색하는 알고리즘인 'AprioriSome' 및 'DynamicSome'을 제안하였다. 따라서 AprioriAll 알고리즘을 사용하는 경우 최대화 단계를 요하며, 다른 두 알고리즘은 그렇지 않다. 또한 AprioriAll과 AprioriSome은 그 성능이 유사하며 공히 DynamicSome보다 다소 효율적으로 알려져 있다. 본 절에서는 다소 단순한 AprioriAll 알고리즘을 소개한다.

(AprioriAll 알고리즘)

[Step 0] 변환 시퀀스의 모든 빈발 1-시퀀스들을 L1로 둔다.

k=1

[Step 1] k=k+1

$$C_k = L_{k-1} * L_{k-1}$$

[Step 2] C_k로부터 빈발 시퀀스를 구하여 이를 L_k라 한다.

$L_k = \varnothing$ 이면 Stop. 그렇지 않으면 Step 1 반복.

예 15.9 [예 15.8]의 변환된 고객 시퀀스에 AprioriAll 알고리즘을 적용하면 다음과 같다.

L1=[<1>, <2>, <3>, <4>, <5>]

C2=L1*L1로 구한 후 빈발 시퀀스 L2를 산출하면 다음과 같다.

L2=[<1, 2>, <1, 3>, <1, 4>, <1, 5>]

L3은 찾을 수 없으므로 여기서 중지한다.

이 예에서 최대 시퀀스는 <1, 2>와 <1, 4>이다. 시퀀스 <1, 4>의 경우 항목 a 다음에는 항목집합 {e,g}가 온다는 규칙이다.

예 15.10 참고문헌 [2]에 있는 예로서 5명 고객에 대한 변환 시퀀스가 다음과 같다고 하자.

고객	변환 시퀀스
1	<{1,5}, {2}, {3}, {4}>
2	<{1}, {3}, {4}, {3,5}>
3	<{1}, {2}, {3}, {4}>
4	<{1}, {3}, {5}>
5	<{4}, {5}>

최소 지지도는 40%(2 고객)으로 하자.

AprioriAll을 적용하면 우선 L1은 다음과 같다.

L1=[<1>, <2>, <3>, <4>, <5>]

그리고 L2는 다음과 같다.

L2=[<1 2>, <1 3>, <1 4>, <1 5>, <2 3>, <2 4>, <3 4>, <3 5>, <4 5>]

다음으로 C3=L2*L2는 아래와 같고

C3=[<1 2 3>, <1 2 4>, <1 3 4>, <1 3 5>, <1 4 5>, <2 3 4>, <2 3 5>, <2 4 5>, <3 4 5>]

L3은 다음과 같다.

L3=[<1 2 3>, <1 2 4>, <1 3 4>, <1 3 5>, <2 3 4>]

이로부터 C4 및 L4는 아래와 같다.

C4=L4=[<1 2 3 4>]

위로부터 최대 빈발 시퀀스를 구하면 다음과 같이 세 가지가 도출된다.

<1 2 3 4>, <1 3 5>, <4 5>

15.3.4 개선된 시퀀스 탐사 알고리즘-AprioriSome

위에서 소개한 AprioriAll은 최종 결과가 반드시 최대 시퀀스를 주지 못하는 단점이 있다. 이를 보완하여 최대 시퀀스를 직접 도출하고 보다 효율적 알고리즘이 제시되고 있는데 이 중에 AprioriSome이 있다. 이 알고리즘은 매 시퀀스 길이에 대한 빈발 시퀀스 집합을 구하지 않고 forward phase에서 특정한 시퀀스 길이에 대하여 구한 후 backward phase에서 매 시퀀스 길이에 대하여 최대 빈발 시퀀스를 도출하는데, 이의 절차는 다음과 같다.

(AprioriSome 알고리즘)

(Forward phase)

[Step 0] k=1; L1 산출; C1=L1; last=1.

[Step 1] (C_k **산출**)

k←k+1

1)L_{k-1}을 아는 경우: $C_k = L_{k-1} * L_{k-1}$

2)L_{k-1}을 모르는 경우: $C_k = C_{k-1} * C_{k-1}$

[Step 2] (L_k**를 산출할** k **선택**)

$C_k = \varnothing$ 이면 Stop, 그렇지 않으면 다음 작업 수행

1) k=next(last)이면 L_k 산출, last=k, Step 1로.

2) k=next(last)이 아니면 Step 1로.

(Backward phase)

[Step 0] k=kmax

[Step 1]

1) L_k를 아는 경우 L_k에서 $L_i(i > k)$에 있는 부분 시퀀스 제거

2) L_k를 모르는 경우 C_k로부터 $L_i(i > k)$에 있는 부분 시퀀스를 제거한 후 L_k 산출

[Step 2] k←k-1; go to Step 1.

Forward phase의 Step 2에서 next 함수는 차후 산출할 빈발 시퀀스 길이를 선정하는 함수이다. Agrawal & Srikant (1995)는 실험을 통하여 다음을 추천하고 있다. 우선 hit(k)를 아래와 같이 산출한 후

$$hit(k) = \frac{|L_k|}{|C_k|} \tag{15.2}$$

이의 범위에 따라 next를 아래와 같이 결정한다.

1) hit(k)<0.666이면, next(k)=k+1
2) 0.666≤hit(k)<0.75이면, next(k)=k+2
3) 0.75≤hit(k)<0.80이면, next(k)=k+3
4) 0.80≤hit(k)<0.85이면, next(k)=k+4
5) hit(k)≥0.85이면, next(k)=k+5

위의 AprioriSome의 결과로부터 빈발 시퀀스 집합 L_k들이 얻어지면 이의 합집합 ($\cup L_k$)이 최대 시퀀스가 된다.

예 15.11 [예 15.10]의 고객 변환 시퀀스에 대하여 AprioriSome을 적용하여 보자. 단, 본 예에서는 next(i)=2i를 사용한다.

(Forward phase)

Iteration 0

L1=C1=[<1>, <2>, <3>, <4>, <5>]
last=1

Iteration 1

k=2
C2=[<1 2>, <1 3>, <1 4>, <1 5>, <2 3>, <2 4>, <2 5>, <3 4>, <3 5>, <4 5>]
next(1)=2=k
L2=[<1 2>, <1 3>, <1 4>, <1 5>, <2 3>, <2 4>, <3 4>, <3 5>, <4 5>]
last=2

Iteration 2

k=3
C3=[<1 2 3>, <1 2 4>, <1 3 4>, <1 3 5>, <1 4 5>, <2 3 4>, <2 3 5>, <2 4 5>, <3 4 5>]
next(2)=4≠3

Iteration 3

k=4

C4=[<1 2 3 4>, <1 2 3 5>, <1 2 4 5>, <1 3 4 5>, <2 3 4 5>]

next(2)=4=k

L4=[<1 2 3 4>]

(Backward phase)

Iteration 0

kmax=4

Iteration 1

L4=[<1 2 3 4>]; k=3

Iteration 2

L3=[<1 3 5>]; k=2

Iteration 3

L2=[<4 5>]

따라서 결과적으로 최대 빈발 시퀀스는 다음과 같다.

<1 2 3 4>, <1 3 5>, <4 5>

15.4 ▸ 항목의 선정

분석할 트랜잭션 데이터에 어떤 항목들을 포함시킬 것인가는 분석에 앞서 결정하여야 할 중요한 문제 중 하나라 하겠다. 통상 슈퍼마켓 등에서 취급하는 제품수는 수만 가지가 넘기 때문에 이러한 제품 하나하나를 모두 항목으로 선정하기에는 여러 어려움이 있다. 따라서 제품을 계층적으로 분류하여 적절한 계층에 속하는 것들을 항목으로 선정하는 방안을 사용한다. 물론 제품을 분류하는 방식에도 여러 가지가 있을 수 있다. 예를 들어 어떤 슈퍼마켓에서 음료류를 [그림 15.1]과 같이 분류한다. 여기서 보듯이 제품 분류에서 상위수준으로 갈수록 보다 포괄적인 항목(generalized item)이 사용된다.

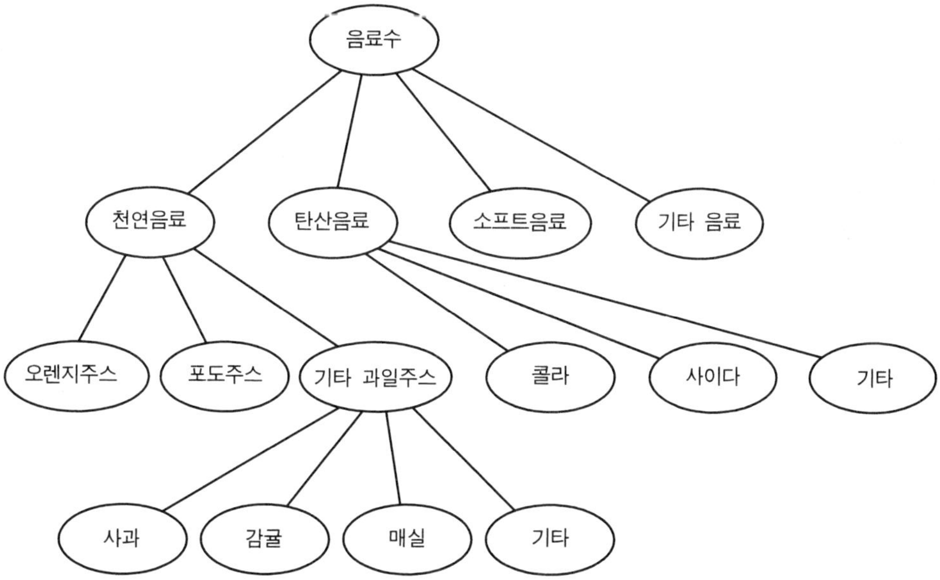

[그림 15.1] 음료류의 분류 예

항목이 너무 세분화되어 많은 경우 공통 항목의 트랜잭션 수가 적어 유용한 규칙을 도출하기 어려울 수 있으며, 반대로 항목이 너무 작은 경우에는 도출된 규칙이 쓸모없을 수 있기 때문에 항목의 선정이 중요하다 하겠다. 또한, 항목이 증가함에 따라 규칙 탐사에 소요되는 계산 시간이 급속도로 증가하기 때문에 원하는 계산 복잡도에 알맞은 항목수를 결정할 필요가 있다. 항목을 선정하는 데 있어 하나의 가이드라인은 트랜잭션 데이터에 드물게 나타나는 것은 제품의 계층적 분류에서 보다 상위 수준의 항목을 사용하고, 자주 나타나는 경우에는 보다 하위 수준의 항목을 사용하여 결과적으로 트랜잭션 데이터에 빈도수가 비슷하게 되도록 하라는 것이다.

항목을 선정할 때 제품 분류에 포함된 실제 항목만을 사용하는 것이 아니라 가상항목(virtual item)을 사용할 수 있다. 가상항목에는 지불수단(현금, 신용카드 등), 구매요일 등이 포함될 수 있고 특정 브랜드를 포함시킬 수 있다. 예를 들어 다이어트 음료들을 모두 모아 '다이어트 음료'라는 새로운 가상항목을 만들어 트랜잭션 데이터에 포함시킬 수 있다. 그러나 이러한 가상항목은 많이 포함되면 문제가 될 수 있으므로 가상항목이 규칙에 포함되어 유용한 정보를 획득할 수 있다고 판단될 때 사용하여야 할 것이다. 가장 빈번히 발생하는 문제 중 하나는 무의미한 규칙의 도출이다. 예를 들어 '다이어트 코카콜라'라는 항목과 '다이어트 음료'라는 가상항목이 존재할 때 '다이어트 코카콜라 ⇒ 다이어트 음료'라는 규칙이 도출될 수 있으나 이는 무의미한 것일 뿐이다.

15.5 ▸ 참고사항

15.2절에서 언급한 Apriori 알고리즘의 출처는 참고문헌 [1]이다. 참고문헌 [4]에서는 Apriori 알고리즘과는 달리 후보 집합의 고려 없이 빈발집합을 생성하는 방안을 제안하고 있다. 순차적 패턴의 탐사에 대한 참고문헌으로 [2], [5] 등이 있다. 15.4절은 대부분 참고문헌 [3]을 참조하였다.

[1] Agrawal, R. and R. Srikant (1994). "Fast algorithms for mining association rules," Proceedings of 20th International Conference on Very Large Data Bases (VLDB), September 1994, Santiago, Chile, pp.487-499.

[2] Agrawal, R. and R. Srikant (1995). "Mining sequential patterns," Proceedings of 21st International Conference on Very Large Data Bases (VLDB), Zurich, Switzerland,

pp.407-419.

[3] Berry, M. J. A. and G. Linoff (1997). *Data Mining Techniques for marketing, sales and customer support.* Wiley, New York.

[4] Han, J., J. Pei, Y. Yin and R. Mao (2004). "Mining frequent patterns without candidate generation: a frequent-pattern tree approach," Data Mining and Knowledge Discovery, 8, 53-87.

[5] Srikant, R. and R. Agrawal (1996), "Mining sequential patterns: generalizations and performance improvements," Proceedings of the 5th International Conference on Extending Database Technology (EDBT), March 1996, Avignon, France.

연습문제

15.1 다음과 같이 5개 트랜잭션으로 이루어진 시장바구니 데이터가 있다고 하자.

Transaction #	items
1	A, D, E
2	A, B, D, E
3	B, C, D
4	B, D, E
5	A, B, C, D, E

(a) 최소 지지도 0.6을 갖는 빈발항목집합을 구하라.
(b) 항목집합 {B, D, E}가 연관규칙 생성을 위해 선택되었다고 하자. 결과 부분에 하나의 항목을 포함하는 가능한 규칙을 나열하고 각 규칙에 대한 신뢰도를 산출하라.
(c) 아래의 두 규칙에 대하여 지지도, 신뢰도 및 개선도의 관점에서 비교하라.

Rule 1: If A and D, then E.

Rule 2: If B and D, then E.

15.2 다음과 같은 4개의 트랜잭션이 있다.

Transaction #	items
1	생선, 우유, 치즈, 빵
2	치즈, 우유, 사과, 과자, 빵
3	사과, 우유, 빵, 과자
4	빵, 우유, 치즈

(a) Apriori 알고리즘을 이용하여 빈발항목집합들을 도출하라. 최소 지지도는 60%로 하라.

(b) 최소 신뢰도 80%를 갖는 규칙을 도출하라. 단 결과부는 하나의 항목을 포함한다.

15.3 다음은 어느 도서관에서 대출된 서적의 기록이다.

대출 #	books
1	d, f
2	a, b, d
3	b, d, e, g
4	b, c, d, f
5	a, b, c, e, g
6	a, c

(a) Apriori 알고리즘을 이용하여 빈발항목집합들을 도출하라. 최소 지지도는 50%로 하라.

(b) 최소 신뢰도 80%를 갖는 규칙을 도출하라. 단 결과부는 하나의 항목을 포함한다.

15.4 다음은 어느 피자가게에서 주문별로 요청받은 토핑(topping) 종류이다.

주문 #	topping 종류
1	추가치즈, 양파, 버섯
2	양파, 앤초비
3	추가치즈, 양파, 올리브
4	고추, 버섯
5	추가치즈, 버섯
6	추가치즈, 양파, 버섯, 올리브

(a) Apriori 알고리즘을 이용하여 빈발항목집합들을 도출하라. 최소 지지도는 30%로 하라.

(b) 적절한 규칙을 도출하라.

(c) 각 규칙에 대한 신뢰도 및 개선도를 산출하고 비교하라.

15.5 5개 항목을 갖는 데이터에 대하여 3-항목 빈발집합이 아래와 같이 구해졌다고 하자.

{1,2,4}, {1,3,4}, {1,3,5}, {2,3,4}, {2,3,5}, {3,4,5}

4-항 빈발집합의 후보를 나열하라.

15.6 다음은 시간별 트랜잭션을 나타낸 것이다.

트랜잭션 시간	고객 id	구매 항목
6월 2일	3	10, 20
6월 3일	2	30, 70
6월 7일	1	20, 30, 40
6월 13일	2	80
6월 20일	4	30
6월 21일	3	60, 70
6월 25일	1	50, 70
6월 27일	1	80
6월 29일	5	40

(a) 고객별 시퀀스 데이터로 변환하라.

(b) AprioriAll을 이용하여 최대 빈발 시퀀스를 도출하라. 최소 지지도는 40%로 하라.

(c) AprioriSome을 이용하여 최대 빈발 시퀀스를 도출하라. 최소 지지도는 40%로 하라.

15.7 빈발항목집합 L이 있고, L의 부분집합 S와 S의 부분집합 S'이 있다고 하자. 규칙 "S' ⇒ (L−S')"의 신뢰도가 규칙 "S ⇒ (L−S)"의 신뢰도보다 클 수 없음을 보여라.

16장

추천시스템

들어가며

인터넷으로 상품 구매가 보편화됨에 따라 상품 판매자 입장에서 구매자들의 성향을 파악하여 마케팅에 활용하고자 하는 노력이 이루어지고 있다. 추천시스템(recommender system)은 상품, 웹페이지, 신문 기사 등에 대한 소비자의 성향을 파악하여 성향에 부합하는 새로운 상품 등을 추천하고자 하는 목적으로 개발되고 있다.

추천시스템은 접근 방식에 따라, 내용기반(content-based) 방법, 협업 필터링(collaborative filtering), 결합방식(hybrid) 등으로 분류된다. 내용기반 방법은 사용자가 과거 이용한 아이템의 속성과 유사한 다른 아이템을 추천하는 방식이며, 협업 필터링은 사용자와 유사한 특성을 갖는 다른 사용자들의 구매 패턴을 고려하는 방식이다. 그리고 결합방식은 내용기반 방법과 협업 필터링을 결합한 방식이다.

16.1 ▶ 내용기반 추천시스템

내용기반 추천시스템은 주로 문서 등의 추천에 활용되고 있다. 이는 목표사용자가 과거 이용한 아이템(문서)의 속성(포함된 중요 단어 등)과 유사한 다른 아이템을 추천하는 방식이다.

우선 다음과 같은 기호를 정의하자.

N: 전체 문서의 수(문서군의 크기)
f_{ij}: 문서 j에 나타난 단어 i의 빈도수
n_i: 단어 i가 한 번 이상 나타난 문서의 수

이때 단어 i가 문서 j에 나타난 단어 빈도수(term frequency)를 아래와 같이 정의한다.

$$TF_{ij} = \frac{f_{ij}}{\sum_k f_{kj}} \tag{16.1}$$

위의 분모 대신 $\max_k f_{kj}$를 사용할 수도 있다. 단어 빈도수는 특정한 단어가 문서 내에 얼마나 자주 등장하는지를 나타내는 값으로 이 값이 높을수록 문서에서 중요하다고 생각할 수 있다. 그러나 단어 자체가 문서군에서 자주 사용되는 경우 그 단어가 흔하게 등장한다는 것을 의미하므로, 단어의 중요도를 정의할 때 다음과 같은 지수를 동시에 고려한다. 즉, 단어 i의 역문서 빈도수(inverse document frequency)를 아래와 같이 정의한다.

$$IDF_i = \log\frac{N}{n_i} \tag{16.2}$$

결과적으로 단어의 중요도로 다음과 같은 TF-IDF 가중치를 주로 사용한다. 즉, 단어 i의 문서 j에서의 TF-IDF 가중치는 다음과 같다.

$$w_{ij} = TF_{ij} \times IDF_i \tag{16.3}$$

예 16.1 1,000 단어를 포함한 특정 문서에 '데이터마이닝'이란 단어가 5번 등장한다. 한편, 100,000건의 문서 중 '데이터마이닝'이 나타나는 문서가 200건 있다고 하자. 이때 '데이터마이닝'의 단어가 이 특정 문서에서 차지하는 TF-IDF 가중치는 다음과 같다.

$$\text{TF-IDF 가중치} = \frac{5}{1000} \times \log\frac{100,000}{200} = 0.005(2.699) = 0.0135$$ ■

위의 가중치들을 활용하여 목표사용자(a로 표기)에 대하여 문서의 추천 방안을 고려하여 보자. 목표사용자가 좋아하는 문서들의 중요 단어(총 K개)에 대하여 위의 가중치가 산출되었다고 하고 이들을 $(w_{1a}, w_{2a}, \ldots, w_{Ka})$라 하자. 이때 목표사용자 a의 문서 j에 대한 유용도(utility)는 다음과 같이 코사인 유사성 척도(cosine similarity measure)로 산출한다.

$$u(a,j) = \frac{\sum_{i=1}^{K} w_{ia} w_{ij}}{\sqrt{\sum_{i=1}^{K} w_{ia}^2}\sqrt{\sum_{i=1}^{K} w_{ij}^2}} \tag{16.4}$$

이로부터 높은 유용도를 갖는 문서들 순으로 목표사용자에게 추천할 수 있을 것이다.

예 16.2 다음은 5개 중요 단어에 대하여 평가된 목표사용자의 가중치와 새로운 문서 6건에 대한 가중치를 보여주고 있다. 이 목표사용자에게 2건의 문서를 추천하라.

	목표사용자	문서 1	문서 2	문서 3	문서 4	문서 5	문서 6
단어 1	0.124	0.0194	0.0082	0.0087	0.0093	0.0185	0.0028
단어 2	0.275	0.0043	0.0032	0.0174	0.0061	0.0249	0.0003
단어 3	0.019	0.0054	0.0007	0.0091	0.0172	0.0084	0.0202
단어 4	0.182	0.0155	0.0104	0.0086	0.0028	0.0167	0.0083
단어 5	0.223	0.0028	0.0073	0.0268	0.0009	0.0193	0.0054

풀이 각 문서별 유용도를 산출하면 다음과 같다.

$$u(a,1) = 0.6595,\ u(a,2) = 0.8409,\ u(a,3) = 0.9189,\ u(a,4) = 0.4478,$$
$$u(a,5) = 0.9717,\ u(a,6) = 0.3728.$$

따라서 문서 5 및 문서 3을 추천할 수 있다.

16.2 ▸ 협업 필터링

협업 필터링이라는 추천 방안이 1992년 골드버그(D. Goldberg) 등(참고문헌 [3])에 의해 소개되었으며, 이들은 대체로 상품을 구매한 소비자의 평점을 바탕으로 이루어진다.

총 m개의 상품에 대한 n명의 소비자의 평점이 있다고 할 때 관련 기호를 다음과 같이 정의하자.

v_{ij} : 고객 i의 상품 j에 대한 평점
I_i : 고객 i가 평점을 매긴 상품집합
$|I_i|$: 집합 I_i에 포함된 상품수

이때 고객 i의 평균 평점은 다음과 같이 산출된다.

$$\overline{v_i} = \frac{1}{|I_i|}\sum_{j \in I_i} v_{ij}, \quad i = 1,\ldots,n \tag{16.5}$$

협업 필터링의 목적은 목표고객 a에 대하여 추천할 상품을 선정하는 것이므로, 이를 위해 이 목표고객이 상품 j에 매길 평점을 추정할 필요가 있다. P_{aj}를 목표고객 a의 대한 상품 j에 대한 평점 추정치라 하면, 다음과 같은 산출식이 통상 사용되고 있다.

$$P_{aj} = \overline{v}_a + \kappa_a \sum_{i=1}^{n} w(a,i)(v_{ij} - \overline{v}_i) \tag{16.6}$$

여기서 $w(a,i)$는 목표고객 a와 i번째 고객과의 유사성을 나타내는 가중치이며 κ_a는 가중치 절대값의 합이 1이 되도록 조정한 상수로서 각각 다음과 같다.

$$w(a,i) = \frac{\sum_j (v_{aj} - \overline{v_a})(v_{ij} - \overline{v_i})}{\sqrt{\sum_j ((v_{aj} - \overline{v_a})^2 \sum_j (v_{ij} - \overline{v_i})^2}} \tag{16.7}$$

$$\kappa_a = \frac{1}{\sum_{i=1}^{n} |w(a,i)|} \tag{16.8}$$

위의 $w(a,i)$는 고객 a와 고객 i의 여러 상품에 대하여 매긴 평점의 상관계수임을 알 수 있다. 이의 산출을 위해서는 고객 a와 고객 i가 모두 평점을 매긴 상품을 대상으로 하여야 한다.

대상 상품에 대한 P_{aj}가 산출된 후 이 값이 높은 순으로 추천하게 된다. 이 값이 높은 상위 N개의 상품을 추천하는 것을 상위-N 추천(top-N recommendation)이라 한다.

예 16.3 다음과 같은 7개 상품에 대한 고객들의 평점 데이터가 있다.

	상품 1	상품 2	상품 3	상품 4	상품 5	상품 6	상품 7
고객 1	5		4		1	0	3
고객 2	4	4	4				1
고객 3	5	4		1	2		3
고객 4	1	2	1	4	3	5	2
고객 5	0	1		3	5	5	
고객 6		2			4	4	2
목표고객	5			1			2

목표고객의 평점이 아직 없는 상품들 (2, 3, 5, 6)에 대한 평점 추정치를 구하라. 그리고 상위-2개를 추천하라.

풀이 우선 목표고객과 각 고객과의 상관계수는 아래와 같다.

$w(a,1)=0.9033,\ w(a,2)=0.5647,\ w(a,3)=0.9414,\ w(a,4)=-0.8752,$

$w(a,5)=-0.8927,\ w(a,6)=1.0$

상품 2, 3, 5, 6에 대한 평점 추정치는 다음과 같다.

$$P_{a2}=3.1134,\ P_{a3}=3.0141,\ P_{a5}=2.1955,\ P_{a6}=2.3178$$

따라서 상위-2개 추천 상품은 상품 2 및 상품 3이다.

16.3 ▸ 시장바구니 데이터를 이용한 협업 필터링

16.2절에서 보듯이 협업 필터링은 고객들의 상품에 대한 평점을 요구한다. 그러나 고객들이 어떤 상품을 구매한 후 평점을 제공하는 비율은 매우 낮은 편이므로 이러한 데이터 확보가 어려울 수 있다. 이를 보완하기 위하여 고객의 상품 구매여부 정보만으로 추천시스템을 개발할 필요가 있겠다. 고객이 어떤 상품을 구매하였는지 그렇지 않은지의 정보는 시장바구니 데이터와 동일하다. 시장바구니 데이터를 추천시스템에 활용할 때 기본 가정은 고객이 어떤 상품을 구매하였다는 사실이 그 상품에 대한 선호도가 높다고 간주하는 것이다.

고객들의 시장바구니 데이터가 있다고 할 때, 16.2절에서 설명한 협업 필터링을 적용하여 보자. 우선, 고객의 상품에 대한 평점은 다음과 같이 정의된다.

$$v_{ij}=\begin{cases}1, & \text{고객 } i\text{가 상품 } j\text{를 구매한 경우}\\ 0, & \text{그렇지 않은 경우}\end{cases} \tag{16.9}$$

이때 목표고객 a의 상품 j에 대한 평점 추정치는 다음과 같이 산출한다.

$$P_{aj}=\kappa_a\sum_{i=1}^{n}w(a,i)v_{ij} \tag{16.10}$$

여기서 κ_a는 식 (16.8)과 동일하며 가중치 $w(a,i)$ 역시 식 (16.7)로 산출하거나, 아래와 같이 얻을 수 있다.

$$w(a,i) = \frac{p_{ai} - p_a p_i}{\sqrt{p_a(1-p_a)}\sqrt{p_i(1-p_i)}} \tag{16.11}$$

위에서 p_i는 고객 i가 구매한 상품의 전체(m개)에 대한 비율이며, p_{ai}는 고객 i와 목표고객이 모두 구매한 상품의 비율이다.

식 (16.11)은 이분형 변수의 표본상관계수라 할 수 있다. 확률변수 V_i를 다음과 같이 정의하자.

$$V_i = \begin{cases} 1, \text{ 고객}i\text{가 특정상품를 구매하는 경우} \\ 0, \text{ 그렇지 않은 경우} \end{cases} \tag{16.12}$$

이때 고객 i와 목표고객과의 공분산은 다음과 같다.

$$Cov[V_a, V_i] = E[V_a V_i] - E[V_a]E[V_i] = P\{V_a = 1, V_i = 1\} - P\{V_a = 1\}P\{V_i = 1\}$$

또한, V_i의 분산은 아래와 같다.

$$Var[V_i] = E[V_i] - E^2[V_i] = P\{V_i = 1\}(1 - P\{V_i = 1\})$$

따라서 식 (16.11)은 V_a와 V_i의 상관계수 추정치임을 알 수 있다(연습문제 16.5 참조).

예 16.4 아래와 같은 시장바구니 데이터가 있다고 할 때, 목표고객이 아직 구매하지 않은 2개의 상품을 추천하라.

	상품 1	상품 2	상품 3	상품 4	상품 5	상품 6	상품 7
고객 1	1		1		1		1
고객 2	1	1	1				1
고객 3	1	1		1	1		1
고객 4	1	1	1	1		1	1
고객 5		1		1	1	1	
고객 6		1			1	1	1
목표고객	1			1			1

풀이 우선 목표고객과 각 고객과의 상관계수는 다음과 같다.

$$w(a,1)=0.1667,\ w(a,2)=0.1667,\ w(a,3)=0.3536,\ w(a,4)=0.3536,$$
$$w(a,5)=-0.4167,\ w(a,6)=-0.1167$$

목표고객이 아직 구매하지 않은 상품 2, 3, 5, 6에 대한 평점 추정치는 아래와 같다.

$$P_{a2}=0.1789,\ P_{a3}=0.4230,\ P_{a5}=-0.0389,\ P_{a6}=0.1789$$

따라서 목표고객에 추천할 2개 상품은 상품 3과 상품 2(또는 6)이다.

16.4 ▶ 참고사항

추천시스템에 대한 최근 리뷰 논문으로 참고문헌 [1] 등이 있다. 협업 필터링에서 평점 추정식인 식 (16.6)은 참고문헌 [2]에서 제시된 것이며, 구매여부 이분 데이터를 활용한 협업 필터링에서 식 (16.10)은 참고문헌 [4], [5]에서 제시된 것이다. 내용기반 추천시스템에 대한 자세한 사항은 참고문헌 [6] 등을 참조할 수 있다.

[1] Adomavicious, G. and A. Tuzhilin (2005). "Toward the next generation of recommender systems: a survey of the state-of-the-art and possible extensions," *IEEE Transactions on Knowledge and Data Engineering*, 17(6), 734-749.

[2] Breese, J. S., Heckerman, D. and Kadie, C. (1998). "Empirical analysis of predictive algorithms for collaborative filtering," *Microsoft Research Technical Report*, MSR-TR-98-12.

[3] Goldberg, D., Nichols, D., Oki, B. and Terry, D. (1992). Using collaborative filtering to weave an information tapestry. *Communication of the ACM*, 35(12):61-70.

[4] Lee, T.-S., Jun, C.-H., Lee, J. and Kim, S. (2005), "Classification-based collaborative filtering using market basket data," *Expert Systems with Applications*, 29(3), 700-704.

[5] Mild, A. and Reutterer, T. (2003). "An improved collaborative filtering approach for predicting cross-category purchase based on binary market basket data," *Journal of Retailing and Consumer Services*, 10(3), 123-133.

[6] Salton G. and McGill, M. J. (1983). *Introduction to Modern Information Retrieval*. McGraw-Hill.

연습문제

16.1 내용기반 추천 방법과 협업 필터링의 장단점을 서로 비교하라.

16.2 다음은 4개 중요 단어에 대하여 평가된 목표사용자의 가중치와 새로운 문서 5건에 대한 가중치를 보여주고 있다. 이 목표사용자에게 추천할 문서를 우선순위로 나열하라.

	목표사용자	문서 1	문서 2	문서 3	문서 4	문서 5
단어 1	0.224	0.0194	0.0081	0.0087	0.0093	0.0183
단어 2	0.075	0.0043	0.0092	0.0174	0.0061	0.0249
단어 3	0.119	0.0054	0.0127	0.0091	0.0172	0.0084
단어 4	0.282	0.0151	0.0104	0.0185	0.0028	0.0267

16.3 다음과 같은 6개 상품에 대한 고객들의 평점 데이터가 있다.

	상품 1	상품 2	상품 3	상품 4	상품 5	상품 6
고객 1	4	3	4			
고객 2	5	4		1	2	
고객 3	1	2	1	4	3	5
고객 4	1	1		3	5	4
고객 5		2			4	4
목표고객	1			4		

(a) 목표고객의 평점이 아직 없는 상품들 (2, 3, 5, 6)에 대한 평점 추정치를 구하라.

(b) 상위-2개 상품을 추천하라.

16.4 아래와 같은 시장바구니 데이터가 있다.

	상품 1	상품 2	상품 3	상품 4	상품 5	상품 6
고객 1			1	1		1
고객 2	1	1	1			1
고객 3	1			1		
고객 4	1	1		1	1	1
고객 5		1		1	1	
목표고객	1					1

(a) 목표고객이 아직 구매하지 않은 상품에 대한 평점 추정치를 각각 구하라.

(b) 목표고객에게 추천할 상품을 우선 순위별로 나열하라.

16.5 식 (16.12)의 이분 확률변수 V_a와 V_i의 상관계수 추정치가 식 (16.11)과 같음을 보여라.

부록

통계분포표

[표 A-1] 표준정규분포표

$$P\{Z \geq z\} = \int_{z}^{\infty} \frac{1}{\sqrt{2\pi}} e^{-\frac{1}{2}x^2} dx$$

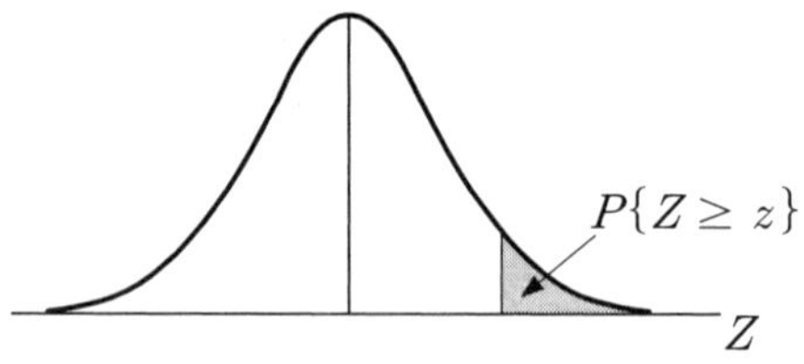

z	0.00	0.01	0.02	0.03	0.04	0.05	0.06	0.07	0.08	0.09
0.0	0.5000	0.4960	0.4920	0.4880	0.4840	0.4801	0.4761	0.4721	0.4681	0.4641
0.1	0.4602	0.4562	0.4522	0.4483	0.4443	0.4404	0.4364	0.4325	0.4286	0.4247
0.2	0.4207	0.4168	0.4129	0.4090	0.4052	0.4013	0.3974	0.3936	0.3897	0.3859
0.3	0.3821	0.3783	0.3745	0.3707	0.3669	0.3632	0.3594	0.3557	0.3520	0.3483
0.4	0.3446	0.3409	0.3372	0.3336	0.3300	0.3264	0.3228	0.3192	0.3156	0.3121
0.5	0.3085	0.3050	0.3015	0.2981	0.2946	0.2912	0.2877	0.2843	0.2810	0.2776
0.6	0.2743	0.2709	0.2676	0.2643	0.2611	0.2578	0.2546	0.2514	0.2483	0.2451
0.7	0.2420	0.2389	0.2358	0.2327	0.2296	0.2266	0.2236	0.2206	0.2177	0.2148
0.8	0.2119	0.2090	0.2061	0.2033	0.2005	0.1977	0.1949	0.1922	0.1894	0.1867
0.9	0.1841	0.1814	0.1788	0.1762	0.1736	0.1711	0.1685	0.1660	0.1635	0.1611
1.0	0.1587	0.1562	0.1539	0.1515	0.1492	0.1469	0.1446	0.1423	0.1401	0.1379
1.1	0.1357	0.1335	0.1314	0.1292	0.1271	0.1251	0.1230	0.1210	0.1190	0.1170
1.2	0.1151	0.1131	0.1112	0.1093	0.1075	0.1056	0.1038	0.1020	0.1003	0.0985
1.3	0.0986	0.0951	0.0934	0.0918	0.0901	0.0885	0.0869	0.0853	0.0838	0.0823
1.4	0.0808	0.0793	0.0778	0.0764	0.0749	0.0735	0.0721	0.0708	0.0694	0.0681
1.5	0.0668	0.0655	0.0643	0.0630	0.0618	0.0606	0.0594	0.0582	0.0571	0.0559
1.6	0.0548	0.0537	0.0526	0.0516	0.0505	0.0495	0.0485	0.0475	0.0465	0.0455
1.7	0.0446	0.0436	0.0427	0.0418	0.0409	0.0401	0.0392	0.0384	0.0375	0.0367
1.8	0.0359	0.0351	0.0344	0.0336	0.0329	0.0322	0.0314	0.0307	0.0301	0.0294
1.9	0.0287	0.0281	0.0274	0.0268	0.0262	0.0256	0.0250	0.0244	0.0239	0.0233
2.0	0.0228	0.0222	0.0217	0.0212	0.0207	0.0202	0.0197	0.0192	0.0188	0.0183
2.1	0.0179	0.0174	0.0170	0.0166	0.0162	0.0158	0.0154	0.0150	0.0146	0.0143
2.2	0.0139	0.0136	0.0132	0.0129	0.0125	0.0122	0.0119	0.0116	0.0113	0.0110
2.3	0.0107	0.0104	0.0102	0.0099	0.0096	0.0094	0.0091	0.0089	0.0087	0.0084
2.4	0.0082	0.0080	0.0078	0.0075	0.0073	0.0071	0.0069	0.0068	0.0066	0.0064
2.5	0.0062	0.0060	0.0059	0.0057	0.0055	0.0054	0.0052	0.0051	0.0049	0.0048
2.6	0.0047	0.0045	0.0044	0.0043	0.0041	0.0040	0.0039	0.0038	0.0037	0.0036
2.7	0.0035	0.0034	0.0033	0.0032	0.0031	0.0030	0.0029	0.0028	0.0027	0.0026
2.8	0.0026	0.0025	0.0024	0.0023	0.0023	0.0022	0.0021	0.0021	0.0020	0.0019
2.9	0.0019	0.0018	0.0018	0.0017	0.0016	0.0016	0.0015	0.0015	0.0014	0.0014
3.0	0.0013	0.0013	0.0013	0.0012	0.0012	0.0011	0.0011	0.0011	0.0010	0.0010
3.1	0.0010	0.0009	0.0009	0.0009	0.0008	0.0008	0.0008	0.0008	0.0007	0.0007
3.2	0.0007	0.0007	0.0006	0.0006	0.0006	0.0006	0.0006	0.0005	0.0005	0.0005
3.3	0.0005	0.0005	0.0005	0.0004	0.0004	0.0004	0.0004	0.0004	0.0004	0.0003
3.4	0.0003	0.0003	0.0003	0.0003	0.0003	0.0003	0.0003	0.0003	0.0003	0.0002
3.5	0.0002	0.0002	0.0002	0.0002	0.0002	0.0002	0.0002	0.0002	0.0002	0.0002
3.6	0.0002	0.0002	0.0001	0.0001	0.0001	0.0001	0.0001	0.0001	0.0001	0.0001
3.7	0.0001	0.0001	0.0001	0.0001	0.0001	0.0001	0.0001	0.0001	0.0001	0.0001
3.8	0.0001	0.0001	0.0001	0.0001	0.0001	0.0001	0.0001	0.0001	0.0001	0.0001
3.9	0.0000	0.0000	0.0000	0.0000	0.0000	0.0000	0.0000	0.0000	0.0000	0.0000

[표 A-2] t-분포표

$$P\{T \geq t_{(q;\,\nu)}\} = q$$

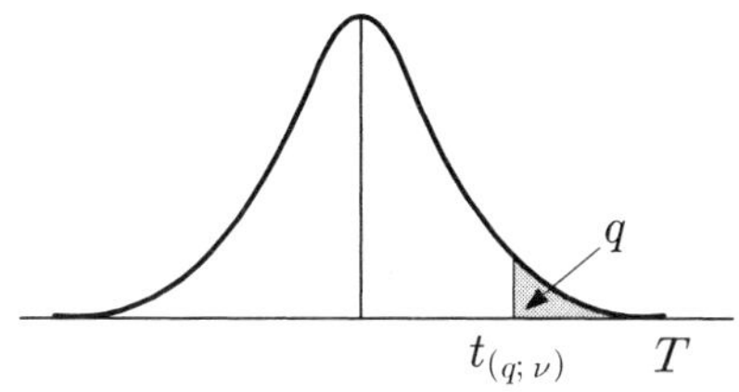

자유도	꼬리확률 q									
ν	0.4	0.25	0.1	0.05	0.025	0.01	0.005	0.0025	0.001	0.0005
1	0.325	1.000	3.078	6.314	12.706	31.821	63.657	127.32	318.31	636.62
2	0.289	0.816	1.886	2.920	4.303	6.965	9.925	14.089	23.326	31.598
3	0.277	0.765	1.638	2.353	3.182	4.541	5.841	7.453	10.213	12.924
4	0.271	0.741	1.533	2.132	2.776	3.747	4.604	5.598	7.173	8.610
5	0.267	0.727	1.476	2.015	2.571	3.365	4.032	4.773	5.893	6.869
6	0.265	0.718	1.440	1.943	2.447	3.143	3.707	4.317	5.208	5.959
7	0.263	0.711	1.415	1.895	2.365	2.998	3.499	4.029	4.785	5.408
8	0.262	0.706	1.397	1.860	2.306	2.896	3.355	3.833	4.501	5.041
9	0.261	0.703	1.383	1.833	2.262	2.821	3.250	3.690	4.297	4.781
10	0.260	0.700	1.372	1.812	2.228	2.764	3.169	3.581	4.144	4.587
11	0.260	0.697	1.363	1.796	2.201	2.718	3.106	3.497	4.025	4.437
12	0.259	0.695	1.356	1.782	2.179	2.681	3.055	3.428	3.930	4.318
13	0.259	0.694	1.350	1.771	2.160	2.650	3.012	3.372	3.852	4.221
14	0.258	0.692	1.345	1.761	2.145	2.624	2.977	3.326	3.787	4.140
15	0.258	0.691	1.341	1.753	2.131	2.602	2.947	3.286	3.733	4.073
16	0.258	0.690	1.337	1.746	2.120	2.583	2.921	3.252	3.686	4.015
17	0.257	0.689	1.333	1.740	2.110	2.567	2.898	3.222	3.646	3.965
18	0.257	0.688	1.330	1.734	2.101	2.552	2.878	3.197	3.610	3.922
19	0.257	0.688	1.328	1.729	2.093	2.539	2.861	3.174	3.579	3.883
20	0.257	0.687	1.325	1.725	2.086	2.528	2.845	3.153	3.552	3.850
21	0.257	0.686	1.323	1.721	2.080	2.518	2.831	3.135	3.527	3.819
22	0.256	0.686	1.321	1.717	2.074	2.508	2.819	3.119	3.505	3.792
23	0.256	0.685	1.319	1.714	2.069	2.500	2.807	3.104	3.485	3.767
24	0.256	0.685	1.318	1.711	2.064	2.492	2.792	3.091	3.467	3.745
25	0.256	0.684	1.316	1.708	2.060	2.485	2.787	3.078	3.450	3.725
26	0.256	0.684	1.315	1.706	2.056	2.479	2.779	3.067	3.435	3.707
27	0.256	0.684	1.314	1.703	2.052	2.473	2.771	3.057	3.421	3.690
28	0.256	0.683	1.313	1.701	2.048	2.467	2.763	3.047	3.408	3.674
29	0.256	0.683	1.311	1.699	2.045	2.462	2.756	3.038	3.396	3.659
30	0.256	0.683	1.310	1.697	2.042	2.457	2.750	3.030	3.385	3.646
40	0.255	0.681	1.303	1.684	2.021	2.423	2.704	2.971	3.307	3.551
60	0.254	0.679	1.296	1.671	2.000	2.390	2.660	2.915	3.232	3.460
120	0.254	0.677	1.289	1.658	1.980	2.358	2.617	2.860	3.160	3.373
∞	0.253	0.674	1.282	1.645	1.960	2.326	2.576	2.807	3.090	3.291

[표 A-3] χ^2-분포표

$$P\{\chi^2 \geq \chi^2_{(q;\nu)}\} = q$$

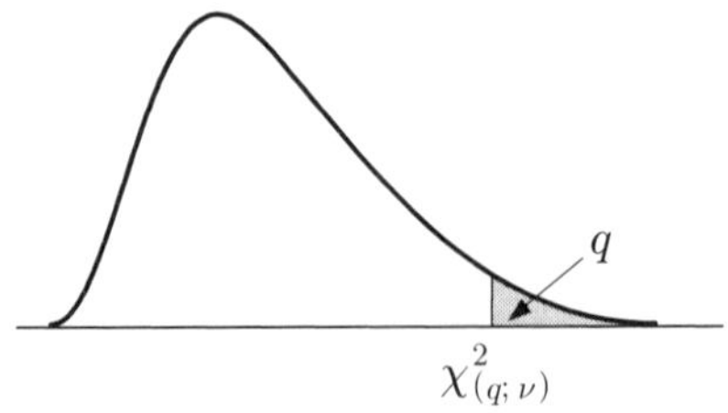

자유도	꼬리확률 q							
ν	0.995	0.99	0.975	0.95	0.05	0.025	0.01	0.005
1	0.0^4393	0.0^3157	0.0^3982	0.0^2393	3.841	5.024	6.635	7.879
2	0.0100	0.0201	0.0506	0.103	5.991	7.378	9.210	10.597
3	0.0717	0.115	0.216	0.352	7.815	9.348	11.345	12.838
4	0.207	0.297	0.484	0.711	9.488	11.143	13.277	14.860
5	0.412	0.554	0.831	1.145	11.070	12.832	15.086	16.750
6	0.676	0.872	1.237	1.635	12.592	14.449	16.812	18.548
7	0.969	1.239	1.690	2.167	14.067	16.013	18.475	20.278
8	1.344	1.646	2.180	2.733	15.507	17.535	20.090	21.955
9	1.735	2.088	2.700	3.325	16.919	19.023	21.666	23.589
10	2.156	2.558	3.247	3.940	18.307	20.483	23.209	25.188
11	2.603	3.053	3.816	4.575	19.675	21.920	24.725	26.757
12	3.074	3.571	4.404	5.226	21.026	23.337	26.217	28.300
13	3.565	4.107	5.009	5.892	22.362	24.736	27.688	29.819
14	4.075	4.660	5.629	6.571	23.685	26.119	29.141	31.319
15	4.601	5.229	6.262	7.261	24.996	27.448	30.578	32.801
16	5.142	5.812	6.908	7.962	26.296	28.845	32.000	34.267
17	5.697	6.408	7.564	8.672	27.587	30.191	33.409	35.718
18	6.265	7.015	8.231	9.390	28.869	31.526	34.805	37.156
19	6.844	7.633	8.907	10.117	30.144	32.852	36.191	38.582
20	7.434	8.260	9.591	10.851	31.410	34.170	37.566	39.997
21	8.034	8.897	10.283	11.591	32.671	35.479	38.932	41.401
22	8.643	9.542	10.982	12.338	33.924	36.781	40.289	42.796
23	9.260	10.196	11.689	13.091	35.172	38.076	41.638	44.181
24	9.886	10.856	12.401	13.848	36.415	39.364	42.980	45.558
25	10.520	11.524	13.120	14.611	37.652	40.646	44.314	46.928
26	11.160	12.198	13.844	15.379	38.885	41.923	45.642	48.290
27	11.808	12.879	14.573	16.151	40.113	43.194	46.963	49.645
28	12.461	13.565	15.308	16.928	41.337	44.461	48.278	50.993
29	13.121	14.256	16.047	17.708	42.557	45.722	49.588	52.336
30	13.787	14.953	16.791	18.493	43.773	46.979	50.892	53.672
40	20.707	22.165	24.433	26.509	55.758	59.342	63.691	66.766
50	27.991	29.707	32.357	34.764	67.505	71.420	76.154	79.490
100	67.328	70.065	74.222	77.929	124.342	129.561	135.807	140.169

[표 A-4] F-분포표

$$P\left\{F \geq F_{(q;\nu_1;\nu_2)}\right\} = q$$

$$F_{(1-q;\nu_1;\nu_2)} = \frac{1}{F_{(q;\nu_2;\nu_1)}}$$

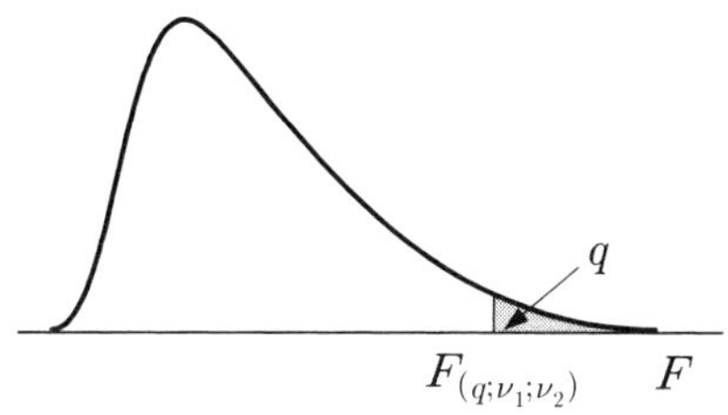

ν_2	q	분자자유도 ν_1								
		1	2	3	4	5	6	7	8	9
1	0.10	39.9	49.5	53.6	55.8	57.2	58.2	58.9	59.4	59.9
	0.05	161	200	216	225	230	234	237	239	241
	0.025	648	800	864	900	922	937	948	957	963
	0.01	4,052	5,000	5,403	5,625	5,764	5,859	5,928	5,981	6,022
2	0.10	8.53	9.00	9.16	9.24	9.29	9.33	9.35	9.37	9.38
	0.05	18.5	19.0	19.2	19.2	19.3	19.3	19.4	19.4	19.4
	0.025	38.5	39.0	39.2	39.3	39.3	39.3	39.4	39.4	39.4
	0.01	98.5	99.0	99.2	99.2	99.3	99.3	99.4	99.4	99.4
3	0.10	5.54	5.46	5.39	5.34	5.31	5.28	5.27	5.25	5.24
	0.05	10.1	9.55	9.28	9.12	9.01	8.94	8.89	8.85	8.81
	0.025	17.4	16.0	15.4	15.1	14.9	14.7	14.6	14.5	14.5
	0.01	34.1	30.8	29.5	28.7	28.2	27.9	27.7	27.5	27.3
4	0.10	4.54	4.32	4.19	4.11	4.05	4.01	3.98	3.95	3.94
	0.05	7.71	6.94	6.59	6.39	6.26	6.16	6.09	6.04	6.00
	0.025	12.2	10.7	9.98	9.60	9.36	9.20	9.07	8.98	8.90
	0.01	21.2	18.0	16.7	16.0	15.5	15.2	15.0	14.8	14.7
5	0.10	4.06	3.78	3.62	3.52	3.45	3.40	3.37	3.34	3.32
	0.05	6.61	5.79	5.41	5.19	5.05	4.95	4.88	4.82	4.77
	0.025	10.0	8.43	7.76	7.39	7.15	6.98	6.85	6.76	6.68
	0.01	16.3	13.3	12.1	11.4	11.0	10.7	10.5	10.3	10.2
6	0.10	3.78	3.46	3.29	3.18	3.11	3.05	3.01	2.98	2.96
	0.05	5.99	5.14	4.76	4.53	4.39	4.28	4.21	4.15	4.10
	0.025	8.81	7.26	6.60	6.23	5.99	5.82	5.70	5.60	5.52
	0.01	13.7	10.9	9.78	9.15	8.75	8.47	8.26	8.10	7.98
7	0.10	3.59	3.26	3.07	2.96	2.88	2.83	2.78	2.75	2.72
	0.05	5.59	4.74	4.35	4.12	3.97	3.87	3.79	3.73	3.68
	0.025	8.07	6.54	5.89	5.52	5.29	5.12	4.99	4.90	4.82
	0.01	12.2	9.55	8.45	7.85	7.46	7.19	6.99	6.84	6.72
8	0.10	3.46	3.11	2.92	2.81	2.73	2.67	2.62	2.59	2.56
	0.05	5.32	4.46	4.07	3.84	3.69	3.58	3.50	3.44	3.39
	0.025	7.57	6.06	5.42	5.05	4.82	4.65	4.53	4.43	4.36
	0.01	11.3	8.65	7.59	7.01	6.63	6.37	6.18	6.03	5.91
9	0.10	3.36	3.01	2.81	2.69	2.61	2.55	2.51	2.47	2.44
	0.05	5.12	4.26	3.86	3.63	3.48	3.37	3.29	3.23	3.18
	0.025	7.21	5.71	5.08	4.72	4.48	4.32	4.20	4.10	4.03
	0.01	10.6	8.02	6.99	6.42	6.06	5.80	5.61	5.47	5.35
10	0.10	3.29	2.92	2.73	2.61	2.52	2.46	2.41	2.38	2.35
	0.05	4.96	4.10	3.71	3.48	3.33	3.22	3.14	3.07	3.02
	0.025	6.94	5.46	4.83	4.47	4.24	4.07	3.95	3.85	3.78
	0.01	10.0	7.56	6.55	5.99	5.64	5.39	5.20	5.06	4.94
11	0.10	3.23	2.86	2.66	2.54	2.45	2.39	2.34	2.30	2.27
	0.05	4.84	3.98	3.59	3.36	3.20	3.09	3.01	2.95	2.90
	0.025	6.72	5.26	4.63	4.28	4.04	3.88	3.76	3.66	3.59
	0.01	9.65	7.21	6.22	5.67	5.32	5.07	4.89	4.74	4.63
12	0.10	3.18	2.81	2.61	2.48	2.39	2.33	2.28	2.24	2.21
	0.05	4.75	3.89	3.49	3.26	3.11	3.00	2.91	2.85	2.80
	0.025	6.55	5.10	4.47	4.12	3.89	3.73	3.61	3.51	3.44
	0.01	9.33	6.93	5.95	5.41	5.06	4.82	4.64	4.50	4.39

[표 A-4 계속] F-분포표

ν_2	q	분자자유도 ν_1									
		10	11	12	15	20	24	30	60	120	∞
1	0.10	60.2	60.5	60.7	61.2	61.7	62.0	62.3	62.8	63.1	63.3
	0.05	242	243	244	246	248	249	250	252	253	254
	0.025	969	973	977	985	993	997	1001	1010	1014	1018
	0.01	6,056	6,082	6,106	6,157	6,209	6,235	6,261	6,313	6,339	6,366
2	0.10	9.39	9.40	9.41	9.42	9.44	9.45	9.46	9.47	9.48	9.49
	0.05	19.4	19.4	19.4	19.4	19.4	19.5	19.5	19.5	19.5	19.5
	0.025	39.4	39.4	39.4	39.4	39.5	39.5	39.5	39.5	39.5	39.5
	0.01	99.4	99.4	99.4	99.4	99.4	99.5	99.5	99.5	99.5	99.5
3	0.10	5.23	5.22	5.22	5.20	5.18	5.18	5.17	5.15	5.14	5.13
	0.05	8.79	8.76	8.74	8.70	8.66	8.64	8.62	8.57	8.55	8.53
	0.025	14.4	14.4	14.3	14.3	14.2	14.1	14.1	14.0	14.0	13.9
	0.01	27.2	27.1	27.1	26.9	26.7	26.6	26.5	26.3	26.2	26.1
4	0.10	3.92	3.91	3.90	3.87	3.84	3.83	3.82	3.79	3.78	3.76
	0.05	5.96	5.94	5.91	5.85	5.80	5.77	5.75	5.69	5.66	5.63
	0.025	8.84	8.80	8.75	8.66	8.56	8.51	8.46	8.36	8.31	8.26
	0.01	14.5	14.4	14.4	14.2	14.0	13.9	13.8	13.7	13.6	13.5
5	0.10	3.30	3.28	3.27	3.24	3.21	3.19	3.17	3.14	3.12	3.11
	0.05	4.74	4.71	4.68	4.62	4.56	4.53	4.50	4.43	4.40	4.37
	0.025	6.62	6.57	6.52	6.43	5.33	6.28	6.23	6.12	6.07	6.02
	0.01	10.1	9.96	9.89	9.72	9.55	9.47	9.38	9.20	9.11	9.02
6	0.10	2.94	2.92	2.90	2.87	2.84	2.82	2.80	2.76	2.74	2.72
	0.05	4.06	4.03	4.00	3.94	3.87	3.84	3.81	3.74	3.70	3.67
	0.025	5.46	5.41	5.27	5.27	5.17	5.12	5.07	4.96	4.90	4.85
	0.01	7.87	7.79	7.72	7.56	7.40	7.31	7.23	7.06	6.97	6.88
7	0.10	2.70	2.68	2.67	2.63	2.59	2.58	2.56	2.51	2.49	2.47
	0.05	3.64	3.60	3.57	3.51	3.44	3.41	3.38	3.30	3.27	3.23
	0.025	4.76	4.71	4.67	4.57	4.47	4.42	4.36	4.25	4.20	4.14
	0.01	6.62	6.54	6.47	6.31	6.16	6.07	5.99	5.82	5.74	5.65
8	0.10	2.54	2.52	2.50	2.46	2.42	2.40	2.38	2.34	2.32	2.29
	0.05	3.35	3.31	3.28	3.22	3.15	3.12	3.08	3.01	2.97	2.93
	0.025	4.30	4.25	4.20	4.10	4.00	3.95	3.89	3.78	3.73	3.67
	0.01	5.81	5.73	5.67	5.52	5.36	5.28	5.20	5.03	4.95	4.89
9	0.10	2.42	2.40	2.38	2.34	2.30	2.28	2.25	2.21	2.18	2.16
	0.05	3.14	3.10	3.07	3.01	2.94	2.90	2.86	2.79	2.75	2.71
	0.025	3.96	3.91	3.87	3.77	3.67	3.61	3.56	3.45	3.39	3.33
	0.01	5.26	5.18	5.11	4.96	4.81	4.73	4.65	4.48	4.40	4.31
10	0.10	2.32	2.30	2.28	2.24	2.20	2.18	2.16	2.11	2.08	2.06
	0.05	2.98	2.94	2.91	2.84	2.77	2.74	2.70	2.62	2.58	2.54
	0.025	3.72	3.67	3.62	3.52	3.42	3.37	3.31	3.20	3.14	3.08
	0.01	4.85	4.77	4.71	4.56	4.41	4.33	4.25	4.08	4.00	3.91
11	0.10	2.25	2.23	2.21	2.17	2.12	2.10	2.08	2.03	1.99	1.97
	0.05	2.85	2.82	2.79	2.72	2.65	2.61	2.57	2.49	2.43	2.40
	0.025	3.52	3.48	3.43	3.33	3.23	3.17	3.12	3.00	2.94	2.88
	0.01	4.54	4.46	4.40	4.25	4.10	4.02	3.94	3.78	3.66	3.60
12	0.10	2.19	2.17	2.15	2.10	2.06	2.04	2.01	1.96	1.93	1.90
	0.05	2.75	2.72	2.69	2.62	2.54	2.51	2.47	2.38	2.34	2.30
	0.025	3.37	3.32	3.28	3.18	3.07	3.02	2.96	2.85	2.79	2.72
	0.01	4.30	4.22	4.16	4.01	3.86	3.78	3.70	3.54	3.45	3.36

[표 A-4 계속] F-분포표

ν_2	q	분자자유도 ν_1								
		1	2	3	4	5	6	7	8	9
13	0.10	3.14	2.76	2.56	2.43	2.35	2.28	2.23	2.20	2.16
	0.05	4.67	3.81	3.41	3.18	3.03	2.92	2.83	2.77	2.71
	0.025	6.41	4.97	4.35	4.00	3.77	3.60	3.48	3.39	3.31
	0.01	9.07	6.70	5.73	5.21	4.86	4.62	4.44	4.30	4.19
14	0.10	3.10	2.73	2.52	2.39	2.31	2.24	2.19	2.15	2.12
	0.05	4.60	3.74	3.34	3.11	2.96	2.85	2.76	2.70	2.65
	0.025	6.39	4.86	4.24	3.80	3.66	3.50	3.36	3.29	3.26
	0.01	8.86	6.51	5.56	5.04	4.69	4.46	4.28	4.14	4.03
15	0.10	3.07	2.70	2.49	2.36	2.27	2.21	2.16	2.12	2.09
	0.05	4.54	3.68	3.29	3.06	2.90	2.79	2.71	2.64	2.59
	0.025	6.20	4.77	4.15	3.80	3.58	3.41	3.29	3.20	3.12
	0.01	8.68	6.36	5.42	4.89	4.56	4.32	4.14	4.00	3.89
16	0.10	3.05	2.67	2.46	2.33	2.24	2.18	2.13	2.09	2.06
	0.05	4.49	3.63	3.24	3.01	2.85	2.74	2.66	2.59	2.54
	0.025	6.12	4.69	4.08	3.73	3.50	3.34	3.22	3.12	3.05
	0.01	8.53	6.23	5.29	4.77	4.44	4.20	4.03	3.89	3.78
17	0.10	3.03	2.64	2.44	2.31	2.22	2.15	2.10	2.06	2.03
	0.05	4.45	3.59	3.20	2.96	2.81	2.70	2.61	2.55	2.49
	0.025	6.04	4.62	4.01	3.66	3.44	3.28	3.16	3.06	2.98
	0.01	8.40	6.11	5.18	4.67	4.34	4.10	3.93	3.79	3.68
18	0.10	3.01	2.62	2.42	2.29	2.20	2.13	2.08	2.04	2.00
	0.05	4.41	3.55	3.16	2.93	2.77	2.66	2.58	2.51	2.46
	0.025	5.98	4.56	3.95	3.61	3.38	3.22	3.10	3.01	2.93
	0.01	8.29	6.01	5.09	4.58	4.25	4.01	3.84	3.71	3.60
19	0.10	2.99	2.61	2.40	2.27	2.18	2.11	2.06	2.02	1.98
	0.05	4.38	3.52	3.13	2.90	2.74	2.63	2.54	2.48	2.42
	0.025	5.92	4.51	3.90	3.56	3.33	3.17	3.05	2.96	2.88
	0.01	8.18	5.93	5.01	4.50	4.17	3.94	3.77	3.63	3.52
20	0.10	2.97	2.59	2.38	2.25	2.16	2.09	2.04	2.00	1.96
	0.05	4.35	3.49	3.10	2.87	2.71	2.60	2.51	2.45	2.39
	0.025	5.87	4.46	3.86	3.51	3.29	3.13	3.01	2.91	2.84
	0.01	8.10	5.85	4.94	4.43	4.10	3.87	3.70	3.56	3.46
24	0.10	2.93	2.54	2.33	2.19	2.10	2.04	1.98	1.94	1.91
	0.05	4.26	3.40	3.01	2.78	2.62	2.51	2.42	2.36	2.30
	0.025	5.72	4.32	3.72	3.38	3.15	2.99	2.87	2.78	2.70
	0.01	7.82	5.61	4.72	4.22	3.90	3.67	3.50	3.36	3.26
30	0.10	2.88	2.49	2.28	2.14	2.05	1.98	1.93	1.88	1.85
	0.05	4.17	3.32	2.92	2.69	2.53	2.42	2.33	2.27	2.21
	0.025	5.57	4.18	3.59	3.25	3.03	2.87	2.75	2.65	2.57
	0.01	7.56	5.39	4.51	4.02	3.70	3.47	3.30	3.17	3.07
60	0.10	2.79	2.39	2.18	2.04	1.95	1.87	1.82	1.77	1.74
	0.05	4.00	3.15	2.76	2.53	2.37	2.25	2.17	2.10	2.04
	0.025	5.29	3.93	3.34	3.01	2.79	2.63	2.51	2.41	2.33
	0.01	7.08	4.98	4.13	3.65	3.34	3.12	2.95	2.82	2.72
120	0.10	2.75	2.36	2.13	1.99	1.90	1.82	1.77	1.72	1.68
	0.05	3.92	3.07	2.68	2.45	2.29	2.18	2.09	2.02	1.96
	0.025	5.15	3.80	3.23	2.89	2.67	2.52	2.39	2.30	2.22
	0.01	7.08	4.98	4.13	3.65	3.34	3.12	2.95	2.82	2.72
∞	0.10	2.71	2.30	2.08	1.94	1.85	1.77	1.72	1.67	1.63
	0.05	3.84	3.00	2.60	2.37	2.21	2.10	2.01	1.94	1.88
	0.025	5.02	3.69	3.12	2.79	2.57	2.41	2.29	2.19	2.11
	0.01	6.63	4.61	3.78	3.32	3.02	2.80	2.64	2.51	2.41

[표 A-4 계속] F-분포표

v_2	q	분자자유도 v_1									
		10	11	12	15	20	24	30	60	120	∞
13	0.10	2.14	2.12	2.10	2.05	2.01	1.98	1.96	1.90	1.86	1.85
	0.05	2.67	2.63	2.60	2.53	2.46	2.42	2.38	2.30	2.23	2.21
	0.025	3.25	3.20	3.15	3.05	2.95	2.89	2.84	2.72	2.66	2.60
	0.01	4.10	4.02	3.96	3.82	3.66	3.59	3.51	3.34	3.22	3.17
14	0.10	2.10	2.08	2.05	2.01	1.96	1.94	1.91	1.86	1.83	1.80
	0.05	2.60	2.57	2.53	2.46	2.39	2.35	2.31	2.22	2.18	2.13
	0.025	3.15	3.10	3.05	2.95	2.84	2.79	2.73	2.61	2.55	2.49
	0.01	3.94	3.86	3.38	3.66	3.51	3.43	3.35	3.18	3.09	3.00
15	0.10	2.06	2.04	2.02	1.97	1.92	1.90	1.87	1.82	1.79	1.76
	0.05	2.54	2.51	2.48	2.40	2.33	2.29	2.25	2.16	2.11	2.07
	0.025	3.06	3.01	2.96	2.86	2.76	2.70	2.64	2.52	2.46	2.40
	0.01	3.80	3.73	3.67	3.52	3.37	3.29	3.21	3.05	2.96	2.87
16	0.10	2.03	2.01	1.99	1.94	1.89	1.87	1.84	1.78	1.75	1.72
	0.05	2.49	2.46	2.42	2.35	2.28	2.24	2.19	2.11	2.06	2.01
	0.025	2.99	2.94	2.89	2.79	2.68	2.63	2.57	2.45	2.38	2.32
	0.01	3.69	3.62	3.55	3.41	3.26	3.18	3.10	2.93	2.84	2.75
17	0.10	2.00	1.98	1.96	1.91	1.86	1.84	1.81	1.75	1.72	1.69
	0.05	2.45	2.41	2.38	2.32	2.23	2.19	2.15	2.06	2.01	1.96
	0.025	2.92	2.87	2.82	2.72	2.62	2.56	2.50	2.38	2.32	2.25
	0.01	3.59	3.52	3.46	3.31	3.16	3.08	3.00	2.83	2.75	2.65
18	0.10	1.98	1.96	1.93	1.89	1.84	1.81	1.78	1.72	1.69	1.66
	0.05	2.41	2.37	2.34	2.27	2.19	2.15	2.11	2.02	1.97	1.92
	0.025	2.87	2.82	2.77	2.67	2.56	2.50	2.44	2.32	2.26	2.19
	0.01	3.51	3.43	3.37	3.23	3.08	3.00	2.92	2.75	2.66	2.57
19	0.10	1.96	1.94	1.91	1.86	1.81	1.79	1.76	1.70	1.67	1.63
	0.05	2.38	2.34	2.31	2.23	2.16	2.11	2.07	1.98	1.93	1.88
	0.025	2.82	2.77	2.72	2.62	2.51	2.45	2.39	2.27	2.20	2.13
	0.01	3.43	3.36	3.30	3.15	3.00	2.92	2.84	2.67	2.58	2.49
20	0.10	1.94	1.92	1.89	1.84	1.79	1.77	1.74	1.68	1.64	1.61
	0.05	2.35	2.31	2.28	2.20	2.12	2.08	2.04	1.95	1.90	1.84
	0.025	2.77	2.72	2.68	2.57	2.46	2.41	2.35	2.22	2.16	2.09
	0.01	3.37	3.29	3.23	3.09	2.94	2.86	2.78	2.61	2.52	2.42
24	0.10	1.88	1.85	1.83	1.78	1.73	1.70	1.67	1.61	1.57	1.53
	0.05	2.25	2.21	2.18	2.11	2.03	1.98	1.94	1.84	1.79	1.73
	0.025	2.64	2.59	2.54	2.44	2.33	2.27	2.21	2.08	2.01	1.94
	0.01	3.17	3.09	3.03	2.89	2.74	2.66	2.58	2.40	2.31	2.21
30	0.10	1.82	1.79	1.77	1.72	1.67	1.64	1.61	1.54	1.50	1.46
	0.05	2.16	2.13	2.09	2.01	1.93	1.89	1.84	1.74	1.68	1.62
	0.025	2.51	2.46	2.41	2.31	2.20	2.14	2.07	1.94	1.87	1.79
	0.01	2.98	2.91	2.84	2.70	2.55	2.47	2.39	2.21	2.11	2.01
60	0.10	1.71	1.68	1.66	1.60	1.54	1.51	1.48	1.40	1.35	1.29
	0.05	1.99	1.95	1.92	1.84	1.75	1.70	1.65	1.53	1.47	1.39
	0.025	2.27	2.22	2.17	2.06	1.94	1.88	1.82	1.67	1.58	1.48
	0.01	2.63	2.56	2.50	2.35	2.20	2.12	2.03	1.84	1.73	1.60
120	0.10	1.65	1.62	1.60	1.55	1.48	1.45	1.41	1.32	1.26	1.19
	0.05	1.91	1.87	1.83	1.75	1.66	1.61	1.55	1.43	1.35	1.25
	0.025	2.16	2.11	2.05	1.94	1.82	1.76	1.69	1.53	1.43	1.31
	0.01	2.47	2.40	2.34	2.19	2.03	1.95	1.86	1.66	1.53	1.38
∞	0.10	1.60	1.57	1.55	1.49	1.42	1.38	1.34	1.24	1.17	1.00
	0.05	1.83	1.79	1.75	1.67	1.57	1.52	1.46	1.32	1.22	1.00
	0.025	2.05	2.00	1.94	1.83	1.71	1.64	1.57	1.39	1.27	1.00
	0.01	2.32	2.25	2.18	2.04	1.88	1.79	1.70	1.47	1.32	1.00

찾아보기 Index

(아)

(자)

(차)

(카)

(타)

(파)

(P)

(R)

(S)

(T)

(V)

(X)

(Y)

(%)